제**4**판

자동차엔진공학

김 청 균 저

B.C.Info

머 리 말

Clement-Panhard Voiture Legere Type VCP (프랑스, 1899)

자동차에 탑재된 엔진(engine)은 "내연기관"(internal combustion engine)으로 학생들에게 항상 소개되고, 대학의 교과과정에도 "내연기관"이라 되어있다. 그러나, 자동차 회사에 근무하는 엔지니어나, 자동차를 구입하는 일반 사람들은 모두 "자동차 엔진"이라고 부른다. 따라서, 이 책에서는 그 동안 학교에서 관행적으로 사용하던 "내연기관"을 산업 현장에서 일반적으로 사용하는 "자동차 엔진"으로 바꾸어 표현하고자 한다.

내연기관이란 연료의 연소와 밀접한 관계가 있는 동력 발생기라는 개념을 특징적으로 표현한 것이고, 외연기관과 대치되는 말로 사용된다. 지금의 내연기관은 절대적으로 자동차에서 사용되고, 현대의 엔진은 열역학적 연소보다는 다른 복합기술이 보다 시스템적으로 연동되어 출력과 성능이 발휘되기 때문에 "자동차 엔진"으로 표현하는 것이 합리적이라 생각된다. 더욱이 기존의 내연기관에서 제시된 내용은 모두가 자동차 엔진에 관한 것이지 제트 엔진이나 가스 터빈 등에 관한 내용은 미약하게 언급하는 정도에 불과하다. 이러한 사실은 대학에서도 내연기관보다 자동차 엔진으로 표현하는 것이 바람직하다는 반증이다.

수송기계 분야에서 절대적 대표성을 갖고 있는 자동차에서 가장 핵심적인 기술 분야로는 엔진, 섀시, 전기·전자·제어기술로 분류할 수 있다. 그 중에서 엔진은 자동차의 핵심기술로 자동차 회사의 기술수준을 평가하는 중요한 척도이고, 세계 시장에서 최고의 경쟁력을 확보하고 있다는 증거이기 때문에 자동차 메이커가 확보하고자 하는 궁극적인 핵심 기술 분야이다.

엔진을 독자적으로 개발할 수 있는 기술력은 영국, 프랑스, 독일, 미국, 일본을 거쳐 우리나라도 확보하게 되었고, 이제는 엔진 개발기술을 외국에 판매하는 단계에 이르렀다. 그 동안 우리나라의 자동차 산업은 폭발적인 내수 시장의 성장과 해외 수출로 인해 국내 자동차 산업이 세계 5~6위권의 생산량을 차지하는 급성장을 거듭하고 있으며, 국내 산업에서 차지하는 비중이 너무도 크기 때문에 항상 산업정책의 중심에 있다.

대다수의 사람들이 자동차를 운전하고 있는 현 시대에서 "자동차 엔진공학"은 전문적으로 공부를 해야하는 자동차공학, 기계공학, 기계설계 등 기계 관련 학생들을 비롯한 항공공학, 조선공학, 재료공학, 화학공학 분야의 학생들은 특히 이수할 것을 권장한다. 자동차는 모든 공학기술이 함축된 종합 제품이고, 사람들에게 생활의 일부로 평생을 같이 해야 한다는 점을 고려하면 특히 공학도들이 실용적 교양과목으로 이수해도 현대의 레포츠·관광시대에 좋으리라 생각한다. 그 동안 4년제 대학에서는 대부분 이론중심으로 강의가 진행되어 왔고, 2년제 대학에서는 최근 지나치게 실무 중심으로 가려는 경향이 있어서 약간의 혼란을 주고는 있지만, 이 책에서는 이론보다는 현장의 실무기술에 무게를 두고 집필을 추진하였다.

따라서, 이 책에서는 엔진의 동력이나 출력에서 반드시 필요한 기본 열역학과 열효율, 열손실 분야를 제외하고는 가능한 이론적 고찰을 피하고 현장 중심의 설명, 해설, 그림을 제시하고 있다. 특히, 현장 중심의 해석은 최근에 출시되고 있는 첨단 자동차 엔진 기술내용에 약간의 정비 내용을 소개하고 있어 보다 친근감 있고 이해하기 쉬운 내용이 많이 구성되어 있다.

이 책에서는 자동차 엔진에서 절대적 우위를 차지하고 있는 가솔린 엔진을 중점적으로 다루었고, 디젤 엔진은 상대적으로 약하게 다루었다. 특히, 최근의 자동차 엔진은 기계식 엔진보다는 전자제어 엔진의 개념으로 바뀌었기 때문에 이에 대한 내용을 보다 많이 보강하였다. 또한, 엔진의 설계와 구조에 대한 이해력을 높이기 위해 많은 그림을 첨부하였고, 동시에 자동차 엔진의 정비분야를 다루어서 자동차 엔진을 공부하고자 하는 학생이나, 현장의 엔지니어들에게 유익한 참고서로 활용될 수 있도록 내용을 구성하였다.

기존에 많은 연구자들에 의해 수행된 결과와 기존의 기술자료로 묶어서 출간한 엔진 관련 전문서적을 참고로 이 책이 집필되었다. 따라서, 이들 참고자료를 일일이 열거하는 것이 원칙이나 부기하지 못한 점에 깊은 이해를 구하고자 하며, 자동차 엔진기술의 발전에 일조하고자 발간된 이 책이 오히려 누가 되지 않을까 하는 염려가 앞서면서 여러분들의 격려와 많은 채찍을 받고자 한다.

이 책이 발간하기까지 수고를 아끼지 않은 여러분들에게 감사드리고, 특히 출간에 적극 협력해주신 복두출판사 관계자 여러분께 깊은 감사의 말씀을 드리고자 한다.

2월 저자씀

차 례

제 4 장   연료와 연소

제 5 장   엔진의 성능

제 6 장   흡·배기 장치

제 7 장   전기·점화장치

제 8 장   윤활유와 윤활장치

제 9 장 냉각수와 냉각장치

제 10 장 엔진의 전자제어 장치

제 11 장 디젤 엔진

제 12 장 자동차 엔진의 정비

제 1 장

자동차 엔진의 개요

Otto 가솔린 엔진(1895년 제작)
(Bore 8.5″, Stroke 14″, Power 21HP at 240rpm)

1.1 자동차 엔진의 발달사

1.1.1 자동차 엔진의 이용과 보급

사람들은 인력이나 자연에서 획득할 수 있는 자연의 힘 대신에 기계적 힘, 즉 동력(power)을 얻기 위하여 오랜 세월 동안 노력해 왔다. 원시 시대로부터 현대에 이르기까지 인력이나 자연력을 단순히 대체하는 수단이 아니라 기계 공학, 건설·도시 공학, 전자 공학 등이 발달함에 따라 대규모의 동력 생산을 갈망하게 되었다. 이와 같은 상황에서 약 200년 전에 기계공학의 총아인 증기기관(steam engine)이 개발되면서 사람들은 처음으로 열 에너지를 동력 에너지로 바꿔 사용할 줄 아는 단계에 이르렀다. 이것을 계기로 모든 산업 분야는 근대적 공학이라 할 수 있는 새로운 기술이 급속도로 발전하면서 산업 생산 체계도 갖추게 되었다.

최초의 기계적 동력원이라 할 수 있는 증기기관을 소형화하고 간편하게 사용할 수 있도록 하기 위하여 1876년에 Otto는 가스기관(gas engine)을 제작하였다. 이것이 오늘날 동력 엔진(engine)의 시초가 되었다. 이어서 1881년에는 영국인 Clark가 2사이클을 제작하였고, 1900년경에는 독일의 Daimler와 Benz가 전기 스파크 점화 방식의 가솔린 엔진(gasoline engine)을 실용화하였다. 또한, 1898년에는 독일의 Diesel이 압축 점화 방식이라는 혁신적인 디젤 엔진(Diesel engine)을 제작하였다. 이와 같이 기계적인 방법으로 동력을 얻기 위한 기술 개발은 여러 선구자에 의해 시도되었다. 실용화된 피스톤 방식의 엔진은 그 후에도 계속 연구되었고, 디젤 엔진은 주로 선박 또는 철도 차량용으로, 가솔린 엔진은 항공기나 자동차용으로 사용하기 위한 기술 개발이 많이 진행되었다. 그러나, 제2차 세계 대전까지는 엔진에 대한 연구와 발전이 주로 군용 장비를 대상으로 진행되면서 엔진의 경량화, 고출력화 또는 효율 증가라는 최근의 경제성 추구와는 다르게 항공기, 전차, 군함 등과 같이 특수한 경우에 대한 출력 성능 요구를 만족시키는데 기술개발이 집중되었다.

제2차 세계 대전 후에는 엔진 개발이 일반 시민들을 위한 농경용, 건설용, 선박용, 자동차용, 철도 차량용, 오토바이용, 레포츠용 등으로 급속하게 보급되어 왔다. 최근에는 엔진이 우리 생활의 필수품으로 자리잡게 되면서 엔진이 사용되는 소요처가 크게 증가하였다. 이에 따라서 엔진은 비전문가도 용이하게 사용할 수 있고, 고장이 없으며, 내구성이 높고, 유지·보수할 필요가 적으며, 가격이 저렴하고, 연료비가 경제적인 엔진이 요구되고 있다. 또한, 이와 같은 요구조건을 충족시킬 수 있는 엔진의 대량 생산 방식의 도입과 관리 시스템의 혁신적 개량도 필요하게 되었다.

자동차에 장착된 엔진의 급속한 보급은 사람들에게 편의성을 제공한다는 측면에서 환영할 수 있지만, 또 다른 측면에서는 새로운 문제점을 많이 제기하였다. 첫 번째는 배출가스 중에 포함된 각종 유해가스와 소음 등에 의해 발생되는 공해 문제이고, 두 번째는 엔진의 연료원인 석유 자원의 고갈 문제이다. 제한된 석유 자원으로 폭발적으로 늘어나는 자동차의 연료 문제를 해결하기 위해서는 지금까지의 엔진에 대한 연구 성과를 점검하고 동시에, 전혀 새로운 과학·기술의 창조 또는 그들을 복합한 새로운 기술의 조합을 필요로 한다. 따라서, 엔진에서 핵심 분야라 할 수 있는 기계 공학을 포함하여 타 분야와의 폭넓은 기술 교류와 협력이 필요하고, 자동차 엔진구동에 대한 혁신적인 발상의 전환과 지속적인 기술개발 노력이 요구되고 있다.

1.1.2 자동차 엔진의 발달 과정

(1) 엔진의 기술 개발

현재와 같은 자동차 엔진으로 발전하기까지는 200년 이상 많은 엔지니어들의 기술혁신 노력의 결과이다. 그 많은 엔진들 중에서 그림 1.1은 1794년에 Street가 세계 최초로 제작한 동력 장치, 즉 엔진(engine)으로 기록되고 있다.

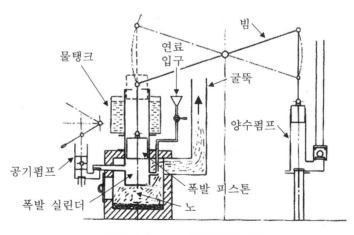

그림 1.1 Street가 제작한 엔진

Street가 제작한 엔진은 오른쪽의 왕복식 양수 펌프를 구동하기 위한 것으로, 공기를 수동식의 공기 펌프에 의하여 피스톤과 실린더 내부로 압송시킴과 동시에 액체 연료를 다른 쪽으로부터 주입한다. 노(furnace)에서 발생된 화염으로 폭발 실린더의 바닥면을 가열하여 착화시키고, 그때 발생되는 폭발력에 의해 무거운 폭발 피스톤을 높이 밀어 올린다. 그 후에는 실린더 내부의 가스를 물탱크에 저장된 냉각수로 냉각하면 압력이 저하됨과 동시에 피스톤의 중력에 의하여 낙하한다. 이러한 피스톤의 왕복동 운동은 빔(beam)을 통하여 양수 펌프의 피스톤을 움직여서 양수 목적을 수행하게 된다. 공기와 연료 혼합기를 연소시키고, 연소된 가스의 온도가 상승함에 따라서 압력은 상승하고, 그 결과로 엔진은 동력을 발생하게 된다.

엔진에 대한 당시의 기본 원리를 열역학적 측면에서 보면 현재의 엔진 개념과 같고, 엔진의 기본 구조는 대단히 유사함을 알 수 있다. 따라서, 초창기 엔진은 현재의 엔진에 비하여 항상 문제점이 발생하였기 때문에 많은 기술개발 노력을 기울여 왔다. 그동안 개량된 획기적인 엔진 개발의 주요 내용을 요약하면 다음과 같다.

첫째는 피스톤·커넥팅 로드·크랭크 메카니즘의 적용이다. 이러한 동력 전달 메카니즘은 당시 증기 기관에 이미 응용되어 있었고, 이러한 구동 메카니즘은 엔진의 연속적인 운전을 위하여 현재의 엔진에도 자연스럽게 도입되었다. 그림 1.2는 피스톤·커넥팅 로드·크랭크 기구(mechanism)를 표시하고 있으며, 현재에도 이러한 엔진 구동 메카니즘이 대부분 사용되고 있다.

둘째는 압축한 후에 점화하는 방식이다. 엔진 개발 초기에는 그림 1.3에 나타낸 바와 같이 A−B 사이의 구간에는 혼합기가 흡입되고, B에서는 연료가 점화하여 피스톤을 C 지점, 즉 하사점까지 팽창시키고 점화하기 전에는 압축을 하지 않는 비압축 방식이었다. 이러한 비압축 점화 방식은 조용하고 진동이 작다는 점에서 개선된 엔진이라 할 수 있다. 그러나, 혼합기의 흡입 체적이 AB에 불과하고, 또한 팽창비도 AC/AB에 불과하므로 출력이나 효율 모두가 극히 작다. B점을 늦출수록 실린더로 흡입되는 혼합기의 양은 더 많아지기 때문에 더 많은 양의 연료를 엔진에 공급할 수 있으나, 팽창비 AC/AB가 감소하면서 열효율이 떨어지는 문제점이 있다. B점을 앞당기면 열효율은 증가하나 공급된 연료의 양이 감소하여 출력이 떨어진다. 만일 C점까지 혼합기를 가득히 채운 다음 밸브를 닫고, A점까지 압축하여 점화하면, 공급 혼합기의 양과 팽창비가 최대로 되므로 출력과 효율이 모두 최대로 되어 큰 출력을 높은 효율로 얻을 것을 목표로 하는 엔진에 적합하게 된다. 이와 같은 엔진은 압축을 하지 않는 엔진의 정숙한 운전에 비하여 큰 충격력을 발생하기 때문에 베어링 등이 파손되는 문제점으로 바로 적용하지는 못하였다. 이것은 그 당시의 기술 수준이 전반적으로 미숙하여 높은 폭발 압력에 견딜 수 있는 엔진을 제작을 하지 못하였기 때문이다. 특히, 엔진에서 베어링의 빈번한 고장 문제가 윤활유에 의한 유막(oil film) 형성이라는 새로운 윤활 기술로 해결함으로써 비로소 연소압력에 의한 높은 충격력을 발생하는 압축 방식의 엔진이 실용화 될 수 있었다.

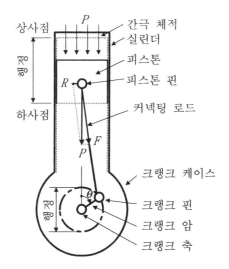

그림 1.2 피스톤 · 커넥팅 로드 · 크랭크 메카니즘

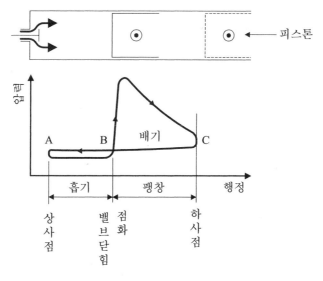

그림 1.3 비압축 엔진의 작용

셋째는 엔진에서 점화 방식의 개발이다. 현재 가솔린 엔진으로 널리 사용되고 있는 엔진은 N.A. Otto가 1876년에 제작한 가스 엔진을 기반으로 개발한 것이고, 그 당시의 점화는 그림 1.4에 표시한 바와 같이 점화용 가스 버너의 작은 참버(chamber)를 슬라이드 밸브 기구에 의하여 적시에 연소실과 연결하는 방식이었다.

그 후 Daimler와 Benz에 의해 현재와 같은 전기 스파크 점화 방식이 도입되어 1900
년경에 실용화되었다. 물론 점화 계통의 작용과 내구성은 오랫동안 엔진의 중요한
연구 과제였고, 점화가 확실하게 진행되기 위해서는 하나의 연소실에 2개의 스파크
플러그(spark plug)를 사용하는 방법도 채택되었다. 이들 문제는 한때 해결 단계에
이르렀으나, 최근의 배출물 대책의 중요한 수단의 하나로, 강력하고 확실한 점화원
의 필요성이 높아짐에 따라서 점화 계통의 새로운 기술 개발이 진행되고 있으며,
초창기의 가스 버너법과 유사한 토치 점화법이 부분적으로 다시 사용되고 있다.

(2) 주요 기술개발 사례

1) 4사이클 엔진의 개발

1862년에 프랑스의 Beau de Rochas가 개발한 4사이클 엔진은 그동안 많은 연
구를 진행한 자유 피스톤식의 2사이클 엔진에서 발생되는 래크(rack)의 소음과 8%
이하의 낮은 열효율 문제를 획기적으로 해결할 수 있는 대안으로 제시된 중대한 사
건이었다.

그러나, 이러한 4사이클 엔진도 피스톤의 시일(seal)과 강도 측면에서 문제점을
갖고 있었으나, 1876년에 이것들을 개선한 새로운 4사이클 엔진이 Otto에 의해 실
용화되면서 4사이클 Otto 엔진이 등장하게 되었다. 그림 1.4에서 보여준 것처럼 초
기의 Otto 엔진에서 사용한 연료는 가스로, 혼합기가 연소실 상부에서 농후하게 하
여 착화가 용이한 층상 흡기가 되도록 개발하였다. Otto가 개발할 당시 엔진의 압
축비는 약 2.5이고, 점화방식은 지금처럼 전기 스파크를 사용한 것이 아닌 슬라이
드 밸브를 사용한 토치 점화방식을 개량하여 사용한 것으로 신뢰성이 크게 향상된
점화방식이다. 이러한 슬라이드 토치 점화방식은 300rpm까지 점화가 가능하고, 4
사이클 엔진에서 얻은 열효율은 16%로 기존의 자유 피스톤 방식의 2사이클 엔진에
비하여 2배정도 향상된 획기적인 엔진 기술로 발전하였다.

2) 소형 · 고속 가솔린 엔진의 개발

초창기의 연료는 모두 석탄가스를 사용했으므로 이동하는 차량에서는 연료를 취
급하기가 대단히 불편하다는 문제점이 발생하였다. 따라서, 액체 연료의 사용 필요
성이 크게 대두되었다. 그러나, 액체 연료를 어떻게 미립자로 실린더에 공급하느냐
가 중요한 기술적 문제로 등장하였고, 이러한 문제점을 해결하기 위한 기화기
(carburetor) 개발이 현안으로 대두되었다. 그림 1.5는 액체 연료를 가스로 증발시
키기 위한 대표적인 초창기의 표면 기화기로 배기가스를 사용하여 연료를 기화시키

는 방법이다.

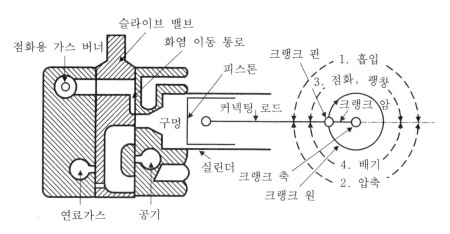

그림 1.4 Otto의 가스 엔진

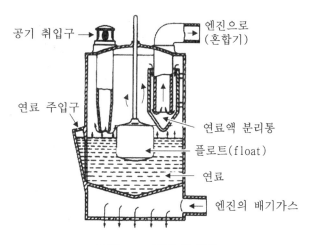

그림 1.5 표면 기화기

19세기 후반에 자동차에 탑재된 엔진의 대부분이 증기기관으로 자동차의 시동성, 증기통의 안전성, 엔진의 중량 등으로 문제가 많이 발생하였다. 따라서, 1840년대부터 가솔린 엔진을 자동차에 사용하기 위한 기술개발이 독일의 다임러(Gottlieb Daimler)를 포함하여 1860년의 Lenoir 엔진, 1867년의 Otto 엔진, 1873년의 J. Hock 엔진 등이 지속적으로 개발되었다. 이러한 초창기 엔진의 대부분은 자동차에 탑재하기보다는 정치형의 엔진 개발에 초점이 맞추어져 있었다. 다임러(Gottlieb Daimler)는 소형, 경량화에 목표를 둔 자동차 엔진 개발에 몰두하여 1885년에 그림

1.6에서 보여준 수직형의 500cc, 0.5PS의 가솔린 엔진을 개발하여 오토바이에 적용하였다. 다임러(G. Daimler)가 개발한 엔진에는 그림 1.5와 같은 표면 기화기를 사용한 것이 아니고 미립화를 달성할 수 있는 새로운 기화기가 사용되었다. 또한, 밸브는 포펫트(poppet) 형식이 사용되었고, 점화는 기존의 토치 점화식이 아닌 열전식 점화방식을 사용하여 엔진의 회전수를 800rpm까지 올리는 획기적인 기술개발이 이루어졌다. 또한, 1886년에 독일의 벤츠(Karl Benz)는 자동차에 탑재할 수 있는 가솔린 엔진(948cc, 0.46HP, 250rpm)을 혁신적으로 개발하였다.

특히, 벤츠(K. Benz)의 소형 경량화 기술의 결과로 개발된 가솔린 엔진은 Otto가 개발한 시대의 마력당 중량이 500kg/PS에서 40kg/PS로 1/10 수준으로 대폭적으로 경감되었다. 또한, 리터당 마력은 Otto의 0.5PS/L에서 2PS/L로 크게 개선되었다. 결국, 가솔린 엔진의 소형·경량화 기술 개발은 현재와 같은 승용차로의 발전에 크게 기여하였다.

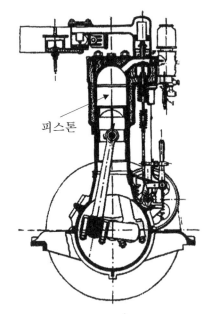

피스톤

그림 1.6 1885년도에 개발한 Daimler의 오토바이용 가솔린 엔진

3) 디젤 엔진의 개발

독일의 디젤(Diesel)은 기존의 Otto 엔진과는 다른 개념의 엔진을 개발하고자 노력하였다. 그 결과로 디젤은 압축에 의한 자기착화(self-ignition)로 연소가 시작되어 공급된 열이 모두 일로 전환되는 등온연소 엔진을 개발하였다. 1897년에 실용화된 초기의 디젤 엔진을 그림 1.7에서 보여주고 있는데, 지름이 150mm이고, 행정이 400mm인 대형 엔진으로 자기착화를 위해서 압축압력을 높여야 하는 문제점이 발생되었다. 즉, 압축에 따른 피스톤의 기밀유지, 흡기밸브와 배기밸브의 기밀성 유지가 착화하기에 가장 어려운 문제점으로 등장하였다.

따라서, 초창기의 압축비 18기압으로는 자기착화하기가 어렵다는 문제점이 많이 제기되었기 때문에 피스톤 링을 혁신적으로 개량하여 압축압력을 30기압 이상으로 넘기면서 비로소 자기착화에 의한 운전이 가능해졌다. 여기에 연료를 분사하는 초기의 개방노즐은 충분한 혼합기 형성이 어려웠기 때문에 연료의 연소에서 문제점이 많이 제기되었다. 이것은 공기분사 방식을 채택하여 연료의 미립화를 추구하면서 1897년 말에는 정미효율이 30%에 육박하는 고효율 디젤 엔진이 개발되었다.

디젤 엔진은 기존의 가솔린 엔진과 전혀 다른 개념에서 설계가 진행되었기 때문에 현재에도 그 장점이 많아 고출력을 필요로 하는 대용량의 수송기계 엔진에 널리 사용되고 있다. 즉, 연소실로 유입된 공기를 압축하고, 여기에 액체 연료를 고압으로 분사하여 연료를 미립자로 바꾸어 연료와 공기를 혼합시키는 과정에서 자연적

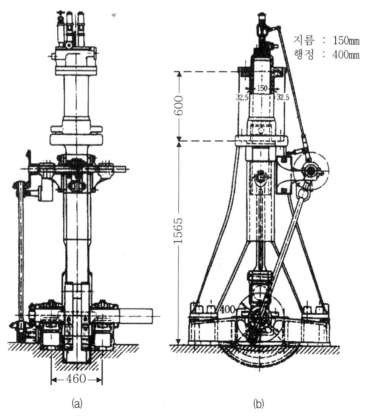

그림 1.7 초창기 디젤 엔진의 외관도

으로 착화하여 연소하는 새로운 방식이다. 여기에 최근의 정밀 가공기술과 소재기술, 전자·제어기술의 급성장은 디젤 엔진의 발전 가능성을 더욱 확대시키고 있다. 이것은 유럽의 자동차 시장에서 디젤 엔진이 탑재되는 시장 점유율을 보면 알 수 있다.

우리나라에서 디젤 엔진은 주로 버스, 트럭, 승합차 등에 사용하고 있지만, 승용차에도 탑재하여 조만간 시판될 것으로 예상된다. 따라서, 국내 자동차 메이커는 저공해 디젤 엔진을 개발하기 위해 많은 노력을 기울이고 있다. 최근의 이러한 경향은 엔진에서 출력과 열효율을 동시에 향상시킬 수 있다는 연소방식의 장점이 크게 부각되면서 큰 관심을 갖게 되었다.

1.2 자동차 엔진의 분류

1.2.1 작동 방식에 의한 분류

(1) 4사이클 엔진

자동차가 동력을 얻기 위해서는 엔진에 공급된 연료가 연소하는 과정(process)에서 발생되는 열 에너지를 기계적 에너지로 변환시키는 효율적인 메카니즘(mechanism)이 필요하다. 동력을 발생시키는 과정은 흡입, 압축, 폭발(팽창), 배기라는 1사이클을 거치면서 크랭크축은 2회전을 하고, 피스톤은 4행정(stroke)을 하는데, 이것을 4사이클 엔진이라 한다. 여기서, 1행정이란 피스톤이 상사점에서 하사점 또는 하사점에서 상사점 사이를 이동하는 직선 거리를 말한다.

(2) 2사이클 엔진

엔진이 동력을 얻는 과정에서 소기, 압축, 연소, 배기라는 1사이클을 거치면서 크랭크축은 1회전, 피스톤은 2행정을 하는데, 이것을 2사이클 엔진이라 한다.

1.2.2 연소 방식에 의한 분류

(1) 정적 사이클

정적 사이클은 그림 1.8(a)와 같이 일정한 체적하에서 연료가 연소되는 것으로 가솔린 사이클이 이에 해당된다. 엔진에서 4사이클을 오토 사이클(Otto cycle), 2사이클을 클러크 사이클(Clerk cycle)이라 한다.

(2) 정압 사이클

정압 사이클은 그림 1.8(b)와 같이 일정한 압력하에서 연료가 연소되는 것으로 디젤 사이클(Diesel cycle)이 이에 해당된다. 현재의 자동차용 고속 디젤 엔진은 이에 해당하지 않고, 최고 회전속도가 1,000rpm 이하인 대형 선박용 디젤 엔진이 이에 해당한다.

(3) 복합 사이클

복합 사이클은 그림 1.8(c)와 같이 정적 및 정압 사이클이 복합된 형태로, 일정한 체적과 일정한 압력하에서 연료가 연소되는 것으로 디젤 사이클이 이에 해당된다. 복합 사이클(dual combustion cycle)을 사바테 사이클(Sabathe cycle)이라고도 하며, 현재 자동차에서 사용하고 있는 대부분의 디젤 엔진이 이에 해당된다.

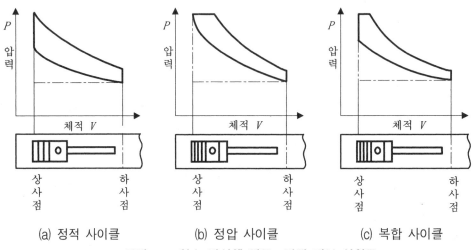

(a) 정적 사이클   (b) 정압 사이클   (c) 복합 사이클

그림 1.8   연소 방식에 따른 3가지 기본 사이클

1.2.3   점화 방식에 의한 분류

(1) 스파크 점화식

스파크 점화방식은 연료와 공기의 혼합기를 압축하여 전기 스파크에 의해 불꽃 점화·연소시키는 것으로 가솔린 엔진이 이에 해당한다.

(2) 압축 착화식

압축 착화방식은 공기만을 압축하여 일정 온도(500~550℃) 이상으로 상승시키고, 압축된 고온의 공기에 연료를 고압으로 분사하여 자연 착화시키는 것으로 디젤 엔진이 이에 해당한다.

1.2.4   밸브의 설치 방식에 의한 분류

보통의 가솔린 엔진에서는 연료-공기 혼합기를 1개의 밸브로 흡입하고, 1개의 밸브로 연소가스를 배출하였다. 그러나, 최근에는 그림 1.9에서 보여주는 것처럼 연소실에 보다 많은 혼합기를 흡입하여 출력(power)을 향상하고, 유해 배기가스를 줄이기 위해서 흡기밸브와 배기밸브를 2개로 증가하여 사용하고 있다. 현재 사용되는 흡·배기 밸브는 엔진에 설치하는 방식에 따라 다음과 같이 4가지로 분류할 수 있다.

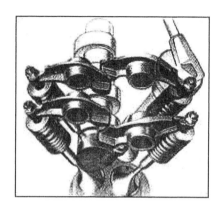

그림 1.9 대표적인 오버 헤드 캠축 밸브

(1) 사이드 밸브형

사이드 밸브(Side Valve : SV)형은 실린더의 양쪽, 또는 한쪽에 밸브를 설치한 것으로 현재의 자동차용 엔진에서는 거의 사용하지 않는다.

(2) 오버 헤드 밸브형

오버 헤드 밸브(Over Head Valve : OHV)형은 밸브를 실린더 헤드에 설치하고, 캠이 푸시 로드와 로커 암을 통해 밸브를 개폐하는 것으로 자동차에서 많이 사용한다. 자동차의 고출력 디젤 엔진이 오버 헤드 밸브를 사용하는 이 형식에 속한다.

(3) 오버 헤드 캠축형

오버 헤드 캠축(Over Head Camshaft : OHC)형은 밸브와 캠축이 실린더 헤드에 같이 설치된 것으로 일반적인 가솔린 엔진이 이 형식에 속한다.

(4) 더블 오버 헤드 캠축형

더블 오버 헤드 캠축(Double Over Head Camshaft : DOHC)형은 OHC형과 비슷하나, 캠축이 두 개로 되어있다. 흡·배기 밸브가 2개씩 1개 실린더당 4개가 설치되어 있으므로 흡·배기의 효율을 높을 수 있다. 밸브 설치 형식으로 DOHC는 출력을 향상시키고자 하는 대부분의 자동차 엔진에서 DOHC를 채택하고 있다.

자동차 엔진에서 DOHC는 SOHC(Single Over Head Camshaft)에 비하여 연료 -공기 혼합기를 실린더에 보다 많이 흡수시킬 수 있으므로 연소효율과 출력 측면에서 유리하고, 상대적으로 배출가스의 오염도도 줄일 수 있다는 장점이 있다. 따라서, DOHC는 엔진의 성능을 높여주고 동시에 대기오염 문제를 완화시켜 준다.

1.2.5 실린더의 수와 배치에 의한 분류

자동차용 가솔린 엔진은 4실린더, 또는 6실린더로 설계된 것이 많고, 높은 출력이 요구되는 대형 엔진에서는 8실린더, 또는 12실린더를 사용한 경우도 있다. 엔진에서 실린더의 배치는 4실린더인 경우는 직렬형(L형)을 많이 이용하지만, 6실린더 이상의 중대형 엔진에서는 설치공간과 기계적 강도, 진동 등의 측면에서 V형을 많이 채택하고 있다.

자동차에서 엔진의 출력을 높이기 위해서 엔진의 행정 체적을 증가시키고, 동시에 엔진의 실린더 수를 증가시키는 것이 일반적이다. 여기서 실린더 수를 증가시키기 위해서는 실린더의 배열이 중요하다. 실린더 블록의 배열에 따라서 엔진 구조물 시스템의 강성도와 동적 안정성에 큰 영향을 미치기 때문에 엔진에서 실린더의 수와 배치는 엔진에서 중요한 설계요소가 된다.

현재 가솔린 자동차에서는 4개의 실린더를 직렬로 배열하는 것이 가장 안정적인 엔진 설계로 알려져 있다. 이러한 엔진 설계는 진동과 소음을 줄일 수 있고, 엔진 시스템의 안정성도 우수하며, 대단히 경제적인 엔진 설계를 할 수 있으므로 가장 선호하는 자동차 엔진이다. 그러나, 6개의 실린더, 8개의 실린더 등은 엔진의 출력을 균일하게 발생시키는 장점이 있으므로 중·대형 자동차에서 널리 채택하는 엔진 구조이다.

그림 1.10은 실린더 수에 따른 엔진 블록의 배열을 보여주고 있다. 엔진의 실린더는 최대 6개의 실린더를 직렬로 배열하고, 그 이상의 실린더는 V형 배열을 하는 것이 엔진의 구조물 측면에서 안정적이다.

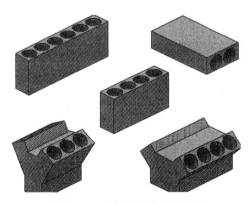

그림 1.10 실린더 수 및 배열

1.3 자동차 엔진의 특징

엔진은 구조물에서 어떤 부품도 사이클의 최고온도로 작동하는 일이 없으므로 구성되는 재료에 의해 제한을 받는 일이 없이 사이클의 최고온도를 높일 수가 있다. 즉, 현재의 엔진에서는 사이클의 최고온도는 2500℃에 달하는 엔진 내부에서 온도가 가장 높다는 배기 밸브에서도 800℃를 넘는 일이 드물다. 엔진의 사이클 최고온도가 높아지면 열효율이 높아지는 것은 카르노 사이클(Carnot cycle)의 원리에 의하여 분명해진다. 따라서, 카르노 사이클은 여러 종류의 열기관(heat engine) 중에서 열효율이 가장 우수한 엔진을 설계하는데 필요한 기본적 데이터를 제공한다.

현재와 같은 설계 조건에서 자동차 엔진을 증기 터빈과 비교하면 아래와 같은 점에서 유리하다.

① 총체적 열효율이 높다.

② 냉각계통에 빼앗기는 열량이 적다.

③ 원동기의 무게 또는 크기와 출력비가 작다.

④ 구조가 간단하다.

이와 같은 장점은 비교적 작은 엔진에서 보면 더욱 확연해진다. 그러나, 엔진이 증기 터빈에 비하여 불리한 점은 다음과 같다.

① 왕복 운동부를 없앨 수 없으므로 진동이 많다.

② 자력으로 작동할 수 없다.

③ 저급 연료를 사용할 수 없다.

④ 대용량의 동력단위로 설계되면 설치 장소의 제한과 무게의 측면에서 유동형인 증기 터빈보다 뒤떨어진다.

상기와 같은 장·단점이 있음에도 불구하고 가솔린 엔진을 선호하는 이유는 엔진의 소형화로 자동차의 컴팩트 설계가 가능하고, 가장 오래된 엔진 기술로 대단히 안정적이라는 사실이다. 즉, 가솔린 엔진을 탑재한 자동차는 우리의 생활 조건에서 요구하는 대부분의 사항을 모두 수용할 수 있다는 점이다. 특히, 엔진의 출력이나 열효율, 안전성, 편의성, 승차감 등에서 유리하다는 것이다.

최근에는 자동차 엔진의 전자제어 시스템 도입으로 출력이 향상되고, 특히 환경 규제조건을 만족하는 저공해 희박연소 엔진의 개발은 가솔린 엔진의 중요성이 더욱 강조되고 있다.

1.4 자동차 엔진의 작동 메카니즘

1.4.1 자동차 엔진의 작동 원리

왕복동 엔진(reciprocating engine)은 그림 1.11과 같이 연소실에서 발생한 열에너지를 피스톤의 왕복 운동에 의하여 기계적인 일로 변환시키는 엔진을 말한다. 이 때에 피스톤−크랭크 기구(mechanism)는 피스톤의 왕복 운동을 커넥팅 로드와 크랭크축에 의하여 회전 운동으로 변환하도록 고안된 기구이다.

실린더에서 피스톤의 왕복 운동 과정중에 실린더의 체적이 최소가 될 때의 피스톤 위치를 상사점(Top Dead Center : TDC)이라 하고, 이 때의 최소 체적을 간극 체적(clearance volume)이라 한다. 연소실의 간극 체적이 작으면 작을수록 압축비 측면에서 유리하나, 실제로는 피스톤의 상단부가 실린더의 헤드부를 반복하여 부딪히게 되어 실린더 헤드와 피스톤이 손상을 받게 된다. 또한, 실린더 체적이 최대가 될 때의 피스톤 위치를 하사점(Bottom Dead Center : BDC)이라 하고, 이 때의 최대 체적은 간극 체적과 행정 체적을 더한 체적이 된다.

상사점과 하사점 사이를 이동하는 거리를 행정(stroke)이라 하고, 이 때의 체적을 행정 체적(stroke volume)이라 한다. 행정 체적과 간극 체적을 더한 최대 체적을 간극 체적으로 나눈 값을 압축비(compression ratio)라 한다.

왕복동 엔진에서 혼합기를 흡입하여 압축하고, 점화하여 발생된 연소 가스를 배기하는 4개의 행정(크랭크축의 2회전)이 하나의 사이클로 완성되는 엔진을 4행정 엔진이라 하고, 2행정(크랭크축의 1회전)으로 완성되는 것을 2행정 엔진이라 한다.

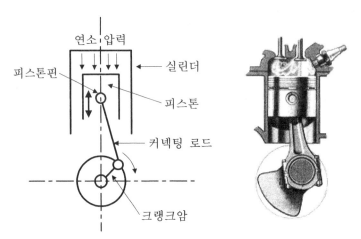

그림 1.11 피스톤 · 크랭크 기구

1.4.2 4행정 엔진의 작동 원리

4행정을 하는 엔진은 그림 1.12에서 보여 주는 것처럼 연료−공기의 혼합기를 연소실 내로 흡입하는 흡입 행정, 흡입된 혼합기를 압축하는 압축 행정, 점화 플러그의 스파크 점화에 의하여 연료가 연소할 때 발생되는 팽창 에너지에 의한 팽창 행정, 연소 가스를 배출하는 배기 행정을 연속적으로 반복하면서 1사이클을 완성한다. 즉, 엔진이 4번의 행정(크랭크축은 2회전)을 하면서 1사이클을 완성하는 엔진이 4행정 엔진이 된다.

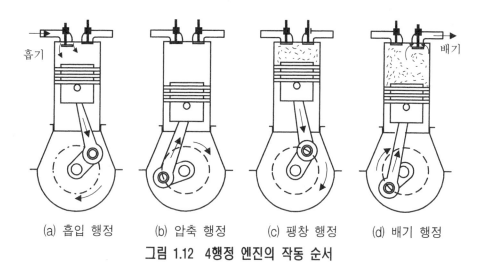

(a) 흡입 행정   (b) 압축 행정   (c) 팽창 행정   (d) 배기 행정

그림 1.12 4행정 엔진의 작동 순서

(1) 흡입 행정

흡입 행정은 엔진 작동중에 흡기 밸브는 열리고, 배기 밸브는 닫힌 상태에서 피스톤이 상사점에서 하사점으로 이동하는 사이에 공기−연료 혼합기가 실린더 내부로 흡입되는 행정을 말한다. 흡입 과정이 지나면 엔진은 압축 과정으로 넘어가게 된다. 그림 1.12(a)가 흡입 행정(intake stroke)을 보여주고 있다.

(2) 압축 행정

압축 행정은 엔진 작동중에 흡기 밸브와 배기 밸브가 모두 닫힌 상태에서 피스톤이 하사점에서 상사점으로 이동하게 되면, 공기−연료 혼합기가 압축되는 행정을 말한다. 압축 과정이 진행되면 연소실 내부의 온도가 상승하면서 연료는 완전히 기화하게 된다. 압축 과정이 지나면 엔진은 팽창 과정으로 넘어가게 된다. 그림 1.12(b)가 압축 행정(compression stroke)을 보여주고 있다.

(3) 팽창 행정

팽창 행정은 엔진 작동중에 압축 행정이 끝나는 상사점 바로 직전에 점화 플러그에 공급된 고전압에 의해 스파크가 튀면서 연료가 순간적으로 착화·연소하게 되고, 이때 순간적으로 발생된 고압 가스의 팽창 에너지에 의해 피스톤은 하사점으로 이동하게 되는 행정을 말한다. 결국, 팽창 행정은 피스톤에 연결된 크랭크축을 회전시키는 동력을 발생하게 된다. 따라서, 4행정 엔진에서는 팽창 행정을 통하여 한 번의 동력을 얻기 때문에 동력 행정(power stroke)이라고도 한다. 그림 1.12(c)가 팽창 행정(expansion stroke)을 보여주고 있다.

(4) 배기 행정

배기 행정은 엔진 작동중에 흡기 밸브는 닫히고 배기 밸브가 열린 상태에서 피스톤이 하사점에서 상사점으로 이동하면서 실린더 내부의 연소 가스를 배출하는 행정을 말한다. 4행정 엔진에서 4행정 가운데 팽창 행정만이 동력을 발생시키고, 나머지 3행정은 모두 플라이휠의 관성력에 의하여 회전하게 된다. 1회의 동력 행정과 3회의 비동력 행정은 회전 토크 변화를 불균일하게 하기 때문에 플라이휠의 관성력을 사용하여 크랭크축의 회전력 변화에 따른 회전 속도의 변동을 가능한 작아지도록 한다. 그림 1.12(d)가 배기 행정(exhaust stroke)을 보여주고 있다.

1.4.3 2행정 엔진의 작동 원리

2행정 엔진은 그림 1.13에서 보여 주는 것처럼 공기를 연소실 내부로 흡입하는 과정에서 흡입 행정과 배기 행정이 따로 없고, 압축 행정과 팽창 행정에 연계되어 반복되는 형태의 엔진이다.

2행정 엔진은 4행정 엔진과는 달리 흡기 밸브나 배기 밸브가 없고, 새로운 공기를 흡입하는 소기 구멍(scavenging port)과 연소된 가스를 배기하는 배기 구멍(exhausting port)이 밸브의 역할을 대신한다. 이들 구멍(port)은 피스톤이 왕복 운동을 하는 사이에 항상 자동적으로 개폐하도록 설계되었다. 팽창 행정의 말기에는 피스톤에 의하여 배기 구멍이 먼저 열리기 때문에 배기 가스가 배출되면서 연소실 내의 압력은 떨어진다. 이어서 소기 구멍이 열리면서 크랭크 케이스 내의 압축된 새로운 공기가 소기 구멍을 통하여 연소실 내로 유입하게 된다. 이 때에 연소실 내부의 잔류하고 있던 연소 가스는 유입되는 새로운 공기에 의하여 배출되고, 실린더 내부는 새로운 공기로 충진하게 된다.

피스톤이 하사점을 지나 상승하게 되면 소기 구멍이 먼저 닫히고 나서 배기 구멍이 닫히고, 새로 유입된 공기는 압축되게 된다. 연소는 4행정 엔진과 유사하게 상사점 부근에서 일어난다.

2행정 엔진은 4행정 엔진에 비하여 출력이 2배 크기 때문에 소형 구조를 요구하는 오토바이 엔진이나 고출력을 필요로 하는 선박용 엔진 등에 많이 사용하고 있다. 따라서, 2행정 엔진은 매 회전마다 동력을 얻기 때문에 고출력을 필요로 하는 엔진에 사용한다. 엔진에서 출력을 얻기 위해서는 흡입, 압축, 폭발, 배기라는 4행정이 2행정으로 줄어들면서 중복되어 일어나기 때문에 진동이나 소음, 윤활 등의 문제점이 많이 제기되고 있다.

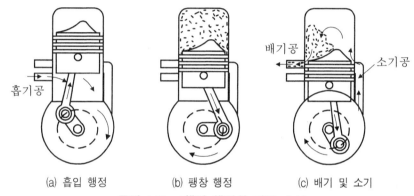

(a) 흡입 행정   (b) 팽창 행정   (c) 배기 및 소기

그림 1.13 2행정 엔진의 작동 순서

제 2 장

자동차 엔진의 구조

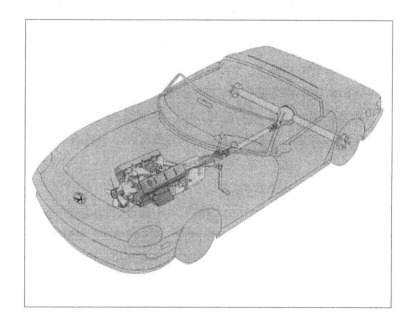

2.1 가솔린 엔진의 구조

2.1.1 엔진의 주요 구성품과 운동 방향

엔진의 일반적인 구조는 아래 그림 2.1과 같이 피스톤(piston), 커넥팅 로드(connecting rod), 크랭크축(crankshaft)의 기구로 구성되어 있다. 피스톤은 실린더와의 사이에 왕복동 운동을 할 수 있는 간극(clearance)을 형성하고 있다. 이들 간극에는 윤활유에 의한 유막(oil film)이 형성되어 기밀을 유지하면서 피스톤은 원활한 직선 왕복 운동을 하다. 피스톤의 왕복 운동은 피스톤에 연결된 커넥팅 로드와 크랭크암을 통해 크랭크축을 회전시키는 중요한 역할을 한다.

엔진(engine)이란 연료의 연소과정에서 발생된 화학적 에너지는 공기-연료 혼합기의 연소에 의해 열 에너지(가스의 팽창 압력)로 변하고, 팽창 압력은 피스톤을 힘차게 밀어 내리면서 크랭크축을 회전시켜 기계적인 에너지(동력)로 바꾸어 외부에 일을 하는 기계 장치를 말한다. 혼합기의 연소로 인해 피스톤에 가해진 동력은 간헐적(4행정의 경우는 크랭크축의 2회전으로 한번의 동력이 발생함)인 것이므로 크랭크축을 원활히 회전시키기 위해 크랭크축에는 플라이휠(flywheel)이 장착되어 관성력을 이용하고 있다.

가솔린 엔진을 구성하는 부품은 크게 정지부품, 운동부품, 부속장치 등으로 나눌 수 있다. 정지부품에는 실린더 블록, 실린더 헤드, 로커 커버 등 엔진 전체의 골격과 외곽을 형성하는 구조물 부분으로 되어 있다. 여기에 공기 청정기, 흡기와 배기 매니폴드, 엔진 베어링 등도 정지부품에 포함된다.

운동부품은 위에서 설명한 피스톤-크랭크 기구 부품과 캠축, 흡·배기 밸브 등의 밸브 개폐기구가 이에 포함된다. 이들 운동부품은 기계적 하중을 견디면서 동시에 관성력에 의한 영향을 가능한 작게 받도록 설계해야 하므로 무게가 작게 나가는 설계를 필요로 한다. 이러한 설계법은 운동 부품의 속도 증가에 따른 관성력 증가와 제어의 어려움 때문이다. 여기에 자동차는 움직이기 때문에 최근에는 무게 하중에 의한 연비 문제가 가장 큰 이유중의 하나이다.

또한, 부속장치로는 혼합기를 형성하는 연료장치 부품(스로틀 보디, 연료 펌프 등), 혼합기에 점화하는 점화장치 부품(배전기, 점화 코일 등), 운동부분에 오일을 공급하는 윤활장치 부품(오일 펌프, 오일 필터 등), 엔진의 온도를 제어하는 냉각장치 부품(워터 펌프, 서모스탯 등), 유해 가스를 제어하는 배기가스 관련 장치 등이 있다.

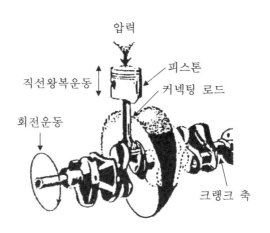

그림 2.1 동력 발생을 위한 주요 운동부

2.1.2 정지 부품

엔진의 정지 부품으로는 실린더 블록, 실린더 헤드, 오일 팬, 로커 커버 등의 엔진의 골격과 외곽을 형성하는 구조물 부품과 흡·배기 장치와 엔진 베어링 등이 이에 해당한다.

(1) 구조물 부품
1) 실린더 블록

그림 2.2와 같이 실린더 블록(cylinder block)은 엔진의 기초가 되는 부분으로 자동차 엔진에는 보통 4~12개의 실린더가 있다. 실린더는 피스톤이 왕복운동을 하도록 안내하는 원통형으로 피스톤 행정의 약 2배의 길이를 갖는다. 원통으로 가공된 실린더는 직경과 길이에 따라 엔진의 배기량이 결정된다. 실린더 주위에는 연소가스에 의해 받은 열을 외부로 방출하기 위한 워터 자켓(water jacket)과 주요 운동 부분에 윤활을 하기 위한 오일 순환 통로가 설치되어 있다.

실린더 블록의 윗면에는 실린더 헤드가 장착되고, 아래쪽 크랭크 케이스의 중앙부에는 크랭크축을 장착하기 위한 크랭크 보어가 정밀하게 가공되어 있다. 실린더 블록 아래 끝에는 오일을 저장하는 오일 팬(oil pan)이 장착되고, 블록 전면에는 오일 펌프가 내장된 프런트 케이스가 장착되어 있다. 또한, 뒷면에는 플라이휠, 클러치판, 변속기 등이 장착되어 있다.

실린더는 고온, 고압의 팽창가스에 직접 노출되기 때문에 충분한 강도와 일정한 온도(200~300℃)에서 작동될 수 있도록 열전도율이 좋아야 하고, 피스톤의 왕복운동(피스톤의 상대 접촉속도 10~20m/s)에 충분히 견딜 수 있도록 내마멸성이 우수한 재질을 사용해야 한다. 그림 2.3과 같이 실린더 블록의 재질은 일반적으로 특수 주철을 주조하여 사용하는 경우가 많으나, 최근 일부 엔진에서는 알루미늄 합금의 주물을 사용하는 경우도 많이 있다.

디젤 엔진에서 사용하는 실린더는 건식 라이너를 사용하는 경우(소형 디젤)와 습식 라이너를 사용하는 경우(대형 디젤)도 있다. 디젤 엔진에서 라이너(liner)를 별도로 삽입하는 이유는 실린더의 내부가 피스톤이 왕복운동을 하면서 마멸(wear)이 발생되었을 때 신제품 라이너와 교환이 용이하도록 하기 위해서다.

그림 2.2 실린더 블록

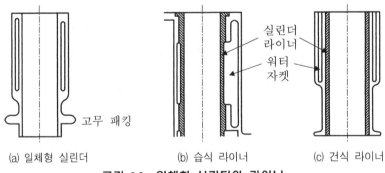

(a) 일체형 실린더   (b) 습식 라이너   (c) 건식 라이너

그림 2.3 일체형 실린더와 라이너

2) 실린더 헤드

실린더 헤드(cylinder head)는 실린더 블록의 위쪽에 설치되며, 연소 가스나 물이 새는 것을 방지하기 위해 가스켓(gasket)을 설치하고 볼트로 엔진 블록과 완벽하게 결합된다. 실린더 헤드의 안쪽은 피스톤, 실린더와 함께 반구형과 쐐기형(pent roof)의 연소실을 형성하고 있으며, 그림 2.4에서 보여주는 것처럼 실린더 헤드의 위쪽은 캠축과 밸브 개폐기구가 설치되어 있다. 그 외부에는 흡·배기 매니폴드나 점화 플러그 등이 부착되어 있다. 또한, 실린더 헤드에는 보조 흡기밸브(jet valve)를 설치하여 혼합기에 고속 분류를 보내서 소용돌이를 일으킴으로써 희박한 혼합기라도 안정된 연소를 할 수 있도록 설계된 모델도 있다.

실린더 헤드의 재질은 가솔린 엔진의 경우 일반적으로 알루미늄 합금을 사용하고, 디젤 엔진에서는 주철로 많이 사용한다. 알루미늄 합금은 주철에 비해 열전도가 매우 좋아서 연소실의 온도를 낮출 수 있는 장점이 있는 반면에 열팽창 계수가 커서 열변형이 생기기 쉽고 강도가 작다는 단점이 있다. 따라서, 밸브 가이드와 밸브 시트는 별도의 재료로 제작하여 끼워서 사용하고 있다.

3) 오일 팬 및 로커 커버

오일 팬(oil fan)은 그림 2.5와 같이 강판(steel plate)을 프레스로 가공하여 제작한 엔진 오일을 저장하는 용기이다. 오일 팬은 가스켓을 사용하여 실린더 블록의 크랭크 케이스에 볼트로 고정하고, 오일의 누설을 방지토록 한다. 이것은 엔진 오일을 저장하기 쉽도록 한 섬프(sump), 즉 일부를 더 깊게 만든 부분과 섬프의 아래 부분에는 오일을 배출시킬 수 있는 드레인 플러그(drain plug)가 있다.

또한, 오일 팬은 가열된 엔진 오일을 냉각하기 위해 대기중으로 발산시키는 냉각 역할을 하고, 후륜 구동용 차량(RF) 엔진에서는 차량 전후의 움직임에 따라 발생하는 오일의 유동을 막아 공기가 흡입되지 않도록 하기 위해 칸막이를 설치하기도 한다. 그러나, 전륜 구동형(FF) 자동차는 엔진을 횡으로 배치하기 때문에 칸막이를 설치할 필요가 없다.

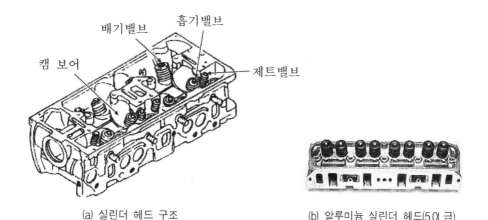

(a) 실린더 헤드 구조   (b) 알루미늄 실린더 헤드(5.0L급)

그림 2.4 실린더 헤드

로커 커버(rocker cover)는 그림 2.6과 같이 실린더 헤드의 윗부분에 가스켓과 같이 장착되어 로커암축과 밸브 개폐기구를 보호하는 커버로서, 로커 커버의 윗부분에는 오일을 주입할 수 있는 오일 주입구가 있고, 블리더 호스가 연결되는 튜브와 블로바이 가스를 제어하는 PCV(Positive Crankcase Ventilation) 밸브가 로커 커버의 측면에 부착되어 있다.

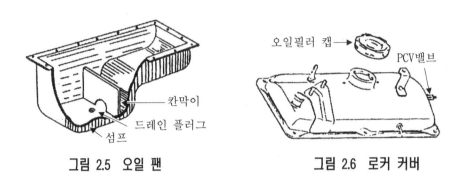

그림 2.5 오일 팬   그림 2.6 로커 커버

ㄴ) 프런트 케이스

프런트 케이스는 가스켓(gasket)과 함께 실린더 블록의 앞쪽에 장착되며, 중앙 부위에는 크랭크축용 오일 시일(oil seal)이 조립되어 있다. 오일 시일의 뒷편에는 기어식 오일 펌프가 크랭크축에 결합된다.

또한, 프런트 케이스의 측면에는 엔진오일의 압력을 일정한 상태로 조절하는 릴리프 플런저(relief plunger)와 이물질을 걸러내주는 오일 필터가 장착될 수 있도록 되어 있다.

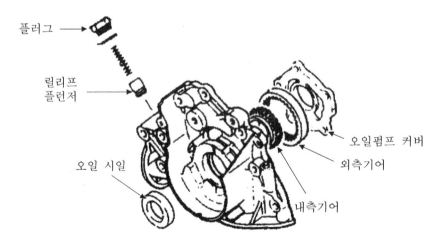

그림 2.7 프런트 케이스

(2) 흡·배기 장치

그림 2.8과 같이 엔진을 작동시키기 위해서 실린더 안에는 혼합기를 흡입하기 위한 공기 청정기, 스로틀 보디, 흡기 매니폴드 등이 있다. 또한, 혼합기가 연소한 후에 연소 가스를 외부로 배출하기 위해서 배기 매니폴드, 배기 파이프, 3원촉매 장치, 소음기 등이 설치되어 있다. 엔진에서 흡·배기 장치는 엔진의 동력을 얻기 위한 작동유체의 유동에 관련된 유니트로 연료, 공기, 연료-공기 혼합기, 연소가스, 잔류가스, 배기가스 등이 이에 해당된다.

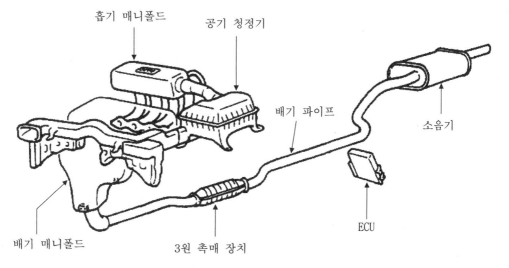

그림 2.8 흡·배기 장치

1) 공기 청정기

공기 청정기(air cleaner)는 그림 2.9와 같이 엔진으로 흡입되는 공기속에 들어있는 먼지를 비롯하여 각종 이물질을 제거하기 위한 엘리먼트가 있고, 공기 청정기는 흡기 계통에서 발생하는 흡기 소음을 줄여주는 역할도 한다. 공기 청정기는 엔진 오염 관리의 주요 체크 포인트로 주기적인 교환이 필요하다.

2) 흡기 매니폴드

그림 2.10과 같이 흡기 매니폴드(intake manifold)는 스로틀 보디에서 서지탱크와 엔진의 각 실린더를 연결하고, 공기-연료 혼합기를 각 실린더에 균일하게 분배하는 역할을 한다. 흡기 매니폴드의 재질은 주철재나 알루미늄 합금재를 파이프 형태로 제작되어 있다. MPI 엔진의 흡기 매니폴드에는 4개, 6개, 8개 등 다수의 인젝터가 설치되어 매니폴드 내로 연료가 분사되어 공기와 혼합기를 형성한다.

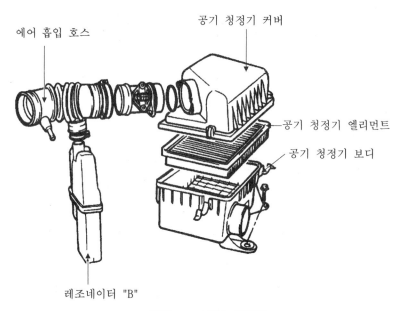

에어 흡입 호스

공기 청정기 커버

공기 청정기 엘리먼트

공기 청정기 보디

레조네이터 "B"

그림 2.9 공기 청정기

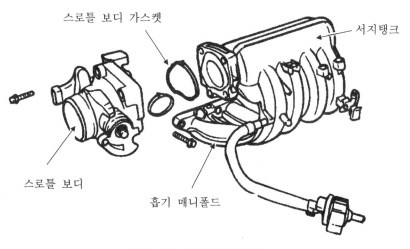

스로틀 보디 가스켓

서지탱크

스로틀 보디

흡기 매니폴드

그림 2.10 흡기 매니폴드

3) 배기 매니폴드

배기 매니폴드(exhaust manifold)는 연료가 연소실에서 연소된 후에 빠져나온 배기 가스를 모아서 배기 파이프로 배출하기 위한 연결 부품을 말한다. 배기 매니폴드는 보통 주철로 제작되며, 형상은 흡기 매니폴드와 유사하고 실린더 헤드에 장착되어 있다. 배기 매니폴드에는 연소되고 난 가스의 잔류 산소량을 검출하는 산소센서가 부착되어 있다.

(3) 엔진 베어링

그림 2.11과 같이 크랭크축의 저널 부분이나 크랭크 핀 부분에 사용하는 베어링은 일반적으로 분할형 베어링을 사용하고, 캠축 저널부분과 카운터 밸런스축의 베어링은 원통형의 삽입식 미끄럼 베어링, 즉 엔진 베어링을 사용한다. 엔진 베어링은 미끄럼 마찰 표면에 적당한 유막을 형성시켜서 동력 행정 과정에서 발생된 충격력을 회전부분이 받음으로써 큰 하중이나 충격력을 흡수하고, 크랭크축의 회전으로 생기는 부분적인 고체 마찰을 액체(유체 윤활) 마찰로 바꾸어 마찰열 발생으로 인한 스커핑(scuffing)이나 시져(seizure) 현상 발생을 방지해야 한다. 따라서, 베어링은 모든 하중을 담당하면서 미끄럼 마찰 접촉면의 마멸량 발생이나 동력 손실을 줄여주는 중요한 역할을 하게 된다.

(a) 분할형 베어링　　　　　　　　　(b) 원통형 삽입식 베어링

그림 2.11 엔진 베어링

2.1.3 운동 부품

(1) 피스톤-크랭크 기구

1) 피스톤

피스톤(piston)은 실린더의 내측 벽면을 따라서 왕복 운동을 하고, 동력 행정에서는 고온·고압의 가스 압력을 받아서 커넥팅 로드를 통해 크랭크축에 회전력을 전달하는 역할을 한다. 피스톤 헤드는 고온(2000℃ 이상)의 연소가스에 직접 노출되고, $30 \sim 40 kg/cm^2$의 가스압력을 충격적으로 받는다. 또한, 피스톤은 실린더 안에서 고속운동($10 \sim 20 m/s$)을 하기 때문에 마찰력이 크게 발생하고, 이러한 마찰 악조건에서도 그 기능을 충분히 발휘할 수 있는 알루미늄 합금 피스톤을 사용하고 있다. 그림 2.12와 같이 피스톤의 주요 부분으로는 피스톤 헤드, 링 지대(ring zone), 스커트(skirt), 보스(boss) 등이 있고, 피스톤 헤드는 연소실의 일부를 형성한다. 실제로 피스톤은 고온에 의해 팽창하기 때문에 피스톤 스커트 부분의 지름을

보다 작게 제작하여 마찰특성을 좋게 한다.

피스톤 윗 부분의 둘레는 그림 2.13과 같이 피스톤 링이 설치되는 링 지대(ring zone)가 있어서, 두 개의 압축링과 하나의 오일링이 홈(groove)에 삽입되어 있다. 압축링은 압축과 팽창 과정에서 기밀을 유지하고, 피스톤이 받게되는 높은 열을 실린더 블록으로 전달하며, 엔진오일이 연소실 내부로 들어가지 못하도록 최소한의 유막을 남겨놓고 긁어내리는 역할도 한다. 오일링(oil ring)은 실린더 보어에 윤활유가 균일하게 공급될 수 있도록 하고, 여분의 오일을 긁어내리는 역할을 한다. 그림 2.14와 같이 피스톤 스커트 부분은 피스톤이 왕복운동을 할 때 가이드 역할을 하며, 보스 부분은 피스톤 핀이 장착되는 부분으로 냉각시는 타원형으로 존재하지만, 웜업시는 팽창하여 진원(true circle)으로 된다.

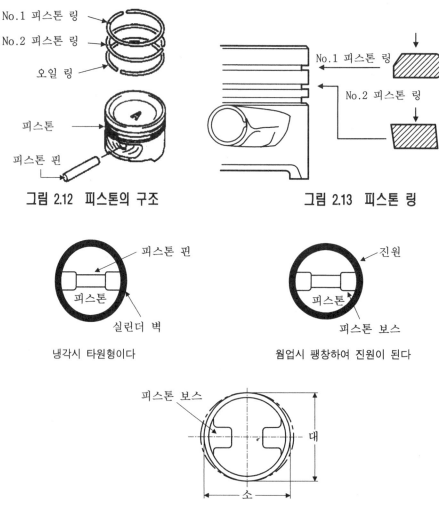

그림 2.12 피스톤의 구조   그림 2.13 피스톤 링

냉각시 타원형이다   웜업시 팽창하여 진원이 된다

그림 2.14 열 유입에 따른 피스톤의 타원과 진원 형상의 변화

피스톤 핀(piston pin)은 피스톤과 커넥팅 로드를 연결하는 핀으로, 피스톤 핀 중앙에는 커넥팅 로드가 결합되고, 핀의 양쪽은 피스톤 보스에 의해 지지된다. 그림 2.15와 같이 피스톤 핀의 설치 방법에는 고정식, 반부동식, 부동식이 이용되고 있다. 고정식은 가솔린 엔진에서 많이 이용되고 있는 방식으로, 그림 2.15(a)와 같이 커넥팅 로드의 작은 쪽에 피스톤 핀이 압입·고정된 형식이다. 그림 2.15(b)의 반부동식은 피스톤 보스의 양쪽에 스냅 링이 설치되어 있고, 커넥팅 로드의 작은 쪽에는 부싱(bushing)이 끼워져 있는 형식으로 디젤 엔진에서 많이 이용되고 있다.

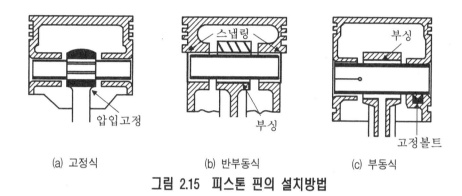

(a) 고정식   (b) 반부동식   (c) 부동식

그림 2.15 피스톤 핀의 설치방법

2) 커넥팅 로드

커넥팅 로드(connecting rod)는 그림 2.16과 같이 피스톤과 크랭크축을 연결하는 봉(rod)으로 소단부(small end)는 피스톤 핀과 연결되고, 대단부(big end)는 분할되어 크랭크축과 커넥팅 로드 캡에 의해 연결된다. 커넥팅 로드는 운전 중에 압축력, 인장력, 휨 등의 복합 하중을 반복하여 받기 때문에 이것을 충분히 견딜 수 있는 강도와 강성을 필요로 한다.

연소실에서 발생되는 팽창 충격력이 피스톤을 직선 왕복운동으로 전달되면 연결된 소단부를 통하여 커넥팅 로드 구조물에 힘이 전달되고, 이것은 대단부를 통하여 크랭크축의 회전력으로 변환하게 된다. 따라서, 커넥팅 로드는 피스톤의 직선 운동을 크랭크축의 회전운동으로 바꿔주는 연결봉(connecting rod) 역할을 하기 때문에 연결봉이라고도 한다.

또한, 커넥팅 로드는 원심력에 의한 영향을 줄이기 위해서 I형 단면으로 제작되어 가능한 무게를 줄인다. 커넥팅 로드의 사용 재질로는 니켈 크롬강, 크롬 몰리브덴강, 탄소강 등을 사용하며, 기계적 강도를 증가시키기 위해서 형타 단조(drop forging)로 제작한다.

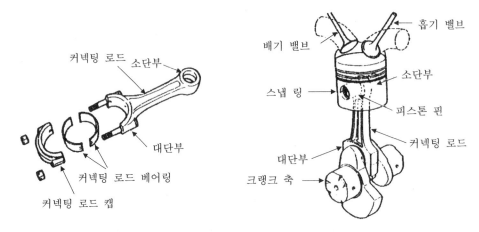

그림 2.16　커넥팅 로드의 구조

3) 크랭크축

크랭크축(crankshaft)은 크랭크 케이스 안에 설치된 메인 베어링과 캡에 의해 지지되어 각 실린더의 동력 행정에서 발생한 피스톤의 직선 운동을 커넥팅 로드를 통해 회전 운동으로 바꾼다. 그러나 흡입 행정, 압축 행정, 배기 행정에서는 피스톤에 왕복운동을 가해 연속적으로 동력을 발생하도록 하는 역할을 가지고 있다.

크랭크축의 주요 부분은 그림 2.17과 같이 메인 베어링에 지지되는 메인 저널, 커넥팅 로드가 연결되는 크랭크 핀, 메인 저널에서 크랭크 핀을 연결하는 크랭크 암과 핀의 평형을 유지하기 위해 설치된 평형추(balance weight)가 있다. 또한, 뒤축의 끝에는 플라이휠을 설치하기 위한 플랜지와 플랜지 외경에는 오일의 유출을 막는 리어 오일시일이 장착되고, 앞쪽에는 캠축을 구동하기 위한 크랭크 스프로킷과 워터 펌프, 발전기를 구동할 수 있는 크랭크 풀리가 장착된다. 크랭크축 내부에는 커넥팅 로드 베어링의 윤활을 위해 저널에서 핀까지 오일 구멍이 가로질러서 가공되어 있다.

4) 플라이휠

플라이휠(flywheel)은 그림 2.18과 같이 주철제로 제작되어 크랭크축 뒤쪽의 플랜지에 고정되어 있다. 크랭크축은 동력 행정에서만 큰 회전력을 얻을 뿐 그 밖의 행정에서는 오히려 회전을 멈추게 하려는 힘이 작용한다. 플라이휠을 부착해서 회전 관성력을 이용하여 회전속도의 변동을 작게 하고 원활한 회전을 하도록 한다. 따라서, 플라이휠은 관성력을 크게 하지만, 중량은 가볍게 하기 위해서 중심 부분은 얇게 하고 주위는 두껍게 한 원판을 사용한다.

플라이휠의 뒷면은 클러치의 마찰면으로 이용하며, 바깥 둘레에는 엔진을 시동할 때 시동 모터(start motor)의 피니언 기어와 맞물려 돌아가도록 기어가 열박음으로 압입되어 있다. 자동 변속기인 경우에는 토크 컨버터가 플라이휠과 동일한 역할을 한다.

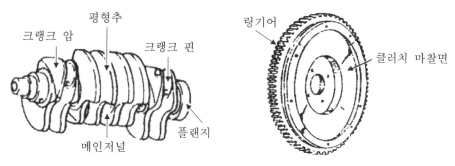

그림 2.17 크랭크축의 구조   그림 2.18 플라이휠의 구조

(2) 밸브의 개폐기구

4사이클 엔진에서 캠축은 크랭크축의 2회전마다 1회전하도록 스프로킷의 기어비가 구성되어 있으며, 캠축의 회전에 따라 로커암 축에 설치된 로커암이 작동되고, 이 로커암의 운동은 밸브를 개폐시킨다. 피스톤 운동에 따라 밸브의 개폐작용을 정확하게 하기 위해서 크랭크 스프로킷과 캠 스프로킷에는 조립 표시가 있어서 조립할 때는 이 표시를 맞추어야 한다. 그림 2.19는 밸브의 개폐기구에 대한 구조를 나타낸 것이다.

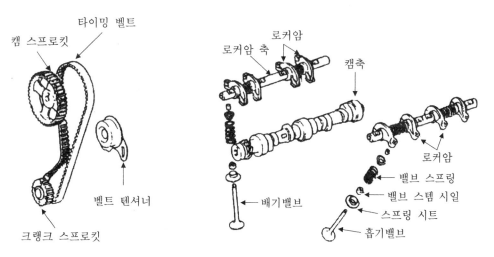

그림 2.19 밸브의 개폐기구

1) 밸브

밸브(valve)는 동력 행정에 필요한 혼합기를 연소실 안으로 흡입시키거나, 연소가스를 외부로 배출하는 역할을 한다. 1개의 실린더에는 그림 2.20에서 보여준 것과 같이 흡·배기 밸브가 각각 1개씩 설치되어 있다. 최근에 적용되는 엔진은 대부분 DOHC 엔진으로 흡기 밸브 2개와 배기 밸브 2개가 설치되어 있다. 엔진의 출력은 밸브 헤드 부분의 지름 크기와 밀접한 관계를 가지며, 밸브지름이 큰 밸브가 흡배기 효율 측면에서 우수하나, 배기 밸브는 냉각하기가 곤란하므로 흡기 밸브 보다 밸브의 지름을 약간 작게 한다.

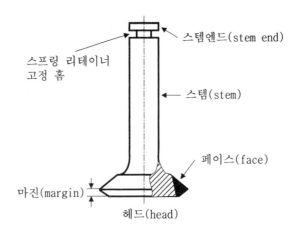

스템엔드(stem end)

스프링 리테이너
고정 홈

스템(stem)

페이스(face)

마진(margin)

헤드(head)

그림 2.20 밸브 구조

2) 밸브 시트와 밸브 가이드

밸브 시트(valve seat)는 밸브 페이스(valve face)와 밀착하여 연소실의 압력이 새는 것을 방지하며, 밸브 헤드의 열을 받아 실린더 헤드의 냉각수 통로로 전달도 한다. 밸브 시트는 항상 고온가스에 노출되고, 밸브와 주기적으로 접촉을 하기 때문에 알루미늄으로 제작된 실린더 헤드에 내열강으로 만든 밸브 시트링(valve seat ring)을 열박음한 후 시트자리를 가공해야 한다. 밸브 가이드는 보통 주철로 만든 다음 실린더 헤드에 압입시킨 후 가이드 내경을 정밀하게 다듬질하여 밸브의 밀착이 잘 되도록 안내하는 역할을 한다. 밸브 가이드와 밸브 스템의 틈새를 통해 엔진 오일이 연소실로 침입하는 것을 방지하기 위해 밸브 스템부에는 밸브 스템 시일(valve stem seal)을 장착한다.

3) 밸브 스프링

밸브 스프링은 밸브가 닫혀 있는 동안에 밸브 시트에 밀착시켜 실린더 안의 기밀을 유지한다. 또한, 밸브가 운동하는 동안에는 로커암을 캠 면에 밀어서 캠의 프로 파일(profile)대로 확실하게 작동하여 서로 떨어지지 않도록 하는 일을 한다.

4) 캠축

캠축(camshaft)은 그림 2.21과 같이 흡·배기 밸브수와 동일한 수의 캠과 캠축을 실린더 헤드에 지지하는 저널, 연료 펌프를 구동하는 편심 캠 및 배전기 구동용 헬리컬 기어가 일체형으로 되어 있으며, 일반적으로 내마멸성이 큰 주철을 사용하여 캠의 양정 부위는 칠드층으로 경화시키고, 초기 윤활을 위해 표면처리를 한다.

밸브의 운동상태와 밸브가 열려있는 기간, 밸브의 열림량 등이 캠의 형상에 따라 정해진다. 캠이 회전하면 로커 암은 그 양정 곡선을 따라 움직이면서 밸브를 밀어주고, 기초원(base circle)에 이르게 되면 밸브는 스프링 힘에 의해 닫히게 된다.

그림 2.22와 같이 캠축의 구동방식은 SOHC와 DOHC 엔진인 경우 체인 구동식과 벨트 구동식이 이용되고 있다. 최근에 개발된 엔진은 체인 구동식의 소음 제거와 중량감소를 목적으로 대부분 벨트 구동식이 많이 사용되고 있다. 또한, OHV형 (디젤 엔진) 경우의 캠축 구동은 크랭크 기어가 공전 기어를 통해 캠축 기어를 구동하는 기어 구동식이 이용되고 있다.

5) 밸브 개폐시기

크랭크축의 회전에 맞추어 밸브의 개폐를 정확히 유지하는 것이 밸브 개폐시기 (valve timing)라 하고, 밸브의 개폐시기를 그림 2.23에서 표시하고 있다.

흡기밸브는 흡기의 관성을 이용하여 혼합기를 가능한 많이 실린더 안으로 흡입하기 위해서 상사점 직전 12°에서 열린다. 배기밸브는 동력(폭발) 행정이 끝나기 직전인 하사점 직전 52°에서 밸브를 열어 연소가스를 신속히 배출하고 상사점 이후 12°까지 계속 열어두어 완전하게 배출시킨다. 또한, 흡기밸브와 배기밸브가 모두 열려있는 시기를 밸브 오버랩(valve overlap)이라 한다. 이러한 오버랩 작동은 혼합기의 체적 효율을 높이는데 그 목적이 있다.

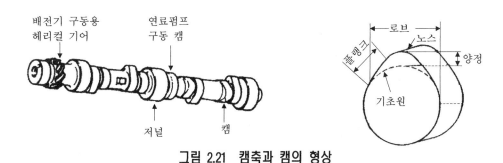

그림 2.21 캠축과 캠의 형상

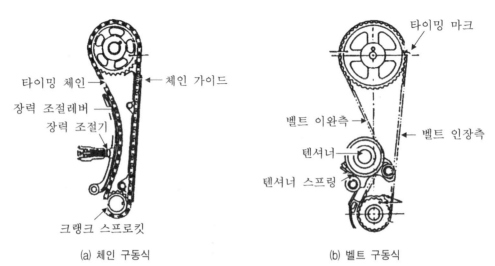

(a) 체인 구동식   (b) 벨트 구동식

그림 2.22 캠축의 구동방식

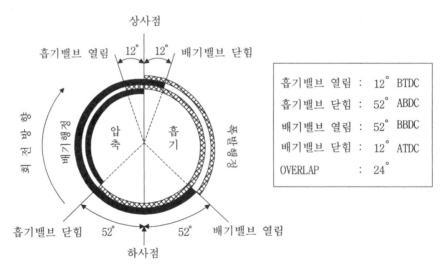

흡기밸브 열림 :	$12°$ BTDC
흡기밸브 닫힘 :	$52°$ ABDC
배기밸브 열림 :	$52°$ BBDC
배기밸브 닫힘 :	$12°$ ATDC
OVERLAP :	$24°$

그림 2.23 밸브의 개폐시기 선도

6) 밸브 간극

밸브 기구의 각 부품은 엔진의 온도가 상승함에 따라 팽창하므로 일정한 간극을 유지하지 않으면 밸브가 닫힐 때 밸브 페이스 마찰면과 밸브 시트가 밀착되지 않고 가스가 누출된다. 이를 방지하기 위하여 규정된 간극을 두어야 한다. 밸브 간극이 규정치를 벗어날 경우는 밸브 소음이 발생하거나 밸브 구동에서 부조화 발생의 원인이 되기도 한다. 최근의 엔진에서는 유압을 이용한 유압간극 조절기(hydraulic autolash adjuster)를 사용하여 밸브 간극을 항상 0(제로)이 되도록 하고 있다.

2.2 디젤 엔진의 구조

2.2.1 개요

디젤 엔진(Diesel engine)은 공기만을 연소실로 흡입·압축하여 고온·고압의 압축 공기를 형성시킨 다음, 압축 행정이 종료되기 직전에 고압의 연료를 압축된 공기에 분사함으로써 이미 가열된 압축공기의 열에 의해 연료가 자기 착화하는 자연 연소 방식을 채택하고 있다. 그러나, 가솔린 엔진은 혼합기를 연소실에 흡입하여 압축하고, 압축된 혼합기에 스파크 플러그를 통하여 불꽃을 공급함으로써 폭발 연소시키는 연소 방식이다.

디젤 엔진은 가솔린 엔진과 마찬가지로 연소실 내에서 연료의 연소 과정을 통하여 화학적 반응열 에너지를 기계적 에너지로 변환시키는 역할을 한다. 이 때에 가스의 연소과정에서 발생된 팽창 압력에 의해 동력을 얻는 디젤 엔진도 내연기관(internal combustion engine)의 일종이다. 그림 2.24는 대표적인 디젤 엔진의 외형도를 보여주고 있다.

최근에는 커먼레일(common rail) 고압 분사방식을 채택한 디젤 엔진이 개발되어 엔진의 출력과 연비를 크게 향상시키고, 특히 유해 배기가스 발생량을 획기적으로 개선하고 있다.

그림 2.24 터보 장착 디젤 엔진

2.2.2 기본 구조

디젤 엔진은 엔진의 모든 하중을 지지해야 하는 엔진 본체와 이에 부속된 연료, 윤활, 냉각, 흡·배기 장치 등 기본적인 구조는 가솔린 엔진과 거의 유사하나 디젤 엔진에서는 전기 점화장치 대신에 자기 착화를 위한 고압의 연료 분사장치를 설치하고 있다는 것이 큰 차이점이라 할 수 있다. 즉, 연소실에 공기만을 흡입하여 공기를 압축하여 분사된 연료에 의해 자연적으로 착화되는 시스템이 가솔린 엔진과 다른 점이다.

(1) 엔진 본체

실린더 헤드, 피스톤·피스톤 링, 커넥팅 로드, 크랭크축, 엔진 베어링, 크랭크 케이스

(2) 밸브 구동장치

캠축·캠, 로커암(푸시로드, 태핏), 흡·배기 밸브, 타이밍 벨트(타이밍 기어)

(3) 흡·배기 장치

공기 청정기, 흡기 매니폴드, 과급기, 인터쿨러, 배기 매니폴드, 소음기

(4) 연료장치

인젝션 펌프, 연료 공급 펌프, 연료 필터, 수분 분리기, 노즐

(5) 냉각장치

워터 펌프, 냉각 팬, 수온 조절기

(6) 윤활장치

오일 펌프, 오일 필터, 오일 쿨러

(7) 예열장치

예열 플러그, 프리히터

(8) 매연 후처리 장치

2.2.3 디젤 엔진 시스템의 종류

디젤 엔진의 주요 장치를 가솔린 엔진과 비교하여 서로 다른 특이한 구조나 요소(element)를 설명하면 다음과 같다.

(1) 연소실

1) 예연소식 연소실

연소실의 구조는 그림 2.25에서 보여주는 것처럼 예연소실과 주연소실로 구분되어 있고, 예연소실의 체적은 주연소실의 30~40%를 차지하고 있다. 연료가 예연소실에 미리 분사되어 고온·고압의 연소 가스가 발생하면, 그 압력에 의해 아직 타지 않고 남은 연료가 연결된 분사구멍을 통해 주연소실로 분출되어 소용돌이를 일으키면서 연료와 공기가 보다 잘 혼합되어 완전히 연소하게 된다. 따라서, 예연소 방식은 예연소실을 갖지 않은 경우에 비하여 연소효율이 높다.

예연소실 방식은 다음과 같은 장·단점을 갖고 있다.

① 장점 : 연료의 분사개시 압력(80~150kg/cm^2)이 낮기 때문에 연료장치의 고장 발생이 적고, 운전상태가 조용하며, 디젤 노크가 잘 발생하지 않아 주로 소형 승용차에 적용된다.

② 단점 : 실린더 헤드가 복잡하고 냉각손실이 크며, 별도의 예열 장치를 필요로 한다.

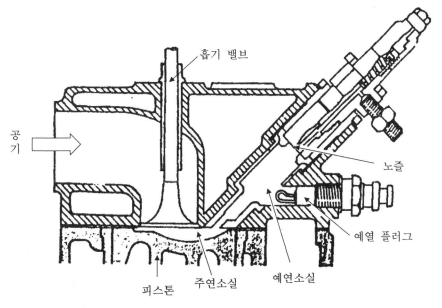

그림 2.25 예연소식 연소실

2) 와류식 연소실

와류식의 연소실은 그림 2.26과 같이 매연과 소음 감소에 적합한 방식으로 연소실 체적의 50~80% 정도에 해당하는 와류실을 따로 둔다. 이곳에서 1차 연소를 시킨 다음에 혼합기를 강한 와류로 만들어 주연소실로 분출하도록 설계되어 있으며, 이곳에서 나머지 연소를 완성한다.

와류 방식은 다음과 같은 장·단점을 갖고 있다.

① 장점 : 공기의 와류를 이용하므로 공기와의 혼합이 잘 되고, 회전수와 평균 유효압력을 높일 수 있다. 또한, 분사압력을 낮게 해도 되며, 엔진의 회전 범위가 넓다.

② 단점 : 실린더 헤드의 구조가 복잡하고 연소실 표면적이 크기 때문에 예열 플러그를 필요로 하며, 직접 분사식보다는 열효율이 낮고 노킹이 발생될 우려가 크다. 주로 소형 디젤 엔진에 사용되고 있다.

3) 직접 분사식 연소실

직접 연료 분사방식은 그림 2.27과 같이 실린더 헤드에 연소실이 마련되어 있지 않고 피스톤 상단부에 비교적 얕은 홈을 파서 분사하기에 적합한 연소실을 만들고, 중앙의 다공 분사 노즐로부터 연소실에 균등하게 연료를 분사한다. 엔진에서 연료를 직접 분사하는 방식은 연소효율과 저공해 측면에서 많은 주목을 받고 있다.

직접 분사방식은 다음과 같은 장·단점을 갖고 있다.

① 장점 : 연소실 구조가 간단하고 열손실이 작으며, 열효율이 높고 연료 소비가 작을 뿐만 아니라 시동성이 우수하여 예열 플러그를 필요로 하지 않는다.

② 단점 : 연료의 착화성에 민감하고 다공식 노즐을 사용하므로 비교적 가격이 높다. 따라서, 직접분사 방식의 연소실은 대부분 중대형 디젤 엔진에 사용되고 있다.

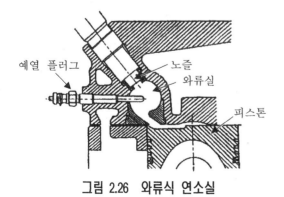

그림 2.26 와류식 연소실

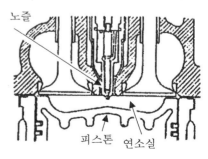

그림 2.27 직접 분사식 연소실

(2) 터보 차저

터보 차저(turbo-charger)는 그림 2.28과 같이 배기가스의 에너지를 이용하여 흡입 공기를 압축하여 연소실 안으로 공급하는 장치이다. 즉, 배기가스는 터보 차저의 터빈을 돌리고, 터빈축에 연결된 압축기를 돌려서 외부의 공기를 흡입·압축하여 연소실에 보다 많은 공기를 강제로 유입시키는 장치이다. 터보 차저는 과급에 의해 엔진의 출력을 향상시키기 위한 장치로서 엔진의 고출력, 연비, 배기가스 규제 강화 등으로 최근 그 장착율이 급격하게 증가하고 있다.

터보 차저는 고속에서 고출력을 발생하기 위하여 과급 방식을 채택하는 장치로 터보 차저를 장착한 엔진은 다음과 같은 특징을 갖는다.

1) 출력 상승

차량의 동력이 부족하면 등판 능력, 가속 추월 성능 부족으로 운행 시간이 증가하고, 운전자의 피로감이 증대되며, 승객 또한 심적 부담감을 느끼게 된다. 반면에 차량의 동력이 충분하면 쾌적한 운전을 보장해 주고, 엔진의 저속 영역을 상대적으로 많이 사용하게 되므로 엔진의 내구성 또한 커진다. 일반적으로 동일한 배기량에서 터보를 장착한 엔진의 경우에 출력은 20~50% 증가하고, 동시에 엔진의 크기와 무게를 상대적으로 감소시킬 수 있다.

2) 소음 감소로 인한 정숙성

엔진 소음에는 크게 연소 소음과 기계 소음으로 구분된다. 여기서, 연소 소음은 착화 직후의 연소 압력 상승률에 의해 발생된다. 터보 차저(turbo-charger) 엔진의 경우는 자연 흡기식(natural aspiration) 엔진보다 흡입 공기 온도가 높아져 착화 지연 시간이 짧아지므로 압력 상승률이 낮고 소음이 감소한다. 기계 소음은 일반적으로 회전수가 클수록 높아지는데, 터보 엔진에서는 저속 영역의 사용 빈도가 많아 소음 감소 효과가 크다. 터보 엔진의 경우, 소음 감소율은 6~10% 정도이다.

3) 연비 개선

출력이 동일하면 연료 소비율은 부하가 높을 경우 터보 엔진이 자연 흡기식 엔진보다 양호하고, 저부하에서는 같거나 다소 불리하나 기어비 변경으로 고부하 운전이 가능하기 때문에 전반적으로 연비가 개선된다.

4) 배기 배출물의 감소

터보 엔진의 경우 충분한 공기가 흡입되므로 거의 완전 연소되어 매연 발생이 적고, 배기 배출물도 크게 감소한다. 특히 HC, CO 등의 불완전 연소 생성물이 현저히 줄어들며, NOₓ의 경우도 조절이 용이하다. 이러한 배출 오염물질 감소는 충분한 공기의 유입이 보장되기 때문이다.

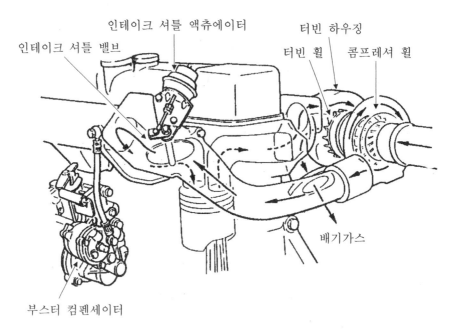

인테이크 셔틀 액츄에이터

인테이크 셔틀 밸브

터빈 하우징

터빈 휠   콤프레셔 휠

배기가스

부스터 컴펜세이터

그림 2.28 터보 차저의 구조와 공기의 흐름

(3) 인터쿨러

흡입 공기는 터보 차저에서 압축과 배기 터빈에 의한 열전달로 온도가 상승한다. 따라서, 실린더에 실제로 충진되는 공기 질량은 온도 상승에 상응하는 만큼 감소된다. 압축 공기를 실린더에 공급하기 전에 과급공기 중간 냉각기(intercooler)를 통과하여 냉각시키면 체적 효율을 더욱 높일 수 있다. 그림 2.29는 인터쿨러에 의한 과급공기의 냉각방식을 나타내고 있다.

(4) 예열장치

냉각 상태의 디젤 엔진은 공기 압축시 누설과 열손실 때문에 압축압력과 온도가 낮아져 시동이 어렵게 된다. 따라서, 연소실 또는 흡기 매니폴드 내의 공기를 추가적으로 가열하여 연료의 자기 착화를 쉽게 하는 방법을 이용하는데, 이와 같은 목적으로 설치된 장치를 예열장치라 한다.

간접 분사방식의 엔진은 연소실내에 예열 플러그를 설치하여 흡입공기를 가열하는 방식이 대부분이다. 직접 분사방식 엔진은 간접 분사방식에 비해 연소실의 표면적이 작아 열손실이 줄어들기 때문에 냉간 시동성이 비교적 양호하다. 그러나, 대형 직접 분사방식 엔진은 흡기 매니폴드에 화염식 예열 플러그를 소형 직접 분사방식의 엔진에서는 흡기 매니폴드에 프리히터(preheater)를 설치하여 흡입 공기를 예열하는 방식을 이용한다.

엔진이 시동되면 예열 장치는 작동되지 않는 것이 일반적이지만, 최근에는 엔진이 시동된 직후에도 일정 시간동안 예열 회로를 작동시켜 엔진의 정상운전을 촉진시키고 동시에 소음과 배기가스를 개선시키는 방식이 점점 증가하고 있다.

현재 자동차 엔진에 사용되고 있는 예열 플러그의 종류와 특징은 다음과 같다.

1) 코일형 예열 플러그

예열 플러그 본체에는 그림 2.30(a)와 같이 단자 볼트와 단자 하우징이 서로 절연되어 있다. 가열코일의 한쪽 끝은 단자 볼트에, 그리고 반대쪽 끝에는 단자 하우징에 연결된다. 예열 플러그의 적열 시간은 약 30~50초 정도이다.

2) 피복형 예열 플러그

피복형 예열 플러그는 그림 2.30(b)와 같이 내열, 내부식성의 금속 튜브내에 코일형의 열선을 설치하고, 산화 마그네슘 분말을 채워 밀봉한다. 열선이 직접 연소 가스에 노출되지 않아 진동의 영향을 직접 받지 않으므로 코일형에 비해 수명이 길다. 예열 플러그의 적열 시간은 약 4~10초 정도이다. 이러한 피복형 예열 플러그는 소형 승합차에서 많이 사용하고 있다.

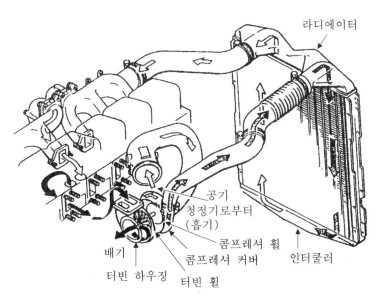

그림 2.29 인터쿨러에 의한 과급 공기의 냉각

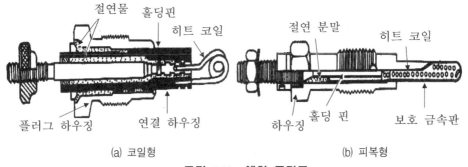

그림 2.30 예열 플러그

(5) 오일 쿨러

오일 쿨러는 그림 2.31과 같이 차량의 프런트 범퍼 내측에 장착되는 자연 공랭식이다. 오일을 순환시키는 오일 쿨러 바이패스 밸브는 오일 펌프에서 압송된 오일의 온도가 80℃ 이하에서는 바이패스 밸브가 열리고, 97~103℃ 정도에서 닫힌다. 즉, 엔진 오일의 냉간시에는 밸브를 열어 쿨러를 통과하지 않고 곧 바로 오일 필터로 압송시킨다. 이것은 엔진오일의 온도를 항상 일정하게 유지하여 엔진오일의 유동성을 균일하게 확보하고, 동시에 마찰부에서 유막의 강도를 보증하자는데 있다.

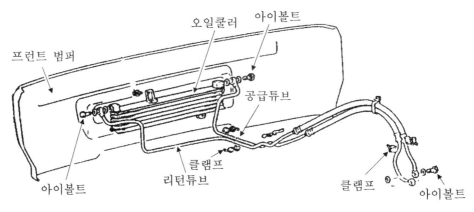

그림 2.31 오일 쿨러의 구조

(6) 연료장치

1) 개요

디젤 엔진의 연료장치는 엔진의 전체 운전 영역에서 연료를 연료 탱크로부터 흡입하여 연료필터(fuel filter) 및 수분 분리기(water separator)를 통해 이물질과 수분을 여과한다.

또한, 엔진의 부하와 회전 속도에 적합하도록 계량하여 크랭크축의 회전각도를 기준으로 적절한 분사 시기에 규정의 분사압력을 형성시켜 연소실의 형식에 따라 정해진 위치에 연료를 정확히 분사할 수 있도록 구성되어져 있다. 엔진에서 연료장치의 핵심은 액체연료를 완벽하게 무화 상태로 만들어 공기와 충분히 혼합되도록 하는데 모든 기술이 집중된다.

2) 연료의 공급 계통도

그림 2.32는 분배형 인젝션 펌프가 장착된 연료 공급 계통도를 나타내고 있다.

① 연료 피드펌프(feed pump)는 연료 탱크로부터 연료를 펌핑하여 여과기를 거쳐 인젝션 펌프로 연료를 공급한다.

② 연료필터나 수분 분리기의 연료중에 포함된 이물질이나 수분을 분리한다.

③ 인젝션 펌프는 내부의 거버너와 타이머 장치를 통해 송출 연료량을 엔진부하와 회전속도에 알맞게 계량하고 압력을 상승시켜 정해진 분사 시기에 일정시간 동안 노즐에 연료를 압송시킨다.

④ 노즐은 인젝션 펌프에서 압송된 연료를 연소실내의 정해진 위치에 분사하고 여분의 연료는 리턴 파이프(return pipe)를 통해 연료탱크로 다시 보내진다.

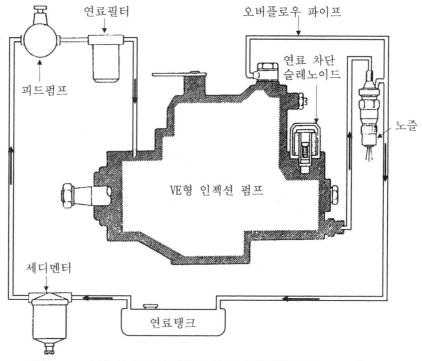

그림 2.32 분배형 인젝션 펌프가 장착된 엔진의 연료 공급 계통도

3) 연료장치의 구성 및 기능

⏹ 피드펌프

피드펌프(feed pump)는 연료탱크로부터 연료를 펌핑하여 여과기를 거쳐 인젝션 펌프에 공급하는 기능을 갖는다. 중·대형 엔진에는 인젝션 펌프 하우징에 설치되어 인젝션 펌프 구동축에 설치된 캠에 의해 구동되는 방식이 사용되고, 소형 엔진에는 인젝션 펌프 내부에 설치된 베인식 피드펌프가 적용된다.

⏹ 연료필터

연료 필터는 피드 펌프와 인젝션 펌프 사이에 설치되어 인젝션 펌프내로 이물질이 유입되어 손상되는 것을 방지한다. 소형차에 장착되는 연료 필터는 카트리지형 싱글 필터로서 상단부에 공기빼기용 플라이밍 펌프와 하단에 물수위 센서가 장착된 수분 분리기가 3단 일체로 조립되어 있다.

그리고, 2.5톤 이상의 중·대형 엔진에 사용되는 연료필터는 그림 2.33(a)와 같이 필터 하단의 볼트를 풀어 엘리먼트를 교환하는 엘리먼트 교환방식과 교환 작업이 다소 용이한 그림 2.33(b)의 스핀온 방식(spin-on type)을 사용한다. 그외에 대형 엔진의 경우는 필터 2개를 병렬로 연결하여 유효 여과 면적을 2배로 확장한 방식을 사용하기도 한다.

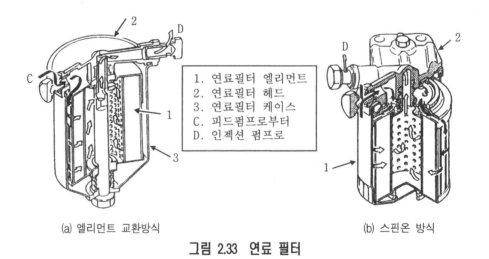

1. 연료필터 엘리먼트
2. 연료필터 헤드
3. 연료필터 케이스
C. 피드펌프로부터
D. 인젝션 펌프로

(a) 엘리먼트 교환방식   (b) 스핀온 방식

그림 2.33 연료 필터

2.3 가솔린 엔진과 디젤 엔진의 비교

2.3.1 가솔린 엔진과 디젤 엔진의 특징적 차이점

가솔린 엔진은 Otto에 의해 실용화되었고, 그 이후에 디젤 엔진은 Diesel에 의해 개발되었다는 측면에서 디젤 엔진은 가솔린 엔진의 문제점을 극복하기 위한 새로운 시도라 생각된다. 즉, 가솔린 엔진은 전기 스파크를 일으켜 점화하는 방식을 채택하고 있지만, 디젤 엔진은 압축 점화라는 완전히 다른 점화 시동 방식을 채택하였기 때문이다.

가솔린 엔진은 발화점이 낮은 휘발유를 사용하기 때문에 연소가 비교적 용이하지만 기존의 기화기(carburetor) 방식을 채택하고 있을 때는 무화가 잘 안된다는 문제점이 많이 제기되었다. 그러나, 디젤 엔진에서는 상대적으로 비중이 높은 경유를 사용하여 압축 점화를 해야 하므로 초기부터 고압 노즐을 사용한 무화를 시도하였기 때문에 초기부터 서로 다른 연료 분사와 연소방식을 개발 사용하였다.

그러나, 이러한 연료 공급이나 점화 방식 등에서 분명한 차이를 갖고 출발하였지만, 지금의 가솔린 엔진이나 디젤 엔진은 출력 상승, 최적연비 추구, 저공해·저소음 엔진 개발이라는 전제조건에서 보면 유사한 경향으로 개발되고 있다. 즉, 최근의 자동차는 불가피하게 전자제어 기술의 폭넓은 적용, 상호간 장점으로 거론된 기술의 상호 교환·사용 등은 다음과 같은 사항을 제외하고는 거의 같아지는 특성을 보이고 있다.

(1) 가솔린 엔진

① 연료-공기 혼합기를 연소실로 공급한다.

② 흡기 매니폴드나 연소실에서 연료와 공기를 혼합하여 압축 과정에서 완벽하게 혼합한다.

③ 압축된 혼합기에 불꽃점화(spark ignition)를 하여 연료를 연소한다.

(2) 디젤 엔진

① 공기만을 연소실로 공급한다.

② 흡입된 공기가 고온·고압의 압축공기로 만들어지고, 인젝터에 의해 연료가 별도로 분사된다.

③ 인젝터에 의해 분사된 연료 무화 입자는 압축된 공기와 접촉하면서 자연 착화

되어 연료가 연소된다.

2.3.2 가솔린 엔진과 디젤 엔진의 비교표

가솔린 엔진과 디젤 엔진은 4사이클, 피스톤 왕복동 운동을 한다는 기계적 구동 측면에서 동일하지만, 연료를 혼합하고 점화하는 방식이 불꽃 점화냐 또는 압축 점화냐가 서로 다르다. 이러한 연소 프로세스에 따라 엔진의 출력, 회전수, 연료 소비율, 압축비 등이 달라지게 된다.

기본적으로 가솔린 엔진보다는 디젤 엔진의 압축비가 높고, 출력이 크게 발생하기 때문에 사용되는 소재의 강도 설계를 높게 유지해야 한다. 따라서, 이러한 디젤 엔진의 설계 조건은 가솔린 엔진에 비하여 중량이 많이 나간다는 사실이다.

다음은 가솔린 엔진과 디젤 엔진의 장단점을 간략하게 기술하고는 있으나, 신기술의 도입으로 단점은 많이 개선되고 있다.

(1) 가솔린 엔진

1) 장점

① 엔진 회전수를 높일 수 있다.

② 출력당 중량이 가볍다.

③ 진동과 소음이 작다.

④ 시동성이 우수하다.

⑤ 보수와 정비가 용이하고, 부품 가격이 저렴하다.

2) 단점

① 상대적으로 공기 흡입량이 작아 CO, HC 발생량이 많다.

② 압축비를 높일 수가 없다.

③ 노킹 발생에 의한 피해가 크다.

④ 전기장치로 점화를 하므로 잔고장이 발생될 위험성이 크다.

(2) 디젤 엔진

1) 장점

① 연료 소비율이 작고 열효율이 높다.

② 연료의 인화점이 높아 화재의 위험성이 낮다.

③ 전기 점화장치를 사용하지 않으므로 고장율이 낮다

④ 저급 연료를 사용하므로 연료비가 저렴하다.

2) 단점

① 연소열이 높으므로 특히 NO_x 발생량이 많다.

② 저온 시동성이 나쁘다.

③ 압축비가 높으므로 엔진의 강도상 중량이 많이 나간다.

④ 엔진의 소음과 진동이 크다.

(3) 가솔린 엔진과 디젤 엔진의 비교 데이터

가솔린 엔진과 디젤 엔진은 사용하는 목적에 따라 엔진의 용량, 즉 출력이 결정되는데, 여기서는 2000~3000cc 용량을 갖는 가솔린 엔진과 디젤 엔진에 대하여 상대적인 비교 데이터를 제공하고 있다. 이러한 구체적 데이터는 엔진의 제조 메이커 성능에 따라 실제로는 약간씩 다르지만, 상대 비교량을 설명하기 위한 데이터로는 유용한 자료이다.

표 2.1은 상기의 특징 자동차의 가솔린 엔진과 디젤 엔진에 대한 특징을 서로 비교하여 제시하고 있다.

표 2.1 가솔인 엔진과 디젤 엔진의 상대적 비교 데이터 (2000~3000cc 기준)

	가솔린 엔진	디젤 엔진
연 료	휘발유, LPG	경유
연료 공급방식	포트 분사	분사 펌프에 의한 연소실 분사
혼합기의 형성	균일 혼합	불균일 혼합
점화 방법	전기 불꽃에 의한 강제 점화	압축열에 의한 자연 착화
압축비	8~11 : 1(혼합기)	16~23 : 1(공기)
부하의 제어	혼합기의 가감으로 제어	연료의 가감으로 제어
혼합비	13~17(농후)	16이상(공기 과잉의 희박 연소)
연소 진행	예혼합 연소(화염 전파)	확산 연소 화염
폭발 압력	$50~70kg/cm^2$	$60~90kg/cm^2$
열효율	25~35%	35~40%
최대 회전수	7500rpm	4500rpm
배기가스 온도	높음	낮음
촉 매	3원 촉매 사용	배기가스에 과다한 산소 포함으로 3원 촉매 사용 불가
용 도	고속 엔진, 소형 엔진, 주로 승용차	중대형 선박 엔진, SUV, 버스, 트럭

2.4 로터리 엔진

2.4.1 로터리 엔진의 발달사

로터리 엔진(rotary engine)은 회전운동을 하기 때문에 회전형 엔진, 또는 발명자의 이름을 붙여서 반켈 엔진(Wankel engine)이라고도 한다. 로터리 엔진은 독일의 Felix Wankel이 1924년에 개발한 것으로 독일 NCS사가 1959년에 실험적 연구를 성공적으로 수행하면서 로터리 엔진(모델 : KKM 250)을 발표하였다. 이후로 독일과 일본을 중심으로 로터리 엔진의 실용화 연구가 계속되었고, 그 중에서 독일의 NCS사와 일본의 마쓰다(Mazda)사가 상업화 기술개발을 많이 추진하였다.

로터리 엔진 개발의 선두사인 독일 NSU는 70년대의 두 차례 석유파동으로 겪으면서 로터리 엔진 사업을 포기하였지만, 일본 마쓰다 자동차는 1951년에 독일 NSU와 로터리 엔진에 관한 기술협력 관계를 맺은 이후로 로터리 엔진에서 독보적인 기술 축적을 많이 하였으며, 1967년 11월에는 코스모 스포츠카(그림 2.34)를 일본시장에 처음 출시하였다.

1978년에는 Savanna RX-7[12A(573cc×2) 로터리 엔진]을 판매하기 시작하였고, 지금까지 마쓰다 자동차가 로터리 엔진을 탑재하여 판매한 차량은 총100만대를 기록하였다. 마쓰다의 RX-7 모델은 로터리 엔진을 프론트(front)에 탑재하면서 빠른 기동력을 자랑하였고, 독자적인 4WS과 같은 새로운 기능을 장착하면서 큰 인기를 끌었다. 특히, 90년대 들어서는 강력한 출력을 바탕으로 로터리 엔진을 탑재한 자동차는 일본의 스포츠카로 자리를 잡았다.

마쓰다는 1985년에 200마력의 RX-7 모델(2세대)을 개발하였고, 1986년에는 150만대 판매라는 급신장을 계속하였다. 특히, 1999의 동경 모터쇼에 RX-EVOLV 모델(그림 2.35)을 스포티한 디자인으로 출시하면서 판매량이 급증하고 있다.

그림 2.34 코스모 스포츠카 [Mazda 110S, engine type : 10A(491cc × 2)]

그림 2.35 코스모 스포츠카 (Mazda RX-EVOLV)

로터리 엔진은 왕복동 엔진에 비하여 상대적으로 기술 수준이 떨어지기 때문에 이론적인 2배의 출력은 발휘하지 못하며, 엔진의 출력 성능이 항상 최고를 자랑하지는 못하였다. 그러나, 마쓰다 자동차는 최근에 로터리 엔진의 강력한 출력에 최신의 디자인 기술을 접목하면서 로터리 엔진을 탑재한 차량 판매량이 급증하고 있다는 사실에 크게 고무되어 있다. 로터리 엔진이 탑재된 승용차의 일반화는 특히 엔진의 연소공간을 정밀하게 확보해야 하는 밀봉부 처리를 위한 신기술 개발이 아직도 가장 중요한 과제이다. 그러나, 기존의 피스톤—실린더 엔진은 저렴한 생산비와 설계·생산·첨단 기능화 기술의 극치로 품질이 우수하므로 아직은 로터리 엔진 자동차가 따라가기는 어려운 실정이다.

2.4.2 로터리 엔진과 왕복동 엔진의 차이점

회전운동을 하는 로터리 엔진과 왕복동 운동을 하는 피스톤 엔진은 회전력을 발생하는 과정이 서로 다르다. 즉, 기존의 왕복동 엔진은 연소실에서 연소된 가스의 팽창력이 피스톤 헤드(piston head)에 작용하면서 피스톤의 직선운동을 커넥팅 로드(connecting rod)의 연결운동으로 크랭크축(crankshaft)을 회전시키는 회전력을 발생한다. 그러나, 로터리 엔진은 3각 로터(rotor)의 한쪽면에 가해지는 연소압력에 의해 편심된 로터는 회전력을 받아 주축과 함께 회전운동을 하도록 되어 있다.

결국, 로터리 엔진은 회전운동을 발생하여 주축에 회전력을 전달하지만, 피스톤—실린더 타입의 엔진은 직선 왕복운동을 회전운동으로 바꾸어 주축에 전달하는 차이가 있다. 따라서, 기존의 왕복동 엔진은 구조적으로 측방향으로 발생되는 힘에 의해 진동과 소음이 발생되지만, 로터리 엔진은 이러한 측방향의 힘이 발생되지 않으므로 정숙한 운전이 가능하다. 로터리 엔진은 피스톤과 같은 왕복동 부분이 없으므로 피스톤의 관성력에 의한 충격력이 없기 때문에 대단히 정숙하고 원활한 회전 운동을 할 수 있다. 그러나, 로터리 엔진은 내구성(아펙스 시일—apex seal— 마찰부에 대한 직접 윤활이 불가능함)과 효율성, 경제성 등의 측면에서 고품질, 저가의 대중화는 아직 어려운 실정이다.

결국, 로터리 엔진은 왕복동 부분이 없는 관계로 회전 운동부가 균형추(balance weight)에 의해 간단하게 평형시킬 수가 있기 때문에 엔진의 회전에 따른 진동이 작고, 기계적 소음도 비교적 작다는 특징을 살려서 지속적인 기술개발이 필요하다.

그림 2.36 Cosmo and Luce 로터리 엔진 [Mazda 929/12A(573cc × 2)]

2.4.3 로터리 엔진의 구조와 작동 원리

(1) 로터리 엔진의 구조

로터리 엔진은 그림 2.37에서 보여주는 것처럼 로터(rotor), 하우징(housing), 편심축(eccentric shaft), 기어, 아펙스 시일(apex seal) 등으로 구성되어 있다. 로터리 엔진에서 가장 중요한 1쌍의 페리트로코이드(peritrochoid) 곡선은 로터 하우징

(rotor housing)의 내주면에 가공되어 있고, 3각 로터는 로터 하우징의 페리트로코이드 내부면 곡선을 따라 외전 운동을 하도록 제작되어 있다. 회전하는 3각 로터의 측면, 즉 아펙스 시일부과 로터 하우징의 내주면으로 구성되는 공간을 연소실로 하여, 연료–공기 혼합기의 흡입, 압축, 팽창, 배기의 과정이 순차적으로 일어난다. 이것이 로터리 엔진이다.

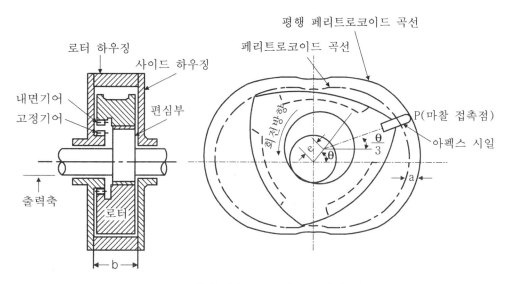

그림 2.37 로터리 엔진의 구조

3각 로터는 출력축의 편심부에 의해 지지되고, 로터의 각 정점(apex)은 페리트로코이드에 미끄럼 마찰접촉 운동을 하면서 연소실을 밀봉해야 한다. 또한, 로터의 내면기어와 사이드 하우징에 고정된 고정기어는 서로 맞물려 편심부의 주위를 자전하면서 공전한다. 로터의 내면기어와 고정기어와의 기어비는 3 : 2이기 때문에 로터가 1회전하는 동안에 출력축은 동일방향으로 3회전을 한다.

로터리 엔진에서 가장 큰 문제는 로터의 회전에 따른 각 연소실의 기밀 유지와 로터와 사이드 하우징 사이의 기밀 유지이다. 이것은 엔진의 흡입, 압축, 팽창, 배기라는 기계적 사이클을 정확하게 완성해야 엔진의 출력과 효율이 확보되기 때문이다. 3각 로터는 그림 2.38에서 보여주는 것처럼 아펙스 시일(apex seal), 사이드 시일(side seal), 코너 시일(coner seal) 등이 설치되고, 각각 배후의 판 스프링에 의해 접촉면(실린더 벽면)에 압착되고 있다.

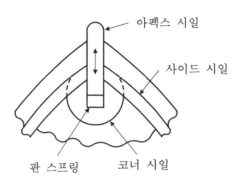

그림 2.38 로터리 엔진의 시일

아펙스 시일은 로터가 회전운동을 하면서 발생될 수 있는 요동 운동에 의해 반경 방향으로 움직임이 일어나지 않도록 선단 반경을 페리트로코이드에 평행한 이동량 a와 같게 하는 것이 보통이다. 이러한 아펙스 시일은 그림 2.39(a)와 같은 일체형 외에 그림 2.39(b)와 같이 여러 개로 분할해서 기밀작용을 증가시킨 것도 있으며, 로터 하우징의 내면과는 아펙스 시일에 의해 선접촉(P 위치)을 한다. 로터리 엔진 에서 로터의 회전 중에는 아펙스 시일의 마찰 접촉면에 윤활유를 공급할 수가 없기 때문에 접촉면을 따라 실제로 기밀을 유지하기가 대단히 어렵다. 따라서, 로터 하 우징 내면의 가공 정밀도를 엄격하게 유지해야 하고, 아펙스 시일의 재질 선정에 특별한 노하우가 필요하며, 트라이볼로지 설계(tribological design)를 수행해야 한 다. 실제로 아펙스 시일의 마찰면에는 건조마찰에 의한 열탄성 마멸과 파형 마멸 등이 흔히 관찰된다.

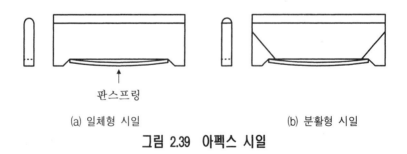

(a) 일체형 시일   (b) 분활형 시일

그림 2.39 아펙스 시일

로터리 엔진의 흡·배기에는 그림 2.40처럼 로터 하우징 원주면에 설치되어 개 폐되는 페리퍼랄 포트(peripheral port), 또는 사이드 하우징의 작동면에 설치되어 개폐되는 사이드 포트(side port)가 각각 단독으로, 또는 조합되어서 사용되고 있 다. 배기 포트로는 페리퍼랄 포트가 일반적으로 사용되고 있다. 페리퍼랄 흡기 포

트는 그림 2.40(a)와 같이 흡기 방향이 작동실(또는 연소실)의 회전 방향과 일치하기 때문에 흡기 저항이 작고, 포트를 개방한 시간도 비교적 길기 때문에 체적 효율이 커진다. 그러나, 흡·배기의 중첩(overlap) 기간이 커지기 때문에 저속 부하일 때의 성능이 악화된다. 그림 2.40(b)와 같은 사이드 흡기 포트는 흡·배기의 중첩 기간을 작게 할 수 있기 때문에 저속 성능은 좋지만, 흡기 방향의 연소실의 회전 방향과는 직각이므로 고속 회전일 때의 체적 효율은 페리퍼랄 포트의 경우보다 떨어진다.

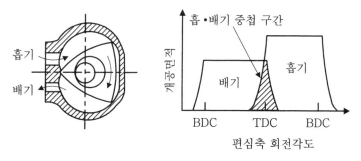

(a) 페리퍼랄 흡기 포트와 흡·배기 과정

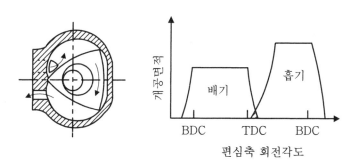

(b) 사이드 흡기 포트와 흡·배기 과정

그림 2.40 로터리 엔진의 흡·배기 과정

엔진의 하우징 냉각에는 수냉식과 공냉식의 두 가지 방법이 있으며, 로터의 냉각에는 흡기 냉각법과 오일 냉각법(oil cooling)이 있다. 흡기 냉각방식은 흡입공기 또는 혼합기가 사이드 하우징에서 로터 내로 들어간 후 축방향으로 흘러가 로터를 냉각시킨다. 엔진의 오일 냉각방식은 윤활유를 로터 내로 분출해서 원심력을 이용하여 순환시킨 후 오일 냉각기(oil cooler)로 도입하는 방법으로서 오일 냉각방식에서는 로터의 사이드 시일 내면에 오일 시일(oil seal)이 부착되어 있다.

(2) 로터리 엔진의 작동원리

　　로터리 엔진은 3개의 독립된 연소실이 있으며, 이들 연소실 공간은 출력축의 회전각도로 360°의 위상차를 갖으면서 변한다. 로터가 회전하면서 엔진은 연료−공기 혼합기의 흡입, 압축, 팽창, 배기의 4행정을 완성한다. 이 때에 각 행정은 출력축 각도를 기준으로 270°이고, 전체 행정은 출력축의 3회전으로 완료한다.

　　그림 2.41은 로터리 엔진의 4행정(흡입, 압축, 폭발, 배기)을 순차적으로 나타내는 그림이다. 즉, ①은 연소실로 유입되는 연료−공기 혼합기의 흡입 과정, ②는 로터가 회전함에 따라 흡입된 혼합기의 압축 과정, ③은 압축된 혼합기에 전기 스파크에 의한 불꽃 점화 및 팽창 과정, ④는 연소가스의 순간 팽창에 의해 로터가 회전력을 얻으면서 연소가스를 배기하는 과정이 각각 제시되어 있다. 로터리 엔진의 흡입, 압축, 팽창, 배기라는 4행정이 연속적으로 진행되면서 흡입된 연료−공기 혼합기는 연소가스로 바뀌어 배출되는 과정에서 로터의 링기어(ring gear)와 회전축 기어(stationary gear)의 구동으로 회전축은 동력을 얻게 된다.

　　3각 형상의 로터는 출력축의 편심부에 의해 지지되고, 로터의 각 정점(apex)은 아펙스 시일에 의해 페리트로코이드를 따라 미끄럼 마찰접촉 운동을 하면서 연소실을 밀봉한다. 이 때에 로터에 연결된 내면기어와 사이드 하우징에 고정된 고정기어가 서로 맞물려 편심부의 주위를 자전하면서 공전한다. 로터의 내면기어와 고정기어의 기어비는 3 : 2로 설계되었기 때문에 로터가 1회전하는 동안에 출력축은 동일 방향으로 3회전한다.

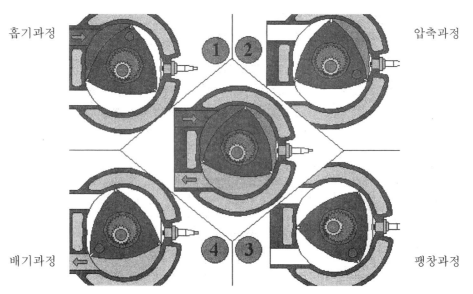

흡기과정　　압축과정

배기과정　　팽창과정

그림 2.41　로터리 엔진의 동력 발생 메카니즘

2.4.4 로터리 엔진의 성능

로터리 엔진의 연소실은 로터의 회전과 함께 회전방향으로 이동한다. 상사점 부근에서 연소실 내의 혼합기는 진행방향으로 급속한 유동이 발생되며, 연소실의 외주에서 점화된 화염은 연소실의 진행방향으로 급속히 전파해서 비교적 양호한 연소가 이루어지지만, 연소실의 지연 쪽에서는 화염전파가 곤란하게 된다. 자동차용 로터리 엔진에서 연소실 내의 혼합기를 모두 연소시키기 위해서는 그림 2.42와 같이 페리트로코이드 곡선의 단축을 사이에 두고 두 개의 점화 플러그(spark plug)를 설치하여 점화 플러그가 별개로 점화시기를 각각 조절할 수 있도록 한다. 진행방향의 점화 플러그는 리딩 점화 플러그(leading spark plug), 지연 지역의 점화 플러그는 트레일링 점화 플러그(trailing spark plug)라고 부른다. 이들 점화 플러그의 위치와 점화용 연결공의 크기는 아펙스 시일이 통과할 때의 인접한 연소실간의 압력차와 연소실의 형상 관계로부터 실험적으로 결정된다.

로터리 엔진은 연소실의 표면적/체적비의 크기 때문에 연소실 표면에 의한 화염의 냉각이 크고, 평균 연소가스 온도가 감소하기 때문에 NO 배출량은 4사이클 점화식 엔진과 비교해서 훨씬 줄어든다. 그러나, 화염의 냉각에 의한 불완전 연소 때문에 HC의 배출량은 현저하게 증가하며, 배기가스의 온도가 비교적 높기 때문에 2차 공기를 도입한 열 반응기(thermal reactor)를 사용해서 배기가스를 정화하면 불완전 연소가스를 줄일 수 있다.

로터리 엔진은 흡·배기 행정이 출력축 각도 270°에서 이루어지고, 흡·배기 효율이 좋다는 것과 왕복형 엔진처럼 동적 밸브기구에 의해 제한을 받지 않기 때문에 고속 회전에 유리하며, 동일한 체적이나 중량 대비 최대출력은 피스톤 타입 엔진보다 높다.

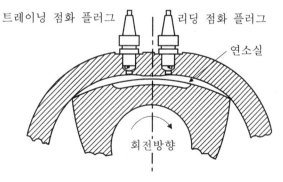

그림 2.42 로터리 엔진의 점화위치

그러나, 로터리 엔진은 열손실이 비교적 크기 때문에 일반적으로 연료 소비율이 증가하는 것을 피할 수는 없다. 자동차용 로터리 엔진의 성능 사례를 그림 2.43에서 보여주고 있다. 편심축의 매초당 회전수를 N, 축출력을 L_e[kW], 행정체적을 V_b[m³], 로터수를 z로 하면 순평균유효압력 p_e[kPa]는 다음과 같다. 즉,

$$p_e = \frac{L_e}{N V_b z} \tag{2.1}$$

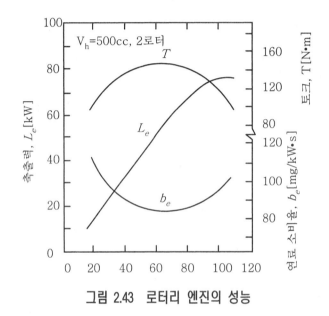

그림 2.43 로터리 엔진의 성능

연 습 문 제

2.1 자동차 엔진에서 하중지지 구조물과 용기 구조물의 역할을 하는 정지부품의 종류와 그 역할에 대하여 간단하게 기술하시오.

2.2 자동차 엔진에서 회전 또는 왕복동 운동을 하면서 하중지지를 하는 운동부품의 종류와 그 역할에 대하여 간단하게 기술하시오.

2.3 밸브의 개폐 시기는 공기의 흡입과 연소된 가스의 배출에 중요한 영향을 미치고, 이것은 엔진의 열효율에 직접 연계된 요소이다. 밸브의 적절한 개폐시기에 대하여 설명하시오.

2.4 디젤 엔진의 본체를 구성하고 있는 주요부품을 나열하고, 그 역할을 기술하시오. 이때 디젤 엔진의 본체 주요 구성부품을 가솔린 엔진 부품에 대비하여 기술하도록 한다.

2.5 인젝션 펌프가 장착된 가솔린 엔진의 연료공급 계통도를 그리고, 이들 부품에 대하여 간략하게 설명하시오.

2.6 디젤 엔진에서 연료 분사장치의 핵심 부품인 피드펌프와 연료필터의 역할에 대하여 간략하게 기술하시오.

2.7 엔진에서 배기가스의 열에너지를 재활용하여 엔진의 성능을 향상시키기 위해 장착하는 터보 차저의 특징에 대하여 기술하시오.

2.8 가솔린 엔진과 디젤 엔진의 서로 다른 특징을 비교하면서 설명하시오.

2.9 로터리 엔진을 기존의 왕복동 엔진과 비교하여 서로 다른 특징을 설명하고, 로터리 엔진을 실용화하는데 예상되는 문제점을 지적하시오.

제 3 장

자동차 엔진의 열역학

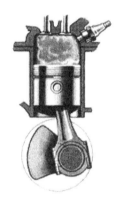 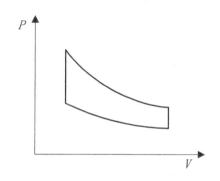

3.1 열역학의 기본적 내용

3.1.1 열역학적 평형

열역학적으로 평형된 계(system)를 설명하기 위해서는 외부 계로부터 고립된 하나의 열역학적 계를 생각할 수 있다. 열역학적 계내에 존재하는 개개의 분자는 다른 분자와의 상호작용에 의해 끊임없이 그 상태가 변화하지만, 계의 온도, 압력 등과 같이 거시적으로 관측되는 양은 어느 정도 시간이 지나면 그 계의 전체에 걸쳐서 동일한 정상 상태의 어떤 일정한 값에 도달하게 된다. 일반적으로 열역학에서는 이와 같이 열역학적 평형 상태에 있는 계를 대상으로 열역학적 계를 다루게 된다.

열기관(heat engine)에서 작동 유체(working fluid)인 연소가스는 연소실의 형상과 작동 환경에 따라서 큰 속도로 변화한다. 대부분 경우 엔진의 작동 유체는 그 변화의 각 순간에 대응하는 열역학적 평형 상태에 이미 도달된 것으로 보고 열역학적 평형 상태에 대한 고찰을 하게 된다.

3.1.2 상태량

열역학적 계에서 상태량(property)은 물질이 갖는 그 때의 상태만으로 결정되고, 물질이 그 상태에 도달하기까지의 과정(process)에는 일반적으로 무관한 양이다. 여기서, 과정이라는 것은 시스템이 한 상태에서 다른 상태로 변화할 때 각 상태의 연속된 경로(path)를 의미한다.

열역학적 계에서 온도 T, 압력 P, 체적 V, 내부 에너지 E, 엔탈피 I, 엔트로피 S 등은 엔진의 열역학적 해석에서 중요한 상태량이다. 여기서 온도, 압력, 체적은 직접 측정이 가능한 기본적인 상태량이고, 내부 에너지, 엔탈피, 엔트로피는 측정된 이들 값으로부터 구해진다.

열역학적 계의 평형에서 상태량은 물질의 양에 관계하지 않는 강성적 상태량(T, P 등)과 물질의 양에 비례하여 증가하는 종량적 상태량(V, E, I, S 등)으로 크게 나눌 수 있다. 여기서, 종량적 상태량도 단위 질량당의 값으로 물질의 상태량(v, e, i, s 등)을 표시하면, 강성적 상태량이라 할 수 있다.

어느 물질의 한 상태는 임의의 두 개의 강성적 상태량에 의해 결정된다. 예를 들면, 압력 P, 비체적 v의 값이 결정되면 그 물질은 어떠한 상태로 확정되고, 그 상태에 대한 다른 강성적 상태량은 $T = f_T(P, v)$, $e = f_e(P, v)$, $\cdots$ 등으로 주어진다. f_T, f_e, …와 같은 함수는 상태량 상호간의 관계를 나타내는 식으로 상태 방정식이라 하고, 그 물질의 특이한 상태를 나타낸 것이다. 일반적으로 이러한 관계식의 형태는 실험적으로 구해진다.

3.1.3 온도

온도(temperature)란 물체가 "뜨겁다", "차갑다"라는 감성적 표현의 정도를 수치적으로 나타낸 것이다. 온도를 통계학적 입장에서 표현하면, 물질을 구성하는 분자 운동 에너지의 평균적인 수준을 나타내는 수치적 평균치이다. 고온 물체를 저온 물체에 접촉시키면 열은 고온 물체에서 저온 물체로 이동하여 전자의 온도는 떨어지고, 후자의 온도는 올라간다. 이와 같은 열전달 현상은 양자의 온도가 같아져 평형을 이룰 때까지 계속된다. 따라서, 거시적인 입장에서 고찰한 열역학 측면의 표현을 보게되면, 물체의 온도는 다른 물질에 열을 전달하는 포텐셜(potential)을 나타내는 척도라 생각할 수가 있다.

3.1.4 내부 에너지와 엔탈피

우리가 고찰의 대상으로 삼고 있는 계(system)는 일반적으로 중력장 속에 있고, 거시적인 운동을 하고 있기 때문에 위치 에너지와 운동 에너지를 갖고 있다. 계가 가지고 있는 전체 에너지에서 위치 에너지와 운동 에너지를 뺀 나머지를 그 계의 내부 에너지(internal energy)라고 부른다. 여기서 내부 에너지는 계내의 개개 분자가 랜덤 에너지(random energy)에 근거를 둔 것이고, 역학적 에너지는 조직화된 에너지라 볼 수 있다. 고온의 작동유체 중에서 내부 에너지 형태로 존재하는 조직화되지 않은 에너지를 "가스의 팽창에 의한 일"이라는 조직화된 에너지로 변환시키는 장치가 열기관(heat engine)이다.

내부 에너지에는 그 계에 속하는 개개 분자의 병진운동 에너지, 회전운동 에너지, 그리고 그것을 구성하는 원자간의 진동에 근거를 둔 에너지(온도의 변화에 대응하는 이들 에너지는 현열(sensible heart), 감 내부 에너지라고도 불려진다) 이외에 분자 집합 상태의 변화에 따르는 잠열(latent heat), 화학적 반응을 수반하는 반응열 등을 포함해서 생각할 경우도 있다. 이것들을 포함한 경우를 특히 전 내부 에너지(total internal energy)라고 부르기도 한다. 따라서, 내부 에너지는 유체 유동에 따라서 발생될 수 있는 운동 에너지나 위치 에너지도 포함하지만, 분명하게 정량적으로 표현되기 어려운 손실 에너지 등도 포괄적으로 내부 에너지에 포함시키면 열역학적 문제를 해석하기가 용이하다.

열역학 제반 문제에서 흐르고 있는 기체를 취급하고 있는 경우는 일반적으로 내부 에너지 e와 압력 및 비체적의 곱 Pv를 생각해 볼 수 있으며, 이들 두 가지의 합은 하나의 상태량으로 취급하는 것이 편리하다. 우리는 이 상태량을 엔탈피(enthalpy)라 부르고, 단위 질량당의 엔탈피 i는 다음과 같이 표현된다.

$$i = e + Pv \tag{3.1}$$

여기서, 내부 에너지와 엔탈피는 같은 단위인 J[Joule]이다.

3.1.5 이상기체

이상기체(ideal gas)는 압력, 온도, 비체적 사이의 관계가 Boyle과 Charles의 실험 결과에서 얻어진 것으로 다음의 관계식에 의해 표현될 수 있는 기체를 말한다.

$$PV = MRT \tag{3.2}$$

여기서 M[kg/kmol]은 분자량, R은 기체 상수를 각각 나타낸다. 또한, 일반 기체상수(universal gas constant)를 $\mathcal{R}$ (=8.314kJ/kmol · K)이라 한다면, 이들 관계식은 $R = \mathcal{R}/M$[kJ/kg · K]으로 표현된다.

실제기체(real gas)에서는 온도가 낮아지든지, 또는 압력이 증가하면 식 (3.2)의 상태 방정식은 성립하지 않는다. 그러나, 엔진의 작동유체에 대한 열역학적 사이클 해석에서는 충분하지는 않지만 어느 정도의 특성을 인정한다면 이상기체 상태 방정식 (3.2)를 준용하여 사용할 수 있다.

이상기체의 중요한 성질은 내부 에너지와 엔탈피가 모두 온도만의 함수라는 점이다. 또한, 일반적으로 기체의 비열(specific heat)은 온도에 따라서 변화하지만 이상기체의 조건으로서 비열이 일정하다는 조건까지도 포함할 경우가 많다. 작동유체의 비열이 일정하지 않은 경우를 특히 실제기체(또는, 비이상기체)라고 부른다. 자동차에서 가솔린 엔진의 경우는 연료-공기가 혼합된 경우로 이상기체 상태 방정식을 준용하고, 디젤 엔진은 그대로 사용하여도 좋다.

자동차 엔진에서 실제로 사용되는 혼합기는 무화된 연료와 공기의 혼합기로 이상기체로 다루기는 어렵다. 그러나, 엔진의 열효율 사이클 해석에서 사용되는 표준공기는 이상기체로 분류하여 이상기체 상태 방정식이나 단열 방정식을 이용하면 용이하게 열효율을 해석할 수 있다는 장점이 있다. 따라서, 실제유체도 표준공기 사이클을 해석하고 이것을 기반으로 실제유체에 대한 열효율 해석을 접근하는 것이 일반적인 엔진 사이클 해석 방법이다.

3.2 열역학 제1법칙

3.2.1 에너지, 열과 일

일반적으로 어떤 계가 갖고 있는 에너지(energy)란 그 계가 주위의 계에 대해서 일(work)을 할 수 있는 능력, 또는 열(heat)을 줄 수 있는 능력을 나타내는 것이다. 계가 갖고 있는 전체 에너지는 거시적으로 보면 운동 에너지, 위치 에너지와 내부 에너지로 이루어진다. 이것에 비해 일이나 열은 하나의 계에서 다른 계로 에너지가 이동하는 과정에서 나타나는 에너지의 한 형태이다.

열 에너지를 이동시키는 전달 형태로는 열전도(conduction), 열대류(convection), 열복사(radiation)의 세 가지가 있다. 여기서 열전도는 서로 다른 온도를 갖는 물체를 접촉시킬 경우, 또는 물체의 내부에서 온도 구배(temperature gradient)가 존재하는 경우에 고온부에서 저온부로 열이 전달되는 현상을 나타낸 대표적인 현상이다. 또한, 대류에 의한 열전달, 즉 열대류는 어느 물체에서 유체로 열이 전달되고, 그 유체가 직접 이동하면서 다른 위치로 열을 운반함으로써 열이 전달되는 현상이다. 열 에너지 이동에서 열전도와 열대류에 의하지 않고 발생되는 열전달 형상을 열복사라 할 수 있는데, 이러한 열이동 현상은 하나의 물체에서 일정 거리 떨어져 있는 다른 물체로 전자파의 형태로 열이 전달되는 현상이다.

일반적으로 엔진에서 볼 수 있는 연소가스의 급격한 팽창에 의해 발생되는 일(work)에 대해서 고찰해 보기로 한다. 그림 3.1에서 보여주는 것처럼, 마찰이 없는 피스톤과 실린더에 일정량의 가스가 들어 있다고 가정한다. 이 때에 가스의 압력을 P, 체적을 V라 한다면, 단면적 A인 피스톤 헤드에 작용하는 가스압 P에 의한 힘 PA가 작용하고, 이 힘에 의해 피스톤은 미소 변위량 dx만큼 움직여서 외력과 준정적 균형(quasi-static equilibrium)을 이룬다. 열역학적 상태 계에서 상태 변화에 대한 준정적 과정(quasi-static process)은 무한소 변화의 연속으로 변화 도중에도 계의 평형이 항상 유지되고 있다고 간주할 수 있는 과정을 말한다. 차후에 기술될 가역 과정에서 계의 변화는 반드시 준정적이라는 가정을 필요로 한다. 연소가스의 팽창이 준정적 과정이 아닌 경우에는 $dW < PdV$가 된다.

자동차 엔진에서 발생된 연소가스가 외부에 대해 한 일의 크기는 다음의 식으로 표현된다. 즉,

$$dW = PAdx = PdV \qquad (3.3)$$

식 (3.3)에서 제시된 일은 피스톤에 의해 외부에 가해진 외부일이라 하고, 이것이 엔진의 출력이 된다. 피스톤이 최초의 위치 1(체적 V_1)에서 최종의 위치 2(체적 V_2)까지 이동하는 과정에서 발생된 외부일 W_{12}는 다음과 같이 표현된다. 즉,

$$W_{12} = \int_{V_1}^{V_2} PdV \qquad (3.4)$$

피스톤이 과정 1에서 과정 2로 이동하는 사이에 발생된 압력과 체적의 관계를 그림 3.2의 $P-V$ 선도에 나타내고 있다. 즉, 곡선 1→2로 이동하는 과정에서 가스의 팽창에 의해 발생된 외부일은 1과 2의 곡선 아래에 존재하는 면적 $[1-2-V_2 - V_1]$으로 나타낼 수 있다. 가스의 상태가 변화함에 따라서 발생되는 일이나, 계에 출입하는 열량은 변화의 과정이 구체적으로 정해지지 않으면 그 크기를 정할 수 없다는 점에 주의할 필요가 있다. 이것은 일(work)이 경로함수(path function)로 표현되기 때문에 반드시 변화의 경로가 알려져야 그 크기를 추정할 수 있다. 이것은 온도나 압력이 상태함수(state function or point function)로 표현되는 것과는 다른 성질이다.

열역학 제1법칙에서 일과 열은 같은 개념으로 표현되기 때문에 일의 크기와 열량의 단위는 J[Joule]로 간단하게 표현될 수 있다. 즉, 열역학 제1법칙은 에너지 보존의 원리를 열과 일에 적용해서 열과 일의 동질성을 나타낸 것으로서 "열과 일은 에너지의 한 형태이고, 열을 일로 변환한다는 것과 그 반대의 경우도 가능하다"고 표현한 것이다. 일이 에너지의 한 형태로 표현된 이상, 에너지 보존의 원리에 의하면, 에너지의 소비없이 일을 얻는다는 것은 불가능하다. 에너지 소비없이 동력을 발생하는 엔진을 제1종 영구엔진이라 부르며, 열역학 제1법칙은 그러한 엔진의 실현 가능성을 부정하는 표현이다.

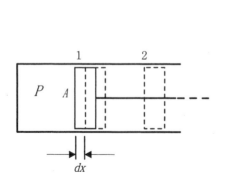

그림 3.1 피스톤의 변위와 일

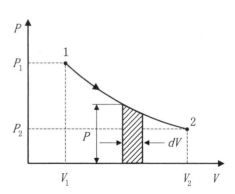

그림 3.2 P-V 선도

3.2.2 비유동 과정과 외부일

비유동 과정은 밀폐계(closed system : 경계를 통해서 물질의 유입 또는 유출이 없는 계)에서 유체의 상태 변화와 에너지의 변화 과정을 의미한다. 다음에서 설명하는 유동과정은 개방계(open system : 경계를 통해 물질의 유입과 유출이 있는 계)에서 유체의 상태 변화와 에너지의 변화 과정을 의미하고 있다.

임의의 밀폐계에서 계의 내부 유체 질량을 m, 공급 열량을 Q, 외부일을 W 로 하고, 에너지 보존의 원리를 적용하면 다음과 같이 표현된다. 즉,

$$Q_{12} = \left(E_2 + mgh_2 + \frac{m\,u_2^{\,2}}{2} \right) - \left(E_1 + mgh_1 + \frac{m\,u_1^{\,2}}{2} \right) + W_{12} \quad (3.5)$$

여기서 E는 내부 에너지, g는 중력 가속도, h는 높이, u는 속도를 각각 나타낸다. 식 (3.5)에서 우변의 제1항은 내부 에너지, 제2항은 위치 에너지, 제3항은 운동 에너지를 각각 의미하고, 아래 첨자 1, 2는 최초와 최종의 상태를 각각 나타내고 있다. 유체가 정지하고 있고, 또한 그 계의 높이가 변하지 않는다고 가정하면, 식 (3.5)는 다음과 같이 표현된다.

$$Q_{12} = E_2 - E_1 + W_{12} \quad\quad\quad\quad (3.6)$$

또는,

$$dQ = dE + dW$$
$$= dE + PdV \quad\quad\quad (3.6')$$

단위 질량당의 유체에 공급된 열량 dq는 다음과 같이 표현된다. 즉,

$$dq = de + Pdv \quad\quad\quad\quad (3.7)$$

이러한 에너지 방정식은 열역학 제1법칙을 수식화한 것으로 밀폐계에 열이 가해졌을 때, 그 에너지는 계의 내부에 저장되는 내부 에너지와 계의 외부로 방출되는 일의 크기, 즉 외부일 $dW = PdV$로 각각 변환되고 있음을 표시하고 있다.

3.2.3 유동과정과 공업일

그림 3.3에 나타낸 유량 $\dot{m}$, 열전달률 $\dot{Q}_{12}$, 외부에 행해지는 일률 $\dot{W}_{fl2}$의 정상 유동 과정을 고찰해 보기로 한다. 정상 유동계를 제시한 그림 3.3에서 유동계 내부로 유입하는 에너지는 유입하는 유체에 저장되어 있는 역학적 에너지와 내부 에너지, 유입하는 유체가 계의 내부에서 행하는 유동일, 외부로부터 계에 가해지는 열량의 합으로 나타난다.

한편, 계에서 유출하는 에너지는 유출하는 유체에 저장되어 있는 역학적 에너지와 내부 에너지, 계가 유출하는 유체에 대해 행하는 유동일과 계가 외부에 대하여 하는 일의 합으로 나타낼 수 있다. 여기서 유로의 단면을 통하여 압력 P의 유체가 체적 V만큼 유동하였을 때, 그 유체가 하류의 유체에 대하여 PV의 일을 하였다고 표현하고, 우리는 이것을 유동일이라 한다.

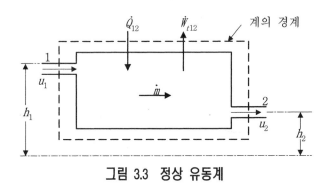

그림 3.3 정상 유동계

정상조건에서 계에 포함되는 에너지는 불변이므로 이들 양자, 즉 계로 공급된 총 에너지와 계에 의해서 행해진 모든 에너지는 항상 같아야 한다. 이것을 운동 에너지, 위치 에너지, 내부 에너지, 유동 에너지, 계로 공급된 열량, 계가 외부에 대하여 행한 일 등으로 표현하면 다음과 같다.

$$\dot{m}\left[\left(\frac{u_1{}^2}{2}+g\,h_1\right)+e_1+P_1 v_1\right]+\dot{Q}_{12}=$$
$$\dot{m}\left[\left(\frac{u_2{}^2}{2}+g\,h_2\right)+e_2+P_2 v_2\right]+\dot{W}_{fl2} \tag{3.8}$$

유체가 갖고 있는 에너지는 비교적 작기 때문에 이것들을 무시할 수 있는 경우는 식 (3.8)을 질량 m의 유체에 대한 평형 방정식으로 바꾸어 표현하면 다음과 같이 된다.

$$Q_{12}=m[\,(e_2+P_2 v_2)-(e_1+P_1 v_1)\,]+W_{fl2}$$
$$=I_2-I_1+W_{fl2} \tag{3.9}$$

여기서 W_{fl2}는 유동과정에서 질량 m인 유체가 외부에 대해 행하는 일을 나타내며, 이것을 식 (3.4)에서 표시한 외부일(또는, 절대일)과 구별하여 공업일이라 한다.

계로 공급된 열량 Q_{12}를 식 (3.6)과 비교하여 정리하면, 공업일 W_{fl2}는 다음과 같이 된다.

$$W_{fl2} = W_{12} + P_1 V_1 - P_2 V_2 \tag{3.10}$$

식 (3.10)에서 제시한 공업일 W_{fl2}은 그림 3.2의 $P-V$ 선도상에서 보여준 곡선 1→2의 좌측부 면적 $[1-2-P_2-P_1]$으로 표시된다. 따라서, 공업일 W_{fl2}은 다음의 식으로 표현된다.

$$W_{fl2} = -\int_1^2 V dP = \int_2^1 V dP \tag{3.11}$$

3.2.4 정적비열과 정압비열

단위 질량당 물질의 온도를 1K만큼 상승시키는데 필요한 열량을 비열(specific heat)이라 하고, 그 단위는 kJ/kg·K로 나타낸다.

기체의 체적을 일정 ($v=$일정)하게 하고, 가열하는 경우의 비열을 정적비열이라 한다. 이것을 c_v로 나타내면, $dq = c_v dT$가 되므로 식 (3.7)을 사용하면,

$$de = c_v dT \tag{3.12}$$

이 된다. 결국, 정적비열은 어떤 물질의 온도를 1K만큼 상승시키는데 필요한 내부에너지를 의미한다.

기체의 압력을 일정 ($P=$일정)하게 하고, 가열한 경우의 비열을 정압비열이라 한다. 이것을 c_p로 나타내면, $dq = c_p dT$가 되므로 식 (3.9)와 엔탈피 정의를 이용하면,

$$di = c_p dT \tag{3.13}$$

이 된다. 결국, 정압비열은 압력이 일정한 상태에서 기체의 온도를 1K만큼 상승시키는데 필요한 엔탈피(enthalpy)를 의미한다.

그림 3.4는 이러한 관계를 $P-v$ 선도에 나타낸 것으로 정압상태에서 가열된 기체는 $P\Delta v$ 만큼의 외부일을 하기 때문에 c_p와 c_v 사이에는 다음과 같은 관계식이 성립한다. 즉,

$$c_p \Delta T = c_v \Delta T + P\Delta v$$

여기서 사용된 기체를 이상기체라 가정하면, 이 식은 다음과 같이 된다.

$$c_p - c_v = R \tag{3.14}$$

또한, 정압비역 c_p와 정적비열 c_v의 비를 비열비 χ로 나타내면 다음과 같다. 즉,

$$\chi = c_p / c_v \tag{3.15}$$

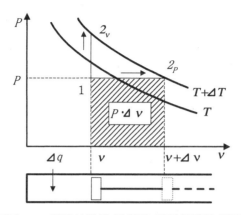

그림 3.4 정적상태의 가열과 정압상태의 가열

표 3.1은 대표적인 기체에 대한 분자량, 비열, 비열비의 값을 나타낸 것이다. 실제로 기체의 비열은 온도가 상승함에 따라서 증가하지만, 압력의 영향은 작다. 기체의 분자 운동론에 의해 유도되는 기체의 비열비 크기 $\varkappa$는 단원자 분자에서 1.67, 2원자 분자에서 1.40, 3원자 분자에서 1.33으로 각각 주어지고, 이 값들은 실제값과 대단히 근사하다.

표 3.1 주요 기체의 비열과 비열비 (101.3[kPa], 0[℃])

기체 종류	분자량 M	기체상수 R [J/kg · K]	정압비열 c_p [kJ/kg · K]	정적비열 c_v [kJ/kg · K]	비열비 $\varkappa$
H_2	2.016	4124.2	14.248	10.119	1.409
N_2	28.016	296.7	1.039	0.743	1.400
O_2	32.0	259.8	0.914	0.654	1.399
CO_2	44.01	188.9	0.819	0.630	1.301
CO	28.01	296.8	1.041	0.743	1.400
Air	28.964	287.0	1.005	0.716	1.402

3.3 기체의 상태변화

엔진에서 기체의 상태 변화는 실제로 복잡한 경우가 많다. 따라서, 엔진의 상태 변화는 이론적 고찰에서 몇가지의 상태 변화 조합으로 바꾸어서 검토할 수 있다. 여기서 넓은 의미에서 기체라고 것은 엔진에서의 작동 유체에 해당하는 것으로 실제의 엔진에서는 연료 액체와 기체(연료-공기 혼합기, 또는 연소가스)가 공존하는 경우도 발생하지만, 일반적으로 기체라 표현한다.

3.3.1 정적변화

정적변화는 그림 3.5에서 보여준 것처럼, 1kg의 이상기체가 상태 1(압력 P_1, 비체적 v_1, 온도 T_1)에서 상태 2(P_2, v_2, T_2)까지 일정한 체적 조건으로 가열될 경우, 이상기체 상태 방정식 (3.2)로부터 다음과 같이 된다. 즉,

$$\frac{P_2}{P_1} = \frac{T_2}{T_1} \tag{3.16}$$

여기서, 정적 상태에서 계의 외부일은 진행되지 않기 때문에 다음과 같이 된다.

$$w_{12} = 0$$

결국, 가해진 열량은 모두 내부 에너지의 증가로 사용된다. 여기서, 정적비열 c_v가 일정하다고 한다면,

$$
\begin{aligned}
q_{12} &= e_2 - e_1 \\
&= \int_{T_1}^{T_2} c_v dT \\
&= c_v(T_2 - T_1)
\end{aligned}
\tag{3.17}
$$

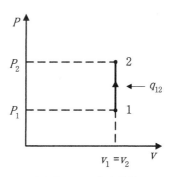

그림 3.5 정적변화

이 된다. 또한, 이 열량에 대응하는 단위 질량당의 공업일은 아래와 같이 된다.

$$w_{fl2} = (P_2 - P_1)v_1 \tag{3.18}$$

3.3.2 정압변화

그림 3.6에서 보여준 1→2와 같은 정압 변화는 압력이 일정한 상태에서 체적과 온도가 변화하는 것으로 다음과 같이 된다. 즉,

$$\frac{v_2}{v_1} = \frac{T_2}{T_1} \tag{3.19}$$

이러한 정압변화 과정에서 발생된 외부일은

$$w_{12} = 면적\,[1-2-v_2-v_1] = P_1(v_2 - v_1) \tag{3.20}$$

또한, 공업일은

$$w_{fl2} = 0$$

열역학적 계에 가해진 열량 q_{12}는 정압비열 c_p가 일정하다고 한다면, 열역학적 제1법칙에서 공급된 열량 모두가 엔탈피 증가로 사용된다. 즉,

$$q_{12} = i_2 - i_1$$

$$= \int_{T_1}^{T_2} c_p dT \tag{3.21}$$

$$= c_p(T_2 - T_1)$$

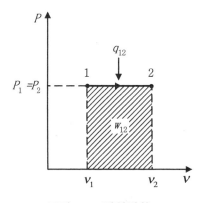

그림 3.6 정압변화

3.3.3 등온변화

그림 3.7의 1→2와 같은 등온변화에서 $Pv = $ "일정"하기 때문에, 이 변화는 직

각 쌍곡선의 일부분으로 나타난다. 즉,

$$P_1 \, v_1 = P_2 \, v_2 \tag{3.22}$$

등온 상태의 내부 에너지는 불변이고, 가해진 열전달량은 모두 외부일로 전환된다. 즉,

$$q_{12} = w_{12} = \text{면적}\,[1-2-v_2-v_1] = RT_1 \log_e(v_2/v_1)$$

$$= P_1 \, v_1 \log_e(v_2/v_1) = P_1 v_1 \log_e(P_1/P_2) \tag{3.23}$$

또한, 공업일은 외부일과 같다. 즉,

$$w_{t12} = w_{12}$$

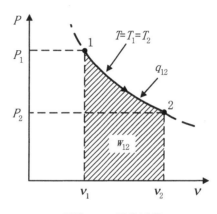

그림 3.7 등온변화

3.3.4 단열변화

단열 변화라는 것은 열역학적 계에서 열의 이동 즉, 열의 유입이나 유출이 없다는 것이다. 작동유체인 기체와 주변의 계(system) 사이에 열교환이 전혀 없는 단열변화(adiabatic process)는 그림 3.8에서 보여주는 것처럼 $dq = 0$인 경우이기 때문에 식 (3.7)과 (3.12)로부터 다음과 같이 된다. 즉,

$$c_v dT + P dv = 0$$

여기에 $c_v = R/(\varkappa - 1)$와 단위 질량에 대한 상태 방정식 (3.2)의 미분형을 이용하여 c_v와 T를 소거하면, 다음의 식이 유도된다.

$$\frac{dP}{P} + \varkappa \frac{dv}{v} = 0 \tag{3.24}$$

이것을 적분하면 $Pv^{\varkappa} = $ "일정"으로 표현된다. 이것을 단열 변화의 곡선으로 나타내면 그림 3.8과 같다. 따라서, 1→2의 단열 변화 사이에는 다음의 관계식이 성립

된다.

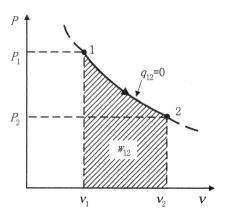

그림 3.8 단열변화

$$P_1 v_1^x = P_2 v_2^x$$

$$T_1 v_1^{x-1} = T_2 v_2^{x-1} \qquad\qquad\qquad (3.25)$$

$$\frac{T_1}{P_1^{(x-1)/x}} = \frac{T_2}{P_2^{(x-1)/x}}$$

1→2 사이에서 이루어지는 외부일은 내부 에너지의 감소와 같기 때문에

$$w_{12} = \text{면적}\,[1-2-v_2-v_1] = e_1 - e_2 = c_v(T_1 - T_2) \qquad (3.26)$$

$c_v = R/(x-1)$와 식 (3.25)를 사용하면

$$w_{12} = \frac{1}{x-1}(P_1 v_1 - P_2 v_2) = \frac{P_1 v_1}{x-1}\left(1 - \frac{T_2}{T_1}\right)$$

$$= \frac{P_1 v_1}{x-1}\left[1 - \left(\frac{P_2}{P_1}\right)^{(x-1)/x}\right] \qquad (3.27)$$

한편, 공업일은 엔탈피 감소에 해당하기 때문에 다음과 같이 된다. 즉,

$$w_{t12} = i_1 - i_2 = \frac{x}{x-1}(P_1 v_1 - P_2 v_2) = x w_{12} \qquad (3.28)$$

3.3.5 폴리트로픽 변화

압력과 체적이 변하는 상태계에서 $Pv^n = $ "일정"으로 표시되는 상태 변화를 폴리트로픽 변화(polytropic process)라고 부르고, n은 폴리트로픽 지수라 한다. 앞에서 설명한 정적, 정압, 등온 등과 같은 기본적인 상태 변화는 n에 적당한 값을

부여함으로써 폴리트로픽 변화에 모두 포함시킬 수 있다. 즉, 그림 3.9에 나타낸 것처럼 $Pv^n =$ "일정"에서 폴리트로픽 지수를 $n = 0$으로 하면 정압변화, $n = 1$은 등온변화, $n = x$는 단열변화, $n = \infty$는 정적변화가 된다.

또한, 이들의 기본적인 상태 변화와 다른 실제 기체의 상태 변화도 그것을 좁은 상태 변화의 범위에서 한정한다면, n에 일정한 값을 부여하여 폴리트로픽 변화로 근사시켜 나타낼 수 있다.

폴리트로픽 변화에서 상태량 상호간의 관계식은 단열 변화식 $Pv^x =$ "일정"에서 단열지수를 폴리트로픽 지수($x = n$)로 대치한 것이다. 즉,

$$\left.\begin{array}{l} P_1 v_1{}^n = P_2 v_2{}^n \\[2mm] T_1 v_1{}^{n-1} = T_2 v_2{}^{n-1} \\[2mm] \dfrac{T_1}{P_1{}^{(n-1)/n}} = \dfrac{T_2}{P_2{}^{(n-1)/n}} \end{array}\right\} \tag{3.29}$$

일(외부일)과 공업일, 열전달량은 다음의 식으로 각각 표현된다. 즉,

$$w_{12} = \frac{1}{n-1}(P_1 v_1 - P_2 v_2) = \frac{P_1 v_1}{n-1}\left(1 - \frac{T_2}{T_1}\right)$$

$$= \frac{P_1 v_1}{n-1}\left[1 - \left(\frac{P_2}{P_1}\right)^{(n-1)/n}\right] \tag{3.30}$$

$$w_{t12} = \frac{n}{n-1}(P_1 v_1 - P_2 v_2) = n\, w_{12} \tag{3.31}$$

$$q_{12} = e_2 - e_1 + w_{12} = c_v\left(\frac{n-x}{n-1}\right)(T_2 - T_1) \tag{3.32}$$

또한, 폴리트로픽 비열이라고 부르는 $c_n \equiv c_v(n-x)/(n-1)$의 관계식으로 나타낼 수 있다. 예를 들면, 등온 변화에서는 $c_n = \infty$가 되고, 열을 가하여도 온도 상승은 없는 것이 된다.

상태계에서 폴리트로픽 변화는 정적변화, 정압변화, 등온변화등을 폴리트로픽 지수 n에의해 간단하게 표현할 수 있다. 따라서, 상태계의 변화를 비교적 실제현상에 근접하게 표현될 수 있으므로 계의 의해 행해진 외부일의 크기를 정확하게 추정할 수 있다.

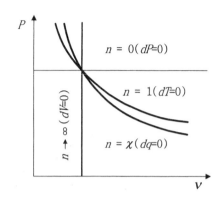

그림 3.9 폴리트로픽 변화

3.3.6 실제기체의 상태변화

보통의 상태에서 이상기체라 할 수 있는 기체도 온도가 낮고 압력이 높아져 액화할 영역에 가까워지면, 이상기체 상태 방정식인 $Pv = RT$의 관계식이 더 이상 성립하지 않게 된다. 네델란드의 물리학자 반데르 발스(van der Waals; 1837∼1923)는 이와 같은 실제기체에 대해 상태량 상호간의 관계를 다음과 같은 식으로 나타내고 있다.

$$\left(P + \frac{a}{v^2}\right)(v - b) = RT \tag{3.33}$$

이것을 반데르 발스의 상태 방정식이라 한다. 여기서 a와 b는 상수를, a/v^2는 분자간에 작용하는 인력이 기체압력에 미치는 영향을, b는 단위 질량의 기체중에 존재하는 분자가 차지하는 체적을, $(v - b)$는 분자가 자유로이 운동할 수 있는 공간의 체적을 각각 나타낸다. 이 식을 사용하면 각종 기체에 대해 액상, 기상의 넓은 범위에 걸쳐 정성적으로 상태 변화를 잘 설명할 수 있지만, 정량적으로 설명하는 데는 아직 충분하지 않다.

자동차 엔진에서 실제 기체는 연료−공기의 혼합기가 이에 해당 될 수 있으나, 엔진의 열역학적 사이클 해석에서는 표준공기를 가지고 설명하는 것이 일반적이다. 그러나, 실제의 엔진 열효율 해석에서는 손실이라는 항목을 추가하여 실제 사이클 해석에 근접하도록 한다.

3.4 열역학 제2법칙

3.4.1 가역 과정과 비가역 과정

하나의 열역학적 계에 대한 상태 변화를 알아보기로 한다. 열역학적 상태 변화에서 그 과정을 역행시켰을 때, 그 계와 주변의 계 상태가 최초 상태로 완벽하게 되돌아가는 과정을 가역 과정이라 하고, 그렇지 않은 과정을 비가역 과정이라 한다. 일반적으로 역학적, 그리고 열적 평형을 유지하면서 상태가 진행하여지는 준정적 과정도 가역 과정이라 할 수 있다.

그러나, 열이 고온부에서 저온부로의 열전달, 마찰에 의한 일의 발생, 기체의 배출에 의한 팽창이나 확산 등은 전형적인 비가역 과정이라 할 수 있다. 실제로 발생하는 기체의 상태 변화는 어느 정도 이와 같은 비가역 과정을 포함하고 있다.

3.4.2 열역학 제2법칙

실제적인 여러 가지 상태 변화에서는 항상 가역성이 상실되고, 현상의 진행에 대한 방향성이 발생한다. 이러한 현상을 경험적으로 인식한 것이 열역학 제2법칙이다. 열역학 제2법칙에 의하면 "열은 그 자신이 저온의 물체에서 고온의 물체로 이동할 수 없다"라고 표현되고, 또한 "외부에 아무런 변화도 남기지 않고, 어느 열원에서 열을 얻어서 그것을 계속해서 일로 변환할 수 있는 제2종의 영구 엔진을 실현하는 것은 불가능하다"라고 표현될 수 있다.

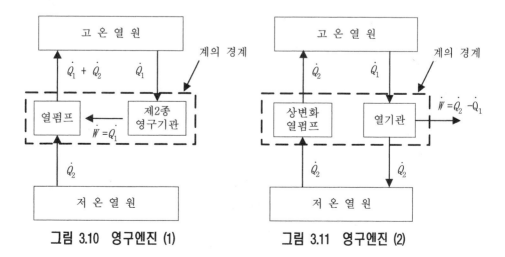

그림 3.10 영구엔진 (1)   **그림 3.11 영구엔진 (2)**

열역학 제2법칙에 관한 위의 두 가지 설명이 서로 동일한 의미를 갖고 있다는 것은 그림 3.10과 그림 3.11에 의해 설명될 수 있다. 그림 3.10은 제2종 영구엔진이 가능하다면, 외부에 변화를 남기지 않고 저온 열원에서 고온 열원으로 열을 옮길 수 있다는 것을 설명하고 있다. 또한, 그림 3.11은 저온 열원에서 고온 열원으로 열이 스스로 이동 가능하면, 제2종 영구엔진이 가능하다는 것을 나타내고 있다.

3.4.3 카르노 사이클

그림 3.12에서 보여준 것처럼 1에서 a를 경유하여 2까지 팽창하면, 그 사이의 면적 [1-a-2-d-c]로 표시되는 외부일을 한다. 이와 같은 일을 반복적으로 계속하기 위해서는 팽창 후의 기체를 어떤 방법으로 처음의 상태로 되돌려 놓을 수 있느냐 하는 것이다. 그림 3.12에서 보여준 경로 b를 따라서 초기의 상태로 되돌아간다면, 기체는 면적 [2-b-1-c-d]로 나타내는 압축일을 계에 가해야 한다.

이와 같이 상태 선도상에 있는 면적으로 둘러 싼 상태 변화를 사이클(cycle)이라 부른다. 여기서 사이클이라는 것은 열역학적 사이클을 나타내는 것으로 일상적인 생활속의 기계적 사이클과는 다른 의미를 갖는다. 즉, 왕복동식 4행정 엔진에서 작동유체를 가지고 설명하는 흡입과정, 압축과정, 팽창과정, 배기과정은 분명히 기계적 사이클로 열역학적 사이클과는 다르다.

사이클을 구성하는 상태 변화가 모두 가역과정에서 이루어지는 것을 가역 사이클이라 하고, 사이클의 일부에서 비가역 과정을 포함하면 그 사이클은 비가역 사이클이 된다. 열역학적 사이클에서 계가 외부에 대하여 행한 일의 크기는 다음과 같이 나타낸다. 즉,

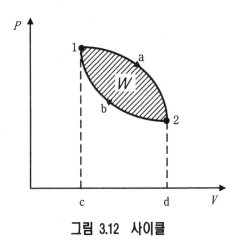

그림 3.12 사이클

$$W= 면적\ [1-a-2-d-c] - 면적\ [2-b-1-c-d] = \oint PdV \quad (3.34)$$

작동유체가 사이클 동안에 계에 공급된 전체 열량을 Q_1, 계로부터 빠져나간 열량을 Q_2라 하면, 에너지 보존법칙에 의해 사이클당 수행한 일의 크기 W는 다음과 같이 된다.

$$W= Q_1 - Q_2$$

엔진은 주어진 열량중에서 가급적 많은 열량이 일로 변환되는 것이 바람직하기 때문에 그 비율을 열효율 η로 나타내며, 다음과 같이 정의한다.

$$\eta = \frac{W}{Q_1} = \frac{Q_1 - Q_2}{Q_1} \quad (3.35)$$

높고 낮은 두 개의 열원(가역 등온과 가역 단열) 사이에서 작동하는 기본적인 가역 사이클이 카르노 사이클(Carnot cycle)이다. 카르노 사이클은 그림 3.13에 나타낸 것처럼 두 개의 가역 등온변화와 두 개의 가역 단열변화로 이루어진다. 온도 T_1, T_2 ($T_1 > T_2$)의 열원 사이에서 작동하는 카르노 사이클의 열효율 η_c는 다음과 같이 주어진다.

$$\eta_c = \frac{Q_1 - Q_2}{Q_1} = 1 - \frac{T_2}{T_1} \quad (3.36)$$

열역학 제2법칙을 고려하면, 온도 T_1, T_2 사이에서 작동하는 모든 가역 사이클의 열효율은 식 (3.36)으로 주어지기 때문에 비가역 사이클에서 일어나는 상태변화의 열효율은 모두 카르노 사이클의 열효율보다는 낮다. 즉, 카르노 사이클은 열역학적 효율이 가장 우수한 사이클이다.

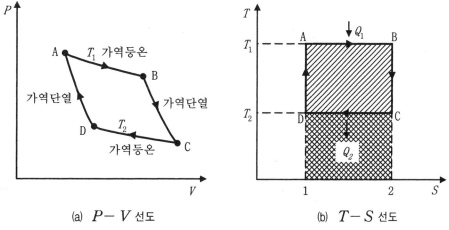

(a) $P-V$ 선도 (b) $T-S$ 선도

그림 3.13 카르노 사이클

3.4.4 엔트로피

열을 주고 받으면서 외부에 일을 하고 있는 일반적인 사이클을 가역 사이클이라 하면, 이들 사이클은 그림 3.14에 나타낸 것처럼 여러 개의 작은 카르노 사이클의 집합으로 바꾸어 놓을 수 있다.

즉, 그림 3.14에서 보여주는 것처럼 한 개의 사이클을 다수의 미소 카르노 사이클로 나누어 개개의 사이클에 대해 카르노 사이클을 적용하면,

$$\frac{\Delta Q_2}{\Delta Q_1} = \frac{T_2}{T_1}, \qquad \frac{\Delta Q_2{}'}{\Delta Q_1{}'} = \frac{T_2{}'}{T_1{}'}, \cdots\cdots$$

의 관계가 성립된다. 이것을 정리하면 다음의 관계식으로 나타낼 수 있다.

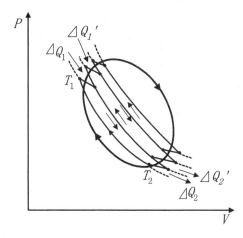

그림 3.14 가역 사이클의 분할로 표시한 다수의 카르노 사이클

$$\frac{\Delta Q_1}{T_1} + \frac{\Delta Q_2}{T_2} + \frac{\Delta Q_1{}'}{T_1{}'} + \frac{\Delta Q_2{}'}{T_2{}'} + \cdots\cdots = 0$$

여기서 열을 받는 경우와 열을 방출하는 경우에 대한 부호는 ΔQ_j, $\Delta Q_j{}'$, $\cdots$에 포함시키고 있다. 이 식은 일반적인 가역 사이클에 대해 다음의 관계식으로 나타낸다. 즉,

$$\oint \frac{dQ}{T} = 0 \tag{3.37}$$

그러나, 비가역 사이클에 대해서는

$$\oint \frac{dQ}{T} < 0 \tag{3.38}$$

이 된다. 이러한 적분식은 가역 사이클과 비가역 사이클을 구분할 수 있도록 해 주

는 것으로서, 클라우시우스(Clausius) 적분이라 부른다.

그림 3.12에 나타낸 것과 같은 $P-V$ 선도상의 폐곡선 [1−a−2−b−1]을 가역 사이클이라고 하면,

$$\oint \frac{dQ}{T} = \int_{1 \to a}^{2} \frac{dQ}{T} + \int_{2 \to b}^{1} \frac{dQ}{T} = 0$$

이 된다. 따라서,

$$\int_{1 \to a}^{2} \frac{dQ}{T} + \int_{1 \to b}^{2} \frac{dQ}{T} = 상수 \tag{3.39}$$

상기식은 계의 상태 변화가 가역일 경우 1에서 2로의 경로 이동에 무관하게 적분 $\int_{1}^{2} \frac{dQ}{T}$ 가 일정한 값이 된다는 것을 나타내고 있다. 따라서, 이 적분은 하나의 상태량이라고 생각할 수 있으며, 이것을 엔트로피 S라 부른다. 즉,

$$S_2 - S_1 = \int_{1}^{2} \frac{1}{T}\, dQ \tag{3.40}$$

임의의 기준점에서 가역 변화에 의해 대단히 가까운 점으로 이동했다고 하면, 이에 따른 엔트로피의 증분은 가역과정에 대하여 다음과 같이 된다.

$$dS = \frac{dQ}{T} \tag{3.41}$$

한편, 비가역 변화가 진행된 경우는 다음과 같이 된다.

$$dS > \frac{dQ}{T} \tag{3.42}$$

외부로부터 완전히 차단된 고립계에 상기 식을 적용하는 경우, "고립계 내의 엔트로피 합은 계 내부에서 가역 변화가 이루어지면 식 (3.41)에 의해 불변으로 유지되지만, 비가역 변화가 이루어지면 식 (3.42)처럼 증가한다"라고 표현할 수 있다.

엔트로피는 종량적 상태이지만, 단위 질량의 이상기체에 대한 엔트로피 증분은

$$ds = c_v \frac{dT}{T} + R \frac{dv}{v}$$

으로 표시되기 때문에 상태 1, 2 사이의 엔트로피 변화는 다음과 같이 된다. 즉,

$$s_2 - s_1 = c_v \left[\log_e \frac{T_2}{T_1} + (x-1) \log_e \frac{v_2}{v_1} \right] \tag{3.43}$$

$$s_2 - s_1 = c_p \left[\log_e \frac{T_2}{T_1} - \frac{x-1}{x} \log_e \frac{P_2}{P_1} \right] \tag{3.44}$$

상기의 엔트로피 식에서 T를 소거하면 다음 식이 얻어진다.

$$s_2 - s_1 = c_v \log_e \frac{P_2}{P_1} + c_p \log_e \frac{v_2}{v_1} \tag{3.45}$$

3.5 여러 가지 상태 선도

열역학적 평형 상태를 유지하고 있는 작동 유체의 상태는 두 개의 강성적 상태량에 의해 결정된다. 따라서, 두 개의 상태량을 x, y 좌표계로 나타내면 좌표면 내의 한 점은 하나의 상태에 대응하게 된다. 엔진에서 작동 유체의 상태 변화를 고찰하기 위해서 $P-v$ 선도, $T-s$ 선도, $e-s$ 선도, $i-s$ 선도 등이 사용된다.

3.5.1 $P-v$ 선도

그림 3.15의 $P-v$ 선도상에서 임의의 가역적 상태변화 1→2를 나타내면, 계에 의한 외부일과 공업일은 다음과 같이 된다.

$$w_{12} = \int_1^2 Pdv = \text{면적 } [1-2-2'-1']$$

$$w_{t12} = \int_2^1 vdP = \text{면적 } [1-2-2''-1'']$$

열기관(heat engine)에서 작동유체 사이클이 그림 3.16에서 보여준 것처럼, $P-v$ 선도상에서 폐곡선 [1−a−2−b−1]으로 표시될 때, 이 곡선을 둘러싸고 있는 면적은 작동유체가 사이클 중에 행한 일의 크기를 다음과 같이 나타낸다. 즉,

$$w_{cycle} = \oint PdV = \text{면적 } [1-a-2-b-1]$$

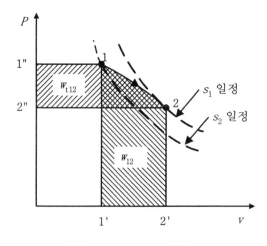

그림 3.15 $P-v$ 선도

여기서 상태 1의 조건(온도, 압력, 체적 등)에서 체적과 압력의 변화 조건은 곡선 1−a−2의 경로를 따라서 일어나고, 상태 2의 조건은 곡선 2−b−1의 경로를 따라서 일어나기 때문에 일의 크기는 다르게 나타나는 경로함수(path function)가 된다.

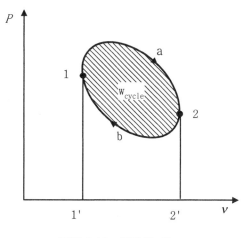

그림 3.16 사이클 일

3.5.2 $T - s$ 선도

그림 3.17의 $T - s$ 선도상에서 임의의 가역적 상태변화 1→2를 나타내면, 가해진 열량은 곡선의 아래 면적으로 주어진다.

$$q_{12} = \int_1^2 Tds = \text{면적} \, [1 - 2 - 2' - 1']$$

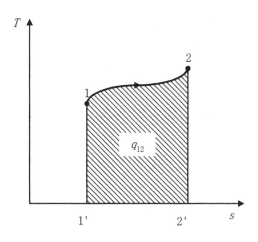

그림 3.17 $T - s$ 선도

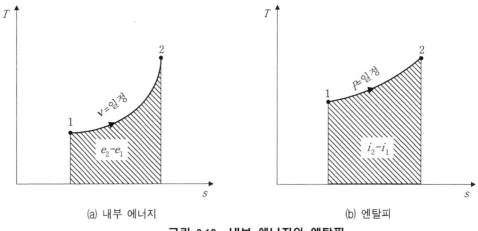

(a) 내부 에너지   (b) 엔탈피

그림 3.18 내부 에너지와 엔탈피

정적가열과 정압가열은 가해진 열량이 내부 에너지의 증가 $e_2 - e_1$와 엔탈피의
증가 $i_2 - i_1$로 각각 표현된다. 그림 3.18(a)와 3.18(b)에서 나타낸 것처럼 정적선
의 아래에 제시된 면적은 내부 에너지의 변화 $e_2 - e_1$와 정압선의 아래에 제시한
면적은 엔탈피 $i_2 - i_1$의 변화를 각각 나타내고 있다.

3.5.3 e - s 선도

단열 팽창에 따른 일을 제시한 그림 3.19의 $e - s$ 선도에서는 정적변화 때 주
어진 열량이 세로축 방향의 길이로 표시된다. 따라서, $e - s$ 선도는 특히 체적형
열기관(heat engine)의 고찰에 대해서도 유용하다.

예를 들어 그림 3.19처럼 작동유체가 비체적 v_1의 상태 1에서 비체적 v_2의 상
태 2까지 단열팽창을 할 경우, 이 팽창과정을 등엔트로피 과정이라면 2'의 상태가
될 것이다. 그러나, 실제의 팽창과정은 항상 약간의 비가역 과정을 포함하고 있기
때문에 항상 엔트로피의 증가를 수반한다. 그 결과는 동일 비체적 v_2 선상의 점 2
의 상태가 된다. 단열팽창이 일어날 때 외부에 하는 외부일은 $e - s$ 선도상에서
세로축 방향의 길이로 표시되기 때문에, 실제의 단열팽창에 의해 이루어지는 일
w_{12}는 등엔트로피 팽창일 때의 외부일 w'_{12} 보다도 작아진다.

한편, 단열 압축의 경우는 비가역 과정에 의해 발생된 손실 때문에 실제의 압축
과정에서 필요한 일은 등엔트로피 압축의 경우보다 더 커진다.

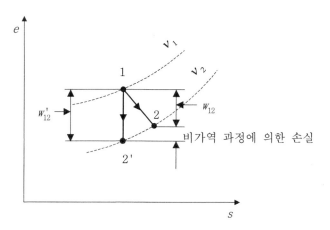

그림 3.19 단열 팽창에 의한 외부일

3.5.4 $i - s$ 선도

그림 3.20의 $i - s$ 선도에서 정압 변화가 일어날 때 주어진 열량은 세로축 방향의 길이로 나타난다. 특히 $i - s$ 선도는 속도형 엔진을 고찰할 경우에 대해 유용하다.

속도형 엔진으로 얻어지는 공업일은 엔진의 입구와 출구에서 엔탈피의 차와 작동 유체의 유동이 갖는 운동 에너지의 차를 합한 것과 같지만, 후자가 전자에 대해서 양적으로 무시할 수 있는 경우는 등엔트로피 팽창에 의한 공업일을 나타낸 그림 3.20의 $i - s$ 선도에서 세로축 방향의 길이로 나타낼 수 있다.

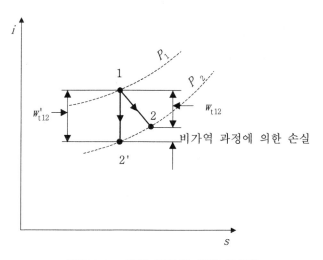

그림 3.20 단열 팽창에 의한 공업일

실제의 단열 팽창에서는 비가역 과정의 손실 때문에 등엔트로피 팽창 과정 $1{\to}2'$ 대신에 $1{\to}2$로 표시되는 과정이 되고, 이 때에 얻어지는 실제 공업일 w_{n2}는 등엔트로피 과정에서 얻어진 공업일 w'_{n2}보다 작아진다. 결국, 실제의 단열 압축을 하는 경우는 비가역 과정에 의한 손실이 발생하기 때문에 압축과정에서 필요한 공업일은 등엔트로피 과정의 경우보다 항상 커진다.

3.6 열역학적 사이클

자동차 엔진에 이용되는 사이클에는 피스톤—실린더 타입의 엔진과 같은 용적형 엔진에 적용되는 사이클과 가스 터빈과 같은 속도형 엔진에 적용되는 사이클이 있지만, 여기서는 자동차에서 널리 사용하는 피스톤—실린더 타입의 용적형 엔진에 이용되는 사이클에 대하여 설명하기로 한다.

3.6.1 열효율과 평균유효압력

1사이클 동안에 엔진이 외부에 행하는 유효일 W_e와 공급된 연료의 발열량 Q_1과의 비를 순열효율(net thermal efficiency)이라 한다. 여기서 순열효율을 제동 열효율(brake thermal efficiency), 또는 정미 열효율(net thermal efficiency)이라고도 하는데, 이것은 다음과 같이 표현된다.

$$\eta_e = \frac{W_e}{Q_1} \tag{3.46}$$

엔진이 외부에 행하는 일 대신에 이론 사이클에 의한 이론일 W_{th}, 또는 실제 실린더 내의 압력 변화에 의해 구해진 도시일(또는, 선도일) W_i를 이용한 경우의 열효율은 이론 열효율 η_{th}과 도시 열효율 η_i로 각각 나타낼 수 있다. 즉,

$$\eta_{th} = \frac{W_{th}}{Q_1}, \qquad \eta_i = \frac{W_i}{Q_1} \tag{3.47}$$

또한, W_i와 W_{th}의 비를 선도계수 η_g라하고, W_e와 W_i의 비를 기계효율 η_m이라 한다. 즉,

$$\eta_g = \frac{W_i}{W_{th}} = \frac{\eta_i}{\eta_{th}} \tag{3.48}$$

$$\eta_m = \frac{W_e}{W_i} = \frac{\eta_e}{\eta_i} \tag{3.49}$$

따라서, 이러한 여러 가지 효율간의 관계식을 연계하여 정미 열효율을 표현하면 다음과 같이 된다.

$$\eta_e = \eta_m \, \eta_i = \eta_m \, \eta_g \, \eta_{th} \tag{3.50}$$

엔진에서 행정체적당 일의 크기를 나타내기 위해 사용하는 양이 평균유효압력(mean effective pressure)이다. 즉, 1 사이클 동안의 순일(net work)을 W_e, 행정

체적을 V_s라 한다면, 순평균유효압력(net mean effective pressure) p_e는

$$p_e = \frac{W_e}{V_s} \tag{3.51}$$

와 같이 주어진다. 평균유효압력은 압력의 차원을 갖으며, 그 단위는 Pa(1Pascal = 1N/m²)이다.

순일(net work) 대신에 선도일(indicative work) W_i를 이용할 경우는 평균유효압력을 도시평균유효압력 p_i로, 그리고 이론 사이클에 의한 일 W_{th}를 사용할 경우는 이론평균유효압력 p_{th}로 각각 부른다. 즉,

$$p_i = \frac{W_i}{V_s}, \quad p_{th} = \frac{W_{th}}{V_s} \tag{3.52}$$

따라서, 이들 사이의 관계식을 정리하면 순평균유효압력은 다음과 같이 된다.

$$p_e = \eta_m \, p_i = \eta_m \, \eta_g \, p_{th} \tag{3.53}$$

그림 3.21의 $P-V$ 선도에서는 제시된 하나의 사이클에 대한 평균유효압력을 보여주고 있다. 그림 3.21에서 면적 [1-a-b-c-1]로 주어지는 일 W와 같은 면적으로 표시된 사각형 [1-2-3-4]의 높이 h가 평균유효압력의 크기를 나타내고 있다.

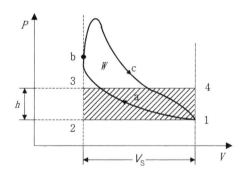

그림 3.21 사이클의 평균유효압력

3.6.2 공기 사이클

피스톤 타입의 엔진에 이용되는 기본 사이클로는 정적 사이클, 정압 사이클, 복합 사이클이 있으며, 이들 사이클은 각각의 가열과정, 즉 계로 공급되는 열량의 과정이 정적, 정압, 정적과 정압의 조합이라는 점에서 각기 다른 특징을 갖고 있다.

이들 사이클의 특징을 알아보기 위해서 다음과 같은 이상적인 사용조건에 대한

경우를 생각하기로 한다.

① 실린더 내의 작동 유체량은 일정하고, 연소에 의해 발생된 열은 외부로부터의 가열이라 하며, 연소가스의 배출에 의한 방열은 외부로부터의 냉각이라 가정한다.

② 작동유체는 이상기체로 하고, 그 물성치는 표준상태의 공기와 같다고 한다.

③ 작동유체가 사이클 중에 받는 복잡한 상태변화는 기본적인 상태변화로 바꾸어 놓고 해석한다.

이와 같은 조건을 만족하는 작동유체로서 이상기체 법칙을 따르는 공기를 고찰하는 이론 사이클을 공기 사이클이라 한다.

(1) 이론 공기 사이클의 종류

1) 정적 사이클

오토 사이클(Otto cycle)이라고도 하는 정적 사이클은 주로 전기 점화식 엔진에 적용되는 사이클로서, $P-V$ 선도상에 나타낸다면 그림 3.22와 같이 된다. 피스톤이 상사점 0의 상태에서 하사점 1의 상태로 이동하면서 실린더 내에는 충분히 흡입된 작동유체가 가역 단열 압축되어 2의 상태가 되고, 정적상태에서 가열(연소 열량 Q_1이 유입됨)되어 3까지 압력이 급상승한 후에 가역 단열 팽창하여 4의 상태가 된다. 다시 4의 상태에서 정적 냉각되면서 4의 상태에서 1의 상태로 되돌아오는데, 이 과정에서 열량 Q_2를 방열하게 된다. 여기서 1→0와 0→1의 과정은 4사이클 엔진의 배기 행정과 흡입 행정을 상징적으로 나타낸 것이다.

즉, 정적 사이클은 정적 상태에서 열량 Q_1을 유입하고, 열량 Q_2가 방출하는 열역학적 사이클을 특징적으로 나타낸다.

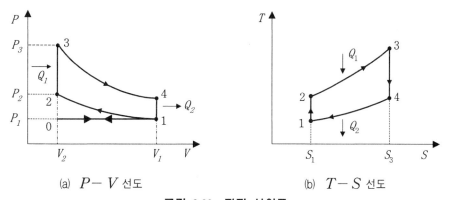

(a) $P-V$ 선도   (b) $T-S$ 선도

그림 3.22 정적 사이클

2) 정압 사이클

디젤 사이클(Diesel cycle)이라고도 하는 정압 사이클은 주로 대형의 저속 디젤 엔진에 적용되는 사이클로서, $P-V$ 선도상에 나타낸다면 그림 3.23과 같이 된다. 피스톤이 상사점 0의 상태에서 하사점 1의 상태로 이동하면서 실린더 내에는 흡입된 작동유체가 가역 단열 압축되어 2의 상태가 되고, 정압상태에서 가열(연소 열량 Q_1이 유입됨)되어 3의 상태에 도달한 후에 가역 단열 팽창하여 4의 상태가 된다. 다시 4의 상태에서 정적 냉각되면서 4의 상태에서 1의 상태로 되돌아오는데, 이 과정에서 열량 Q_2를 방열하게 된다. 여기서 1→0와 0→1의 과정은 정적 사이클의 경우와 마찬가지로 배기 행정과 흡입 행정을 각각 나타낸다.

즉, 정압 사이클은 정압 상태에서 열량 Q_1을 유입하고, 정적 상태에서 열량 Q_2가 방출하는 열역학적 사이클을 특징적으로 나타낸다.

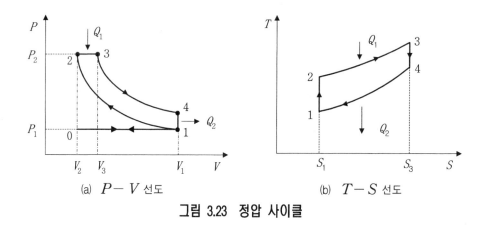

(a) $P-V$ 선도   (b) $T-S$ 선도

그림 3.23 정압 사이클

3) 복합 사이클

사바테 사이클(Sabathe cycle)이라고도 하는 복합 사이클은 주로 중속 내지는 고속의 디젤 엔진에 적용되는 사이클로서, 작동유체의 가열이 정적과정과 정압과정의 조합으로 행하여진다. 복합 사이클을 $P-V$ 선도상에 나타내면 그림 3.24와 같이 된다. 피스톤이 상사점 0의 상태에서 하사점 1의 상태로 이동하면서 실린더 내에는 흡입된 작동유체가 가역 단열 압축되어 2의 상태가 되고, 압축된 작동유체는 정적상태에서 먼저 가열(연소 열량 Q_{1v}가 유입됨)되어 2′의 상태가 되고, 이어서 정압상태에서 가열(연소 열량 Q_{1p}가 유입됨)되어 3의 상태가 된 후에 가역 단열 팽창하여 4의 상태가 된다. 다시 4의 상태에서 정적 냉각되면서 1의 상태로 되돌아

오는데, 이 과정에서 열량 Q_2를 방열하게 된다. 여기서 1→0와 0→1의 과정은 정적 사이클의 경우와 마찬가지로 배기 행정과 흡입 행정을 각각 나타낸다.

즉, 복합 사이클은 정적 상태에서 부분적으로 열량 Q_{1v}를, 그리고 정압 상태에서 열량 Q_{1p}을 유입하고, 정적 상태에서 열량 Q_2가 방출하는 열역학적 사이클을 특징적으로 나타낸다.

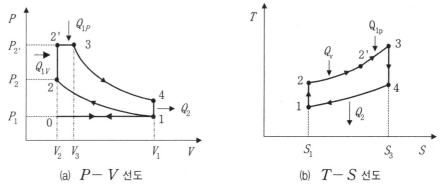

(a) $P-V$ 선도   (b) $T-S$ 선도

그림 3.24 복합 사이클

(2) 이론 공기 사이클의 열효율

복합 사이클은 그 극한으로서 정적 사이클과 정압 사이클을 포함한 일반적인 사이클로 표현될 수 있다. 따라서, 복합 사이클에 대한 이론 열효율과 평균유효압력을 구하여 정적 사이클과 접압 사이클에 대한 해석을 진행하기로 한다.

그림 3.24와 같은 복합 사이클에서 정적가열 과정에서 발생된 압력 상승비(또는, 폭발비)를 $\rho \equiv P_2'/P_2$, 정압 상태의 연료 차단비(또는, 가열 단속 체적비)를 $\sigma = V_3/V_2$라고 한다. 사이클당의 전체 가열량을 $Q_1 = (Q_{1v} + Q_{1p})$라 할 수 있고, Q_{1v}를 정적 가열량, Q_{1p}를 정압 가열량, Q_2를 정적 상태의 사이클당 냉각 열량이라고 한다면, 복합 사이클의 이론 열효율 η_{th}은 다음과 같이 나타낼 수 있다.

$$\eta_{th} = \frac{(Q_{1v} + Q_{1p} - Q_2)}{Q_{1v} + Q_{1p}} = 1 - \frac{Q_2}{Q_{1v} + Q_{1p}} \tag{3.54}$$

또한, 행정체적을 V_s로 한다면, 이론평균유효압력 p_{th}은 다음과 같다.

$$p_{th} = \frac{(Q_{1v} + Q_{1p}) - Q_2}{V_s} = \frac{Q_{1v} + Q_{1p}}{V_s} \eta_{th} \tag{3.55}$$

공기량을 m으로 하고, 정적비열과 정압비열을 c_v, c_p로 각각 나타내면, 계로 공급된 열량(Q_{1v}, Q_{1p})과 계에서 방출한 열량(Q_2)으로 표현하면 다음과 같이 된다.

$$Q_{1v} = m\,c_v(T_2' - T_2)$$
$$Q_{1p} = m\,c_p(T_3 - T_2')$$
$$Q_2 = m\,c_v(T_4 - T_1)$$

(3.56)

따라서, 복합 사이클의 이론 열효율은 다음과 같은 식으로 정리될 수 있다.

$$\eta_{th} = 1 - \frac{T_4 - T_1}{(T_2' - T_2) + x(T_3 - T_2')}$$

(3.57)

여기에 압축비를 $\varepsilon = V_1/V_2$로 나타내고, 상태변화 방정식의 기본 관계식들을 사용하면 다음과 같다.

$$
\left.
\begin{aligned}
T_2 &= T_1 \varepsilon^{x-1} \\
T_2' &= T_2 \rho = T_1 \varepsilon^{x-1} \rho \\
T_3 &= T_2' \sigma = T_1 \varepsilon^{x-1} \rho\sigma \\
T_4 &= T_3 \left(\frac{V_3}{V_4}\right)^{x-1} = T_3 \left(\frac{V_3}{V_2}\frac{V_2}{V_4}\right)^{x-1} = T_3 \left(\frac{\sigma}{\varepsilon}\right)^{x-1} = T_1\,\sigma^x \rho
\end{aligned}
\right\}
$$

(3.58)

이것을 식 (3.57)에 대입하여 정리하면, 복합 사이클의 열효율 η_{th}은 다음과 같이 된다.

$$\eta_{th} = 1 - \left(\frac{1}{\varepsilon}\right)^{x-1} \frac{\sigma^x \rho - 1}{(\rho - 1) + x\rho(\sigma - 1)}$$

(3.59)

또한, $V_s = (\varepsilon - 1)V_1/\varepsilon = (\varepsilon - 1)mRT_1/\varepsilon P_1$이 되므로, 이것을 식 (3.55)에 대입하면, 이론평균유효압력 p_{th}은 다음과 같이 된다.

$$p_{th} = \frac{P_1(Q_{1v} + Q_{1p})}{mRT_1}\left(\frac{\varepsilon}{\varepsilon - 1}\right)\left[1 - \left(\frac{1}{\varepsilon}\right)^{x-1} \frac{\sigma^x \rho - 1}{(\rho - 1) + x\rho(\sigma - 1)}\right]$$

(3.60)

이들 식에서 정적 사이클에 해당하는 조건인 $Q_{1p} = 0$, 즉 $\sigma = 1$인 정적 사이클의 이론 열효율 η_{th}과 이론평균유효압력 p_{th}은 다음과 같이 된다. 즉,

$$\eta_{th} = 1 - \left(\frac{1}{\varepsilon}\right)^{x-1}$$

(3.61)

$$p_{th} = \frac{P_1}{mR}\frac{Q_1}{T_1}\left(\frac{\varepsilon}{\varepsilon-1}\right)\left[1-\left(\frac{1}{\varepsilon}\right)^{x-1}\right] \tag{3.62}$$

또한, 정압 사이클에 해당하는 조건인 $Q_{1v}=0$, 즉 $\rho=1$인 정압 사이클의 이론 열효율 η_{th}과 이론평균유효압력 p_{th}은 다음과 같이 된다. 즉,

$$\eta_{th} = 1 - \left(\frac{1}{\varepsilon}\right)^{x-1}\frac{\sigma^x-1}{x(\sigma-1)} \tag{3.63}$$

$$p_{th} = \frac{P_1}{mR}\frac{Q_1}{T_1}\left(\frac{\varepsilon}{\varepsilon-1}\right)\left[1-\left(\frac{1}{\varepsilon}\right)^{x-1}\frac{\sigma^x-1}{x(\sigma-1)}\right] \tag{3.64}$$

그림 3.25는 정적 사이클과 정압 사이클의 열효율을, 그림 3.26은 $\sigma=2$인 경우의 복합 사이클에서 발생되는 압축비와 열효율의 관계를 각각 나타낸 것이다. 이들 두 사이클에서 압축비가 증가하면 열효율은 향상되지만, 동일한 압축비에서 정적 사이클의 열효율은 최대가 되고, 정압 사이클의 열효율은 최저가 되며, 복합 사이클의 경우는 그 중간이 된다.

이러한 관계는 동일한 압축비의 경우, 그림 3.27과 같이 $T-S$ 선도에서 각 사이클의 변화 특성을 나타낸다면 동일한 가열량 Q_1(=면적 [a−2−3−b])에 대해 냉각열량 Q_2(=면적 [a−1−4−b])가 정압 > 복합 > 정적의 순서로 나타나는 것으로 명백해진다.

그러나, 정적 사이클이 적용되는 전기 점화식 엔진에서는 연료−공기 혼합기는 압축비를 높여서 압축된 연료−공기의 온도가 상승하게 되면 자연 착화라는 문제점이 발생된다. 이러한 자연 착화는 가솔린 엔진에서 가장 문제가 되는 노킹 (knocking)으로 연결되기 때문이다. 따라서, 연료−공기 혼합기를 사용하는 가솔린 엔진에서는 연소상 제약을 받게 되므로 최대 압축비를 10 정도로 제한되는데 비해, 정압 사이클이나 복합 사이클은 압축 점화 방식을 채택하고 있으므로 일반적으로 12 ~ 20 정도의 높은 압축비가 사용되고 있기 때문에 실제의 자동차 엔진에서 압축 점화 엔진의 열효율이 전기 점화식 엔진에 비하여 높다.

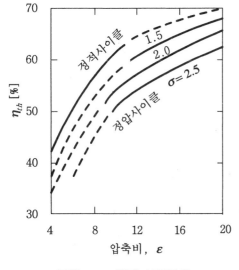

**그림 3.25 정적 사이클과
정압 사이클의 열효율**

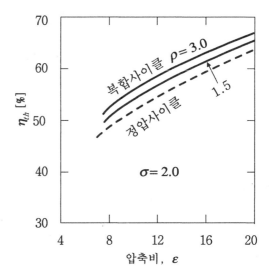

그림 3.26 복합 사이클의 열효율

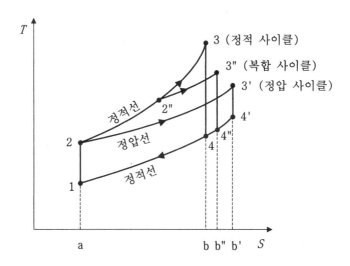

그림 3.27 정적, 정압, 복합 사이클의 $T-S$ 선도

3.7 연료-공기 사이클

표준 공기 사이클에서의 작동유체는 이상기체 상태 방정식을 따르는 공기이지만, 실제의 전기점화 엔진에서는 표준 공기가 아닌 연료−공기 혼합기와 잔류가스의 혼합가스를 압축하게 된다.

팽창 행정일 때의 작동유체는 모두 연소가스이고, 일반적으로 그 평균 분자량은 미연소 혼합기보다 작다. 또한, 이들 가스는 온도 상승에 따라서 비열이 증가하고, 고온에서는 열해리가 발생한다. 여기서 열해리는 CO_2, H_2O 등의 가스는 고온이 되면서 CO와 O, OH와 H, O로 각각 분리되고, 온도가 감소하면 본래의 분자로 되돌아가는 현상을 의미한다. 이러한 작동유체의 특성을 고려한 이론적인 사이클을 연료−공기 사이클이라고 부른다.

연료−공기 사이클 해석에서 미연 혼합기와 연소가스의 열역학적 특성이 필요하고, 대표적인 연료−공기 혼합기에 대한 열역학적 선도가 만들어진다.

3.7.1 연료-공기 혼합기의 열역학적 선도

엔진에서 연소하기 전의 온도와 압력 범위 내에서 연료−공기 혼합기(공기만 있는 경우도 포함됨)에 대한 이상기체의 상태 방정식은 공학적으로 볼 때 충분히 정확도(accuracy)를 갖고 있다. 그러나, 이 범위 내에서도 혼합기의 상태 변화에 대한 해석에서는 온도 상승에 따른 비열 증가의 영향을 고려하는 것이 필요하다. 특히, 압축행정 중에 액체가 기체로 변하는 연료에 대해서는 특별한 고려가 필요하다.

연료−공기 혼합기에서 연료와 공기의 질량비를 F, 전체 혼합기량에 대한 잔류가스의 비율을 f(수증기는 모두 잔류가스 중에 포함), 혼합기의 평균 분자량을 $\overline{M}$이라고 하면, 기준량의 혼합기 구성은 다음과 같이 된다.

- 신혼합기 $= (1-f)\,\overline{M}$ [kg]

- 잔류가스 $= f\,\overline{M}$ [kg]

- 신혼합기 중의 공기$= \dfrac{(1-f)\overline{M}}{(1+F)}$ [kg]

- 신혼합기 중의 연료$= \dfrac{(1-f)F\,\overline{M}}{(1+F)}$ [kg]

그림 3.28은 옥탄-공기 혼합기의 평균 분자량 $\overline{M}$의 크기를 나타낸 것으로서 $F_R = F/F_S$이고, F_S는 이론 혼합기에서 연료-공기 혼합기 비율을 나타낸다.

연료-공기 혼합기를 사용해야 하는 전기점화 엔진과는 달리 압축점화 엔진과 같이 혼합기가 공기와 잔류가스로 구성되어 있는 경우에는 공기 선도를 가지고 해석하여도 문제가 없다.

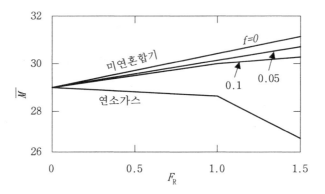

그림 3.28 옥탄-공기 혼합기의 평균 분자량

3.7.2 연소가스의 열역학적 선도

연소가스에 대한 열역학적 상태 평형 선도는 가솔린 엔진과 디젤 엔진(일반적으로 연료중에서 탄화 수소비는 옥탄과 유사함)에 대하여 근사적으로 적용할 수 있다. 즉, 연료-공기 사이클에 근거를 두고 계산을 하면 그림 3.29와 같이 열효율은 압축비 뿐만 아니고 공기 과잉율 $\lambda = (1/F_R)$에 의해서도 변화한다. 열효율의 크기는 공기 사이클의 경우보다는 크게 작아진다. 이것은 가스의 온도 상승에 따라 비열이 증가하고, 열해리에 의해 연소 후의 온도 상승이 억제되면서 실린더 내의 압력 상승이 떨어지기 때문이다. 엔진에서 공기 과잉율이 커짐에 따라서 그들의 영향이 줄어들므로 열효율은 공기 사이클의 경우로 접근하게 된다.

그림 3.30은 압축비 $\varepsilon = 8.0$인 정적 사이클에 대해 옥탄-공기의 이론-혼합기를 사용한 경우에 대한 연료-공기 사이클을 공기 사이클과 비교한 것이다. 또한, 그림 3.31은 연료-공기 사이클을 사용해서 계산한 평균유효압력을 나타낸 것으로서 압축비가 일정할 때 평균유효압력은 이론 혼합기보다 약간 진한 혼합기의 경우에 최대가 된다.

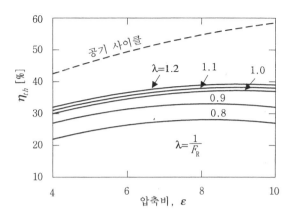

그림 3.29 연료-공기 사이클의 열효율 (정적 사이클의 경우)

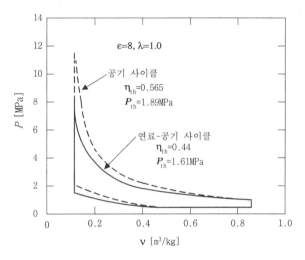

그림 3.30 연료-공기 사이클과 공기 사이클의 압력 비교

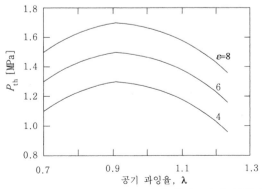

그림 3.31 연료-공기 사이클의 평균유효압력 (정적 사이클의 경우)

3.1 이상기체에 대한 정의를 하고, 자동차 엔진의 사이클 해석에서 연료-공기 혼합기의 열역학적 사이클 특성을 이상기체와 실제기체의 개념에서 그 차이점을 분석하여 설명하시오.

3.2 열역학 제1법칙을 자동차의 엔진에 직접 적용하여 연소열을 고열원으로, 그리고 피스톤이 움직이는 것을 외부일이 진행되는 것으로 연계하여 설명하시오.

3.3 열역학적 사이클에서 가장 이상적인 카르노 사이클(Carnot cycle)의 특성에 대하여 설명하시오.

3.4 사이클 해석에서 열효율을 증가시키기 위한 방법으로 가능한 압축비를 높이려고 노력하는데, 이에 따른 문제점을 정적 사이클, 정압 사이클, 복합 사이클에 대하여 각각 설명하시오.

3.5 가솔린 자동차의 기본 사이클로 정적 사이클을 사용하는데, 사용된 작동유체가 표준공기라는 가정을 하고, 이상적인 열효율 관계식을 유도하시오. 또한, 정적 사이클의 열효율을 상승시키기 위한 방법을 간략하게 기술하시오.

3.6 과급기를 사용하여 0.5kg/s 유동율의 공기를 1atm에서 1.5atm까지 가역단열 압축, 즉 등엔트로피 압축을 한다고 가정한다. 압축과정에 필요한 동력과 압축후의 공기온도를 구하시오. 단, 과급기 입구의 공기온도는 300K이다.

3.7 자동차 엔진에서 방출되는 배기가스의 압력이 1.5atm이고, 온도가 1000K인 경우에 배기가스를 이용하여 가스 터빈을 구동한다. 가스 터빈에서 연소가스는 등엔트로피 팽창을 하여 출구에서 1atm으로 떨어진다. 이 때 가스 터빈 출구에서의 가스온도와 터빈의 출력을 각각 구하시오. 단, 가스유량은 0.2kg/s이고, 그 물성값은 공기와 같다고 한다.

3.8 고온부의 온도가 $1800°C$이고, 저온부의 온도가 $20°C$인 엔진이 카르노 사이클에 따라서 외부일을 한다. 이 때의 열효율은 얼마인가? 만약 1사이클당 공급되는 열량이 10kJ이라면 1사이클당의 일은 얼마인가? 또한, 저온부로 버려지는 열량은 얼마인가?

3.9 자동차 엔진의 실린더 체적 V_1, 압축비 $\varepsilon = 8$인 공기표준 정적 사이클에서 압축 초기의 가스압력 $P_1 = 101.3\,kPa$, 초기온도 $T_1 = 293\,K$라 한다. 공기의 정적 비열은 0.72kJ/kg·K이라 할 경우에 다음을 계산하시오.

① 압축후의 압력 P_2와 온도 T_2

② 연소후의 압력 P_3와 온도 T_3

③ 팽창후의 압력 P_4와 온도 T_4

④ 작동가스 1kg당 배출되는 열량

⑤ 작동가스 1kg당 행하는 외부일

⑥ 이 사이클의 열효율

⑦ 이 사이클의 평균유효압력을 구하여라.

단, 혼합기를 압축하는 초기 상태에서 신기(즉, 새로 유입된 혼합기)가 작동 혼합가스 중에 차지하는 질량비율은 $1 - f = 1 - (V_2/V_1) = 1 - (1/\varepsilon)$으로 가정하고, 연소에 의한 발생열량은 1kg의 신기당 2,780kJ/kg(표준 가솔린의 이론 혼합기에 해당)으로 한다.

제 4 장

연료와 연소

4.1 연료의 성질

4.1.1 연료의 종류와 조성

엔진에서 사용되는 연료의 대부분은 석유계의 액체 연료이지만, 액화석유가스(LPG)나 압축천연가스(CNG)를 사용하기도 한다. 즉, 엔진의 연료는 대부분 원유를 분류하거나, 또는 화학적으로 분해하고 합성하여 정제한 액체나 기체의 탄화수소 계통의 연료를 사용한다. 엔진의 특성상 연료는 움직이는 운송 차량에서 사용되므로 운반에 편리하고 안전한 액체 연료를 주로 사용한다.

엔진의 연료로 갖추어야 할 주요 특성은 연료의 발열량, 비중, 증류점, 점도 등이 연소에 적합해야 하며, 전기점화 방식의 가솔린 엔진에서는 내노크성이 중시되고, 압축점화 방식의 디젤 엔진에서는 발화성과 유동성이 연료로 갖추어야 할 중요한 성질이다.

석유계 연료는 모두 탄화수소 계열로 여러 가지 종류로 나누어진다. 즉, 파라핀계는 C_nH_{2n+2}의 분자 구조를 갖는 직쇄 분자 구조를 갖는 연료이다. 올레핀계와 나프탄계는 C_nH_{2n}의 분자 구조를 갖으며, 올레핀계는 탄소의 이중결합을 갖지만 나프텐계는 환상구조를 갖는다. 또한, 아로마틱계는 C_nH_{2n-6}의 분자 구조로 탄소가 이중결합된 환상 구조를 갖으며 방향족이라고도 한다. 자동차에서 널리 사용하는 연료는 이들 탄화수소의 혼합물로 원유의 분류, 분해, 천연가스의 중합 등에 의해 다양한 연료가 제조된다. 그밖에 사용되는 연료는 알콜 계통의 에탄올과 메탄올, 액화석유가스(LPG)와 액화천연가스(LNG) 등이 있다. 표 4.1에서는 대표적인 탄화수소 액체연료의 특성을 제시하고 있다.

엔진의 연료는 대부분 탄화수소 분자의 혼합물로 구성되어 있기 때문에 물과 같이 단일분자로 구성되는 것과는 달리 비등점이나 응고점 등이 단일값이 아니다. 이들 탄화수소 분자는 다음의 4가지 종류로 크게 분류할 수 있다.

(1) 파라핀계 탄화수소

파라핀계 탄화수소(C_nH_{2n+2}, paraffin series)는 탄소원자가 직쇄로 결합한 배열 구조를 하고 있으며, 이중에서 탄소원자가 1렬로 결합된 것을 정파라핀(normal paraffin), 측쇄사슬(side chain)로 결합된 것을 이소파라핀(iso−paraffin)이라 한다. 예를 들어 정펜탄과 이소옥탄의 결합 구조를 보면 그림 4.1과 그림 4.2에서 각각 보여주고 있다.

표 4.1 액체 연료의 특성

액체 연료의 종류			비중 (15℃)	증류점 [℃]	증발열 [kJ/hg]	저 위 발열량 [MJ/kg]	이 론 공연비* [kg/kg]
파라핀계 C_nH_{2n+2}	펜 탄	C_5H_{12}	0.63	36	365	45.2	15.3
	헥 산	C_6H_{14}	0.66	69	336	45.2	15.2
	헵 탄	C_7H_{16}	0.69	98	319	45.0	15.2
	옥 탄	C_8H_{18}	0.70	125	310	45.0	15.1
	노 탄	C_9H_{20}	0.72	150	290	44.5	15.0
	데 칸	$C_{10}H_{22}$	0.74	174	277	44.5	15.0
올레핀계 나프텐계 C_nH_{2n}	펜 텍	C_5H_{10}	0.65	30	314	45.0	14.8
	옥 텐	C_8H_{16}	0.72	121	300	44.5	14.8
	사이크로펜탄	C_5H_{10}	0.75	49	390	44.1	14.8
	사이크로헥산	C_6H_{12}	0.78	81	365	44.1	14.8
	헥사하이드로 톨루엔	C_7H_{14}	0.77	100	323	44.1	14.8
방향족계 C_nH_{2n-6}	벤 젠	C_6H_6	0.88	80	394	40.3	13.3
	톨 루 엔	C_7H_8	0.87	111	365	41.2	13.4
	크 실 렌	C_8H_{10}	0.87	144	348	41.6	13.6
아로마틱류	메 탄 올	CH_3OH	0.79	64	1105	20.2	6.5
	에 탄 올	C_2H_5OH	0.79	78	865	27.2	8.9
	가솔린		0.66~0.75	〈200 (90%)	~330	~44.5	~15
	등 유		0.78~0.84	〈250 (90%)	~250	~43.3	~14.8
	경 유		0.84~0.89	〈350 (90%)		~42.8	~14.4
	중 유		0.90~0.95			~41.6	~14.2

* 공기중의 산소를 23%(질량)로 하고 있음.

1) 정펜탄(*n*-pentane)

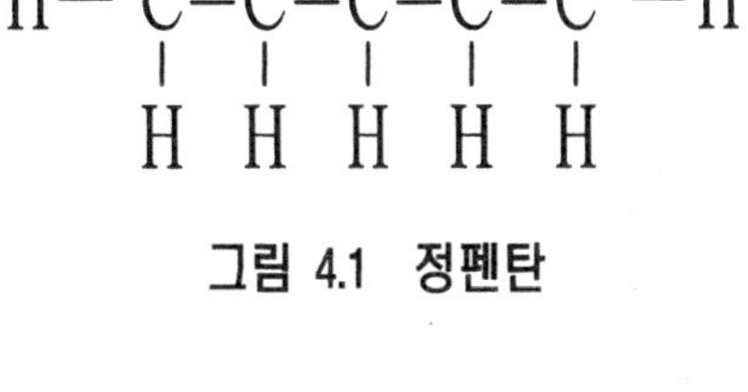

그림 4.1 정펜탄

2) 이소옥탄(iso-octane)

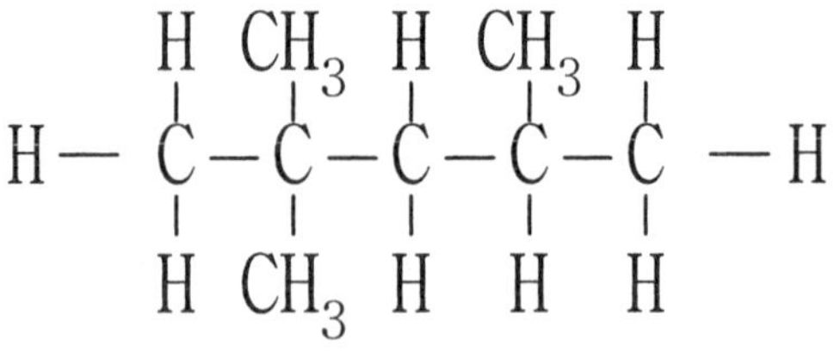

$$H-\overset{\overset{\displaystyle H}{|}}{\underset{\underset{\displaystyle H}{|}}{C}}-\overset{\overset{\displaystyle CH_3}{|}}{\underset{\underset{\displaystyle CH_3}{|}}{C}}-\overset{\overset{\displaystyle H}{|}}{\underset{\underset{\displaystyle H}{|}}{C}}-\overset{\overset{\displaystyle CH_3}{|}}{\underset{\underset{\displaystyle H}{|}}{C}}-\overset{\overset{\displaystyle H}{|}}{\underset{\underset{\displaystyle H}{|}}{C}}-H$$

그림 4.2 이소옥탄

(2) 올레핀계 탄화수소

올레핀계 탄화수소(C_nH_{2n}, olefin series)는 탄소원자가 1렬로 결합된 구조를 하고 있으나, 수소원자가 2개 또는 4개가 부족하기 때문에 2중 결합(double bond)을 1개 또는 2개 갖고 있다. 예를 들어 α-헥실렌과 3-헤프텐의 결합 구조를 보면 다음과 같다.

1) α-헥실렌(α-hexulen)

$$\overset{\overset{\displaystyle H}{|}}{\underset{\underset{\displaystyle H}{|}}{C}}=\overset{\overset{\displaystyle H}{|}}{\underset{\underset{\displaystyle H}{|}}{C}}-\overset{\overset{\displaystyle H}{|}}{\underset{\underset{\displaystyle H}{|}}{C}}-\overset{\overset{\displaystyle H}{|}}{\underset{\underset{\displaystyle H}{|}}{C}}-\overset{\overset{\displaystyle H}{|}}{\underset{\underset{\displaystyle H}{|}}{C}}-\overset{\overset{\displaystyle H}{|}}{\underset{\underset{\displaystyle H}{|}}{C}}-H$$

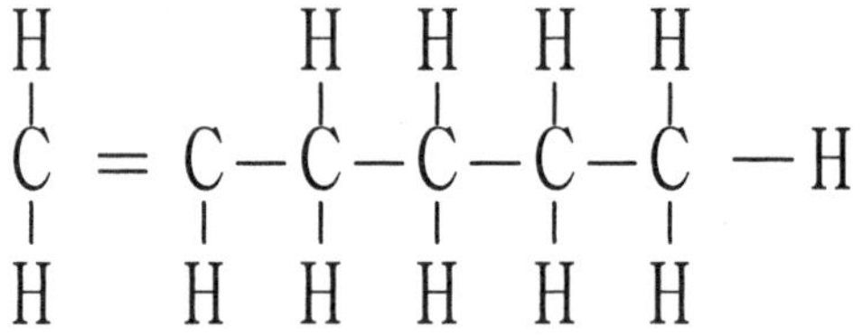

그림 4.3 α-헥실렌 탄화수소

2) 3-헤프텐(3-heptene)

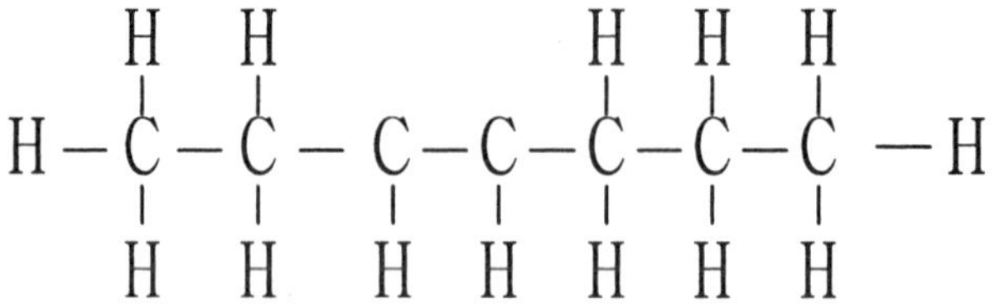

$$H-\overset{\overset{\displaystyle H}{|}}{\underset{\underset{\displaystyle H}{|}}{C}}-\overset{\overset{\displaystyle H}{|}}{\underset{\underset{\displaystyle H}{|}}{C}}-\overset{}{\underset{\underset{\displaystyle H}{|}}{C}}-\overset{}{\underset{\underset{\displaystyle H}{|}}{C}}-\overset{\overset{\displaystyle H}{|}}{\underset{\underset{\displaystyle H}{|}}{C}}-\overset{\overset{\displaystyle H}{|}}{\underset{\underset{\displaystyle H}{|}}{C}}-\overset{\overset{\displaystyle H}{|}}{\underset{\underset{\displaystyle H}{|}}{C}}-H$$

그림 4.4 3-헤프텐 탄화수소

(3) 나프텐계 탄화수소

나프텐계 탄화수소(C_nH_{2n}, naphthene series)는 연료의 탄소원자가 환상구조(ring structure)로 결합된 구조를 하고 있으며, 탄소원자마다 수소원자 두 개가 결합된 형태를 하고 있다. 예를 들어 사이클로헥산(cyclohexane)의 결합 구조를 보면 그림 4.5와 같다.

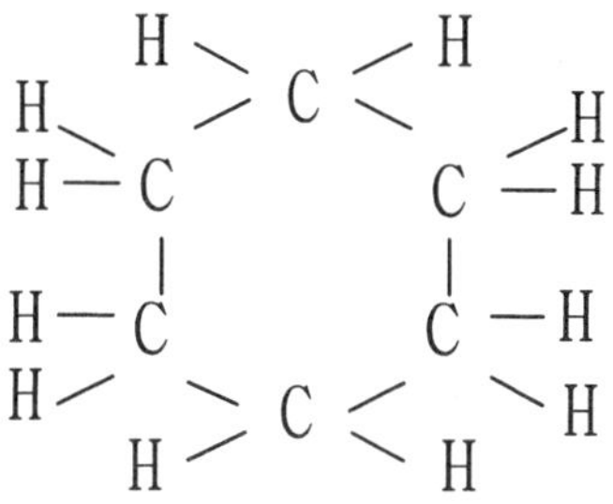

그림 4.5 사이클로헥산

(4) 방향족계 탄화수소

방향족계 탄화수소(C_nH_{2n-6}, aromatic series)는 연료의 탄소원자가 환상구조를 하고 있으며, 탄소원자마다 2중 결합과 단일 결합을 번갈아 가면서 결합된 구조를 갖는다. 방향족 탄화수소에 대한 벤젠과 톨루엔의 결합 구조를 예로 들어보면 그림 4.6과 같다.

1) 벤젠(benzene)

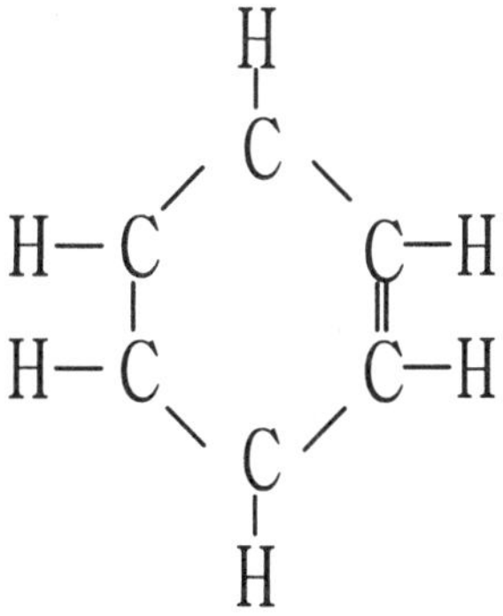

그림 4.6 벤젠

2) **톨루엔**(toluene)

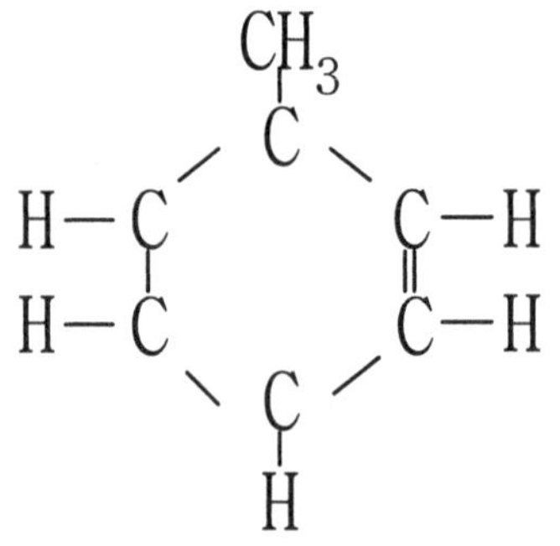

그림 4.7 톨루엔

탄화수소 분자의 혼합물인 원유(crude oil)나 천연가스(natural gas)는 땅속으로부터 채취되나, 산지에 따라서는 각 탄화수소 분자의 함유비율, 유황 등에 포함된 불순물의 농도가 다르며, 그것이 정제된 후의 제품 성질에도 그대로 영향을 미치게 된다.

원유는 첫째로 증류에 의해 정제된다. 즉, 원유에 혼합된 각종 탄화수소의 비등점은 분자량이 증가함에 따라서 높아지므로, 증류 온도를 높이면 먼저 에탄, 프로판, 부탄과 같은 가스가 나온다. 이어서 가솔린, 등유가 유출되고, 뒤에는 중유가 남는다. 중유는 다시 A, B, C 등급의 중유로 분류된다. 또한, 원유의 종류에 따라 중유로부터 윤활유의 원료인 기유(base oil), 파라핀, 아스팔트 등이 얻어진다.

석유의 정제는 증류만이 아니라 고분자 탄화수소를 촉매나 열에 의하여 저분자의 탄화수소로 분해하여 고급 연료로 제조하는 분해법(cracking) 등의 화학 공업적 제조법도 있다.

4.1.2 연료의 성질

(1) 발열량

단위 질량의 연료에 공기를 가하여 연료가 기준온도에서 완전 연소된 후에 생긴 연소 생성물을 최초의 기준온도까지 냉각했을 때 얻어지는 열량을 그 연료의 발열량(heating value)이라 한다. 최초의 기준온도까지 냉각하였을 때, 연소가스에 포함된 수증기가 응축하지 않고 가스상태를 그대로 유지할 때의 발열량을 저위 발열량(lower heating value), 수증기가 응축해서 잠열이 방출되는 경우의 발열량을 고위 발열량(higher heating value)라고 한다. 자동차 엔진에서 연소열로 이용할 수 있는 발열량은 저위 발열량이다. 이것은 항상 건조한 가스상태를 유지하므로 수증기의 응축으로 인한 부식 문제가 없다.

연료는 복잡한 탄화수소의 화합물이나 그 결합 상태를 몰라도 원소분석의 결과만 알면 각 원소의 발열량으로부터 개략적인 발열량 값을 구할 수 있다. 연료는 탄소나 수소의 화합물로 존재하기 때문에 생성열(heat of formation)을 알아야만 발열량에 대해 정확하게 계산할 수 있으나, 고체연료와 액체연료는 각각의 원소가 유리해서 존재한다 해도 큰 오차는 없다.

지금 c, h, o, s, w를 각각 연료 1kg 중에 포함된 탄소, 수소, 산소, 유황, 물의 kg 수라고 하면, 저위 발열량과 고위 발열량은 다음과 같이 된다. 즉,

- 저위 발열량 $H_l = 8100c + 28800(h - \dfrac{o}{8}) + 2200s - 600w$ [kcal/kg]
- 고위 발열량 $H_h = 8100c + 34200(h - \dfrac{o}{8}) + 2200s$ [kcal/kg]

위의 발열량 계산식에서 연료 중의 산소는 이미 수소와 화합해서 물로 되어 있는 것으로 생각하고, $o/8$[kg]의 수소는 연소에 관여하지 않고 있다. 수소 1[kg]이 연소하면 물 9[kg]이 생기고, 그것이 응결하면 $600 \times 9 = 5400$[kcal]의 증발열을 내놓으므로 고위 발열량에서는 수소의 발열량이 그만큼 커지게 된다.

엔진의 연료로 사용하는 액체연료는 표 4.1에서, 그리고 기체연료는 표 4.2에서 발열량에 관련된 데이터를 각각 제공하고 있다.

표 4.2 기계 연료의 발열량

기체 연료의 종류 (0℃, 760mmHg 기준)		비 중	밀 도 [kg/l]	이 론 혼합기 발열량 [kcal/Nm³]	저 위 발열량 [kcal/l]	이 론 공연비 [kg/kg]
수 소	H_2	-253	0.0899×10^{-3}	763	2.58	34.23
액 체 수 소	H_2	-253	0.071	–	2040	–
액화암모니아	NH_3	-33.6	0.770	751	3430	6.07
메 탄	CH_4	-162	0.714×10^{-3}	810	8.52	17.2
프 로 판	C_3H_8	-42.1	1.965×10^{-3}	870	21.7	15.7
부 탄	C_4H_{10}	-11.7	2.586×10^{-3}	880	28.2	15.45
아 세 틸 렌	C_2H_2	-83.6	1.160×10^{-3}	1040	13.4	13.3
일산화탄소	CO	-191.5	1.288×10^{-3}	900	3.10	2.46

특정 연료에 포함되어 있는 화학적 에너지는 일정하지만, 일반적으로 연료는 연소하는 과정에서 분자수가 변화하기 때문에 발열량의 값은 정적법에 의한 측정값과 정압법에 의한 측정값이 약간의 차이를 나타낸다. 그러나, 보통의 엔진에서 사용되는 연료에서 그 차이는 작기 때문에 엄밀성을 요구하는 경우가 아니면 구별할 필요가 없다. 또한, 기준온도, 즉 연소전의 가스온도에 따라서 발열량이 다르지만 보통 이것도 무시할 정도이다.

일반적으로 탄화수소 C_nH_m의 연소는 다음과 같은 화학 반응식으로 표시된다.

$$C_nH_m + (n + \frac{m}{4})O_2 = nCO_2 + \frac{m}{2}H_2O \qquad (4.1)$$

(2) 휘발성

석유계 연료는 증류 과정에서 발생된 비중의 차이에 의해 각종 연료로 나눠지며, 분자량이 작은 탄화수소일수록 저온에서 증류되고 휘발성(volatility)이 좋다. 연료의 휘발성은 연료 특성중의 하나로, 특히 가솔린 엔진의 연소 성능에 중요한 영향을 미치는 인자이다. 그러나, 연료의 휘발성은 간단하면서도 합리적으로 나타내기가 어렵다.

예를 들어, 어떤 조건하에서 측정한 100°F의 증기압력을 가지고 나타내는 일도 있지만(Reid의 증기압 표현), 일반적으로는 휘발성 측정이 비교적 간단한 ASTM (American Society of Testing Materials) 증류곡선이 가장 많이 사용되고 있다. 그림 4.8은 ASTM 증류 시험장치에서 보여주는 것과 같이 규정된 치수의 플라스크, 가열장치, 응결장치, 메스 실린더 등을 사용하여 측정한다. 연료의 유출량과 증류온도는 시험 연료 100cc를 가열하여 응결장치를 거쳐서 메스실린더로 가는 유출량과 증류온도를 측정하면 된다. 이들의 결과는 그림 4.9의 실선과 같이 나타낼 수 있고, 이것을 연료에 대한 ASTM 증류곡선이라 한다. 일반적으로 실선이 아래쪽에 있을수록 휘발성이 좋은 연료라고 할 수 있다.

그림 4.9의 ASTM 증류곡선은 연료의 휘발성을 비교하는 데는 편리하지만, 실제 엔진의 기화 조건과는 크게 다른 상태에서 시험을 하므로, 이것을 엔진의 성능과 직접적으로 관련시킬 수는 없다. 즉, ASTM 증류 곡선에서 연료의 증기는 항상 1기압으로 유지되고, 휘발한 후에는 곧 바로 응결하고, 플라스크 내에서 액체와 접촉하여 평형상태에 있는 연료 증기는 그 일부분에 지나지 않는다. 그러나, 실제로 흡입된 상태의 연료는 다량의 공기와 혼합하여 낮은 분압하에서 연료 증기와 액체가 서로 접촉해서 평형상태를 유지하려고 한다.

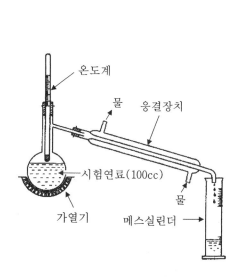

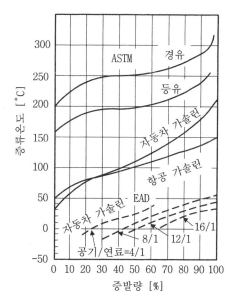

그림 4.8 ASTM 증류 시험장치   그림 4.9 ASTM 증류곡선 및 평형공기 증류곡선

따라서, 이러한 상태와 일치하는 증류시험 방법이 개발되었고, 그것이 평형 공기 증류법(Equilibrium Air Distillation : EAD)이다. 이 방법은 공기와 가솔린의 일정량을 일정한 압력과 온도로 유지하면서 휘발시켜 평형상태에 도달하였을 때에 몇 %가 증발하였는가를 측정하는 것이다. 이것을 각종 혼합비, 압력, 온도에서 시행하여 온도와 휘발량과의 관계를 나타내면, 그림 4.9에서 점선으로 제시한 낮은 온도 곡선을 평형공기 증류곡선이라 한다. 이 측정법을 실제로 사용하기에는 대단히 번거로우므로 일반적으로 경험식이 많이 사용되고 있다.

ASTM 증류곡선과 가솔린 엔진의 성능과의 관계에서 연료가 갖추어야 할 중요한 것들을 요약하면 다음과 같다.

1) 시동성

가솔린 엔진의 시동성은 윤활유의 점도, 배터리의 용량, 기타 엔진 각 부분의 조정 등과 복잡하게 연계되어 있다. 연료의 시동성은 실린더의 연소실 내부에 가연 한계치 내의 혼합기가 형성되어 있는지 여부에 달려 있다. 엔진이 시동할 때는 실린더 내에 공기만으로 채워져 있으나 엔진을 회전시켜 혼합기가 공급하게 되면 점차로 혼합기는 농후해지면서 그 농도가 가연 한계치에 도달하면 비로소 점화하게 된다.

엔진을 시동할 때는 공기 연료비가 1 : 1 전후의 혼합기가 공급되므로, 그 중의 일부가 기화하면서 실린더 내에는 가연 한계치 내의 공기-연료 증기비가 얻어진다. 한랭시에 운전되는 자동차 엔진에 대하여 시행된 광범위한 시험 결과에 의하면, 연료의 시동성을 비교하는 데는 ASTM 증류 10%의 온도가 낮을수록 저온 시동성이 우수하다.

2) 베이퍼록

엔진의 시동성을 쉽게 하기 위해서는 ASTM 증류 10%의 온도가 낮아야 하나, 너무 낮으면 베이퍼록(vapor lock) 현상이 일어난다. 베이퍼록 현상은 연료 계통의 일부에서 증기압이 높아지면서 가솔린이 비등하기 때문에 연료 파이프를 따라 유동하다가 일어나는 연료의 증발 현상이다.

연료 파이프(fuel pipe), 연료 분사장치나 노즐 등이 엔진으로부터 유입된 열에 의해 가열되므로 이들의 온도가 대기온도보다 높아진다. 따라서 증기압도 높아지며, 이 압력이 연료계통의 압력보다 커지게 되면서 베이퍼(vapor) 현상이 발생한다. 발생된 베이퍼의 량이 많아짐에 따라서 연료 파이프나 노즐로 공급되는 가솔린의 양이 고르지 못하게 되고, 베이퍼록 현상이 심할 때는 가솔린 공급이 순간적으로 중단되어 엔진을 정지시키기도 한다.

3) 웜업(warm-up)

시동 직후에는 엔진의 온도가 낮으므로 초크 밸브를 사용하여 농후한 혼합기를 공급하지 않으면 가연한계 내의 혼합기를 얻을 수 없으나, 엔진의 온도가 높아짐에 따라서 관(pipe)의 벽면에 부착된 가솔린이 기화하고 혼합기가 농후해지므로 점차 초크 밸브를 열어준다.

시동 후에 초크 밸브를 사용하지 않고 어떤 부하로 운전할 수 있을 때까지의 시간을 웜업 시간(warm-up time)이라 한다. 웜업 시간은 가솔린의 휘발성과 관계됨은 물론이나, 실험결과에 의하면 ASTM 증류 20%의 온도가 가장 중요하며, 이것이 낮을수록 웜업 시간이 짧아진다.

4) 가속성

엔진을 가속하기 위해서 스로틀 밸브를 갑자기 열면 기화기(carburetor)나 연료 공급장치에서 공급된 공기와 가솔린은 곧 바로 증가하지만, 가솔린의 일부분은 관 벽면에 부착하여 실린더에 도달하는 가솔린의 양이 신속하게 증가하지 않으므로 연료-공기 혼합기가 일시적으로 희박해진다.

실린더 내에서 연소에 관여하는 연료와 노즐, 연료 공급장치에서 공급하는 연료와의 비를 유효 휘발도(effective volatility)라 하고, 이것은 가속성과 중요한 관계가 있다. ASTM 증류곡선의 어떤 점이 가속에서 가장 중요한가는 흡기관의 온도와 인젝터(injector)의 공기 연료비에 따라서 다르다.

예를 들면 흡기관의 온도가 낮은 경우는 ASTM 증류곡선의 증발량이 작은 부분에 의하여 좌우되고, 적당한 온도를 유지하는 흡기관에서는 중간부분의 휘발성이 좋아짐에 따라 가속성이 좋아진다. 그러나, 흡기관의 온도가 높은 경우는 휘발성이 좋은 연료를 사용하면 가속장치가 있는 엔진은 혼합기가 지나치게 농후해져서 오히려 가속성이 나빠진다. 보통의 엔진에서는 ASTM 증류 35~65%의 온도가 낮을수록 가속성이 좋아진다.

5) 연소성

가솔린 엔진이 양호한 연소를 하기 위해서는 연료가 점화하기 이전에 완전히 증발되어야 한다. 그러기 위해서는 혼합기의 노점(dew point)이 낮아야 한다. 연료의 노점은 ASTM 증류 90%의 온도로 규정되어 있다. 증류 90%의 온도가 너무 높으면 불완전 연소를 일으켜서 매연이 발생하고, 실린더 내에 탄소가 퇴적하기 쉽다. 그러나, 증류 90%의 온도가 너무 낮으면 건조한 혼합기가 공급되기 때문에 체적효율이 낮아져서 출력이 저하되고, 노크가 발생되는 경향이 증가한다.

6) 크랭크실의 회석

연료-공기 혼합기의 노점(dew point)이 너무 높으면 실린더 벽면의 연료가 응결되고, 윤활유가 희석되면서 윤활 작용에 마찰부는 손상을 받게 된다. 연소실로 흡입되는 연료-공기 혼합기에는 습증기가 혼합되어 있거나, 연소실과 외기의 냉각차이에 의해 엔진 내부에 이슬점이 맺게 되면 이들은 윤활유에 희석될 수 있다. 이러한 것들은 미연소 가스의 블로바이(blow-by) 현상에 의해 연료가 윤활유에 혼입되면서 크랭크 실내의 윤활유는 희석되게 된다.

엔진의 저온 시동, 또는 웜업(worm-up)의 경우는 초크 밸브를 사용하기 때문에 특히 흡입되는 공기에 포함된 습증기에 의한 이슬점 때문에 윤활유가 희석되는 현상이 발생하기 쉽다. 따라서, 크랭크실로 유입되는 습증기나 이슬점에 의한 윤활유의 희석 현상을 방지하기 위해서는 ASTM 증류 90%의 온도가 너무 높지 않아야 한다.

4.2 연소 반응

4.2.1 연소에 필요한 공기량

엔진에 사용되는 연료는 주로 탄소와 수소의 화합물로 구성되지만, 유황이나 산소 등도 불순물의 형태로 소량 포함되어 있다. 이들 성분과 화합물의 연소는 다음의 화학 반응식에 의해서 표시된다.

- 탄소　　　　　$C + O_2 = CO_2 + 97200\text{kcal}$

　　　　　　　　$12\text{kg} + 32\text{kg} = 44\text{kg}$ (완전 연소)

　　　　　　　　$C + \dfrac{O_2}{2} = CO + 29620\text{kcal}$

　　　　　　　　$12\text{kg} + 16\text{kg} = 28\text{kg}$ (불완전 연소)

- 일산화탄소　$CO + \dfrac{O_2}{2} = CO_2 + 67580\text{kcal}$

　　　　　　　　$28\text{kg} + 16\text{kg} = 44\text{kg}$

- 수소　　　　$H_2 + \dfrac{O_2}{2} = H_2O$ (액체) $+ 68500\text{kcal}$

　　　　　　　　$2\text{kg} + 16\text{kg} = 18\text{kg}$　　　　　(고위 발열량)

　　　　　　　　$H_2 + \dfrac{O_2}{2} = H_2O$ (증기) $+ 57750\text{kcal}$

　　　　　　　　$2\text{kg} + 16\text{kg} = 18\text{kg}$　　　　　(저위 발열량)

- 유황　　　　$S + O_2 = SO_2 + 70860\text{kcal}$　　　　　　　(4.2)

　　　　　　　　$32\text{kg} + 32\text{kg} = 64\text{kg}$

- 메탄　　　　$CH_4 + 2O_2 = CO_2 + 2H_2O$ (액체) $+ 212400\text{kcal}$

- 에탄　　　　$C_2H_6 + 3\dfrac{1}{2}O_2 = 2CO_2 + 3H_2O + 372900\text{kcal}$

- 에틸렌　　　$C_2H_4 + 3O_2 = 2CO_2 + 2H_2O$ (액체) $+ 346200\text{kcal}$

- 일반 탄화수소　$C_nH_m + (n + \dfrac{m}{4})O_2 = nCO_2 + \dfrac{m}{2}H_2O$ kcal　　(4.3)

(1) 액체연료의 이론 공기량

1kg의 연료 중에 포함된 탄소, 수소, 산소, 유황의 질량을 각각 c, h, o, s이

라 하면, 1kg의 연료를 완전 연소시키는데 필요한 최소 산소량 $O_{2\,min}$ 은 다음의 식 (4.4)로부터 구해진다. 즉,

$$O_{2\,min} = (\frac{8c}{3} + 8h + s - o) \text{ kg/kg} \tag{4.4}$$

이 식에서 산소 o는 연료 중의 산소가 이미 다른 원자와 결합하고 있는 것으로 생각하고 뺀 것이다. 산소 1kmol은 32kg, 22.41Nm³이므로 완전 연소에 필요한 최소 산소량을 체적으로 표시하면, 다음의 식으로 표현된다. 즉,

$$O_{2v\,min} = \frac{22.41}{32} (\frac{8c}{3} + 8h + s - o) \text{ Nm}^3/\text{kg} \tag{4.5}$$

또한, 공기의 조성은

- 체적비율 O_2 : 21%, N_2 : 79%
- 질량비율 O_2 : 23.2%, N_2 : 76.8%

이므로, 1kg의 연료를 완전 연소시키는 데 필요한 이론 공기량 L_o[kg/kg]은

$$L_o = \frac{O_{2\,min}}{0.232} = 4.31(\frac{8c}{3} + 8h + s - o)\text{kg/kg} \tag{4.6}$$

이 된다. 1kg의 연료를 완전 연소시키는 데 필요한 이론 공기량을 체적으로 나타낸 L_{ov}[Nm³/kg]은

$$L_{ov} = \frac{O_{2\,min}}{0.21} = 3.33(\frac{8c}{3} + 8h + s - o)\text{Nm}^3/\text{kg} \tag{4.7}$$

가솔린 연료의 평균 조성은 $c = 0.856$, $h = 0.144$이고, 이소옥탄 C_8H_{18}으로 근사적 표시가 가능하고, 디젤 연료의 평균 조성은 $c = 0.875$, $h = 0.125$이고, $C_{16}H_{30}$으로 근사적 표시가 가능하다. 상기식으로부터 이론 공기량을 구하면, 다음과 같은 결과를 얻을 수 있다.

- 가솔린 연료 : 14.80kg/kg   11.44Nm³/kg
- 디젤 연료 : 14.37kg/kg   11.10Nm³/kg

(2) 기체연료의 이론 공기량

기체 연료가 CO, H_2, C_nH_m 등과 같은 탄화수소 계열의 성분을 포함하고 있다면, 연소에 필요한 공기량 계산식 (4.2)와 식 (4.3)으로부터 1kmol의 O_2를 필요로 하므로, 1Nm³의 기체 연료를 완전 연소시키는 데 필요한 이론 공기량 L_{ov}

는 다음과 같다. 즉,

$$L_{ov} = \frac{1}{0.21}\left[\frac{(H_2)_v + (CO)_v}{2} + \sum\left(n + \frac{m}{4}\right)(C_n H_m)_v - (O_2)_v\right] Nm^3/Nm^3$$

(4.8)

4.2.2 연소가스의 온도와 조성

연료-공기 혼합기가 연소하여 평형상태에 도달하였을 때 얻어지는 온도를 화염온도라 하고, 특히 열손실이 없는 경우의 화염온도를 단열 화염온도(adiabatic flame temperature)라 한다. 일반적으로 화염온도는 단열 화염온도의 의미로 사용되고 있으며, 연소의 기본 형태에는 정적연소와 정압연소가 있다. 정압연소에서 얻어지는 화염온도는 연소가스에 의한 외부일 때문에 정적연소로 얻어지는 화염온도보다 낮다.

혼합기의 최초온도를 T_0, 발열량을 q, 최초온도 T_0와 화염온도 T_f 사이에서 연소가스의 평균 정적비열과 평균 정압비열을 각각 c_{vm}과 c_{pm}으로 나타내면, 정적연소시의 화염온도 T_{fv}와 정압 연소시의 화염온도 T_{fp}는 다음과 같이 제시된다. 즉,

$$T_{fv} = T_0 + \frac{q}{c_{vm}}$$

$$T_{fp} = T_0 + \frac{q}{c_{pm}}$$

(4.9)

여기서 $c_{pm} > c_{vm}$이므로 $T_{fv} > T_{fp}$이 된다.

화염온도는 연료의 종류, 공기 연료비에 따라서 변화하며, 일반적으로 이론공기연료비보다 약간 농후한 혼합비에서 최고가 된다. 또한, 혼합기의 최초 압력이 높을수록 화염온도는 높아진다. 이것은 연소가스의 열해리 현상이 억제되기 때문이다.

이론 공연비와 큰 차이를 나타내는 혼합기, 또는 대량의 불활성 희석가스를 포함하는 혼합기 등은 화염온도가 낮으며, 이 경우에는 비교적 간단하게 화염온도를 추정할 수 있다. 즉, 식 (4.2)와 (4.3)과 같은 총괄 반응식을 사용하여 연소가스의 조성을 구하고, 그와 같은 조성의 연소가스가 생성되는 경우의 발열량을 구한다. 그 발열량에 의하여 이 연소가스가 최초 온도로부터 얼마나 상승하는가를 계산하면 화염온도가 구해진다. 그러나, 이와 같은 계산에서는 각 화학종의 열해리를 고려하지

않으므로 화염온도가 높을 때는 실제보다 훨씬 높은 화염온도를 주게 된다.

연소가스의 온도가 높은 경우에는 생성가스의 열해리를 고려하고, 각 화학종에 대한 열화학 데이터(생성열, 비열, 화학반응의 평형상수)를 사용하여 계산하면 충분히 신뢰할 수 있는 화염온도와 연소가스의 조성을 구할 수 있다.

그림 4.10은 대표적인 공기-연료 혼합기의 단열 화염온도를 나타낸 것이고, 그림 4.11은 연소가스 온도에 따른 C_nH_{2n}의 탄화수소와 공기의 이론 혼합기의 연소가스를 표시한 것이다.

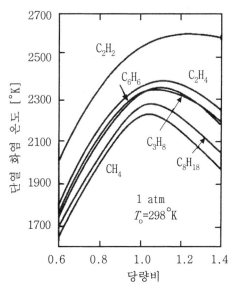

그림 4.10 대표적 연료의 단열화염온도

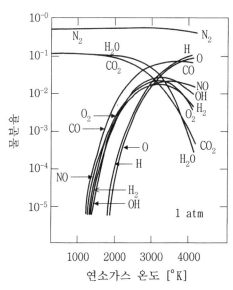

그림 4.11 C_nH_{2n} 이론 혼합기의 연소가스 조성

4.2.3 연소반응 메카니즘

실제의 연소 현상에서는 균일 반응, 즉 시스템 전체가 균일하고, 그 내부에서 동일하게 반응이 진행된다고 보는 경우는 거의 없지만, 여기서는 먼저 기본적인 연소반응 메카니즘에 대해서 고찰해 보기로 한다.

식 4.3에서 나타낸 C_nH_m의 화학 반응식은 단순히 출발점의 가스조성과 끝점의 가스조성을 나타낸 것으로서, 총괄 반응식이라고 부른다. 실제의 연소반응은 연쇄반응(chain reaction)으로서 몇가지 활성종(또는, 연쇄단체(chain carrier))이 관여하는 소반응군에서 성립되고 있다. 즉, 반응 경과를 세분하여 생각했을 때, 최종적인 개개의 기본적인 반응을 소반응이라고 부른다. 이러한 소반응 $M + N \rightarrow P + Q$

(2분자 반응)의 반응속도는

$$r = k[\text{M}][\text{N}]$$

으로 주어진다. 여기서 k는 반응속도 상수로서 아레니우스(Arrhenius)의 식 $k = A e^{-E/\overline{R}T}$ 또는 $k = A' T^n e^{-E/\overline{R}T}$로 나타난다. 여기서 A는 빈도인자, E는 활성화 에너지, T는 반응물질의 온도, $\overline{R}$은 일반 기체상수를 각각 나타내고 있다. 활성화 에너지와 반응열과의 관계를 모형으로 나타낸 것이 그림 4.12이다. 일반적으로 분자간의 반응은 E가 크고, 따라서 반응속도가 작지만 활성종이 관계하는 반응은 E가 작을 경우가 많고 반응속도가 크다.

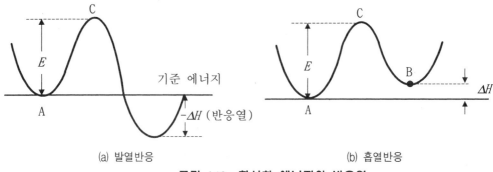

(a) 발열반응   (b) 흡열반응

그림 4.12 **활성화 에너지와 반응열**

수소, 일산화탄소, 메탄 등 간단한 분자의 연소반응에 대해서는 반응 메카니즘이 분명해지고 있지만, 일반적인 탄화수소의 연소에 대해서는 아직도 그 상세한 것이 불명확한 부분이 많다. 그러나, 탄화수소는 먼저 산화와 분해의 과정을 통해서 H_2와 CO로 된다는 것은 알려져 있다. 그 연소과정을 다음의 2단계로 나누어 생각해 볼 수가 있다.

· 제 1 단계 $C_n H_m \rightarrow H_2,\ CO$

· 제 2 단계 $\begin{cases} H_2 \rightarrow H_2O \\ CO \rightarrow CO_2 \end{cases}$

이러한 반응은 모두 연쇄반응이지만, 주된 발열 반응은 제2단계에 포함되어 있다.

가장 간단한 수소−산소의 반응에서 중요한 역할을 하는 활성종은 OH, H, O로, 그 주된 연쇄반응은 연쇄전파(chain propagation), 연쇄분기(chain branching), 연쇄정지(chain termination)의 세 가지로 표현될 수 있다. 즉,

$$H_2 + \underline{OH} \quad \rightarrow \quad H_2O + \underline{H} \qquad \text{(연쇄전파)} \qquad \text{(I)}$$

$$O_2 + \underline{H} \quad \rightarrow \quad \underline{OH} + \underline{O} \qquad \text{(연쇄분기)} \qquad \text{(II)}$$

$$H_2 + \underline{O} \quad \rightarrow \quad \underline{OH} + \underline{H} \qquad \text{(연쇄분기)} \qquad \text{(III)}$$

이러한 반응이 반복되어 가는 중에 활성종의 수는 비약적으로 증가한다. 그러나, 한편에서는 연쇄정지 반응도 일어나고, 기체상태 중의 연쇄중지 반응으로는 다음과 같은 제3체 반응이 중요하다고 알려져 있다.

$$O_2 + \underline{H} + M \quad \rightarrow \quad HO_2 + M \qquad \text{(연쇄정지)} \qquad \text{(IV)}$$

여기서 M은 가스 중에서 활성종 이외의 분자이며, 제3체라고 부른다. 이것이 반응의 과잉 에너지를 제거하는 역할을 한다. 따라서, 연쇄반응이 진행할 것인가, 아닌가는 (II)의 반응과 (IV)의 반응 중에서 어느 쪽이 잘 진행될 수 있는 조건을 더 잘 갖추어져 있는가 하는 점에 달려 있다. 이와 같은 관계는 온도가 비교적 낮은 연쇄반응의 초기에 한정된 것으로서 반응이 진행해서 온도가 상승하면, 반응 (IV)로 생성되는 HO_2도 활성종의 발생원이 된다. 그리고, 활성종의 농도가 높아지면 활성종의 재결합 반응이 중요하게 되며, 재결합 반응은 발열량이 크고 연소에 의한 발열은 주로 이 반응에 의한 것이다.

일산화탄소의 연소 특징은 건조한 $CO-O_2$ 시스템 내에서 반응속도가 작고, 수증기 또는 수소가 존재하면 반응속도가 커진다는 것이다. 후자의 경우는

$$CO + \underline{OH} \quad \rightarrow \quad CO_2 + \underline{H} \qquad \text{(V)}$$

로 표시되는 반응이 빠른 반응으로서 CO의 산화가 주된 과정이라는 것이 알려져 있다. 또한, 연쇄정지반응으로서 다음의 반응이 존재하고 있다.

$$CO + \underline{O} + M \quad \rightarrow \quad CO_2 + M \qquad \text{(VI)}$$

연료가스와 공기의 반응에서 고온이 되면 공기 중의 질소도 반응에 관여하여 NO를 발생하는데, 이 반응도 또한 연쇄반응이다.

4.3 엔진의 연소

4.3.1 연소의 형태

엔진의 연소실에서 일어나는 연료의 연소과정은 연료가 연소되는 형태를 점진적으로 나타낸 것이다. 즉, 연소실에서 압축된 연료가 자발화(self-ignition), 화염전파(flame propagation), 확산연소(diffusive combustion)이라는 3가지 연소과정을 겪게 된다. 그림 4.13(a)~4.13(c)는 이들의 연소형태를 도식적으로 보여주고 있으며, 4.13(d)는 노크(knock)라는 비정상 연소를 나타내고 있다.

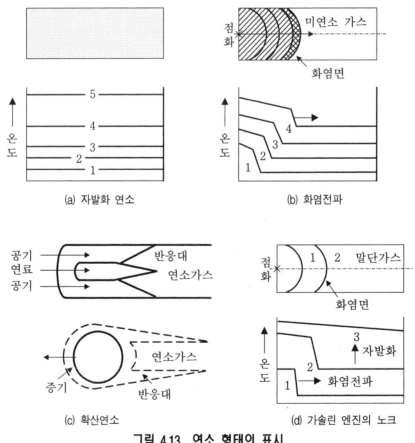

(a) 자발화 연소　　　　　(b) 화염전파

(c) 확산연소　　　　　(d) 가솔린 엔진의 노크

그림 4.13 연소 형태의 표시

(1) 자발화

연료의 연소가 자발화(self-ignition) 된다는 것은 성분과 온도가 균일한 혼합기의 각부에서 발열 화학반응이 동시에 일어나서 혼합기의 온도가 균일하게 상승하고, 반응이 끝날 때까지 그 상승속도가 각 부분에서 균일하게 가속된다는 것이다. 이와 같이 자발화만으로 연소가 완료되는 것을 열 폭발, 또는 동시 폭발이라고 한다. 따라서, 이러한 자발화 연소에서는 항상 반응하고 있는 혼합기의 단 1가지 중요한 상(phase)이 존재할 뿐이다. 그림 4.13(a)는 자발화 연소 형태를 보여주고 있다.

(2) 화염전파

연료의 증발가스와 공기(또는 산소)가 미리 혼합된 혼합기, 즉 예혼합기의 작은 일부분에 열(예 : 전기 스파크에 의한 열)을 가하여 국부적으로 그 부분이 착화온도에 도달하면 급격한 산화반응이 일어나서 화염핵이 발생되고, 이로 인한 화염면(flame front)이 형성되어 미연소 혼합기 중을 어떤 화염속도로 그림 4.13(b)와 같이 화염이 전파된다. 화염면은 어떤 두께를 가지고 있으며, 화염면이 통과한 뒤에는 대부분의 연소 반응이 끝난다. 따라서, 이 형식의 연소는 미연소 가스와 기연소 가스라는 2개의 중요한 상이 화염면이라는 반응대(reaction zone)에 의하여 뚜렷하게 구분된다.

화염전파에는 2개의 형태가 있는데, 하나는 화염이 열전달 또는 확산에 의하여 차례로 이웃하는 분자로 전파되는 경우로, 화염속도가 낮으면 수 m/s 또는 수십 m/s에 달한다. 이러한 화염전파를 정상연소(progressive explosion)라고 부른다. 다른 하나는 정상적인 화염전파의 과정에서 발생한 충격파의 파면에서 단열압축에 의해 자발화를 일으킨다. 이것은 압력파에 의하여 전파되는 경우로 화염속도는 음속을 초과하게 되는데, 이것을 데토네이션(detonation)이라고 부른다.

정상연소에서 화염전파 방식은 혼합기의 유동상태에 따라서 다르다. 정지 또는 층류를 이루고 있는 혼합기 중에서 생성되는 화염은 층류화염(laminar flame)이고, 그 전파는 열전달 또는 분자확산이 중요한 역할을 한다. 난류를 이루고 있는 혼합기 중에서 생성되는 화염은 난류화염(turbulent flame)이고, 난류화염의 강도는 화염속도를 지배하는 층류화염보다 훨씬 크다. 실린더 내에서 화염이 혼합기 중을 어떤 속도로 진행하여 나가는데, 이것을 진행화염이라 한다. 이에 대하여 분젠버너와 같이 가스와 공기의 혼합기가 반응대(reaction zone)로 흘러 들어가고, 화염은 공간적으로 정지하고 있는 경우를 정치화염이라고 한다.

(3) 확산연소

확산연소는 가연성 가스(또는 증기)와 공기(또는 산소)가 각각 따로 공급되고, 연소과정 중에 양자가 확산에 의하여 혼합하면서 연소하는 경우로, 혼합속도와 반응속도가 평형성을 유지하면서 그 혼합층에서 연소가 이루어진다. 이러한 경우는 각 순간에 가연성 증기 또는 가스, 공기, 연소가스라는 3개의 중요한 상이 존재하며, 공기와 연료 증기는 그림 4.13(c)처럼 반응대에 의하여 분리된다.

엔진에서 일어나는 실제의 연소가 이들 형태 중의 하나라고 한정할 수는 없다. 가솔린 엔진에서 정상연소는 대부분 난류화염의 전파이나 이상연소, 즉 노크가 발생하는 경우에는 그림 4.13(d)에 나타낸 바와 같이 화염전파에 이어서 말단가스(end gas)에 의한 자발화가 발생하면서 동시에 폭발을 일으키기도 한다.

디젤 엔진에서 정상연소는 압축열에 의해 부분적인 자발화가 일어나면서 화염전파로 옮아가며, 연소는 그림 4.13(c)에 나타낸 바와 같은 확산연소를 하게된다.

4.3.2 자발화 온도

연료와 공기의 균일한 혼합기에 온도를 높이면 분자운동이 활발해지면서 분자의 충돌 횟수가 증가하고, 반응열이 발생한다. 이 반응열은 혼합기 자신의 온도를 높이고, 일부는 주위로 전달하게 된다. 이때의 열발생률 $\dot{q}_1$[kcal/s]은 Arrhenius의 식으로부터 다음과 같이 표시된다.

$$\dot{q}_1 = Q\,w\,V$$

여기서 반응속도 $= w = k_0\,c_1^{v_1}\,c_2^{v_2}\,e^{-E/\overline{R}T}$ [kmol/m³ · s]로 주어진다. 따라서, 반응속도를 대입한 열발생률 $\dot{q}_1$은 다음과 같이 요약될 수 있다. 즉,

$$\dot{q}_1 = Qk_0\,c_1^{v_1}\,c_2^{v_2}\,Ve^{-E/\overline{R}T} \text{ [kcal/s]}$$

여기서 Q는 반응열[kcal/kmol], c_1과 c_2는 소비되는 각 반응물질에 대한 단위 체적당의 몰농도, v_1과 v_2는 각 반응물질의 차수(양론 반응식으로 표시되는 반응에 대해서는 각 반응물질의 양론계수와 같다). V는 용기의 체적[m³], k_0는 반응식에 의해 정해지는 정수, E는 활성화 에너지[kcal/kmol](반응식에 따라서 일정한 값), T는 반응물질의 온도, $\overline{R}$은 일반 기체상수(1.986[kcal/kmol · °K]), $e^{-E/\overline{R}T}$는 전체 분자 중에서 반응을 일으킬 수 있는 부분을 표시하며, 온도에 의해 크게 변화한다.

반응물질이 들어 있는 용기 벽면의 온도를 T_w[°K]라고 하면, 단위시간에 주위로 전달되는 열량 $\dot{q}_2$는 다음과 같이 나타낸다. 즉,

$$\dot{q}_2 = aF(T - T_w) \text{ [kcal/s]}$$

여기서 a는 열전달 계수[kcal/m²·s·°K], F는 전열 면적[m²], T는 반응 물질의 온도[°K]이다.

그림 4.14는 서로 다른 반응속도에 해당하는 $\dot{q}_1$와 어떤 벽면의 온도 T_w에 대한 $\dot{q}_2$를 각각의 반응물질 온도 T에 대해 나타낸 것이다. 곡선 1에서 처음에는 열량이 $\dot{q}_1 > \dot{q}_2$로 되어 반응에 의하여 반응물질의 온도가 상승하나, T_1 온도에 도달하면 $\dot{q}_1 = \dot{q}_2$로 되어 온도상승이 멈춰지고, 반응물질의 몰농도 c_1, c_2 …등이 변화하지 않으면 반응은 일정속도로 진행한다. 곡선 3에서는 항상 $\dot{q}_1 > \dot{q}_2$이고, 온도는 계속 상승하며 반응은 급격하게 가속되어 폭발이 일어난다. 곡선 2는 온도상승이 제한되느냐 아니면 안되느냐의 경계를 이루는 경우이고, 반응물질의 온도 T_z에서 양 곡선은 접하고 평형을 유지하나 불안정한 상태이다.

즉, 반응물질이 들어 있는 벽면의 온도가 조금이라도 올라가면 $\dot{q}_1 > \dot{q}_2$로 되어 반응물질의 온도가 상승해서 폭발을 일으킨다. T_z를 자발화 온도(self−ignition temperature)라고 하며, 이 온도에서는 $\dot{q}_1 = \dot{q}_2$, $d\dot{q}_1/dT = d\dot{q}_2/dT$의 조건이 만족된다. 발화온도는 동일 연료라 할지라도 단 하나의 값으로 정해지는 것이 아니고, 혼합비, 압력, 체적 등에 따라서 변화한다.

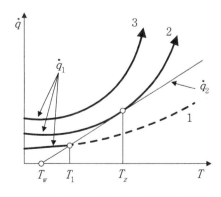

그림 4.14 열손실을 수반하는 경우의 자발화 온도

실제로 가연성 연료 혼합기의 발화 온도를 측정하는데는 반응물질의 농도, 압력을 일정하게 하고, 반응물질이 들어 있는 용기의 벽면 온도를 변화시키는 방법을 사용한다. 이 때의 $\dot{q}_1$, $\dot{q}_2$와 온도의 관계를 그림 4.15에서 나타낸다. 열전달 계수 α가 일정하면, 벽면의 온도를 높임에 따라서 $\dot{q}_2$는 오른쪽으로 평행하게 이동하고, $\dot{q}_1$와 만나는 동안은 한정된 온도상승으로 끝난다. 그러나, $\dot{q}_1$에 접하는 온도 T_w에 도달하면 그 이상의 일정한 온도를 유지할 수 없으며, 이때의 반응물질 온도는 T_z가 된다. 벽면의 온도가 T_w를 조금이라도 초과하면 열발생률이 열손실률보다 커져서 반응물질의 온도는 점차 올라가고 반응은 가속되어 마침내 자발화를 일으키게 된다. 즉, T_w는 자발화가 일어나느냐 안 일어나느냐의 경계가 되는 벽면의 온도이다. 위에서 기술한 조건을 만족하는 온도 T_z를 발화 온도라고 정의하는 것이 합리적이나, 실제로는 이 온도를 측정하기가 어렵기 때문에 보통 주어진 조건에서 폭발이 일어나는 최저의 벽면 온도를 자발화 온도라고 정의하고 있다. 이것은 위에서 정의한 T_z보다 약간 낮은 값으로 됨은 물론이다.

자발화 현상은 자발화가 일어나기 이전의 반응에 의하여 크게 영향을 받으며, 반응이 일어나면 중간 생성물이 생기고 반응물질은 시시각각으로 변화하여 그것이 전 과정에 영향을 미친다. 따라서, 자발화 온도는 혼합비, 압력, 가열조건 등에 따라서 변화하며, 연료의 고유 정수는 아니다. 예를 들어 공기의 압력이 높아지면 그림 4.16에 나타낸 바와 같이 자발화 온도는 낮아지며, 그 정도는 연료에 따라서 다르다.

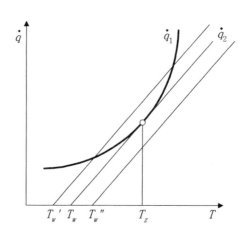

그림 4.15 용기 벽면의 온도 변화에 따른 자발화 온도

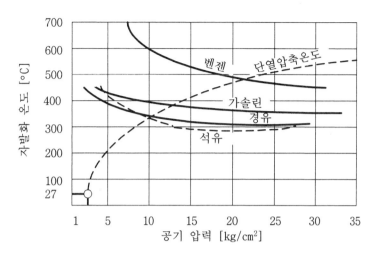

그림 4.16 공기압력에 따른 자발화 온도의 저하

또한, 혼합기를 가열하는 경우와 공기와 연료를 따로따로 가열한 후 혼합하는 경우를 비교하면 전자는 가열중에 완만한 반응이 일어나므로 자발화 온도는 낮아지고, 후자는 가열중에 연료가 열분해를 일으켜서 자발화 온도가 높은 저분자의 탄화수소가 생기므로 자발화 온도는 높아진다. 이와 같이 자발화 온도는 많은 인자의 영향을 받으므로 측정위치, 측정방법에 따라 같은 물질의 연료라도 동일한 값을 나타내지 않는다.

4.3.3 발화지연

자발화 온도 T_z는 반응물질이 들어 있는 용기 벽면의 온도이다. 자발화 온도에 도달할 때까지 반응에 의하여 온도가 상승하여야 하므로 어떤 시간이 필요한데, 이 시간을 발화지연(ignition delay), 또는 감응 시간(induction period)이라 한다. 연료의 반응에 의해 발생되는 연소 열량 중 혼합기(질량 G, 비열 c_v)에 공급되는 것은 $\dot{q}_1 - \dot{q}_2$이 되므로 다음과 같이 된다. 즉,

$$Gc_v dT = (\dot{q}_1 - \dot{q}_2)dt$$

$$\frac{dT}{dt} = \frac{(\dot{q}_1 - \dot{q}_2)}{Gc_v}$$

그림 4.15로부터 각 점의 $\dot{q}_1 - \dot{q}_2$를 구하면, 그림 4.17에 나타낸 바와 같은 온도와 시간, 즉 $T-t$ 곡선이 얻게된다. 곡선 1은 벽면의 온도가 낮은 경우이

고, T_1까지 가열되지만 자발화 현상은 일어나지 않는다. 실제의 경우는 반응물질이 점차 소비되므로 점선과 같이 온도는 내려간다. 곡선 2는 자발화의 경계상태에 해당한다. 벽면의 온도를 더 올리면 곡선 3과 같이 변곡점이 생기고, 이것을 지나면 온도는 급격하게 상승하여 자발화가 일어난다. 변곡점에 도달할 때까지의 시간 τ_i가 ∞로 되면 측정할 수가 없으므로 어떤 발화지연(예를 들어 1/10[s])을 가지고 자발화를 일으킬 때 벽면의 온도를 측정하여 자발화 온도라고 한다. 그러므로, 발화지연 기간을 얼마로 설정하느냐에 따라서 자발화 온도는 달라진다. 엔진에서 연소는 자발화 온도를 초과하고 있는 경우가 많으므로 오히려 발화지연이 중요한 문제이다. 온도, 압력의 변화가 작은 경우에는 발화지연 시간 τ_i는 다음의 관계식으로 표시된다.

$$\tau_i = a \frac{e^{E/\overline{R}T}}{p^n} \tag{4.10}$$

여기서 a와 n은 정수이다. 이들 정수값은 연구자에 따라서, 그리고 연료의 조성에 따라서 다르며, 지수 n은 0.3~1.2의 범위에 있다. 식 (4.10)은 고온 하에 자발화가 등온 연쇄반응으로 시작되는 경우에만 적용된다. 발화지연은 화염발생 전의 반응, 즉 염전반응(preflame reaction)에 의해서 크게 영향을 받는다. 즉, 벤젠, 메탄 등은 염전반응이 작기 때문에 발화온도에 달하면 즉시 열염(hot flame)을 발생한다. 이에 대하여 알킬기의 탄화수소는 염전반응이 많기 때문에 그림 4.18에 나타낸 바와 같이 고온에서는 1단 발화를 하지만, 저온에서는 냉염(cool flame)을 수반하는 다단 발화과정의 영역이 있다. 이러한 다단 발화과정은 그림 4.19에 의하여 설명될 수 있고, 이들을 요약하면 다음과 같다.

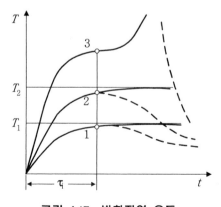

그림 4.17 발화지연 온도

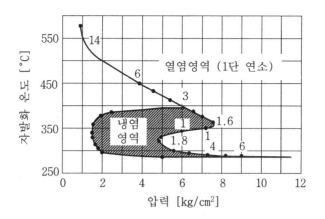

(곡선상의 숫자는 발화지연 [s]를 나타낸다)

그림 4.18 이소옥탄의 냉염 발생영역

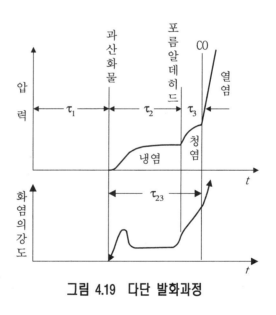

그림 4.19 다단 발화과정

(1) 냉염 발생까지의 기간 : τ_1

    탄화수소의 산화 현상에 의하여 유기과산화물, 포름알데히드가 생기고, 그 농도는 연쇄반응에 의하여 점진적으로 증가하여 과산화물이 임계농도에 도달하면 냉염(cool flame)을 발생한다. 이 냉염이 발생되는 기간 τ_1까지는 압력이 상승할 정도의 발열은 없다.

(2) 청염 발생까지의 기간 : τ_2

냉염과정 중에 화학 에너지의 5~10%가 유리되며, 그 연소 생성물로서 다량의 포름알데히드가 생기고, 이것이 중간 생성물로서 연쇄분지반응에 큰 역할을 한다. 포름알데히드의 연쇄반응은 폭발성을 가지며, 청염(blue flame)을 발생하고, 처음의 탄화수소 중의 탄소는 모두가 CO로 산화된다. 이 과정에서 상당한 열을 발생하지만, 아직 최종 생성물로 되지는 않는다.

(3) 열염 발생까지의 기간 : τ_3

청염반응에서 발생된 CO와 나머지 산소와의 혼합물은 온도가 충분히 높고 활성 중심의 농도가 충분히 크면 열염(hot flame)을 발생하고, 탄화수소의 산화는 최종 단계로 옮아간다. 이와 같이 다단 발화과정은 냉염, 청염, 열염이 연속해서 발생하기는 하지만, 청염의 발화지연 τ_2와 열염의 발화지연 τ_3의 구별이 실제적으로 어려우므로 이것을 합하여 τ_{23}으로 표시하면 발화지연 τ_i는 다음과 같이 표현된다. 즉,

$$\tau_i = \tau_1 + \tau_{23} = a_1 \, e^{E_1/\overline{R}T}/P^{n_1} + a_2 \, e^{E_2/\overline{R}T}/P^{n_2} \text{ [s]} \quad (4.11)$$

상기식에서 τ_1과 τ_{23}에서 P와 T의 영향은 다르다. 예를 들면 $n_1 = 0.7$, $n_2 = 1.8$, $a_1 = 0.135 \times 10^{-3}$, $a_2 = 4.8 \times 10^{-3}$, $E_1 = E_2 = 7800$이다.

그림 4.20은 공기와 4에틸납이 첨가된 가솔린과의 혼합기를 급격하게 압축한 경우에 연소과정에서 발화지연과 압축온도와의 관계를 나타낸 것이다. 이 그림에서 온도나 압력이 높아질수록 발화지연은 급격히 짧아지고 있으며, 이들의 영향은 점차로 줄어든다.

발화지연에 대한 공기 과잉률 λ의 영향은 그림 4.21에 나타낸 바와 같이 지나치게 농후하거나 희박한 경우에는 오히려 길어지나, 공기 과잉률이 $\lambda = 1$ 부근에서는 그 영향이 비교적 작다. 연료-공기 혼합기의 자발화 조건에서는 발화지연 중에 완만한 화학반응이 일어나고 있으나, 디젤 엔진과 같이 연료를 고온의 공기 중에 분사하여 자발화를 일으키게 하는 경우에는 연료의 미립화, 가열, 증발 등과 같이 반응을 수반하지 않는 기간이 존재한다. 이것을 물리적 발화지연 τ_{ph}이라 하며, 이것을 포함시키면 총발화지연 τ_z는 다음과 같이 주어진다.

$$\tau_z = \tau_{ph} + \tau_i = \tau_{ph} + \tau_1 + \tau_{23}$$

여기서 τ_i는 화학적 발화지연을 나타낸다.

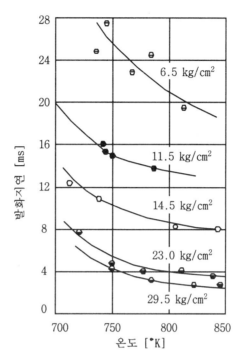

그림 4.20 발화지연에 대한 온도와 압력의 영향

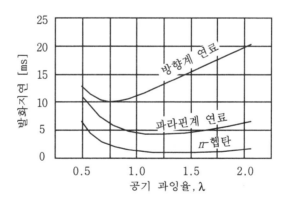

그림 4.21 발화지연에 대한 공기 과잉률의 영향

4.3.4 화염속도와 연소속도

미연소 혼합기로 진행중인 화염면의 이동속도에서 화염면에 직각 방향으로 진입하는 속도, 즉 미연소 가스에 대한 화염면의 상대속도를 연소속도(normal burning velocity) w_b라 한다. 이 연소속도에 혼합기 전체의 유속 w_a와 연소가스의 팽창에 따른 배제작용에 의한 가스 이동속도, 즉 팽창속도 w_e를 더한 것, 즉 연소실 벽면에 대한 화염면의 속도를 화염속도(flame velocity) w_f라 하는데, 이들 관계식을 나타내면 다음과 같이 된다. 즉,

$$w_f = w_a + w_b + w_e$$

한가지 예로 일정한 용기 내에서 $w_a = 0$인 연소를 한다고 하면, 연소 화염은 차례로 전파되므로 연소실 전체가 균일한 조성과 온도를 갖는다고 가정하는 것은 목적에 따라 큰 오류(error)를 초래할 수 있다. 그러므로 용기 내의 가스를 미연소부와 기연소부로 나누고, 각각의 부분은 균일하다고 가정하는 방법도 있으나, 더욱 실제에 가까운 것으로는 비혼합 모델(unmixed model)이 있다. 이것은 혼합기 전체를 그림 4.22(a)와 같이 n개로 구분하고, 각각의 구간 내에 있는 가스는 최후까지 다른 구간의 가스와 혼합되지 않으며, 미연소부와 기연소부도 혼합되지 않는 것으로 가정하는 것이다. A에서 착화하여 구간 1이 연소를 마치면 그림 4.22(b)와 같이 1만이 고온으로 되어서 팽창하고, 2, … n의 미연소부는 압축되어서 압력과 온도 모두가 상승한다. 이때 연소된 질량비율과 화염이 전파된 비율(따라서 연소된 체적비율)이 다른 것은 중요한 현상이다. 이때의 화염면은 A′에 도달한다. 다음에 구간 2가 연소하면 미연소 가스뿐만 아니라 1의 기연소 가스도 압축되어 1의 온도는 더욱 상승한다. 이때 화염면은 A″에 도달하고 있다. 이 경우에 x, y, z를 그림 4.22와 같이 결정하고 시간을 t로 나타내면, 다음과 같이 화염속도, 연소속도, 팽창속도로 구분된다.

- 화염속도 $w_f = \dfrac{dz}{dt}$

- 연소속도 $w_b = \dfrac{dx}{dt}$

- 팽창속도 $w_e = \dfrac{dy}{dt}$

이들 속도는 서로 독립적인 것이 아니라 상호 밀접한 관계가 있다. 일반적으로 연소속도 w_b는 w_e에 비하여 작으나, 그림 4.22에서 알 수 있는 것처럼 w_e는 w_b와 연소온도에 의해 결정된다. 또한, 혼합기가 정지되어 있거나, 또는 단순히 층류인 경우에는 w_a가 다른 것에 영향을 주지 않지만, 난류인 경우는 화염면을 크게 흐트러지게 하므로 반응면적을 증가시켜 화염면으로부터 미연소 가스로의 열

전달, 확산을 촉진하게 되므로 w_b에 따라서 w_e도 증가하게 된다.

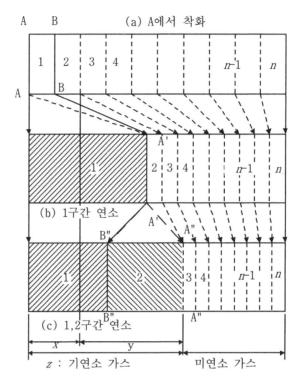

그림 4.22 비혼합 연소 모델

4.3.5 가연 범위

혼합기의 작은 부분에 열을 가하여 그 부분에서 자발화 온도에 도달하게 되면 급격한 반응이 일어나서 화염을 발생하고 점화된다. 이에 따라서 발생한 열이나 연쇄 담체는 그에 이웃한 미연소 분자를 활성화하여 자발화 온도까지 온도를 상승시키고, 차례로 화염을 전파시켜 나간다.

혼합기의 연료농도가 지나치게 희박하거나 농후하면 연소온도가 낮아져서 이웃하고 있는 미연소 분자를 활성화시킬 만큼 충분하지 못하기 때문에 화염은 진행하지 못한다. 이 한계를 가연한계(limits of flammability)라 하고, 화염을 전파시킬 수 있는 혼합기의 연료 최소농도를 하한(lower limit), 최대농도를 상한(higher limit)이라고 한다. 즉, 하한은 공기과잉으로 되고, 상한은 연료과잉으로 되어 온도가 올라가지 못한다.

표 4.3은 각종 연료-공기 혼합기의 가연 한계를 나타낸 것이다. 가연 한계는 연

료의 종류뿐만 아니라 혼합기의 온도, 압력 등에 의하여 변화하며, 혼합기 중의 희석성분, 즉 실린더 내에 잔류하는 가스의 양에 따라서도 변화한다.

실제로 가동중인 자동차 엔진에서 연료의 가연 한계 부근에서는 화염속도가 느리므로 안정된 운전을 할 수 없다. 따라서, 가솔린 연료의 가연 범위는 공기 연료비로 8~22이나, 안정하게 운전 할 수 있는 하한 한계값은 공기 연료비로 18 정도이다.

표 4.3 연료-공기 혼합기의 가연 한계치

연료의 종류		연료 함유량 체적, %		
		이론값	하한치	상한치
수　　　　소	H_2	29.6	4.0	75
일 산 화 탄 소	CO	29.6	12.5	74
메　　　　탄	CH_4	9.5	5.3	14
에　　　　탄	C_2H_6	5.7	3.0	12.5
프　로　판	C_3H_8	4.0	2.2	9.5
부　　　　탄	C_4H_{10}	3.1	1.9	8.5
펜　　　　탄	C_5H_{12}	2.6	1.5	7.8
벤　　　　젠	C_6H_6	2.7	1.4	7.1
톨　루　엔	C_7H_8	2.3	1.4	6.7
메 틸 알 콜	CH_3OH	12.3	7.3	36.0
에 틸 알 콜	C_2H_5OH	7.0	4.3	19.0
아　세　톤	C_3H_6O	5.0	3.0	11
가　솔　린		1.7	1.4	6.0
천 연 가 스		9.0	4.8	13.5
수 성 가 스		31.8	9.0	55.0

4.4 가솔린 엔진의 연소

4.4.1 연소 과정

가솔린 엔진의 정상연소는 전기 스파크에 의해 혼합기의 미소부분에 반응이 일어나면서 스스로 전파할 수 있는 화염을 발생하고, 화염면이 정상적인 속도로 전파되어 전체가 연소되는 형태를 갖는다. 가솔린 엔진의 화염속도를 측정하려면 그림 4.23(a)에 나타낸 바와 같이 연소실의 윗면에 좁고 긴 유리창을 만들고, 이것에 직각으로 필름을 일정속도로 이동시켜서 촬영하면 화염면의 궤적이 그림 4.23(b)와 같이 연속적으로 기록되므로 그 기울기를 구하면 된다. 또한, 가스의 이온화(ionization)에 의하여 측정할 수도 있다. 즉, 그림 4.23(a)에서 보여주는 것처럼 화염의 진행 통로에 적당한 틈새로 가진 전극을 노출시키고, 이것에 전압을 가해두면 화염이 통과할 때 전극 사이로 전류가 흐른다. 이것을 그림 4.23(c)에서 보여주는 것과 같이 오실로그래프로 기록하면 된다. 여기서 화염면은 구면이 아니고 복잡하게 흐트러져 있으므로 정확한 측정을 할 수 없기 때문에 최근에는 연소실의 윗면을 유리로 하여 고속 카메라로 촬영하거나, 이온화 간극(ionization gap)에 의하여 입체적으로 측정하는 방법 등이 사용되고 있다.

그림 4.23(b)는 화염전파 궤적을 나타낸 것으로 점화 후 화염속도가 점차로 가속되는 기간, 화염속도가 거의 일정으로 유지되는 기간과 연소실의 끝 부근에서 화염속도가 다시 감속되는 기간으로 나눌 수 있다. 보통은 연소실 내의 화염속도를 대표하는 것으로 제2의 기간에 해당하는 화염속도가 사용되고, 또한 초기의 지연기간을 나타내는 것으로서 최초의 10%의 거리를 진행하는 데 필요한 시간이 사용된다. 전체적인 연소시간을 나타내는 것으로는 화염이 95%의 거리까지 진행하는데 필요한 시간이 사용되고 있다.

정지, 또는 층류 유동에서 화염속도는 혼합비에 따라서 2~6m/s 정도로 낮지만, 실제의 실린더 내에서 진행되는 화염은 난류 때문에 현저하게 커져서 30~40m/s에 달한다.

그림 4.24는 정상연소의 경우, 실린더 내에서 발생된 압력의 변화를 나타낸 것이고, 제1기에 해당하는 AB와 제2기에 해당하는 BC의 두 기간으로 나눠진다. 제1기는 점화 플러그의 스파크가 발생하면서 압력상승을 인지하는 기간을 말하고, 이 기간을 지연기간(delay period)이라 한다. 지연기간 중에 화염핵이 형성되어 스스로 전파할 수 있는 화염으로 발달하지만, 화염이 진행할 때 연소실 벽에 가까운 경계

층 부근에서 속도는 작고, 그 동안 연소된 질량이 극히 작으므로 인해 압력상승은 일어나지 않는다. 이 기간은 층류 화염이므로 화염온도가 높을수록 화염속도가 크기 때문에 이 기간의 화염속도는 혼합비에 의해 영향을 크게 받는다.

화염이 경계층을 벗어나면 난류에 의해 큰 영향을 받는다. 즉, 화염이 경계층을 벗어나면 난류에 의하여 급격하게 그 속도가 증가되고, 화염면은 확대되어 압력상승이 시작된다. 압력상승이 시작된 때부터 최고압력에 달할 때까지의 기간인 제2기를 주연소 기간이라고 한다. 압력이 최고에 도달해도 열발생은 완전히는 끝나지 않는다. 주연소 기간의 화염속도는 혼합비에 대해서 지연기간의 경우만큼 민감하지 않으며, 주로 난류의 영향을 받는다.

그림 4.25는 이러한 지연 기간과 주연소 기간과 관계를 잘 나타내고 있다. 연소 과정에서 와류가 있는 경우는 경계층의 두께가 작아지기 때문에 지연기간이 단축되고, 희박한 혼합비 쪽의 가연 한계는 확장하게 된다.

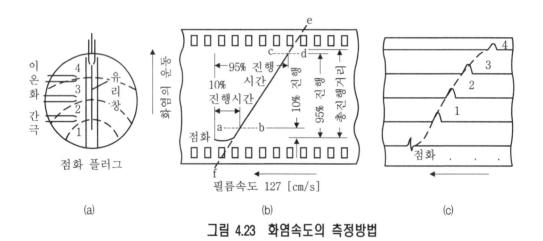

그림 4.23　화염속도의 측정방법

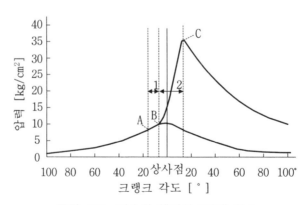

그림 4.24　가솔린 엔진의 2단계 연소

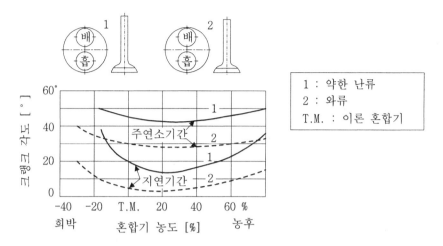

그림 4.25 난류가 연소기간과 실용 최저 혼합기 농도에 미치는 영향

4.4.2 운전조건이 화염전파에 미치는 영향

연소과정에서 지연기간은 주로 화학반응에 의하여, 그리고 주연소 기간은 난류에 의하여 영향을 받으므로 엔진의 운전조건이 화염전파에 미치는 영향은 이것들로부터 판단할 수 있다. 즉, 연소과정에서 발생되는 난류, 혼합비, 실린더내의 온도와 압력, 잔류가스, 점화시기, 연료조성, 연소의 사이클 변동, 층상급기, 노크 현상 등과 같은 요인들이 화염전파에 영향을 미치게 된다.

(1) 난류의 영향

연소과정에서 난류는 화염전파를 촉진시키고, 지연기간을 단축하기 때문에 성능 향상에 유효하게 작용한다. 즉, 작은 난류는 화염면을 랜덤(random)하게 만들어서 반응면적을 증가시켜 미연소 가스로의 열전달과 열확산이 잘 되도록 하여 화염진행을 촉진한다. 그러기 위해서는 와류, 또는 불규칙한 난류는 화염면적에 비하여 작아야 한다. 실린더 내에서 가스 전체로서의 선회운동(swirl)은 화염진행에 거의 도움이 되지 않는다. 따라서, 화염전파 초기에는 화염면이 작기 때문에 난류가 작지 않으면 효과가 없다. 난류가 너무 크면 실린더 벽면으로 열손실이 증가하고, 화염핵이 없어질 수가 있기 때문에 가연 범위가 좁혀진다.

그림 4.26은 적당하게 형성된 난류(곡선 a)와 지나치게 강하게 형성된 난류(곡선 b)의 경우, 실린더 내의 압력변화를 크랭크 각도에 따라 서로 비교한 것이다. 강하게 형성된 난류의 경우는 점화시기를 상사점 직전 $-12°$로 늦춰도 압력 상승률이 $5.8[\text{kg/cm}^2 \cdot \text{deg}]$나 되어 운전상태는 거칠어지고 열효율은 저하되며, 이것은 그림

4.26의 곡선 b로 나타낸다. 그러나, 연소실의 최고압력, 즉 최대 효율은 제2기인 주연소 기간의 압력 상승률이 2~2.5[kg/cm² · deg]가 되도록 하는 정도의 난류에서 얻을 수 있다. 이렇게 적당한 난류는 점화시기를 상사점 직전 −28°로 유지하는 것이 가장 바람직하고, 그림 4.26에서 곡선 a로 나타낸다. 이와 같은 압력 상승률이 되도록 하기 위해서 낮은 압축비의 경우는 비교적 강한 난류가 필요하지만, 높은 압축비의 경우는 이미 화염속도가 높으므로 그다지 강한 난류를 필요로 하지 않는다.

실린더 내에서 발생된 난류는 흡기밸브에서 발생되지만, 흡입속도가 너무 커지면 체적효율은 떨어진다. 높은 압축비의 경우는 50m/s 정도로 충분하다. 압축행정의 말기에 피스톤의 스퀴시(squish) 발생으로 인해 난류가 생기도록 설계된 연소실은 체적효율을 저하시키는 일도 없고, 또한 난류가 감쇠되지도 않으므로 효과적이다. 여기서 피스톤의 스퀴시는 상사점에서 피스톤과 실린더 헤드 사이의 간극을 좁게 하여, 간극 부분의 혼합기를 세게 밀어내면서 연소실에 난류가 일어나도록 하는 방법이다.

난류는 회전속도를 증가시킴에 따라서 강해지고, 또한 화염이 전파될 때까지 난류가 감쇠되는 일도 적으므로, 그림 4.27에 나타낸 바와 같이 화염전파에 필요한 시간[s]은 회전속도의 증가에 따라서 단축되어 10~95% 진행된 사이에 전파시간 [s]은 거의 회전속도에 반비례한다. 이것을 크랭크 각도로 나타내면, 회전속도가 증가함에 따라 약간 증가할 뿐이다.

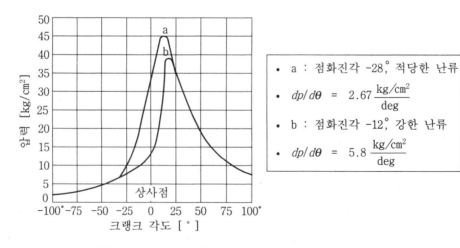

- a : 점화진각 −28°, 적당한 난류
- $dp/d\theta = 2.67 \dfrac{kg/cm^2}{deg}$
- b : 점화진각 −12°, 강한 난류
- $dp/d\theta = 5.8 \dfrac{kg/cm^2}{deg}$

그림 4.26 난류가 실린더 내의 압력변화에 미치는 영향

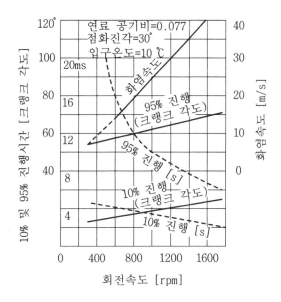

그림 4.27 회전속도가 화염 속도에 미치는 영향

(2) 혼합비의 영향

연료−공기 혼합비는 지연기간에 큰 영향을 미친다. 이론 혼합비보다 약간 농후한 경우는 화염온도가 최고로 되며, 따라서 화염속도가 가장 커진다. 그림 4.28은 이러한 연료 공기비와 화염속도의 관계를 나타내며, 이론 혼합비보다 약간 농후한 혼합기일 때 화염속도가 최고로 되고, 10% 진행하는데 필요한 크랭크 회전각도(지연기간을 나타낸다)가 최소로 된다. 이때의 혼합비는 화염온도가 최고로 되는 혼합비, 엔진 출력이 최대로 되는 혼합비와 거의 일치한다.

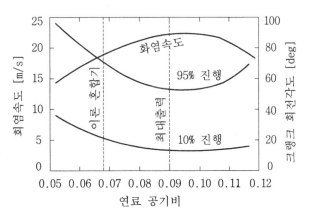

그림 4.28 혼합비가 화염속도에 미치는 영향

(3) 실린더 내의 압력과 온도의 영향

실린더 내의 압력이나 온도가 높아지면 반응속도는 증가하고, 실린더 내의 난류는 화염전파에 큰 영향을 미친다. 따라서, 급기온도가 높아지면 공기의 점성이 증가하여 난류의 감쇠를 증가시켜서 화염속도는 약간 감소한다. 압축비를 높이면 압력과 온도 모두가 높아지지만, 압력의 영향이 커지면서 압축비 1의 증가, 또는 감소에 대하여 화염속도는 1.5m/s 정도로 증가하거나 감소한다.

(4) 잔류가스의 영향

연소실에 잔류가스(residual gas)가 많아지면 새로운 연료−공기 혼합기를 충분히 받아들일 수 없기 때문에 연소온도가 떨어지고 열효율이 나빠지며, 화염속도는 작아진다. 따라서, 배기압력이 높은 경우, 또는 급기를 교축하는 경우는 잔류가스의 비율이 커져서 화염속도가 저하된다. 연소과정에서 필요한 연료와 산소는 항상 충분히 공급하여 필요한 출력을 얻고, 유해 배기가스는 최소로 줄여주는 것이 필요하다.

여기서 잔류가스는 연소효율 측면에서 부정적인 영향을 미치지만, 특히 디젤 엔진에서는 연소실의 온도상승을 인위적으로 제어하여 질소산화물(NO_x) 발생량을 줄여서 배출가스 규제조건을 벗어나기도 한다. 즉, 배기가스 재순환 장치(EGR)을 사용하여 그러한 저공해 효과를 얻는다.

(5) 점화시기의 영향

피스톤이 상사점에 있을 때 화염이 연소실의 거의 반을 차지하도록 점화시기를 결정하면, 화염속도는 최고가 된다. 이와 같이 점화시기를 결정하면 최고압력은 일반적으로 상사점 후 15~20°에서 발생한다. 그림 4.29는 점화시기를 여러 가지로 변화시킬 경우에 생성된 압력변화를 나타낸 결과이다. 점화시기는 연소과정에서 발생된 최고압력을 크랭크 각도로 15~20°에 위치하도록 잡는 것이 가장 안정적이다.

연소에서 점화가 너무 빠르게 일어난 경우는 혼합기 압력이 아직도 낮으므로 연소의 제1기, 즉 지연기간이 길어지고, 너무 늦은 점화의 경우에는 난류가 감소하는 것과 연소실 체적이 커지기 때문에 제2기, 즉 주연소 기간이 길어진다. 또한, 너무 빠른 점화의 경우는 압축일과 열손실이 증가하고, 너무 늦은 점화의 경우는 후연소(after burning)가 많아져서 배기 가스가 지나가는 배기 계통에 과열을 초래할 수 있다. 이러한 점화시기의 부적절은 모두 열효율과 출력의 저하를 일으키는 원인이 된다.

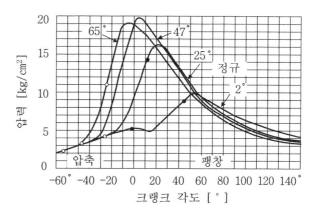

그림 4.29 점화시기와 화염 전파시간

(6) 연료조성의 영향

그림 4.30에 나타낸 바와 같이 화염 전파시간은 연료의 종류에 따라서 큰 차이를 나타내고 있다. 화염 전파시간이 짧을수록 표면온도와 화염온도가 높음을 나타내고 있다.

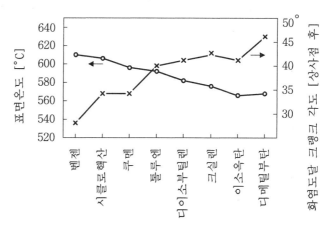

그림 4.30 연료조성에 따른 화염 전파시간 및 표면온도의 변화

4.4.3 연소의 사이클 변동

정상적인 연소를 하고 있어도 지시선도(indication diagram)에는 사이클마다 큰 변동을 나타내며, 아주 양호한 상태에서도 1~1.5%의 최고압력 편차가 생긴다. 이것은 실린더 내의 혼합기가 불균일한 것과 잔류가스, 사이클마다 공급되는 혼합기의 농도와 밀도에 근소한 차이가 있는 것에 기인한다.

그 중에서 잔류가스의 영향이 가장 크며, 잔류가스가 불균일하게 혼합되어 있어도 주연소에는 큰 변동이 생기지 않으나, 처음으로 화염핵이 형성되는 미소부분의 혼합기의 조성에 근소한 변동이 생겨도 초기의 화염온도, 따라서 지연기간의 길이에 큰 영향을 미친다. 이것은 사이클마다의 압력변동에 큰 영향을 미치며, 혼합비가 가연 한계에 가까워질수록 사이클 변동은 심해지고, 가끔 점화가 안 되는 경우도 회전이 고르지 못하고 불규칙한 진동이 생겨서, 원활한 운전을 할 수 없게 한다. 이와 같은 사이클 변동은 심해지고, 최악의 경우는 점화가 안 되는 경우도 있어서 회전이 고르지 못하고 불규칙한 진동이 발생하여 크랭크축의 원활한 운전을 할 수 없게 된다. 이와 같은 사이클 변동을 억제하기 위해서는 사용 혼합비의 범위를 좁혀야 하므로 열효율의 저하를 초래한다.

지연기간을 단축하고 안정시키기 위해서는 점화 플러그 부근의 혼합기가 잔류가스에 의해서 희석되지 않도록 하는 것이 중요하다. 점화 플러그가 흡기에 의해서 소기되기 어려운 장소 또는 포켓에 위치하고 있을 때는 사이클 변동이 커진다. 잔류가스의 비율은 압축비가 작거나 부하가 작을 때 커지고, 또한 배기계통의 압력진동에 의해서도 영향을 받는다.

멀티 실린더(multi-cylinder) 엔진에서는 사이클마다의 지연기간의 변동 이외에 각 실린더마다의 평균 혼합비 및 혼합기 밀도의 변동이 부가되므로, 1개의 인젝터를 사용하는 경우는 혼합비가 이론 혼합비의 90%보다 희박해지면 만족한 운전을 하기가 어려워진다. 기체연료를 사용하는 경우는 균일한 혼합기를 얻기가 쉬우므로 액체연료의 경우보다 넓은 범위의 혼합비를 사용할 수 있다.

4.4.4 층상급기

균일한 혼합기를 형성하여 점화하는 방식의 엔진에서는 혼합비가 너무 희박하면 점화가 되지 않기 때문에, 부분 부하에서도 가연 한계 이내의 혼합기를 사용하여야 하므로, 저부하에서는 열효율이 떨어진다. 따라서, 점화 플러그 부근의 미소부분에는 항상 농후한 혼합기를 형성시켜서 이것에 점화한다. 일단 화염이 발생하면 다른 부분은 희박해도 연소가 전체에 퍼져가는 특성이 있다. 따라서, 전체적인 혼합비가 작아지므로 공기 사이클에 가까워진다.

또한, 스로틀 밸브를 사용하지 않고 운전할 수 있으므로 펌프손실도 감소되어, 부분부하에서 열효율을 높일 수 있다. 그 밖에 연소가 완전하게 이루어지기 때문에 대기오염을 감소시킨다. 이와 같이 점화 플러그 부근만을 농후한 혼합기로 하고 총체적인 혼합비는 가능한 희박하게 하는 방식을 그림 4.31에서 보여준 층상급기

(stratified charge)라 한다. 혼합기가 층상을 이루게 하는 데는 다음의 두 가지 방법이 있다.

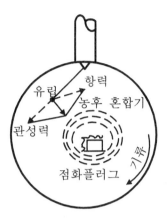

그림 4.31 선회운동에 의한 혼합기의 층상화

① 공기에 선회운동을 주면서 흡입시키고, 적당한 방향으로 연료를 분사하여 점화플러그의 부근에 농후한 혼합기를 형성시키는 방법이다. 그림 4.31에서 보여준 것처럼 기류를 향해서 연료를 분사하면 연료 입자는 그 관성력과 항력의 합력에 의하여 중심부에 모인다. 또한, 연료를 기류의 방향으로 분사하면 원심력에 의하여 주변부에 농후한 혼합기가 형성된다.

② 그림 4.32에서 보여준 것처럼 예연소실식 층상급기는 실린더에 예연소실 인젝터로부터 희박한 혼합기가 공급되고, 예연소실로는 인젝터로부터 농후한 혼합기가 공급된다. 이것에 점화하면 화염은 주연소실로 분출되어 희박한 혼합기에 점화하는 제트점화(jet ignition)가 된다.

제트점화는 그림 4.33에서 보여준 것처럼 스파크 점화에 비하여 희박한 혼합기를 사용할 수 있다. 연소실의 압력 p_e은 특히 저부하에서 연료 소비율 b_e가 뚜렷하게 작아진다. 그러나, 구조가 복잡하다는 것과 최대 출력이 낮다는 것 때문에 아직은 실용단계에 이르지 못하고 있다.

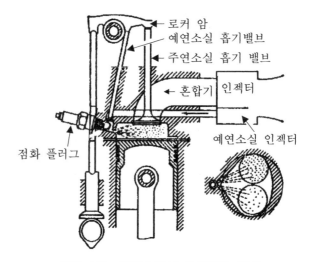

그림 4.32 예연소실식 층상급기 엔진

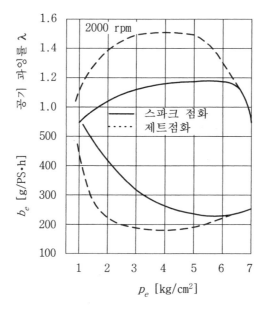

그림 4.33 제트점화 층상급기 엔진과 스파크 점화 엔진의 연료 소비율 비교

4.4.5 노크

엔진에서 압축비를 높이면 열효율이 증가하고, 흡기압력을 높이면 출력이 증가한 다는 것은 이론적으로 잘 알려진 사실이다. 따라서, 이론적으로는 압축비를 높이면 엔진의 열효율이나 출력을 얼마든지 높일 수 있으나, 스파크 점화 엔진의 경우는 혼합기에 의한 비정상 연소가스 문제로 노크(knock)가 먼저 발생한다.

스파크 점화 엔진에서 압축비, 흡기압력, 급기온도 등을 높이면, 정상연소의 경우와는 아주 다른 노크음(knocking sound)을 수반하는 이상연소(abnormal combustion)가 일어나서 배기관에서는 흑연과 불꽃을 배출하고, 그대로 운전을 계속하면 실린더의 온도가 급격하게 상승하여 피스톤, 밸브 등이 국부적으로 녹아버리는 일이 발생한다. 연소실에서 발생되는 이러한 현상을 노크라고 하고, 그 원인에 대해서는 많은 연구가 이루어져서 여러 가지 학설이 발표되었다.

노크 현상을 물리적으로 잘 설명한 것은 Ricardo, Woodbury 등이 주장한 자발화설(auto-ignition theory)이다. 자발화설에 의하면 점화 플러그로부터 출발하며, 미연소 가스의 온도는 화염면의 복사, 염전반응에 의하여 단순한 단열압축의 경우보다 높아지는 경우도 있다. 또한, 연소실 벽면의 열손실에 의하여 낮아지는 경우도 있으나, 자발화 온도를 넘으면 미연소부 전체가 거의 동시에 자발화를 일으켜서 급격한 압력상승이 따르고 노크현상이 발생된다. 따라서, 노크의 강도는 최후에 연소하는 미연소 가스의 양에 관계되며, 그것이 5% 정도라도 강력한 노크가 발생한다. 이 사실은 Withrow와 Rassweiler가 촬영한 화염전파 고속사진에 의해 확인되었다. 즉, 그림 4.34에서 보여주는 것처럼 노크가 일어나지 않는 정상연소의 경우는 화염면이 연소실 내를 점진적으로 진행한다.

그러나, 노크가 일어날 때는 그림 4.35에서 보여주는 것처럼 화염면은 초기에 정상연소의 경우와 실질적으로 동일한 진행을 보이나, 최후에는 나머지 미연소 부분에서 급격한 연소를 일으킨다. 노크는 화염면 전방의 미연소 가스의 대부분이 단열압축되어 가장 조건이 좋은 점으로부터 자발화를 일으킨다. 이러한 자발화의 원인이 앞에서 설명한 바와 같고, 이와 같은 폭발적인 자발화를 일으키는 곳은 화염전파의 말단에 있는 미연소 가스, 즉 말단가스(end gas)가 있는 부분이므로 이 부분을 노킹 지역(knocking zone)이라 한다.

이와 같이 자발화가 일어날 때는 미연소 가스의 대부분이 거의 발화하기 직전의 상태에 있으므로, 1점에서 발화하면 나머지의 미연소 가스도 거의 동시에 자발화 상태로 들어가며, 디젤 엔진의 연소와 유사한 현상이 일어난다. 이때 노킹 지역에는 밀도가 아주 높은 다량의 혼합기가 있으므로 이것이 동시에 자발화를 하면 이 부분에 국부적인 압력상승이 크게 일으킨다. 이 때문에 노킹 지역의 압력은 국부적으로 높아져서 실린더 내에는 순간적으로 심한 압력 불평형성이 발생하면서 큰 진폭의 압력파가 발생된다. 이 압력파는 음속으로 전파되고 연소실 내를 왕복하여 연소실 벽에 여러 번 충돌함으로써 노크음을 발생시킨다. 이 노크음의 주파수는 실린더 내 가스의 자연 진동수와 일치하며, 실린더의 크기에 따라 3000~6000cycle/s에 도달하기도 한다.

자발화설에 의하면 노크가 일어나고 안 일어나고는 다음 사항에 관계된다.
① 말단가스의 온도, 압력, 시간경과 등에 의존한다.
② 말단가스의 온도가 자발화 온도 이상이 되어도 바로 자발화를 일으키지는 않는다. 즉, 지연기간이 있으므로, 그 사이에 점화 플러그에서 발생한 화염이 말단가스 중을 통과하면 노크는 일어나지 않는다. 따라서, 화염 전파속도가 크거나 화염 전파거리가 짧으면 자발화 온도가 낮은 연료라도 자발화를 일으킬 시간적 여유가 없다.
③ 말단가스 중에서는 압축행정 중에서 완만한 화학반응이 일어나고 있다. 이에 의하여 열이 발생하므로 염전반응의 다소에 의하여 자발화가 영향을 받으며, 그것은 주로 연료의 성분과 조성에 관계된다.

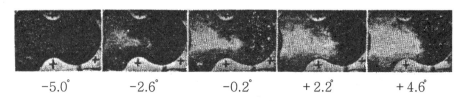

-5.0°   -2.6°   -0.2°   +2.2°   +4.6°

엔진 속도 900rpm, 점화시기 -25°

그림 4.34 정상연소의 화염전파 (Withrow와 Rassweiler의 촬영)

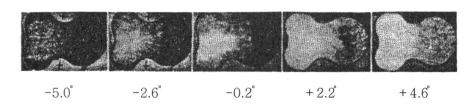

-5.0°   -2.6°   -0.2°   +2.2°   +4.6°

엔진 속도 900rpm, 점화시기 -25°

그림 4.35 노크가 발생된 경우의 화염전파 (Withrow와 Rassweiler의 촬영)

(1) 염전반응

화염이 도달하기 전에 말단가스(end gas) 중에서 일어나고 있는 반응에 관해서는 시료가스 추출, 또는 스펙트럼 분석에 의하여 연구가 이루어지고 있다. 이에 의하면 압축행정 중에서부터 이미 완만한 반응이 일어나서, 중간 생성물이 생기고 연쇄 반응에 의하여 마지막에는 CO_2와 H_2O로 된다. 이 중간 생성물 중에서는 알데히드와 유기과산화물이 노크에 대하여 가장 중요한 역할을 하며, 그 생성기구는 정헵탄 C_7H_{16}을 예로 들면 그림 4.36과 같다.

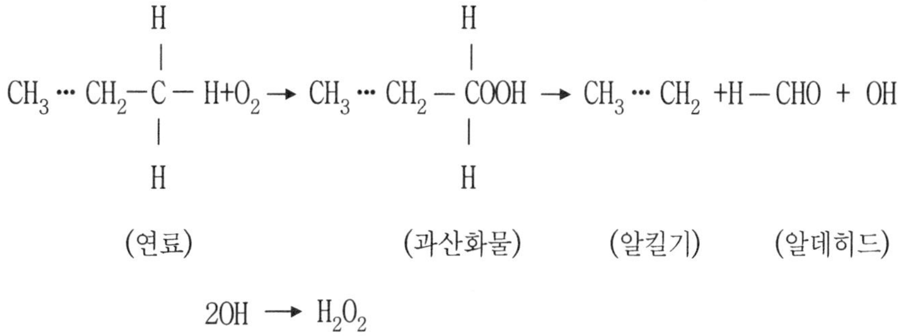

$$CH_3 \cdots CH_2 - \overset{\overset{\displaystyle H}{|}}{\underset{\underset{\displaystyle H}{|}}{C}} - H + O_2 \rightarrow CH_3 \cdots CH_2 - \overset{\overset{\displaystyle H}{|}}{\underset{\underset{\displaystyle H}{|}}{COOH}} \rightarrow CH_3 \cdots CH_2 + H - CHO + OH$$

(연료) (과산화물) (알킬기) (알데히드)

$$2OH \rightarrow H_2O_2$$

그림 4.36 정헵탄의 염전반응

(2) 저온 노크와 고온 노크

연료가 자발화 형상을 일으킬 때 연료의 특성에 따라서 1단계 발화와 2단계 발화가 있고, 노크가 일어나는 기구(mechanism)에도 두 가지 유형이 있다. 하나는 고급 파라핀이나 올레핀과 같이 처음에는 냉염을 발생하고, 이어서 열염을 발생하는 2단계의 저온 산화과정을 이루는 저온 노크(low temperature knock)이고, 또 다른 하나는 벤젠이나 메탄과 같이 직접 열염에 의하여 노크를 일으키는 고온 노크(high temperature knock)이다. 현재 자동차에서 문제가 되고 있는 노크는 대부분 저온 노크이다.

그림 4.37은 실린더 내에서 점화 플러그에 의하지 않고 압축에 의해 자발화를 일으켰을 때의 압력변화를 나타낸 것으로 상사점 직전에 냉염을 발생하여 압력이 약간 상승되고, 이어서 열염에 의해 연소로 연결된다. 최근 고속 카메라로 촬영한 화염사진에 의하면 냉염은 배기밸브 부근에서 발생하고, 스파크 점화에 의한 화염속도의 1/4 정도로 연소실을 횡단하여 다른쪽 끝에서 소멸하며, 그 뒤로부터 같은 경로를 열염이 뒤따라 간다.

그림 4.38에서 위쪽 곡선들은 시료가스 추출에 의해 과산화물의 농도를 나타낸 것이고, 과산화물은 상사점 이전부터 발생하여 화염이 도달하기 직전(상사점 후 7°)에서 농도가 최고로 된다. 압축비가 높아지면 과산화물은 더 빠르게 생기고, 최고 농도도 높아진다. 어느 곡선에서나 상사점 후 1° 부근에 변곡점이 나타나며, 이 점들은 냉염발생의 시기와 일치한다는 것이 다른 실험에 의해 확인되고 있다. 그림

4.38에서 아래쪽 곡선들은 알데히드 농도를 나타낸 것이고, 상사점 부근에서 증가하기 시작하여 화염이 도달할 때까지 원활하게 상승해서 과산화물의 경우보다 20배 정도 큰 최고농도를 나타낸다. 압축비 증가가 알데히드 농도에 미치는 영향은 압축비가 과산화물 곡선에 미치는 영향과 비슷하고, 최고 농도점은 과산화물의 경우보다 약간 늦게 나타나고 있다.

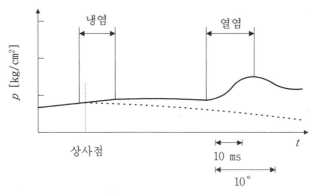

그림 4.37 공기 연료비 25 : 1인 경우, 실린더에서 냉염발생 정헵탄

과산화물의 농도가 어떤 한계에 달하면 노크가 일어나고, 노크의 발생 유무는 화염에 도달하기 이전의 과산화물의 농도에만 관계된다. 그리고, 노크가 일어나는 상태에서 화염도달 직전의 과산화물 최고농도는 혼합비, 회전속도와는 관계없이 그림 4.39의 B 곡선에 표시된 바와 같이 거의 일정하게 나타난다. 또한, 노크가 강해지는 것은 과산화물의 농도가 증가하기 때문이 아니라 농도의 최고점이 일찍 생기기 때문이다. 이것은 노크의 강도가 말단가스의 양과 관계되는 것과 일치하는 사실이다. 노크가 일어나지 않는 상태에서는 그림 4.39의 C 곡선에 나타낸 바와 같이 혼합기 농도가 이론 혼합비보다 5~10% 농후한 경우에 과산화물 농도가 최고로 된다. 이 혼합비에서 노크가 가장 일어나기 쉬우며, A 곡선에 나타난 것처럼 최고 유효 압축비(highest useful compression ratio)가 가장 작다. 노크가 가장 일어나기 쉬운 혼합비는 연료에 따라서 다르게 나타난다.

그림 4.40에서 보여준 것처럼 메탄이나 벤젠은 거의 이론 혼합비이다. 또한, 최고 유효 압축비의 최저점은 분명하나 이소옥탄의 경우는 이론 혼합비보다 5~10% 농후한 혼합비이지만 불분명하게 나타나고 있다. 저온 노크를 일으키는 연료에 4에틸납을 첨가하면, 그림 4.38에서 +표로 표시한 곡선처럼 과산화물과 알데히드 농도는 감소하고, 노크는 일어나지 않는다. 알데히드의 농도는 4에틸납을 첨가하면 전체가 거의 균일하게 감소하나, 과산화물에서 상사점 후 1°의 농도에는 거의 영향

을 미치지 않고, 화염에 도달하기 직전(상사점 이후 7°)의 최고농도는 현저하게 감소하고 있다. 이와 같이 4에틸납은 노크의 제1단계, 즉 냉염 발생까지는 영향을 미치지 않으나, 제2단계에서는 열염 발생을 늦추는 작용을 한다.

고온 노크를 일으키는 연료는 염전반응이 아주 작게 나타난다. 따라서, 이러한 연료는 반노크성(anti-knock property)이 아주 크고, 냉염을 발생하지 않고 바로 열염을 발생한다. 또한, 노크가 일어나도 말단가스가 활성화 되지 않았으므로 화염의 전파가 급격하지 않으며, 운전은 디젤 엔진의 노크 정도이다. 메탄의 경우 압축비를 높이면 과산화물의 농도는 상사점 이후 3~10°에서 최고가 되고 노크를 일으키나, 알데히드 농도는 노크의 발생 유무에 관계없이 변화가 거의 없다. 저온 노크를 일으키는 연료에 비하면 양자의 농도는 극히 작으며, 4에틸납을 첨가하면 더욱 감소한다. 벤젠은 과산화물이나 알데히드가 거의 생기지 않기 때문에 이들 연료에 대한 4에틸납의 효과는 작다.

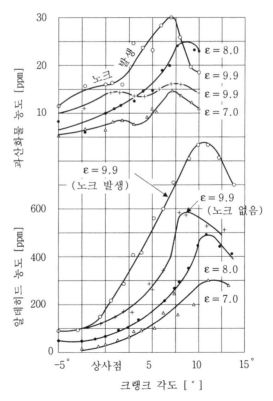

그림 4.38 상사점 부근에서 과산화물과 알데히드의 농도
(연료 : 옥탄, +는 4에틸납의 첨가 표시)

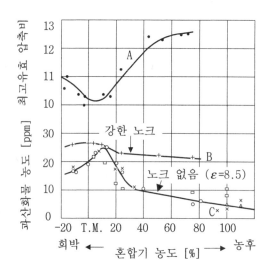

그림 4.39 화염 도달 전 (상사점 -1 이후 7°)에 혼합기 농도가
과산화물 농도에 미치는 영향

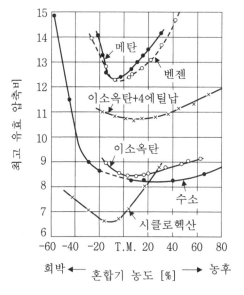

그림 4.40 각종 연료의 혼합기 농도와 최고 유효 압축비의 관계

4.4.6 옥탄가

연료의 내노크성은 그 조성에 따라서 다르고, 이것이 높을수록 압축비를 높일 수
있으며, 흡기압력을 높일 수 있어서 효율이나 출력이 개선된다. 압축비가 높은 엔
진이나 과급 엔진에 내노크성이 낮은 연료를 사용하면 노크를 심하게 일으키고, 압

축비가 낮은 엔진이나 흡기압력이 낮은 엔진은 내노크성이 높은 연료를 사용하여도 연료의 특성을 충분히 발휘할 수 없다. 따라서, 연료의 내노크성을 수량적으로 표시하여 엔진에 적합한 연료를 선택하도록 해야 한다.

연료의 내노크성을 정하는 데 가장 어려운 점은 내노크성이 연료의 성질에 따라 다르고, 엔진의 특성, 엔진의 운전조건에 따라서 다르게 나타난다. 즉, 공기 연료비, 냉각수 온도, 급기 온도 등에 따라서 연료의 내노크성이 다르다. 따라서, 표준연료를 결정하고, 표준연료로 바꿔서 운전하여 같은 정도의 노크가 발생하면 양자의 내노크성은 같은 것으로 간주한다. 연료의 표준으로 널리 사용되고 있는 혼합액은 미국 협동연료연구운영위원회(Cooperative Fuel Research Steering Committee)에서 제안한 이소옥탄과 정헵탄의 혼합액이다. 이소옥탄은 보통의 가솔린보다 노크를 일으키기 어려운 것이고, 정헵탄은 노크를 일으키기 쉬운 것으로, 이들을 적당하게 혼합하면 그 중간의 정도의 내노크성을 가진 표준연료를 만들 수 있다.

옥탄가(octane number)는 이소옥탄과 정헵탄의 혼합액에서 이소옥탄이 차지하는 체적 퍼센트를 나타낸 것이다. 예를 들어 옥탄가 85이라 함은 이소옥탄 85%, 정헵탄 15%의 혼합액과 동일한 내노크성을 가진 연료라는 뜻이다. 운전조건의 변화가 시험연료와 표준연료에 대하여 동일한 영향을 미친다면 운전조건은 노크의 비교에 무관계할 것이므로 이 방법에 의하여 불가피한 운전조건의 영향을 없앨 수 있다.

내노크성을 시험하기 위한 엔진에는 압축비를 변화시킬 수 있는 CFR 엔진이 사용된다. 이소옥탄 C_8H_{18}, 정헵탄 C_7H_{16}은 모두 파라핀계 탄화수소이며, 전자는 가지사슬을 가지고 있고, 후자는 탄소원자가 1열로 결합하고 있다. 일반적으로 순수한 탄화수소를 표준연료로 사용하는 대신에 옥탄가가 정해진 2차 연료가 사용된다.

4.4.7 노크 방지법

(1) 노크 발생에 따른 문제점

1) 실린더의 과열

노크를 일으키면 실린더의 상단부와 피스톤 헤드의 온도는 상승하고 배기온도는 저하한다. 피스톤 타입의 엔진에서 연소가스의 온도는 2000~2500℃에 이르나, 연소실 벽면을 형성하는 실린더 상단부와 피스톤 헤드의 온도는 200~300℃, 대형 디젤 엔진에서는 500℃ 이하를 나타낸다. 이와 같이 낮은 온도로 유지할 수 있는 이유중의 하나는 벽면 가까이에 가스의 정지층이 있어서 열전달을 막고 있기 때문이다. 그러나, 노크가 일어나면 그 가스의 정지층이 가스의 진동 때문에 파괴되므로 열전달이 급속하게 증가하여 실린더 상단부나 피스톤 헤드의 온도가 상승하지만, 배기온도는 저하한다. 이와 같은 상태로 장시간 운전을 계속하면 노크가 더욱 심해지고, 뒤에서 기술할 표면점화를 일으켜서, 실린더는 더욱 과열되어 결국에는 피스톤이 열적 파손을 입게된다. 이와 같은 실린더의 과열이 노크의 가장 큰 문제점이다.

2) 출력과 효율의 저하

노크가 일어나기 시작하여도 출력이 곧바로 저하되지는 않는다. 그러나, 시간이 경과함에 따라서 실린더가 과열되어 노크가 더욱 심해지면, 냉각손실이 증가하고 출력이 현저하게 떨어지면서 효율이 저하된다.

3) 각부의 응력 증가

노크가 일어나면 압력 상승률과 최고압력이 크게 증가하기 때문에 각부에 작용하는 응력은 증가하고, 커넥팅 로드 대단부(big end)의 베어링 메탈에 균열이 발생할 수 있다.

(2) 노크의 판정

출력이 작은 엔진에서 발생된 노크는 청각에 의해 간단하게 감지할 수도 있으나, 큰 출력의 멀티 실린더(multi-cylinder) 엔진은 청각에 의한 판단이 어려우므로 노크에 수반해서 일어나는 여러 현상을 종합하여 판정해야 한다.

1) 실린더 상단부의 온도상승

노크가 일어나면 연소실의 온도가 급격하게 상승하므로 점화 플러그 시트에 열전대(thermocouple)를 부착하여 측정할 수 있다.

2) 배기가스의 칼라

일반적으로 정상 운전의 경우는 노크가 일어나지 않기 때문에 배기구로부터 나오는 화염이 청색을 띠고 있지만, 가끔은 황색이 섞일 정도이다. 그러나, 노크가 발생하면 배기가스 색깔은 황색이 특히 많아지고, 노크가 더욱 심해지면 배기관으로부터 흑연을 배출하기도 한다.

3) 압력의 측정

실린더 내의 최고압력, 압력진동으로부터 노크가 일어난 것을 알 수 있다. 그러나, 이것은 자연 진동수가 높은 센서를 연소실 벽면에 직접 부착하지 않으면 잘못 판정할 수도 있다. 또한, 노크는 압력 상승률을 측정함으로써 구별할 수 있다. 그

밖에 경험적으로 볼 때 출력의 부족, 운전이 고르지 못한 것, 배기온도의 저하, 냉각수 온도의 상승 등으로부터 노크를 판단할 수 있다.

(3) 노크의 방지법

엔진에서 노크가 일어나고 안 일어나고는 말단가스(end gas)의 온도-압력-시간 경과에 의해 결정된다. 즉, 노크는 일정한 연료와 혼합비에 대하여 말단가스의 온도와 압력이 일정한 한계치를 초과하고, 또한 그 상태가 어떤 시간 동안 계속되었을 때 노크는 일어난다. 노크가 일어나는 한계에 대한 실험 결과에 의하면, 그 상태는 압축비, 급기압력 또는 급기온도, 점화시기 등 어느 것을 바꿔서 얻어졌거나 관계없이 모두 동일한 것으로 알려져 있다. 따라서, 노크를 방지하기 위해서는 다음 사항을 고려하면 된다.

① 내노크성이 높은 연료를 사용한다.

② 말단가스의 온도, 압력을 저하시킨다.

③ 화염속도를 크게 하거나, 또는 화염 전파거리를 짧게 하여, 말단가스가 고온, 고압으로 유지되는 시간을 짧게 한다.

이 중에서 ①항은 연료의 조성에 의한 것이고, ②항은 운전조건, ③항은 기계적 설계에 의해 노크를 방지할 수 있다. 다음은 노크를 방지하기 위한 상기의 방법에 대하여 자세하게 기술하면 다음과 같다.

1) 운전조건에 의한 노크의 방지

1 냉각수 온도를 저하시키면 말단가스의 온도가 떨어진다.

2 급기의 온도를 저하시키면 말단가스의 온도가 떨어진다. 그러나, 연료에 따라서 그 민감도가 다르다.

3 농후하거나 희박한 혼합기를 사용하면 말단가스의 내노크성이 증가한다. 일반적으로 농후한 혼합기를 사용한다.

4 점화시기를 지연시켜 말단가스가 상사점을 훨씬 지난 후에 연소하도록 한다. 그러나, 점화시기를 빠르게 하면 연소가스가 피스톤에 의하여 압축되므로 압력과 온도가 상승하여 심한 노크를 일으킨다.

5 연소실에 공급되는 급기량을 교축하면 화염속도가 작아짐에도 불구하고 노크는 경감된다. 이것은 주로 말단가스의 압력이 저하하기 때문이다. 그러나, 반대로 과급을 하면 노크를 일으키기 쉬워진다.

6 화염속도가 커지면 말단가스의 수명은 짧아지나, 한편 말단가스로부터의 열손실

이 감소하여, 온도와 압력은 높아진다. 그러나, 실제로는 전자의 영향이 커서 회전속도를 증가시키면 화염 전파시간이 단축되어 노크가 경감된다.

그림 4.41에 나타낸 바와 같이 엔진의 회전속도가 증가하면 옥탄가가 낮은 연료를 가지고도 노크가 없는 운전을 할 수 있다. 결국, 연료의 최소 옥탄가를 사용하는 엔진의 속도에 따라 결정할 수 있다.

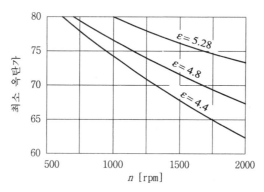

그림 4.41　회전속도와 최소 옥탄가의 관계 (V12, 2사이클, 140×160)

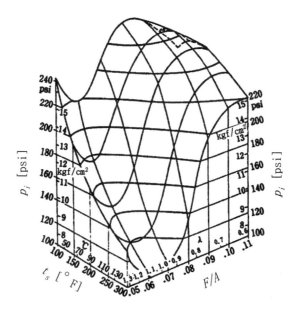

그림 4.42　가솔린 엔진에서 노크 한계 평균유효압력 p_i,
연료 공기비 F/A, 급기온도 t_s의 관계

그림 4.42는 가솔린 엔진에서 노크를 일으키는 영역에 관한 것을 나타낸 것으로, 급기온도와 급기압력이 높아지면 노크를 일으키기 쉬어지는 것은 보여주고 있다. 또한, 노크가 일어나기 쉬운 혼합비는 이론 혼합비, 또는 약간 공기과잉의 혼합비 이다. 공기 과잉률 λ 가 아주 크거나 또는 작은 곳에서는 노크가 없는 운전을 할 수 있으므로, 이 범위를 이용하여 급기압력을 높여서 평균유효압력을 높일 수 있 다. 그러나, λ 가 큰 쪽에서는 운전범위가 좁으므로 λ 가 작은 쪽, 즉 농후한 쪽 의 혼합기를 사용하여 다량의 연료를 소비해서 운전하는 것이 노크를 방지하는 한 가지 수단으로 되어 있다.

2) 연소실 최적설계에 의한 노크의 방지

① 화염 전파거리의 단축

점화 플러그의 위치를 적당하게 선정하고, 연소실의 형상을 적절하게 설계한다 면 화염전파거리를 최소로 할 수 있기 때문에 노크는 경감된다. 구형 연소실의 중심위치에 점화 플러그를 설치하여 점화하는 것이 이상적이나, 현실적으로 어 려우므로 가능한 이에 가까워지도록 제작한다. 또한, 서로 마주 보는 위치에 2 개의 점화 플러그를 사용하면 화염 전파거리는 반감된다. 점화 플러그를 배기 밸브 측에 위치하도록 하면 말단가스의 온도가 낮아서 노크가 경감된다.

소형 엔진은 기하학적으로 대칭형의 대형 엔진에 비하여 화염 전파거리가 짧 고, 또한 단위 체적당의 냉각면적이 크므로 노크가 완화된다.

② 말단가스의 냉각

점화 플러그로부터 가장 먼 곳에 있는 가스가 잘 냉각되도록 하면 노크는 경감된다. 말단가스(end gas)가 머무르는 상사점 부근의 틈새를 작게하여 냉각영 역(quench area)을 만들면 냉각이 효과적으로 이루어진다.

③ 배기밸브의 냉각

배기밸브는 온도가 높은 부분이므로 말단가스로부터 가능한 먼 위치에 있도 록하고, 또한 중공밸브를 사용하여 밸브온도를 저하시키면 노크가 경감된다.

④ 난류의 증가

강한 난류를 일으키는 연소실을 사용하면 화염속도를 증가시키고, 또한 말단 가스의 열발산 정도가 좋아지면 노크가 경감된다. 그러나, 난류의 발생은 열 손실과 정숙한 운전이라는 측면에서 동시에 고려하여야 한다.

⑤ 연소실의 소기

잔류가스 자신은 노크를 억제하는 성질을 가지고 있으나, 잔류가스가 많아지면 연소실의 온도가 높아지면서 말단가스의 온도가 높아져서 노크를 조장하므로 밸브의 오버랩을 크게 하여 소기와 냉각을 하면 노크가 경감된다.

(4) 물 또는 메탄올의 분사

혼합기에 수증기를 혼입하면 불활성 가스와 마찬가지로 노크가 완화되나, 산소농도가 감소하기 때문에 연소범위가 축소되고, 동일 압축비에 대하여 출력은 감소한다. 물을 혼합기에 분사하면 증발열에 의하여 압축온도를 저하시키고, 체적효율을 증가시키기 때문에 산소농도의 감소를 보충할 수가 있다.

증발이 흡기밸브가 닫히기 전에 일어나면 체적효율을 따라서 출력이 증가하고, 노크의 경감에 도움이 된다. 그러나, 압축행정에서 증발 현상은 노크의 경감에는 유효하나, 출력증가에는 도움이 되지 않는다. 또한, 점화 후에 액체상태의 물이 남아 있으면 연소열을 흡수하여 출력과 효율을 감소하고 얻는 것이 없다. 따라서, 증발이 빨리 일어나도록 하는 일이 매우 중요하다.

메탄올은 비점이 낮고, 기화가 빠르게 진행된다. 메탄올 증기는 강한 내노크성을 가지고 있으므로 노크를 억제하고, 그 자신이 연료로서 출력을 증가시킨다. 그러나, 메탄올의 농도가 높아지면 표면점화를 일으키는 결점이 있다. 에탄올은 메탄올보다 표면점화는 일으키기 어려우나 비점은 약간 높다. 알콜은 연료장치의 동결방지에도 유효하다.

(5) Texaco 연소법

가솔린 엔진에서 보통의 연소법은 점화를 하기 전에 가연성 혼합기를 형성하고, 이것에 스파크 점화하여 화염면이 미연소부를 압축하면서 진행해 간다. 따라서, 혼합기는 고온, 고압 하에 존재하는 시간이 길어지기 때문에 말단가스가 자발화를 일으켜서 노크를 발생한다. 그러므로, 실린더 내에 혼합기를 형성하면서 연소시켜, 가연 혼합기로서 존재하는 시간을 짧게 하면 노크를 방지할 수 있음과 동시에 층상화에 의하여 희박한 혼합비를 사용할 수가 있다.

그림 4.43은 Texaco 방법을 나타낸 것으로 쉬라우드(shroud)가 부착된 흡기밸브에 의하여 실린더 내의 공기가 선회운동을 하도록 조장하고, 연료를 기류와 같은 방향으로 분사하여 혼합성을 증가시키는 방법이다. 최초에 분사된 연료가 공기와 혼합하여 점화 플러그에 도달하였을 때에 혼합기가 점화되고, 그 후에 분사된 연료는 공기유동에 의하여 혼합기를 형성하면서 화염면에 계속 공급하면, 기존의 잔류 연소가스는 화염면으로부터 날아가므로 분사기간 중에 정상 화염면이 생긴다.

Texaco 연소방식은 연료의 옥탄가에 관계없이, 노크를 일으키지 않고 압축비를 12까지 높일 수가 있으며, 연료의 휘발성과도 관계가 없고, 비등점 38~351℃ 범위의 연료를 사용할 수 있다. 또한, 점화 플러그에는 항상 충분히 농후한 혼합기가 공급되므로 적은 양의 연료를 연소시킬 수가 있어서, 전체적으로는 공기 연료비가 100 : 1이라는 희박 혼합기를 사용할 수 있어서 저부하시의 효율이 높고, 출력조정은 스로틀 밸브에 의하지 않고 연료량에 의해 가감할 수 있다. 엔진의 연료 소비율은 Texaco 연소방식을 사용하면 기존의 기화기 공급방식보다 30%나 감소하는 장점이 있다.

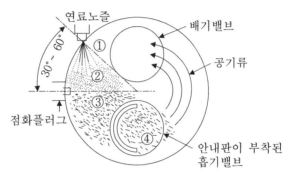

① 분무 ② 가연 흡합기 ③ 화염면 ④ 연소가스

그림 4.43 Texaco 연소법

4.4.8 표면점화

정상연소는 정해진 시기에 스파크 점화에 의해 연소가 시작되며, 화염면이 정상적인 속도로, 그리고 규칙적으로 연소실을 횡단하여 전파된다. 그러나, 압축비가 높아지면 스파크 점화 이외에 다른 고온물체에 의하여 화염면이 발생하거나, 또는 급격한 열발생을 일으키게 된다. 이것을 이상연소라 하고, CRC(Coordination Research Council)에서는 이상연소를 표 4.4와 같이 분류하고 있다.

CRC가 분류한 이상연소에 의하면, 화염면의 전방에 있는 혼합기가 자발화에 의해 발생된 이상소음을 노크(knock)라 한다. 노크가 스파크 점화에 의하여 유발된 것이면, 이것을 스파크 노크(spark knock)라고 하고, 그 강도는 점화 진각에 의해 제어될 수 있다는 것이 특징이다.

표면점화(surface ignition)는 정상적인 스파크 점화에 의한 정상적인 화염이 도달하기 전에 점화 플러그, 배기밸브, 연소실 퇴적물과 같은 고온표면에 의하여 화염면이 발생하는 현상을 말한다. 표면점화는 비교적 낮은 압력에서도 일어나며, 발생된 1개 또는 수개의 화염면은 정상적인 속도로 전파한다. 표면점화는 정상적인 스파크 점화가 이루어지기 전에 일어나는 경우와 그 후에 일어나는 경우가 있으며, 전자를 조기점화(pre-ignition), 후자를 지연점화(post-ignition)라 한다.

표 4.4 이상연소의 분류

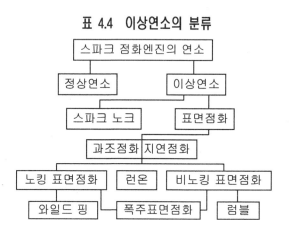

그리고, 노크를 동반하지 않는 경우를 비노킹 표면점화(non-knocking surface ignition), 표면점화 후에 노크를 발생하는 경우를 노킹 표면점화(knocking surface ignition)라 한다. 이 경우의 노크는 스파크 노크와는 달라서 점화진각에 의하여 제어할 수가 없다. 노크는 재발하거나 반복이 되는 경우도 있고, 안 되는 경우도 있다. 또한, 표면점화는 스파크 점화를 중지한 후에도 일어나기도 하는데, 이것을 런온(run-on)이라고 하며, 불안정한 현상이고 역전을 일으키기 쉽다.

조기점화나 지연점화가 일어나면 점화시기를 지나치게 빠르게 한 것과 마찬가지로 연소가스가 압축되기 때문에 실린더 내부의 온도와 압력이 상승하여 고온표면은 더욱 과열되고, 점화는 더욱 빨라져서 런너웨이 표면점화(runaway surface ignition)의 상태로 된다. 이러한 현상은 과열된 점화 플러그, 배기밸브, 기타 연소실 벽면에 의하여 야기되며, 일반적으로 떠다니는 퇴적물 입자나 연소실 벽면에 느슨하게 부착된 퇴적물에 의해서는 일어나지 않는 것으로 생각되고 있다. 이것은 가장 파괴적인 표면점화이며, 단일 실린더 엔진(single cylinder engine)의 경우는 조기점화가 진행되면 출력의 감소에 의하여 엔진이 정지되나, 멀티 실린더(multi-cylinder) 엔진에서는 어떤 한 실린더에 표면점화가 일어나도 다른 실린더에 연계되어 회전되므로 더욱 표면점화는 빨라지고, 결국 피스톤의 용융, 용착이 일어나서 엔진이 파괴되는 최악의 경우가 발생한다. 노크에 의한 파손은 대부분 기계적인 파괴이지만, 열적인 문제로 파괴가 일어나면 가장 위험한 현상이 일어날 수 있다.

표면점화에 의해 화염면이 조기에 발생하면 노크를 유발한다. 노크가 일어나면 더욱 더 표면점화를 조장한다. 표면점화에 의한 노크 발생은 흔히 불안정하고, 날카로운 고주파 파괴음을 발생한다. 이와 같이 표면점화에 의해 유발되는 노크를 와일드 핑(wild ping)이라고 하며, 불규칙한 금속음 발생이 그 특징이다.

압축비가 9.5 이상으로 높아지면, 노크와는 다른 저주파의 둔탁한 천둥소리를 발생하고, 엔진의 운전이 거칠어지는 현상이 발생하는데, 이것을 럼블(rumble)이라 한다. 럼블의 원인은 퇴적물에 의한 아주 빠른 표면점화, 또는 다수의 표면점화에 따른 급격한 압력상승에 의한 것이며, 그 소리는 크랭크축의 굽힘진동에 기인하는 것으로 알려져 있다.

그림 4.44는 럼블이 일어난 경우의 화염전파의 예를 보여주고, 그림 4.45는 각종 이상연소에서 발생된 압력상승을 크랭크 각도로 나타낸 것이다. 럼블이 일어난 경우의 압력 상승은 스파크 노크의 경우보다 일찍 일어나며, 압력상승 속도는 $8.5[\text{kg/cm}^2 \cdot \text{deg}]$(정상연소의 6배)에 달한다. 럼블이 한 번 일어나면 계속해서 일어나지만, 퇴적물을 제거하면 곧바로 소멸한다. 압축비가 12 이상으로 높아지면, 깨끗한 연소실에서도 급격한 압력상승에 의하여 럼블과 비슷한 저주파의 천둥소리를 발생하는데, 이것을 서드(thud)라 하고, 그 소리는 크랭크축의 비틀림 진동에 의한 것으로 알려져 있다.

럼블(rumble)의 경우 급격한 압력상승은 표면점화에 의하여 추가된 화염면에 기인하는 것이나, 서드의 경우는 연료의 급속하고 규칙적인 연소에 의한 것으로 생각되며, 점화진각에 의하여 제어할 수 있다. 서드는 점화진각, 흡입압력, 회전속도가 증가할수록 격렬해지며, 스파크 노크를 동반하지 않는 경우는 연료의 성질과는 거의 관계가 없고 주로 압축비와 연소실의 설계에 의한다.

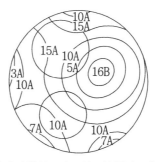

그림 4.44 퇴적물이 있는 실린더에서 럼블이 일어난 경우의 화염전파, 숫자는 크랭크 각도, A는 상사점 후, B는 상사점 전을 각각 표시한다. 알킬 연료를 사용한 엔진에서 회전속도는 2000rpm 흡기관의 압력은 119mmAq이다.

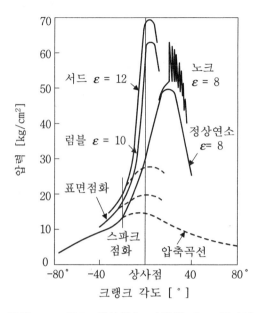

그림 4.45 각종 이상연소 발생에 따른 압력상승

표 4.5는 이상연소의 상호 관계와 소음의 주파수를 표시한다. 이들 이상연소에서 노크는 옥탄가가 높은 연료를 사용함으로써 방지할 수 있으나, 럼블(rumble)은 그것을 근본적으로 방지할 수 있는 연료도 첨가물도 아직 개발되지 않고 있다. 럼블은 특정한 연소실에만 일어나는 것이 아니라, 압축비가 높아지면 현재 사용되고 있는 모든 연소실에서 일어난다. 실린더, 크랭크실, 크랭크축, 피스톤 기구 등 각부의 강성을 높여도 럼블소음을 없앨 수는 없다. 럼블이 일어나면 불쾌한 소리가 날뿐 아니라 실린더가 과열되고 성능이 현저하게 저하한다.

일반적으로 럼블이 발생하면, 정상연소에 비해 출력 19% 저하, 배기손실 10% 감소, 냉각손실 50%의 증가를 나타내고 있다. 럼블 현상은 가솔린 엔진의 압축비 상승을 못하게 하는 중요한 요인이다.

표 4.5 이상연소 소음의 주파수

	표면점화 없음	표면점화	소음 주파수, cycle/s
자 발 화	스파크 노크	와일드 핑	4000~6500
급격 압력 상승	서 드	럼 블	600~1200

4.5 디젤 엔진의 연소

4.5.1 실린더 내의 연소

(1) 발화

디젤 엔진과 가솔린 엔진의 근본적인 차이는 점화방식에 있으며, 그것이 엔진의 특성을 크게 차별화 시키고 있다. 가솔린 엔진은 스파크가 발생하는 순간에 점화 플러그 가까이에 점화가 가능한 혼합기가 존재하지 않으면 점화가 이루어지지 않는 다. 그러므로 연료 분사장치에 의하여 공기와 연료의 비율을 조절할 필요가 있다.

그러나, 디젤 엔진은 공기만을 높은 압축비로 압축하여 연료의 자발화 온도보다 훨씬 높은 압축공기 속에 그림 4.46에서 보여준 것과 같이 연료를 미립화해서 분출 시켜 자발화를 일으키게 한다. 이때 연료는 미립자이고, 분무의 앞쪽 끝단부는 공 기속을 통과하는 동안에 대부분이 증발하여 공기와 혼합한다. 그러나, 가솔린 엔진 과 같이 연소실 전체가 균일한 혼합비를 유지하는 것은 아니다. 그림 4.46과 같이 분무의 중심부는 지나치게 농후하지만, 분무 중심부로부터 떨어진 곳은 지나치게 희박하여 국부적인 공기 과잉률이 $0 \sim \infty$의 폭넓은 범위로 분산되어 있다.

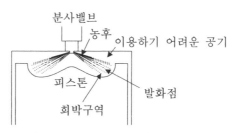

(a) 연료실내의 분사 모델

0.25ms   0.85ms   1.85ms

(b) 인젝터에서 분사된 연료 분포도

그림 4.46 디젤 엔진에서 연소실 내의 혼합기 분포도

디젤 엔진에서 잘 분포된 분사는 착화에 대단히 유리하다. 연소실에는 착화하기 적합한 곳이 항상 존재하고, 그곳에서 착화가 먼저 일어난다. 자기착화는 여러 곳에서 동시에 일어날 수도 있으므로 연소실 전체에서 연료—공기비를 조절할 기구는 필요하지 않는다. 흡입 공기량은 항상 동일하고 연료 분사량만 부하에 따라서 증감하면 된다. 그러나, 과급 디젤 엔진과 같이 흡기관에 스로틀 밸브를 갖추고, 흡기관 압력에 의해 연료 분사량을 자동 조정할 때는 흡입 공기량도 변화한다. 착화와 시동의 난이도는 압축 말기의 온도, 압력, 연료의 무화 정도에 의해 결정된다. 저속회전, 실린더 내의 기밀불량, 연료 분사장치의 불량 등은 한랭시 시동하기가 곤란한 조건으로 작용한다.

(2) 실린더 내의 연소과정

실린더 내에 분사된 분무 중에는 크기가 서로 다른 유립자가 불규칙하게 분포되어 있기 때문에 서로간에 간섭이 일어난다. 또한, 실린더 내의 온도도 위치에 따라서 차이가 있으므로 자발화하기에 적당한 혼합기가 일찍 형성되고, 온도가 높아서 반응이 일어나기 가장 좋은 곳에서 연소가 시작된다. 최초의 자발화는 미소한 체적에서도 일어날 수 있으므로, 자발화하기 좋은 조건을 갖춘 핵이 여러 개 발생되면 거의 동시에 여러 곳에서 자발화를 일으킬 수도 있다. 그림 4.47은 디젤 엔진의 실린더 내에서 발생된 압력, 연료 분사율(크랭크 각도 1°당의 연료 분사량)과 열발생률 결과이며, 연소과정은 4기간으로 나눌 수 있다.

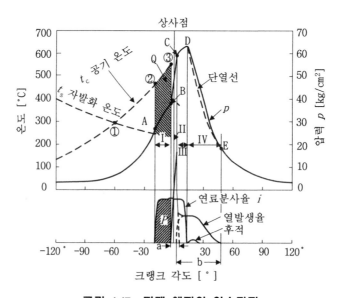

그림 4.47 디젤 엔진의 연소과정

1) 제1기 (발화 지연기간)

압축행정에서 실린더 내의 공기온도는 그림 4.47에서 t_c로 표시된 것처럼 상승하고, 사용연료의 자발화 온도는 공기압력 상승에 의하여 t_s로 나타낸 것처럼 떨어진다. ①에서 실린더 내에는 이미 자발화할 수 있는 온도에 도달하였다. 연료분사가 시작될 때의 실린더 내 공기압력은 A이고, 공기의 온도는 ②이다. 그때의 연료의 자발화 온도보다 훨씬 높은 상태임에도 불구하고 곧바로 자발화하지 않고 B점에서 연소가 시작되어 압력이 상승한다. 이와 같이 연료를 분사한 순간으로부터 자발화를 할 때까지는 I 로 표시되는 지연기간이 있으며, 이 기간을 디젤 엔진의 발화지연(ignition lag)이라 한다.

2) 제2기 (급격 연소기간)

발화 지연기간의 마지막에는 실린더 내의 여러 곳에 활성화된 혼합기가 형성되어 있으므로, 그 중의 한 곳 또는 여러 곳에서 자발화가 일어난다. 연소실 내의 각부에 신속하게 전파되면서, 거의 동시에 연소를 일으켜 열 발생률이 높아진다. 따라서 BC 구간과 같이 급격한 압력상승을 일으키는데, 이와 같은 기간 II의 연소를 급격연소(rapid combustion)라 한다. 이때의 연소는 순수한 화염전파, 또는 확산연소이며, 그 속도는 10~30m/s 정도이다. 따라서, 압력상승은 발화 지연기간 중에 형성된 가연 혼합기의 양, 즉 그때까지 분사된 연료의 양과 증발 및 확산속도에 관계된다. 이 기간의 끝인 C점에서는 분사된 연료중에서 연소하기에 적당하게 형성된 혼합기는 대부분 연소를 끝내버리고, 순수한 확산 연소로 급격하게 옮겨간다.

3) 제3기 (제어 연소기간)

실린더 내로 연소가 전파되면 압력과 온도가 현저하게 높아지므로 반응속도는 빨라지고, 발연지연은 짧아져서 연료는 분사됨과 동시에 자발화하고 노즐로부터 화염이 분출되는 것과 같은 상태로 된다. 이 상태로 되면 연료 분사율에 의해 연소를 제어할 수 있다. 이와 같은 기간 III의 연소를 제어연소(controlled combustion)라 한다. 제어 연소기간의 열 발생률과 압력상승은 II의 급격 연소기간보다 낮으며, 그들은 연료 분사율, 연료입자와 공기와의 상대속도, 연료의 증발속도와 확산속도, 실린더 내에 남은 산소량에 의하여 지배된다.

4) 제4기 (후 연소기간)

연료분사 종료시부터 연소가 완전히 끝날 때까지 기간 IV의 연소를 후연소(after burning)라 한다. D점에서 연료분사가 끝난 후에는 연료, 산소 및 중간 생성물의 농도는 점차로 감소하고, 연소 생성물이 급증하여 연소속도도 점차로 저하한다. 또한, 밀집하고 있는 부분의 연료 입자들은 아직 산소와 접촉하지 못하고, 팽창이 진행됨에 따라 확산도 공기유동에 의하여 산소와 만나면서 점차적으로 연소된다. 끝까지 산소와 접촉하지 못한 연료는 외부로 그대로 방출된다. 이때의 연소율은 연료가 산소와 접촉하는 정도에 따라서 결정된다. 후 연소기간은 보통 전체 연소기간의 50%를 차지하며, 후 연소기간이 길어지면 배기온도는 높아지고 효율은 떨어진다.

디젤 엔진의 효율은 후연소에 의해 크게 영향을 받으므로 가능한 이 기간이 짧아지도록 노력하여야 한다. 분무의 분포, 유립자의 크기, 공기와의 접촉, 특히 분사가 끝날 무렵의 무화를 좋게 하는 일이 후 연소기간을 짧게 하는 가장 중요한 사항이다.

(3) 발화지연

디젤 엔진에서 발화지연은 물리적 발화지연 τ_{ph}와 화학적 발화지연 τ_i(감응기간)로 구성된다. 전자는 분사된 연료가 증발하여 자발화에 필요한 농도의 혼합기를 형성함과 함께 자발화 온도까지 가열되는 기간이고, 후자는 자발화 온도에 도달해서 화염을 발생할 때까지의 기간을 나타낸다.

물리적 발화지연 τ_{ph}는 유립자 전부가 증발하여 자발화 온도까지 가열되는 시간보다는 작다. 실제로는 유립자 전부가 증발되기 전에 자발화하기에 적당한 농도와 온도가 얻어지기 때문이다.

화학적 발화지연은 식 (4.10) 또는 식 (4.11)로 표시되고, 온도, 압력 이외에 연료의 성질에 의해서 좌우된다. 실제로는 화학적 발화지연과 물리적 발화지연이 부분적으로 겹치므로 양자의 구별은 어렵다. 실린더 내의 공기온도가 자발화 온도보다 충분히 높을 때는 화학적 발화지연은 극히 짧아서 물리적 발화지연이 대부분을 차지하나, 시동할 때와 같이 공기 온도가 낮은 경우는 화학적 발화지연이 대부분을 차지하게 된다.

온도와 압력의 좁은 범위에서는 정수를 적당하게 선정하면 총 발화지연은 식 (4.10)에 의하여 근사값을 얻을 수 있다. Wolfer는 원통형과 납작한 봄베(bomb) 속에 탄소 C 85.5%, 수소 H 12%, 비중 0.915~0.925의 연료를 분사하여 압력 $p = 8.03 \sim 46 \text{kg/cm}^2$, 온도 $T = 594 \sim 781°\text{K}$ 범위에서 발화지연을 측정한 결과로부터 다음 식을 제안하고 있다.

$$\tau_z = \frac{0.44}{p^{1.19}} \, e^{4650/T} \times 10^{-3} [\text{s}] \qquad (4.12)$$

식 (4.12)는 세탄가 50 이상의 디젤 연료에 비교적 잘 맞는다.

그림 4.48은 봄베(bomb) 속에 경유를 분사한 경우, 발화지연의 측정값과 실험식을 비교한 것이다. 온도가 높을수록, 그리고 압력이 높을수록 발화지연이 짧아짐을 알 수 있다. 발화지연 길이는 실린더 전체로서 공기 연료비와는 관계가 거의 없는 것으로 알려져 있는데, 이것은 분무 내에는 각종 농도의 혼합기가 형성되며, 발화는 국부적인 혼합비가 발화하기에 가장 적당한 곳에서 일어나기 때문이다. 여기서 발화지연 시간은 τ의 실험식 (4.13)으로 제시하였고, 그 결과는 그림 4.48에서 실선으로 나타내고 있다. 즉,

$$\tau_z = \frac{0.66}{p^{1.08}}\, e^{6330/T} \times 10^{-4}[\text{s}] \tag{4.13}$$

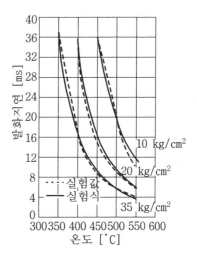

그림 4.48 온도에 따른 발화지연 시간 ; $0.66/p^{1.08} \cdot e^{6330/T} \cdot 10^{-4}[\text{s}]$

(4) 운전조건이 연소에 미치는 영향

디젤 엔진에서 연소의 각 기간 사이에는 서로 밀접한 관계가 있으며, 특히 발화지연은 그 후의 연소에 중대한 영향을 미친다. 발화지연이 길어지면 자발화 전에 형성된 가연 혼합기의 양이 많아져 연소의 제2기과정(급격 연소기간)에서 연소가 동시에 진행하기 때문에 급격한 압력상승을 일으키게 되면서 정숙한 운전을 할 수 없게 되어 노크음을 발생하는데, 이것이 디젤 노크(Diesel knock)이다.

그러나, 발화지연이 길어지면, 그 사이에 연료의 증발과 확산이 충분하게 진행되기 때문에 그 후의 연소는 완전하게 이루어진다. 발화지연이 짧은 경우는 제2기에 급격히 연소하는 혼합기의 양이 줄어들고, 압력 상승률은 작으나, 연료 유립자가

노즐을 나오면서 즉시 자발화하여 속도를 조기에 상실하기 때문에 노즐 근처에서 연소하고, 뒤따르는 연료 유립자는 화염 속에 분사되면서 산소가 부족해지므로 완전한 연소가 이루어지기 어렵다. 운전조건이 연소에 미치는 영향은 연소실의 형식이나 운전조건의 차이에 따라서 달라질 수 있으므로 이것을 일률적으로 규정하기는 어려우나 대체적인 경향은 다음과 같다.

1) 분사시기의 영향

발화지연 기간이 상사점 가까이에 있도록 연료 분사시기를 결정하면 발화 지연기간 중의 평균온도와 압력이 높기 때문에 발화지연 기간은 최소로 된다. 연료를 보다 먼저 분사하면 발화지연 기간은 더 길어지고, 그 결과로 피스톤의 운동으로 인한 압력 상승율이 높아진다. 또한, 긴 발화지연 기간 중에 분사된 연료의 양이 많기 때문에 최고 압력도 높아진다. 연료 분사시기가 늦은 경우에도 역시 발화지연 기간은 길어지나, 피스톤 운동의 영향으로 압력 상승률과 최고압력은 감소한다. 최대의 출력과 경제적 운전을 위해서는 그림 4.49와 같이 최고압력을 상사점 후 10°~20°에서 발생하도록 연료분사 시기를 결정해야 한다. 그러나, 실제의 경우, 연료 분사 시기를 이와 같이 하면 최고압력, 또는 압력 상승률이 지나치게 높아지므로 출력이나 효율을 다소 희생하더라도 그보다 늦게 연료를 분사하는 경우가 많다.

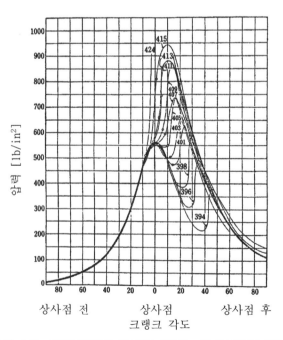

그림 4.49 압력-크랭크 각도에 미치는 분사시기의 영향

2) 압축비, 흡기온도 또는 실린더 벽면 온도의 영향

그림 4.50은 압축비 증가에 따른 압력－시간 선도에 미치는 영향을 나타내고, 그림 4.51은 흡기온도의 증가가 발화지연 기간 중에 크랭크축의 회전각도에 미치는 영향을 각각 나타내고 있다. 그림 4.52는 워터 자켓의 온도 증가가 발화지연 기간에 따라서 압력－크랭크 각도에 미치는 영향을 나타낸 것이다. 어느 경우에나 연료를 분사할 때 실린더 내의 공기 온도가 높아지기 때문에 발화지연 기간이 감소함을 알 수 있다.

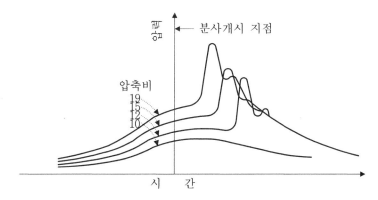

그림 4.50 압력-시간 선도에 미치는 압축비의 영향

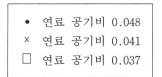

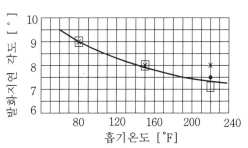

그림 4.51 발화지연 각도에 미치는 흡기온도의 영향
(CFR 엔진, "Comet" 실린더 헤드)

3) 흡기압력 증가의 영향

흡기압력이 증가하면 압축말기의 연료가 분사되면서 실린더 내의 압력이 높아지므로 발화지연 기간이 감소된다. 그림 4.53은 이들의 관계를 나타내고 있다.

4) 분무특성의 영향

분무특성은 연료 분사노즐의 구멍 수, 지름, 분사방향, 분사압력 등에 의해 차이가 생긴다. 따라서 무화의 정도, 실린더 내에서 연료의 분포도, 공기와의 혼합에 영향을 미치게 된다. 연료의 무화가 불량하면 지연기간이 길어지고, 연료의 분포도나 공기와의 혼합이 양호해 질수록 최고압력 상승률과 최고 압력이 높아지며, 출력과 열효율은 증가한다.

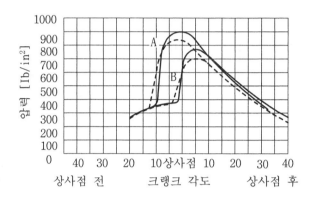

A : 분사개시 상사점 전 20°   ----- : 워터 자켓 온도 300°F
B : 분사개시 상사점 전 10°   ——— : 워터 자켓 온도 150°F

그림 4.52 압력-크랭크 각도 선도에 미치는 워터 자켓 온도의 영향
NACA 5×7 엔진, 570rpm, 압축비 14.8, 연료 분사량 0.00025 lb/cycle

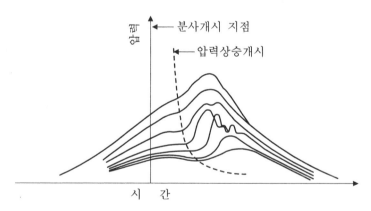

그림 4.53 발화지연 기간에 미치는 흡기압력의 영향

5) 연료 분사율의 영향

연료 분사율이 작으면 연소의 제2기에는 공급연료의 작은 일부분만이 관여하고, 많은 부분이 제3기에 연소하게 된다. 제3기의 연소에서 열 발생률은 다소 연료 분사율의 영향을 받는다. 따라서, 최고압력이나 압력 상승률이 과대하지 않도록 제어할 수 있다. 이와 같은 일은 피스톤이 상사점 가까이 머무는 시간이 긴 저속 엔진에 유리하다. 그러나, 피스톤이 상사점 가까이 머무는 시간이 길게 있도록 하기 위해서는 연료 분사율을 크게 하여야 한다. 따라서, 대부분의 연료는 지연기간 중에 분사되어야 한다. 그러므로, 연소의 제3기에 분사되는 연료의 양은 총 분사량이 아주 작은 일부분이거나, 또는 제3기 중에는 전부 분사되지 않을 때도 있다. 이와 같이 일반적으로 연료 분사율이 크면 클수록 압력 상승률과 최고 압력은 높아진다.

6) 공기온도의 영향

스파크 점화 엔진에서 소규모의 난류는 화염속도를 증가시키는 데 효과가 있다. 디젤 엔진에서도 이 효과는 존재한다. 난류는 공기와 연료와의 혼합을 촉진하는 긍정적 요인이므로, 특히 혼합 시간이 짧은 고속엔진에 있어서는 난류에 의해 유효하게 연소할 수 있는 연료의 양을 증가시킬 수 있어서 엔진출력은 증가한다. 고속 디젤 엔진에서 흡입 통로를 접선방향으로 하거나, 예연소실은 이와 같은 난류 유동을 얻기 위한 것이다. 그러나, 분무과정에서 난류가 너무 강하게 발생하면, 연소실 벽으로 열손실이 증가하고, 또한 펌프손실이 증가하여 연소의 촉진에 의한 이익이 줄어든다.

7) 엔진 회전속도의 영향

디젤 엔진에서 발화지연 기간은 엔진의 회전속도와는 관계없이 거의 일정한 시간을 차지하는 경향이 있으므로 엔진의 회전속도 증가에 따라서 지연기간 중의 크랭크축의 회전각도는 증가한다. 보통의 연료 분사장치는 크랭크축의 회전각도 1°에 대하여 일정량의 연료를 분사하도록 되어 있으므로 지연기간 중에 분사되는 연료의 양은 엔진의 회전속도 증가에 따라서 증가한다.

따라서, 압력 상승률과 최고압력은 증가한다. 이들의 값이 과대한 것은 허용되지 않으므로 고속 디젤 엔진에 대해서는 지연기간 중의 크랭크축 회전각도가 너무 커지지 않게 하는 어떤 대책이 마련되어야 한다. 이를 위하여 고속 디젤 엔진에는 저속 엔진에 사용되는 것보다 자발화하기 쉬운 연료가 필요하다. 이와 같은 연료를 사용하는 것 이외에 대부분의 고속 디젤 엔진은 연소실 내에 강제 제작된 컵이나 인서트(insert)를 끼워서 연소실 내를 고온으로 유지하며, 지연기간 중에 크랭크축의 회전각도가 작아지도록 하고 있다.

난류가 거의 일어나지 않는 엔진은 연료가 공기 중으로 확산하는 데 필요한 시간, 즉, 연료의 연소에 필요한 총시간은 엔진의 회전속도가 변화하여도 거의 변화하지 않는다. 그러므로, 연소과정 중의 크랭크축 회전각도는 엔진의 회전속도에 비례해서 증가하고, 곧 운전이 고르지 못하게 되는 한계속도에 도달한다. 엔진속도가 증가함에 따라서 연료와 공기와의 혼합속도를 증가시키고, 연소에 필요한 시간을 감소시키는 난류가 있으면, 이 한계속도는 상승한다. 그러나, 연소에 필요한 시간을 엔진속도에 반비례할 정도로 감소시키는 일은 불가능할 것으로 생각되며, 이 사실은 발화지연 기간이 거의 일정한 것과 더불어 주어진 설계의 디젤 엔진이 원활하게 운전할 수 있는 최고속도를 제한한다.

8) 실린더 크기의 영향

일반적으로 대형 실린더의 엔진은 저속으로 운전하고, 소형 실린더의 엔진은 고속으로 운전한다. 저속 엔진은 연료 분사율을 작게 할 수 있기 때문에 전체 연료 분사량의 작은 일부분만이 연소의 제2기에 관여하게 된다. 그러므로, 대형 실린더의 엔진에서는 연소의 초기 부분을 제외하고는 연료 분사율에 의해 연소가 좌우될 수 있다. 저속 엔진에서 피스톤이 상사점 가까이에 머무는 시간이 비교적 길어서 대형 실린더의 엔진에서는 강한 난류를 발생하게 하는 장치의 도움없이 직접 연소실 내에서 연료가 공기와 혼합할 수 있다. 그러나, 고속회전을 하는 소형 엔진에서는 연소가 사이클에서 지나치게 많은 부분을 차지하지 않도록 하기 위하여 보통은 강한 난류를 필요로 한다.

(5) 매연 발생의 원인

디젤 엔진에서 공기가 부족한 경우는 물론이고 공기가 충분한 경우에도 탄소입자 (그을음)를 발생하고, 황색화염을 발생하는 연소가 진행된다. 화염 속에 액체입자가 있으면 연료 유립자와 반응층과의 사이에 끼인 혼합기의 열분해에 의하여 탄소입자 발생이 조장된다. 일반적으로 탄화수소의 고온반응은 공간적 또는 시간적으로 산소가 부족한 곳에서 탄소입자가 발생한다.

탄소입자의 발생 메카니즘에 대해서는 여러 가지의 학설이 있으나, 아직은 이론적으로 다뤄진 것은 없다. 연료를 미리 기화시켜서 공기와 서서히 혼합시키거나, 또는 고도로 균일하게 미립화하여 급속하게 혼합시키면 탄소입자는 발생하지 않으며, 청색화염을 발생하는 연소를 이루게 할 수가 있다. 그러나, 디젤 엔진에서는 다른 중요한 요구 때문에 이와 같은 일을 할 수 없다. 따라서 연소과정 중의 탄소입자의 발생은 피할 수 없으며, 이것을 어떻게 완전하게 연소시키느냐가 문제이다. 탄소입자는 산소를 포함한 분자에 작용하여 다음과 같은 화학평형을 유지한다.

$$C+H_2O \rightleftarrows CO+H_2$$
$$C+CO_2 \rightleftarrows 2CO$$

온도가 높아지면 반응은 오른쪽으로 진행하여 C가 줄어든다. 따라서, 탄소입자의 연소에는 화염온도가 높아야 한다. 화염온도를 강하시키는 인자는 모두 탄소입자를 증가시킨다. 다음에 몇가지의 실례를 들어보기로 한다.

1) 연소실 벽면의 온도

화염이 차가운 벽면에 접촉하게 되면, 탄소입자를 발생하여 벽면에 부착하거나 또는 배기가스에 섞여서 배출된다. 탄소입자의 퇴적은 어떤 두께로 되면 가스에 접하는 표면온도가 상승하여 안정화를 이룬다. 그러나, 갑자기 부하를 증가시키는 경우는 벽면온도가 급속하게 상승하지 않으므로 잠깐 동안 매연이 배출된다.

2) 연료 유립자와 화염과의 접촉

화염 속에 연료가 분사되면 유립자에 의하여 화염이 냉각되기 때문에 탄소입자의 연소를 방해한다. 또한, 유립자가 증발하여 그 부분이 연료의 농도를 높이고, 산화를 늦추거나, 또는 유립자의 표면에 큰 탄소입자가 부착하여 완전연소를 할 수 없게 한다. 이 경우에 전체적인 공기량을 증가시켜도 효과가 없으며, 또한 연료를 균일하게 분포시켜도 화염온도가 떨어져 오히려 악화한다.

3) 연료 분사율

자발화할 때까지 소량의 연료가 분사되고, 자발화 후에는 다량으로 분사되도록 하는 연료 분사율을 사용하면 화염 속에 분사되는 유립자가 많아지므로 매연 농도가 농후해진다. 매연 발생을 작게 하기 위해서 초기의 분사량이 많아지도록 하면 되나, 압력 상승률이 높아진다. 저부하에서 자발화 후에 분사되는 연료 유립자의 양이 적어지기 때문에 매연의 색깔은 차차 연해지지만, 연소실 벽면의 온도가 떨어지면 다시 짙어진다.

고부하에서는 화염 속에 분사되는 연료 유립자의 양이 많아져서, 탄소입자가 더욱 증가하는 것 이외에, 연소를 위하여 남겨지는 시간은 상대적으로 짧아지고, 가스온도의 저하, 산소농도의 감소에 의하여 연소조건은 더욱 악화한다. 특히, 분사가 끝날 때에는 큰 유립자들이 분사되므로 이것들이 불완전 연소를 하면서 매연 발생의 큰 원인으로 작용한다.

4.5.2 디젤 노크

디젤 엔진에서 정상적인 착화와 연소 과정은 가솔린 엔진에서 말단가스에 의한 자발화로 노크가 발생되는 것과 유사하다. 디젤 엔진의 정상적 착화와 가솔린 엔진의 비정상 점화 현상은 모두 자발화 과정의 일종이다. 그러나, 이들 두가지 과정은 자발화 후에 일어나는 현상이 크게 다르다. 즉, 디젤 엔진은 연료와 공기와의 혼합이 불완전하기 때문에 보통의 조건 하에서 압력 상승률은 가솔린 엔진의 노크 경우보다 작게 나타난다. 그러나, 발화 지연기간이 길어서 연소할 때 연료가 많이 증발되고 공기와 잘 혼합되었을 때는 디젤 엔진도 연료가 가솔린 엔진에서 노크가 일어났을 때의 말단가스와 비슷한 비율로 연소하여 압력 상승률이 크게 높아지는 현상이 발생하는데, 이것이 디젤노크(Diesel knock)이다.

가솔린 엔진에서 정상적인 연소와 노크는 완전히 다른 현상으로 나타난다. 그러나, 디젤 엔진에서는 정상적인 연소와 노크 현상을 명확하게 구별할 수는 없지만, 불규칙한 노크음을 유발하고 엔진구조에 과도한 응력과 심한 진동을 발생시킬 정도의 압력 상승률이 높아지면 노크가 발생된 것으로 생각한다.

(1) 세탄가

발화지연 기간이 짧아지면 디젤 노크는 크게 줄어들고, 이것을 단순히 연료의 자발화 온도만으로 나타낼 수 없다. 즉, 자발화 온도는 측정조건에 따라서 다르고, 연료를 대기상태에서 측정한 것과 실린더 내에서 측정한 것이 서로 다르게 나타나는 것이 일반적이기 때문이다. 연료의 발화성(ignitability)을 수치적으로 나타낸 값이 널리 알려진 세탄가(cetane number)이다.

연료의 내노크성에 관련되어 가솔린 엔진에서 사용하는 옥탄가(octane number)와 유사하게 연료의 발화성이 좋은 세탄(cetane)과 발화성이 나쁜 α-메틸나프탈린(α-methylnaphthalene)을 적당한 비율로 혼합하여 임의의 발화성을 가진 표준연료를 만들고, 특정 엔진(CFR engine)을 사용하여 시험연료와 발화성을 비교해서, 양자의 발화성이 같을 때 표준연료 중의 포함된 세탄의 체적 퍼센트를 세탄가(cetane number)라 한다.

세탄 $C_{16}H_{34}$연료는 그림 4.54와 같이 1렬 사슬 결합의 정파라핀으로 발화성이 매우 좋지만, α-메틸나프탈린 $C_{10}H_7(CH_3)$ 연료는 고리 구조 형태로 발화성이 아주 나쁘다.

디젤 엔진에서 연료의 발화성이 좋을수록 발화지연은 짧아지고 자발화에 의한 착화가 용이하게 일어나기 때문에 정상적인 연소가 이루어지지만, 연료의 이러한 특성을 가솔린 엔진에 사용하면 심한 노크를 일으킨다. 따라서, 연료의 옥탄가(ON)와 세탄가(CN)와의 관계는 다음 식으로 나타낸 바와 같이 서로 반대로 된다.

$$ON = 120 - 2CN \qquad (4.14)$$

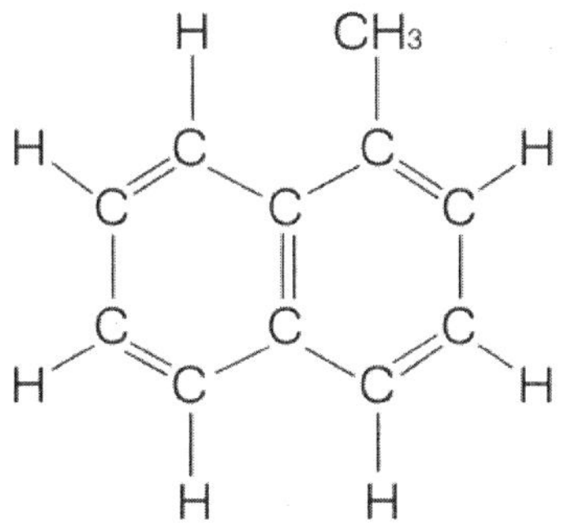

그림 4.54 α-메틸나프탈린의 고리구조

(2) 디젤 노크의 방지법

연료의 연소 과정중에 압력 상승률이 급격하게 증가하는 것을 방지하기 위해서 제2기의 급격연소에 관여하는 혼합기의 양을 작게하면 발화지연이 짧아진다. 또한, 연료 분사량, 증발과 혼합을 억제하는 것도 디젤 노크 방지에 도움이 된다.

발화지연은 연료의 발화성이 좋을수록, 그리고 실린더 내의 온도와 압력이 높을수록 짧아진다. 연료의 증발은 비점이 낮을수록, 그리고 온도가 높고 공기와의 상대속도가 클수록 빨라진다. 연료 유립자는 작을수록 그 수가 많아지고, 총 표면적이 커지므로 유립면으로부터 증발속도가 증가하여 발화지연이 동일하게 일어나면 그 사이에서 형성되는 혼합기의 양은 많아진다. 또한, 발화지연 기간 중에 분사되는 연료의 양을 작게 하면 제2기에서 연소하는 혼합기의 양도 줄어들어 노크는 경감된다.

디젤 엔진에서 주어진 연료에 대하여 노크를 완화시키는데 유용한 대책은 다음과 같다.

① 분사할 때 실린더 내의 공기온도를 상승시킨다. 이것을 위해서 급기와 냉각수 온도를 높이면 되나, 급기온도의 상승은 체적효율을 감소시키며, 저부하 경우를 제외하고는 오히려 성능상 불리해진다.

② 분사할 때 공기압력을 증가시킨다. 이것은 압축비의 증가, 과급, 또는 발화 지연 중에 실린더 내부의 공기압력이 최고가 되는 시기에 연료를 분사하면 이루어질

수 있다.

③ 연료실 벽면의 온도를 상승시킨다. 특히, 분무가 닿는 곳의 온도를 높이고, 시동할 때는 연소실 벽면의 온도가 낮기 때문에 연료의 증발 특성이 중요한 요소이다.

④ 발화할 때까지 연료의 분사량을 감소시킨다. 파일럿 분사(pilot injection)는 이 방법을 더 확장한 것이다. 즉, 주분사(main injection)에 앞서 소량의 연료를 분사하고, 이것들이 발화한 후에 연료를 다량으로 분사하면 급격연소에 관여하는 연료량이 줄어들기 때문에 노크가 완화된다.

⑤ 연료 유립자의 크기를 증대시킨다. 연료의 유립자가 커지면 수량은 줄어들기 때문에 전체 표면적이 감소하여 증발과 반응표면이 작아진다. 연료 분사압력을 저하시키면 평균 유립자는 커지나, 발화지연은 거의 변화하지 않으므로, 발화할 때의 혼합기 양이 줄어들어 노크가 완화된다.

⑥ 흡기행정 중에 연료를 연무(micro-fog)로 만들거나, 또는 증발시켜서 자발화를 일으키지 않을 정도로 흡기에 혼입시키면, 압축행정 중의 염전반응에 의하여 발화지연이 짧아져서 노크가 완화되는 현상을 퓨미게이션(fumigation)이라 한다. 이러한 방법은 공기 이용률을 증가시킴으로써 매연 한도에서 출력을 증가시키는데 유용하다.

상기에 나열한 노크 방지법을 사용하면, 제2기의 압력 상승률이 급상승하는 것을 막고 디젤 노크를 완화시킬 수 있으나, 여러 가지 방법에서 "공기압력을 증가시킨 상태에서 연료를 분사시키는 방법" 이외는 엔진 성능에 항상 좋은 영향을 주는 것만은 아니다. 일반적으로 발화지연이 짧아지면 압력 상승률은 낮아지나 초기의 열 발생률이 감소하여 열효율이 저하되는 부정적 현상이 발생한다.

(3) 가솔린 노크와 디젤 노크의 비교

가솔린 엔진에서 발생된 노크와 디젤 엔진에서 진행된 정상연소와는 모두 혼합기의 자발화에 의한 것으로 유사점이 있다. 디젤 엔진의 정상연소는 활성화된 혼합기의 양이 작아서, 그리고 압력 상승률은 가솔린 엔진에서 노크가 발생할 때의 말단 가스 부분의 압력 상승률보다는 낮지만, 발화지연기간 중에 형성되는 혼합기의 양이 많아지면 압력 상승률은 높아지고 노크음을 발생한다.

가솔린 엔진에서 발생되는 노크와 정상연소와는 완전히 다른 현상으로 나타난다. 그러나, 디젤 엔진에서는 노크발생과 정상연소 사이에는 실질적으로 큰 차이가 없다. 단지, 초기의 급격연소에 관여하는 혼합기의 양에서 차이가 있을 뿐이다. 그림 4.55는 가솔린 노크와 디젤 노크가 일어날 때의 압력변화를 비교한 것으로 가솔린 노크는 연소의 말기에 노크 현상이 일어나지만, 디젤 노크는 연소의 초기에 일어나는 현상으로 근본적으로 압력변화에 의한 진동과 소음을 수반한다는 측면에서는 동일하다고 할 수 있다.

가솔린 엔진과 디젤 엔진에서 노크를 방지하는 방법은 대체적으로 정반대이다. 즉, 가솔린 엔진에서 노크를 방지하기 위해서는 자발화가 전혀 일어나지 않도록 해야 하지만, 디젤 엔진에서는 가능한 자발화가 빨리 일어나도록 하여, 발화지연 기간에 노크를 일으키기 좋은 조건이 형성될 시간적 여유를 주지 않도록 하여야 하기 때문이다. 가솔린 엔진과 디젤 엔진에서 노크 발생에 따른 특성을 표 4.6에서 제시하고 있다.

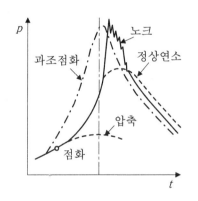 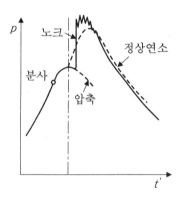

(a) 가솔린 엔진의 노크 발생   (b) 디젤 엔진의 노크 발생

그림 4.55 가솔린 노크와 디젤 노크의 비교

표 4.6 가솔린 엔진과 디젤 엔진에서 노크발생 요인에 따른 특성

요 인	가솔린 엔진	디젤 엔진
연료의 발화온도	높음	낮음
연료의 발화지연	길음	짧음
압 축 비	낮음	높음
급 기 온 도	낮음	높음
연소실의 벽면 온도	낮음	높음
회 전 속 도	높음	낮음
급 기 압 력	낮음	높음
실린더 체적	작음	큼

디젤 노크는 국부적인 압력상승에 기인하는 것이 아니라 넓은 범위에서 연소가 동시에 일어나므로 가솔린 엔진과 같이 큰 압력파를 발생하지 않는다. 또한, 벽면에 접하는 가스의 온도도 낮으므로 노크에 의한 열손실의 증가도 작아서 가솔린 엔진에서 발생된 노크만큼 심각한 영향을 미치지 않는다. 가솔린 엔진의 성능 향상을 위해 옥탄가가 높은 연료의 사용이 필요하다.

세탄가는 디젤 엔진의 평균유효압력이나 연료 소비율에 거의 영향을 미치지 않는다. 더욱이 과급기를 사용한 디젤 엔진에서 세탄가는 아무런 중요성도 없다. 다만, 소형 고속엔진의 시동성과 노크의 경감에 대해서만 의미가 있다.

4.1 가솔린 엔진에서 널리 사용하는 각종 연료의 종류와 그 연료의 특성에 대하여 기술하시오.

4.2 연료의 품질 또는 연소효율을 논하는 단계에서 발열량, 휘발성, 점도(특히 디젤 엔진의 경우)와 같은 용어가 연료를 선정하는 기준으로 작용하는 이유를 설명하시오.

4.3 가솔린 엔진과 디젤 엔진에서 자발화가 일어나는 경우에 대해 설명을 하고, 그러한 자발화가 실제로 일어날 경우의 연소 과정을 자세히 기술하시오. 이 때에 자발화 발생으로 인한 문제점이 있다면 무엇을 기술할 수 있겠는가?

4.4 가솔린 엔진과 디젤 엔진에서 연료-공기 혼합기 또는 공기만을 압축하는 과정에서 난류가 연소에 미치는 영향을 설명하시오.

4.5 가솔린 엔진에서 흔히 발생될 수 있는 노크의 발생과정과 그 영향, 그리고 노크 방지법에 대하여 기술하시오.

4.6 디젤 엔진에서 연료의 분사와 연소에 따른 진행과정을 4개의 기간으로 나누어 자세하게 설명하시오. 특히, 연소과정에서 자발화가 일어나는 기간을 연소압력 발생과 연계하여 보다 자세하게 설명하시오.

4.7 디젤 엔진에서 운전조건은 연소에 지대한 영향을 미치는데, 대표적으로 연소에 영향을 주는 운전조건을 기술하고, 그 영향에 대하여 간략하게 설명하시오.

4.8 디젤 엔진에서 발생되는 노크를 확연하게 구별하기는 어렵지만, 디젤 노크의 발생 과정과 그 영향, 그리고 노크 방지법에 대하여 기술하시오.

4.9 가솔린 엔진과 디젤 엔진에서 발생되는 노크는 연소 측면에서 유사성을 갖지만, 그 발생 요인의 결과와 노크 방지에 대한 대책은 다르게 나타난다. 이들 두 엔진에서 발생되는 노크 형상을 서로 대비 측면에서 발생 요인별로 설명하시오.

제 5 장

엔진의 성능

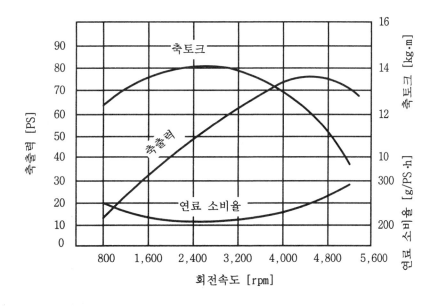

5.1 엔진의 출력 성능

5.1.1 엔진의 출력

엔진의 출력(power)은 한 개의 엔진이 생산해 낼 수 있는 회전축의 토크(torque)와 각속도의 곱으로 표현하게 된다. 즉, 엔진을 구동시키는 토크 T [N·m]와 엔진 회전수 N[rps]으로 순출력(net power) L_e [kW]를 나타내면 다음과 같은 관계식이 된다. 즉,

$$L_e = 2\pi NT \times 10^{-3} \tag{5.1}$$

여기서 토크는 회전하려는 힘을 나타내기 때문에 동일한 출력을 갖는 엔진이라면, 토크가 클수록 급가속이 유리하다. 따라서, 차량이 언덕길을 올라갈 때는 토크가 큰 것이 좋다.

제동출력(brake power)이라고 하는 엔진의 순출력(net power)은 엔진의 실린더 수(cylinder number)와 그 크기, 회전수, 흡기 상태, 공급 연료 등 여러 가지 요인에 따라서 다르기 때문에 엔진의 성능을 효과적으로 나타내기 위해서는 1사이클당의 일, 즉 평균유효압력을 사용하는 것이 바람직하다.

엔진의 힘, 즉 출력을 나타내는 일반적 용어로 마력이나 토크를 사용한다. 엔진에서 널리 표현하는 95PS/4000rpm는 엔진 크랭크축의 회전수가 4000rpm인 상태에서 최대출력 95PS가 발생한다는 것을 의미한다. 따라서 엔진의 출력이 높을수록 힘이 좋은 차라고 표현할 수 있다.

(1) 평균유효압력

평균유효압력은 엔진의 실린더 수 z, 실린더 1개당의 행정체적 V_s[m³], 1사이클당의 회전수 N 등에 의해 영향을 받는다. 따라서, 엔진에서 발생된 순평균유효압력(net mean effective pressure) P_e[kPa]를 이들의 항으로 표현하면 다음과 같이 된다.

$$P_e = \frac{L_e i}{V_s N z} \tag{5.2}$$

여기서 1사이클당의 회전수를 나타내는 i는 2행정 엔진에서 1이고, 4행정 엔진에서 2가 된다. 일반적으로 4행정 전기점화 엔진에서 P_e의 최대값은 800~1000kPa

정도이지만, 소형 엔진에서는 기계적 손실이 중·대형 엔진에 비하여 크기 때문에 $P_e = 500 \sim 600 \text{kPa}$인 것으로 알려져 있다.

평균유효압력은 1사이클당의 출력을 행정체적으로 나눈 것으로 배기량, 회전 속도의 차이에 따른 엔진 성능을 비교할 때 사용한다. 평균유효압력은 크게 이론평균유효압력 P_{th}, 도시평균유효압력 P_i, 제동평균유효압력 P_b의 3가지로 분류되고 있다. 여기에 마찰평균유효압력 P_f이 있고, 이들 평균유효압력 사이의 관계는 다음과 같다. 즉,

① 도시평균유효압력(P_i) = 이론평균유효압력(P_{th}) × 선도계수(f_i)

② 제동평균유효압력(P_b) = 도시평균유효압력(P_i) × 기계효율(η_m)

③ 마찰평균유효압력(P_f) = 도시평균유효압력(P_i) − 제동평균유효압력(P_b)

여기서 선도계수 f_i은 다음 관계식으로 주어진다.

$$f_i = \frac{\text{도시일}}{\text{이론일}} = \frac{W_i}{W_{th}} = \frac{\eta_i}{\eta_{th}} \tag{5.3}$$

도시일은 여러 가지 손실 때문에 이론일보다 항상 작다. 이들 평균유효압력을 실제의 4사이클 엔진과 2사이클 엔진에서 나타내면 다음과 같이 요약될 수 있다.

1) 도시평균유효압력 P_i

이것은 엔진의 흡·배기 과정에서 얻어지는 압력을 말하는 것으로 엔진에서 발생되는 마찰손실을 고려하기 이전의 유효압력이기 때문에 이론평균유효압력보다는 항상 낮은 수치를 유지한다.

$$P_i = \frac{L_i i}{V_s N z} \tag{5.4}$$

여기서 L_i는 도시마력(또는 도시출력, 지시마력이라고도 한다.)을 나타낸다. 도시마력은 실린더 내부에서 발생한 출력을 말하고, $P-V$ 선도에 나타난 압력을 말한다.

2) 제동평균유효압력 P_b

이것은 엔진의 실제 작동상태에서 얻어지는 압력을 말하는 것으로 기계적 효율을 고려하였기 때문에 도시평균유효압력보다 낮은 수치를 유지한다.

$$P_b = \frac{L_b i}{V_s N z} \tag{5.5}$$

3) 마찰평균유효압력 P_f

이것은 엔진의 실제 작동상태에서 얻어지는 압력으로 엔진의 기계적 마찰손실을 모두 고려한 것이다. 따라서 제동평균유효압력보다 낮은 수치를 유지한다.

$$P_f = \frac{L_f i}{V_s N z} \tag{5.6}$$

자동차 엔진에서 얻게되는 도시평균유효압력, 제동평균유효압력, 마찰평균유효압력의 크기를 정성적으로 표시하면 다음과 같다.

$$P_i > P_b > P_f$$

(2) 지시선도

실제로 작동하는 엔진에서 얻은 $P - V$ 선도를 지시선도(또는, 지압선도)라 하고, 실린더 내의 가스상태 변화를 압력 P와 용적 V의 관계, 즉 압력과 피스톤의 행정으로 표시한 것을 말한다. 그림 5.1은 대표적인 4행정 엔진에서 발생된 압력과 체적과의 관계를 제시한 지시선도이다. 이 그림에서 피스톤의 왕복동 운동, 즉 엔진의 흡입 행정, 압축 행정, 팽창 행정, 배기 행정을 거치면서 발생되는 중요한 과정(process)을 요약하면 다음과 같다. 즉,

1) 과정 A-B :

흡입 행정으로 흡기 압력은 대기압보다 약간 낮은 상태를 유지한다. 이 때에 실린더 내부의 압력은 대기압보다 낮은 진공상태를 유지하기 때문에 연료-공기 혼합기가 연소실로 흡입하게 된다. 이 때에 피스톤은 상사점에서 하사점으로 이동하면서 흡입 행정 체적은 늘어나게 된다.

2) 과정 B-C :

압축 행정으로 피스톤이 하사점에서 상사점으로 이동하면서 체적은 줄어들고, 동시에 압력은 상승하게 된다. 이러한 압축 행정은 단열상태에서 이루어지는 것이 열효율 측면에서 가장 유리하다. 이 때에 피스톤은 하사점에서 상사점으로 이동하면서 압축 행정 체적은 줄어들게 된다.

3) 과정 C-D :

피스톤이 상사점으로 이동한 상태, 즉 C점에서 불꽃점화에 의한 정적 연소가 이루어지면, 연소열이 발생하면서 정적상태에서 급격한 압력 상승이 일어난다. 이 때에 흡입 밸브와 배기 밸브는 모두 닫혀 있는 상태에서 연소가 일어난다.

4) 과정 D-E-F :

급격히 상승된 연소실의 연소가스 압력에 의해 팽창, 즉 피스톤이 상사점에서 하사점으로 내려가는 팽창 행정이 이루어진다. 이러한 행정은 단열상태로 팽창하는 것이 열효율 측면에서 가장 유리하다. 여기서 팽창 행정이 모두 끝나기 이전인 E점에서 배기 밸브가 열리면서 배기가스는 방출하기 시작한다.

5) 과정 F-B-A :

팽창이 끝난 상태인 F점에서 배기 밸브가 완전하게 열리면 배기가스압이 본격적으로 방출을 시작하고, 배기가스 압력이 B점에서 대기압력 상태로 떨어지면 피스톤은 하사점에서 상사점으로 이동하면서 잔류하고 있던 배기가스를 밖으로 모두 방출한다. 실제 엔진에서 F−B−A의 배기과정은 항상 대기압보다 약간 높은 상태를 유지한다. 이것은 연소실 내부의 연소가스 압력은 대기압보다는 항상 높고, 배기가스 온도 또한 높은 온도를 유지하고 있다는 것을 의미한다.

지시선도는 엔진의 운전 상태를 점검하고, 엔진의 출력을 그림 5.1에서 계산할 수 있다. 그림 5.1과 같은 지시선도로 파악할 수 있는 엔진의 운전 상태로는 다음과 같은 것들이 있다.

① 연료 분사 밸브의 개폐시기 적부
② 흡·배기 밸브의 개폐시기 적부
③ 평균유효압력의 계산
④ 도시마력의 계산
⑤ 압축압력, 최고압력의 크기와 연소 상태 등에 대한 정보의 획득 등

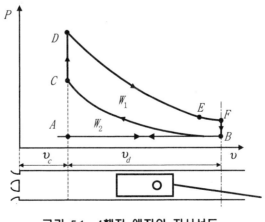

그림 5.1 4행정 엔진의 지시선도

4행정 엔진의 지시선도에서 구할 수 있는 사이클당의 도시일(지시일) W_i 크기는 피스톤이 팽창하면서 얻은 일의 크기에서 펌프손실이나 흡·배기 손실을 제외하면 얻을 수 있다. 즉,

$$W_i = W_1 - W_2 \tag{5.7}$$

여기서, W_1 : 피스톤의 팽창 행정에 의해 얻어진 일

$\quad\quad\quad W_2$: 피스톤의 펌프 손실과 흡·배기로 인한 손실을 고려한 일

5.1.2 성능평가에 필요한 정의

(1) 행정체적

실린더의 체적, 즉 행정체적(배기량)은 엔진의 성능과 밀접한 관계가 있다. 즉, 피스톤이 상사점(TDC)에서 하사점(BDC)까지 이동한 거리에 대한 1개 실린더의 행정체적 V_s [cm^3]을 실린더의 내경 D [cm]와 피스톤의 행정 L [cm]로 나타내면 다음과 같이 된다.

$$V_s = \frac{\pi}{4} D^2 L \tag{5.8}$$

상기식 (5.8)은 1개의 실린더에서 배출할 수 있는 배기량을 의미하는 것으로, 멀티 실린더(multi-cylinder)의 엔진이 사용되는 경우는 실린더 수 z를 고려한 엔진의 총배기량을 다음과 같이 수정하면 된다.

$$V_s = \frac{\pi}{4} D^2 L z \tag{5.9}$$

그림 5.2는 피스톤-실린더의 행정체적, 즉 엔진의 배기량을 나타낸 것으로 엔진에서 배기량은 일반적으로 cc 또는 ℓ (liter)의 단위로 표시한다. 단일 실린더(single cylinder) 엔진의 배기량은 식 (5.8)에 의해, 그리고 멀티 실린더 엔진의 총배기량은 식 (5.9)에 의해 각각 계산된다.

(2) 압축비

피스톤이 상사점에 위치해 있을 때의 연소실 체적을 간극체적(clearance volume)이라 한다. 엔진에서 간극체적을 연소실의 구조상 불가피하게 필요한 공간으로 엔진의 압축비를 행정체적과 간극체적의 항으로 나타내면 그림 5.3과 같이 표현된다. 즉, 압축비는 간극체적에 비하여 압축할 수 있을 정도, 즉 전체체적(=행정체적 + 간극체적)과의 비를 나타낸 것이다. 압축비를 수식으로 표현하면 다음과 같다.

$$\varepsilon = \frac{V_s + V_c}{V_c} \tag{5.10}$$

여기서 ε : 압축비

V_s : 행정체적

V_c : 간극체적

엔진에서 압축비를 증가시키려는 노력을 많이 기울이고 있는데, 이것은 엔진의 열효율이나 출력을 향상시키는데 압축비가 큰 영향을 미친다는 사실이다. 따라서, 가솔린 엔진에서는 혼합기의 자발화가 일어나기 직전까지 압축비를 상승시키고, 디젤 엔진에서는 엔진 구조물의 강도가 견딜 수 있을 정도까지 압축비를 증가하는 설계를 한다.

엔진에서 압축비를 높게 하면 출력이 높아지고, 연료 소비율도 줄어드는 장점이 있다. 그러나, 압축비를 너무 높게 하면 가솔린 엔진에서는 혼합기 온도 상승으로 인한 노킹(knocking)이 발생되고, 디젤 엔진에서는 기계적 손실이 커지는 문제점이 발생한다. 따라서, 현재 사용하고 있는 가솔린 엔진의 압축비는 7~9:1, 디젤 엔진의 압축비는 15~23:1 정도이지만, 엔진에서 발생되는 문제점이 극복되는 신기술 개발에서는 압축비를 항상 높여서 효율상승과 배기가스 문제를 극복하려는 노력을 많이 기울이고 있다.

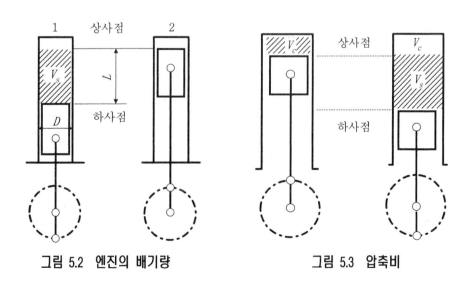

그림 5.2 엔진의 배기량   그림 5.3 압축비

(3) 피스톤의 평균속도

엔진이 회전운동을 하게 되면 피스톤은 상사점과 하사점 사이를 왕복동 운동을

하기 때문에 상사점과 하사점에서 순간 속도가 0이 되고, 중간 부근에서 속도는 항상 최대가 된다. 따라서, 피스톤의 속도는 직선 왕복운동을 하기 때문에 항상 가속, 순간 등속, 감속 운동을 반복한다. 이러한 피스톤의 속도를 위치에 따라서 데이터를 사용하기보다는 이들 속도를 평균한 피스톤의 평균속도를 사용하는 것이 편리할 경우가 많다.

피스톤의 평균속도를 v [m/s]라고 하면,

$$v = \frac{2 \times L \times n}{60} = \frac{L \times n}{30} \tag{5.11}$$

이 된다. 여기서 L은 피스톤의 행정, n은 엔진의 회전수[rpm]를 각각 나타낸다.

최근의 엔진은 행정(stroke)의 크기를 작게 하여 피스톤의 속도를 증가시키기 때문에 고속 회전을 할 수 있도록 설계하고, 성능도 향상시키려는 노력을 기울이고 있다. 일반적으로 고속 엔진에서 피스톤의 평균 속도는 최고 회전에서 11~13m/sec 정도이다.

엔진의 피스톤 속도를 높이려는 노력은 엔진의 출력을 증가시킨다는 측면에서 유리하지만, 엔진의 진동과 윤활막 형성이 어렵다는 문제점이 있다. 따라서 엔진의 출력은 속도, 윤활유 성능, 진동과 소음 등의 변수를 동시에 조절하면서 엔진의 속도를 서서히 증가시키고 있다.

5.2 엔진의 효율

5.2.1 열효율

　　엔진은 연소열을 발생시켜 이것을 기계적 일로 전환하는 것으로 열효율은 엔진의 중요한 성능평가 기준이 된다. 일반적으로 열효율은 엔진에 공급된 총열량과 공급 받아서 일로 전환된 열량과의 비를 말한다. 여기서 엔진에 공급된 총열량이란 연료가 연소함에 따라 발생된 총열량을 말하는 것으로 실제 열량과 이론 열량 사이에는 많은 차이가 있다.

　　엔진의 열효율에는 얻은 일의 크기에 따라서 이론 열효율, 도시 열효율, 제동 열효율의 3가지로 나눌 수 있다.

(1) 이론 열효율

　　이론 사이클에서 일로 변하여 얻은 열량과 그 사이클에 공급된 열량과의 비를 이론 열효율 η_{th}이라 한다. 열역학 제1법칙에서 일로 변환된 열량의 크기는 그 사이클·과정에서 계로 공급된 열량 Q_1과 계로부터 외부로 방출한 열량 Q_2와의 차이를 말한다. 즉,

$$\eta_{th} = \frac{W_{th}}{Q_1} = \frac{Q_1 - Q_2}{Q_1} = 1 - \frac{Q_2}{Q_1} \tag{5.12}$$

여기서 W_{th}는 1사이클 동안에 얻은 이론적 일을 말한다.

(2) 도시 열효율

　　실린더 내의 작동 가스가 피스톤에 대하여 행한 일(열량)과 공급 열량과의 비를 도시 열효율 η_i이라 한다. 엔진의 작동 가스가 피스톤에 대하여 수행한 일을 도시일 W_i이라 하고, 이 때의 동력을 도시 마력 또는 지시 마력이라 한다. 도시일의 크기는 지시 선도에서 구할 수 있으며, 냉각 손실, 흡·배기 과정에서 필요한 일량, 펌핑 손실(pumping loss) 등 때문에 이론적 열량보다 항상 작다. 따라서, 도시 열효율 η_i은 이론 열효율 η_{th}보다 항상 작다.

　　도시 열효율을 도시일과 공급된 열량으로 표시하면 다음과 같이 된다.

$$\eta_i = \frac{W_i}{Q_1} \tag{5.13}$$

(3) 제동 열효율

엔진의 크랭크축이 하는 일, 즉 제동일 W_b로 변환된 열량과 공급된 열량 Q_1의 비를 제동 열효율 η_b이라 한다.

$$\eta_b = \frac{W_b}{Q_1} \tag{5.14}$$

제동일(brake work)은 도시일에서 운동 부분에서 발생되는 마찰과 밸브, 팬, 동력계, 워터 펌프, 보조 장치를 움직이는 데 필요한 일을 제외한 것으로, 실제의 엔진 크랭크축에서 얻는 동력을 제동마력 또는 축마력이라고 한다.

5.2.2 기계효율

엔진에서 기계 효율은 기계적 마찰부의 많고 적음에 따라 크게 달라진다. 마찰손실 동력은 도시마력에서 제동마력을 뺀 것으로, 엔진의 내부 마찰과 보조장치의 구동에서 소비된 것을 말한다. 즉,

마찰손실 = 도시마력 − 제동마력

$$\eta_m = \frac{제동마력}{도시마력} = \frac{\eta_b}{\eta_i} \tag{5.15}$$

여기서, 기계 효율은 열역학적 열효율과는 다른 의미를 갖는다. 즉, 열효율은 엔진의 연소에 의한 출력에 크게 관련되어 있지만, 기계적 마찰손실이 연계된 기계 효율은 엔진 마찰부의 손실 특성을 나타내는 것으로 엔진의 고장과 수명에 크게 영향을 미치고 있다. 따라서, 엔진의 기계 효율은 마찰손실의 저감과 엔진의 수명 연장이라는 중요한 설계 변수임을 고려하면 엔진의 장수명과 신뢰성을 요구하는 추세에서 중요하게 다루어야 할 설계변수이다.

이러한 기계적 효율은 엔진의 윤활 특성과 밀접한 관계를 맺고 있다. 상대 접촉 운동부의 마찰이나 마멸은 공급된 윤활유에 의한 마찰·윤활 조건에 따라 내구성이 결정되기 때문이다.

5.3 연료 소비율

엔진에서 연료는 출력을 발생시키는 근원으로 연료 소비율과 밀접한 관계가 있다. 엔진이 일정한 일을 하였을 때 어느 정도의 연료를 소비해야 하는가를 표시한 것이 연료 소비율이다. 일반적으로 연료 소비율의 단위는 1마력이 1시간 당 소비한 연료량을 [g]으로 표시한 것으로 [g/PS·h]로 나타낸다. 따라서, 연료 소비율이 작은 작은 엔진일수록 경제성이 좋고 성능이 우수한 엔진이라 할 수 있다. 실제의 엔진에서 표시한 그림 5.4의 성능 곡선도에 의하면, 연료 소비율의 최저점은 회전력이 최대가 되는 지점에서 나타난다.

5.3.1 연료 소비율

연료 소비율, 즉 연비는 1kW의 출력을 얻기 위해서 소비되는 연료의 양을 나타낸 것이다. 엔진에서 1시간당 연료 소비량을 $\dot{m}_f$ [g/h]로 하면, 단위 마력당의 연료 소비율 b_e [g/kW·h]를 순출력 L_e의 식으로 표현하면 다음과 같다.

$$b_e = \frac{\dot{m}_f}{L_e} \tag{5.16}$$

최근의 자동차에서 연료 소비율을 적극 감소시키기 위한 기술개발에 큰 관심을 갖게 되면서 연비는 나날이 향상되고 있으며, 소비자들도 자동차 구매의 기준으로 연비를 크게 고려하고 있다.

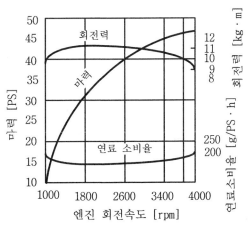

그림 5.4 엔진의 연료 소비율과 성능 곡선도

표 5.1은 최근에 개발된 각종 엔진의 연료 소비율을 요약하고 있다. 여기서 엔진에 설치된 터보 차저(turbo-charger)의 설치 여부에 따라 연료 소비율이 다르게 제시하고 있다.

표 5.1 각종 엔진의 연료 소비율

엔진의 종류	터보 있음	터보 없음
4사이클 가솔린 엔진	280~380g/kW·h	250~350g/kW·h
2사이클 가솔린 엔진		400~600g/kW·h
로터리 엔진		300~380g/kW·h
4사이클 디젤 엔진	240~290g/kW·h	240~320g/kW·h

5.3.2 주행 연료 소비율

자동차에서 주행 연료 소비율은 자동차의 주행 저항에 의해 영향을 받기 때문에 엔진의 성능보다는 자동차의 속도에 관련된 다음의 속도 패턴에 더 큰 영향을 받는다. 즉, 자동차는 넓은 표면적의 차체(body)를 갖고 있기 때문에 자동차의 주행 속도 증가에 따른 공기 저항력은 크게 증가한다. 이러한 주행 마찰력이 엔진의 연료 소비율을 증가시키는 가장 큰 원인중의 하나이다.

(1) 정상주행 연료 소비율

평탄한 도로를 일정한 속도로 주행할 경우는 연료 1l 로 이동할 수 있는 주행거리로 연료 소비율[km/l], 즉 정상적인 주행 연비로 평가한다. 엔진 특성은 혼합비의 특성, 저속 안정성 등이 영향을 미치는 파라메터이다. 따라서, 정상 상태의 연료 소비율은 낮은 것이 좋은 엔진이 된다.

(2) 모드 연비

연료 소비율, 즉 연비는 신뢰성을 확보하기 위해서 일정한 운전 패턴에 대하여 비교할 필요가 있다. 이러한 일정한 운전 패턴에 대한 연비의 비교를 모드 연비라 한다. 각 나라에서 연비를 비교하기 위해서 사용하는 주행 모드는 약간씩 다르지만, 우리나라는 미국과 일본에서 사용하고 있는 모드 연비를 사용하고 있다. 이러한 모드 연비는 그 나라의 배기가스 규제와 연계되기 때문에 배기가스와 연비에 대한 기술개발의 진전에 따라 매년 달라지는 추세이다.

5.4 흡기 용량과 공기 과잉율

5.4.1 체적 효율과 충전 효율

(1) 체적 효율

엔진의 평균유효압력은 1사이클 중에 흡입한 공기량에 비례하므로 흡입 행정에서 흡입한 공기의 양을 나타낼 때는 행정체적을 기준으로 한다. 실린더의 행정체적에 대해 실제로 실린더에 흡입한 새로운 공기와의 체적비를 체적 효율이라 한다. 즉, 실린더로 흡입한 새로운 공기의 흡입 정도를 표시하는 척도하고 할 수 있다.

체적 효율은 실제로 실린더 내에 흡입되는 압력, 온도, 잔류 가스량 등에 의하여 달라진다. 실제의 흡입 능력을 나타내기 위해서, 임의의 상태에서 작동하는 절대압력[kg/cm^2]과 절대온도[$^\circ$K]를 각각 P, T라 하고, 대기의 표준상태 온도 15°C와 압력 760mmHg에서의 온도와 압력을 T_0와 P_0라 하면, 체적 효율 η_v는 다음 식으로 표시된다. 즉,

$$\eta_v = \frac{P,\ T\ \text{상태에서 흡입된 새로운 혼합기}}{\text{행정 체적}} \times 100$$

$$= \frac{P,\ T\ \text{상태에서 흡입된 새로운 혼합기의 중량}}{P_0,\ T_0\ \text{상태에서 행정체적을 차지하는 새로운 혼합기의 중량}} \times 100$$

(2) 충전 효율

충전 효율은 실린더의 행정체적과 새로이 공급된 공기 체적과의 비를 말한다. 즉, 엔진에 실제로 흡입된 작업 유체의 체적과 대기의 표준 상태하에서 실린더 체적에 해당하는 공기 체적과의 비를 충전 효율 η_c라 한다.

충전 효율은 엔진의 흡입 행정 때 실린더로 흡입되는 흡기량에 따라서 결정되는 것으로 엔진의 출력에 직접적인 영향을 미친다. 따라서, 충전 효율이 클수록 좋으며, 충전 효율 η_c은 다음 식으로 표시하다.

$$\eta_c = \frac{P,\ T\ \text{상태에서 흡입된 새로운 혼합기의 체적을 } P_0,\ T_0\text{로 환산한 체적}}{\text{행정 체적}} \times 100$$

$$= \frac{P,\ T\ \text{상태에서 흡입된 새로운 혼합기의 중량}}{P_0,\ T_0\ \text{상태에서 행정 체적을 차지하는 새로운 혼합기의 중량}} \times 100$$

$$= \frac{T_0}{T} \times \frac{P}{P_0}\ \eta_v$$

연료$-$공기 혼합기를 받아들이는 흡기 매니폴드의 압력과 온도가 표준 상태에 있

을 때는 $P = P_0$, $T = T_0$이므로 $\eta_v = \eta_c$이 된다. 그림 5.5에서 보여준 것처럼 가솔린 엔진의 체적 효율은 기화기를 사용할 경우는 유동저항 때문에 흡입 압력이 낮아지므로 $65 \sim 88\%$이지만, 디젤 엔진의 체적 효율은 $80 \sim 90\%$로 높다. 따라서, 체적 효율은 연료 분사방식으로 설계된 경우는 유리한 충전 효율을 얻을 수 있다. 최근의 엔진은 기화기 방식이 없고 모두가 연료 분사방식이므로 충전 효율이 높다.

체적 효율이 클수록 엔진의 회전을 증가시킬 수는 있으나, 밸브 지름이 작거나 실린더 또는 연소실의 온도가 상승하면 체적 효율은 오히려 감소한다.

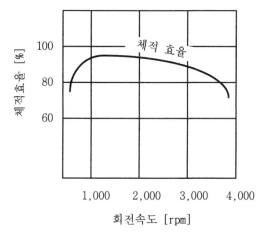

그림 5.5 체적 효율

(3) 충진비

실제 엔진에서 완전히 연소한다는 것은 불가능하기 때문에 현실적으로 잔류 연소 가스와 체적을 합한 것을 충진비라 한다.

$$충진비 = \frac{연소에 \ 참여할 \ 새로운 \ 공기의 \ 체적 + 잔류 \ 연소가스의 \ 체적}{행정 \ 체적} \times 100$$

5.4.2 소기 효율과 급기 효율

4행정 엔진에서 배기가스의 배출은 피스톤의 배기 행정에 의해 이루어지나 2행정 엔진은 4행정 엔진과는 달리 소기작용으로 배기 가스가 방출한다. 따라서, 2행정 엔진에서 소기정도를 평가하기 위해서 소기 효율과 급기 효율이 사용된다.

(1) 소기 효율

소기 효율은 실린더 내에 잔류하는 연소가스를 소기하는 능력을 그 척도로 나타낸 것으로, 소기 효율 η_s은 다음 식으로 나타낸다.

$$\eta_s = \frac{\text{새로 급기된 공기의 체적}}{\text{실린더에 충전된 총가스의 체적}} \times 100$$

$$= \frac{\text{소기 완료후 실린더 내에 남아 있는 새로운 혼합기(급기)의 중량}}{\text{소기 완료후 실린더 내의 총가스 중량}} \times 100$$

(2) 급기 효율

2행정과 4행정 엔진에서 소기공과 배기공이 동시에 열려 있는 오버랩(over-lap) 동안에 급기된 새로운 공기가 배출되어 손실된다. 이 손실된 공기를 제외하고, 실제로 연소에 참여할 수 있는 새로운 공기의 체적비를 급기 효율이라 한다. 즉, 실린더 내에 새로운 가스가 얼마만큼 남아 있는가를 알아보기 위한 효율이다.

급기 효율은 소기방식, 소기압력, 소기의 유입각, 회전속도 등에 따라 영향을 받게 되며, 급기 효율 η_t는 다음의 식으로 나타낸다.

$$\eta_t = \frac{\text{급기된 새로운 공기의 체적} - \text{배출에 의해 손실된 새로운 공기의 체적}}{\text{행정 체적}} \times 100$$

$$= \frac{\text{소기 완료후 실린더 내에 남아 있는 새로운 혼합기(급기)의 중량}}{\text{공급된 총급기의 중량}} \times 100$$

(3) 흡기비

2행정 엔진과 과급장치가 있는 4행정 엔진은 피스톤 작용에 의존하지 않고 소기용 펌프나 송풍기로 공기를 강제 공급하므로 실린더 체적보다 더 많은 공기를 공급할 수 있다. 따라서, 흡기비는 보통 1.2~1.5 정도이며, 다음의 식으로 표시한다.

$$흡기비 = \frac{\text{급기된 새로운 공기 체적}}{\text{행정 체적}}$$

5.4.3 공기 과잉율과 연료의 최대 분사량

(1) 공기 과잉율

공기 과잉율은 연소에 필요한 이론적 공기량에 대한 공급된 공기량과의 비를 말하는 것으로, 엔진에 흡입된 공기의 중량을 알면 필요한 연료의 양을 결정할 수 있다. 일례로 경유 1kg을 완전 연소하기 위해 필요한 공기의 중량은 이론적으로 14.2kg이 필요하며, 공기 과잉률 λ는 다음과 같이 표시한다.

$$\lambda = \frac{\text{흡입된 새로운 공기의 체적}}{\text{연소에 필요한 공기의 체적}} = \frac{\text{실제로 흡입된 공기의 중량}}{\text{분사된 연료의 중량} \times 14.2}$$

공기 과잉율 λ가 1에 접근할수록 출력은 증가하지만, 검은 연기를 배출하게 된다. 예연소실식 연소방식에서 공기 과잉율 λ 값은 비교적 작으며, 증기나 자동차 엔진에서는 전부하(최대 분사량)일 때 1.2~1.4 정도가 된다.

(2) 공연비

공연비는 공기와 연료의 중량비를 나타낸 것으로 가솔린 엔진의 공연비와 디젤 엔진의 공연비는 같은 형태로 표현된다. 즉,

- 가솔린 엔진의 공연비 $= \dfrac{\text{공기의 중량}}{\text{연료의 중량}} = \dfrac{A}{F} = \dfrac{15}{1} = 15:1$

- 디젤 엔진의 공연비 $= \dfrac{\text{공기의 중량}}{\text{연료의 중량}} = \dfrac{A}{F} = \dfrac{14.2}{1} = 14.2:1$

(3) 연공비

연공비는 연료와 공기의 중량비로 나타낸 것으로 공연비와는 역비례 관계에 있다. 즉,

- 가솔린 엔진의 연공비 $= \dfrac{\text{연료 중량}}{\text{공기 중량}} = \dfrac{F}{A} = \dfrac{1}{15} = 0.066$

- 디젤 엔진의 연공비 $= \dfrac{\text{연료 중량}}{\text{공기 중량}} = \dfrac{F}{A} = \dfrac{1}{14.2} = 0.070$

(4) 연료의 최대 분사량

엔진이 일정한 속도로 회전하고 있을 때, 연료의 분사량을 서서히 증가시키면 엔진의 출력은 그림 5.6과 같은 곡선으로 나타낸다. 그림 5.6에 의하면, 연료 분사량이 증가함에 따라서 출력도 함께 증가하지만 공기 과잉율 λ가 1에 가까워짐에 따라서 피스톤 헤드를 치는 소리가 엔진에서 발생하며, 배기 온도가 상승하게 된다. 연료 소비율이 가장 작을 때, 또는 증가할 때 나타나는 곡선을 피시 후크 커브 (fish hook curve)라 한다.

배기가스의 색깔은 분사량이 적어지고 공기 과잉율이 클 때는 연소가 잘되기 때문에 눈에 띄지 않지만, 공기 과잉율이 1.1 부근에서 발연 한계를 넘어서면 불완전 연소에 의해 짙은 회색으로 변한다.

실제의 엔진에서 연료의 최대 분사량(출력 한계)을 결정할 때는 연료 소비율, 배

기 온도, 배기 가스의 색깔 등을 종합적으로 고려하여 결정해야 하며, 이것을 연막 고정이라 한다. 배기 가스의 농도를 측정하기 위한 계기로는 광투과식 배기 농도계와 여과식 배기 농도계의 2가지가 있다.

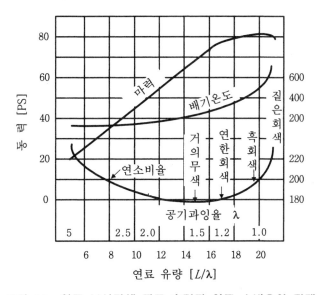

그림 5.6 연료 분사량에 따른 출력과 연료 소비율의 관계

5.5 엔진의 출력과 손실 에너지 배분 비율

가솔린 자동차 엔진에서 생산되는 유효 열에너지는 엔진의 타입이나 운전조건에 따라 크게 달라진다. 정상적으로 작동하는 불꽃점화 엔진에서 생산하는 전체 열에너지는 엔진을 구동하는데 유익한 일량과 냉각수에 의해 손실되는 냉각손실, 배기가스의 방출에 따른 배기손실, 엔진 구동부의 기계적 마찰운동에 따른 마찰손실, 피스톤의 왕복동 작용에 따른 펌핑손실, 연소과정에서 발생되는 복사 열손실 등으로 구성된다.

엔진에서 열에너지가 생산되고 소비되는 열에너지 프로세스를 보면, 실린더로 흡입된 혼합기는 흡입과정에서 이미 배기계통과 실린더 벽면으로부터 열에너지의 영향을 받아 온도가 올라간다. 연소실로 유입된 연료—공기 혼합기는 연소실에 잔류하고 있던 연소가스의 열에너지가 더 가해지고, 여기에 혼합기의 점화 연소에 따른 열에너지가 급속하게 팽창하면서 피스톤에 큰 에너지를 가하여 왕복동 운동을 일으킨다. 이러한 열동력 생성과정에서 크랭크축을 돌려주는 유용한 열에너지, 피스톤과 실린더를 비롯한 엔진 각 부품으로의 열전달에 의한 열에너지 손실, 연소과정에서의 복사 열손실, 엔진 구조물의 기계적 강도를 확보하기 위한 냉각 열손실, 고온의 배기가스를 외부로 방출하면서 손실되는 배기가스 열손실, 피스톤과 실린더를 비롯한 마찰 운동부의 기계적 마찰손실, 피스톤의 왕복동 과정에서 발생되는 펌핑손실, 엔진오일의 유막형성에 관련된 블루바이 손실 등을 모두 고려해야 연소실에서 연소열 발생 전체 에너지와 평형을 이루게 된다.

표 5.2는 가솔린 엔진과 디젤 엔진에서 유효하게 생산된 순일(net work)과 냉각손실, 배기가스 및 복사 열손실, 기계적 마찰 손실에 관련된 열에너지 비율을 상대적으로 비교한 에너지 배분 비율을 제시하고 있다.

표 5.2 엔진의 출력과 손실배분 비율

열에너지 항목	가솔린 엔진, %	디젤 엔진, %
순일	23~28	30~34
배기손실 및 복사손실	33~38	30~33
냉각손실	32~35	30~31
기계적 마찰손실	5~6	5~7

5.1 6실린더의 4사이클 압축점화 엔진에서 실린더의 직경이 30cm이고 행정이 40cm인 경우, 엔진의 회전수가 800rpm인 상태에서 1150kW의 출력을 발생한다. 이 때의 토크, 순평균유효압력, 도시평균유효압력을 각각 계산하라. 단, 기계효율은 0.85이다.

5.2 압축점화 엔진에서 실린더의 직경 40cm, 행정 50cm인 경우 1사이클당 흡입되는 공기량은 20℃, 750mmHg의 조건에서 0.0521m³이다. 이 때의 체적효율을 구하시오.

5.3 가솔린 엔진에서 실린더의 직경 80mm, 행정 90mm, 압축비 $\varepsilon = 8.0$, 회전수 3000 rpm인 경우 체적효율과 필요한 공기량을 구하시오. 단, 흡기행정이 끝나는 상태에서 실린더 내의 혼합가스 압력은 $P_s = 660\,\mathrm{mmHg}$, 온도는 $T_s = 350\,\mathrm{K}$이고, 대기상태는 760mmHg, 288K이며, 연료가스의 존재는 무시한다. 또한, 배기행정이 끝나는 상태에서 잔류가스의 압력은 $P_r = 760\,\mathrm{mmHg}$, 온도는 $T_r = 1100\,\mathrm{K}$이다.

5.4 엔진에서 열효율에 가장 중요한 영향을 미치는 압축비는 가솔린 엔진과 디젤 엔진에서 서로 다르게 추천되고 있는데, 그 이유와 문제점에 대하여 기술하시오.

5.5 엔진에 공기를 충분히 공급하기 위해 개발된 여러 가지 장치 또는 기구와 그들의 역활에 대하여 설명하시오.

5.6 연료 분사량이 엔진의 출력과 연료 소비율에 미치는 영향에 대하여 기술하고, 동시에 공기 과잉율의 역활에 대하여 설명하시오.

5.7 자동차 엔진의 연료 소비율을 과소 또는 과대가 아닌 최적의 상태로 설계해야 하는 이유를 설명하시오.

제 6 장

흡·배기 장치

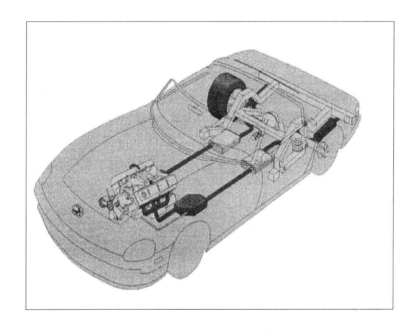

6.1 흡·배기 장치의 개요

6.1.1 개요

엔진은 외부로부터 실린더 안에 연료와 공기의 혼합기를 흡입하고, 흡입된 혼합기를 압축하여 연소한 후에 동력을 얻고, 연소된 가스는 외부로 방출하게 된다. 연료-공기 혼합기를 실린더로 충분히 흡입하고, 연소가스를 모두 배출하는 일련의 과정을 담당하는 시스템을 총괄하여 흡·배기 장치라 한다. 즉, 연료와 공기의 혼합기를 흡입하는 장치와 연소가스를 배출하는 장치를 모두 흡·배기 장치라 하며, 엔진에서 동력을 얻기 위해서 반드시 필요한 작동유체의 유동 체계이다.

그림 6.1은 흡·배기 장치를 전체적으로 나타낸 것으로, 흡기 장치는 흡입하는 공기 속에 들어 있는 먼지나 각종 이물질을 제거하는 공기 청정기(air cleaner)와 각 실린더에 혼합기를 분배하는 흡기 매니폴드(intake manifold)로 구성되어 있다. 또한, 연소실에서 동력행정을 수행한 연소가스는 배기 밸브를 통과하여 배기 매니폴드(exhaust manifold)로 모인다. 모여진 연소가스는 배기 파이프, 배기가스 정화장치, 소음기 등을 통과하여 대기중으로 방출하는 시스템을 배기 장치라 한다.

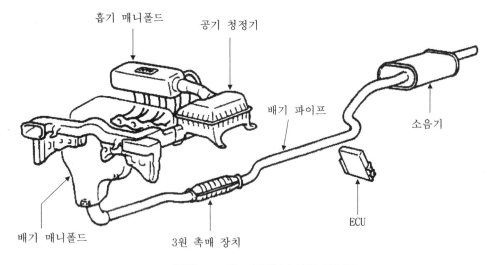

그림 6.1 흡 · 배기 장치의 구성도

6.1.2 흡기 장치

가솔린 엔진에서 흡입된 혼합기의 최대량은 흡기 계통의 형상, 작동상태, 밸브 개폐시기 등에 의해 결정된다. 엔진의 실제 운전상태에서 공연비는 거의 일정하므로 흡입 공기량과 연료량은 비례한다. 즉, 입력 에너지의 양은 흡입 공기량에 비례하고, 엔진의 출력은 흡입 공기량에 의해 결정된다.

그러나, 디젤 엔진에서 분사된 연료량은 연료를 공급하는 체계상 흡입 공기와 직접적인 관련은 없지만, 노즐에서 분사된 연료를 완전히 연소시키기 위해서는 필요한 공기량을 충분히 확보하는 것이 대단히 중요하다.

엔진의 최대 출력과 흡기 계통의 작동조건은 상호 밀접한 관계가 있다. 흡기 장치는 공기의 유로를 형성하고 물의 흡입을 방지하는 에어덕트(air duct), 공기 중의 먼지를 제거하는 공기 청정기와 필터, 국부적인 범위의 흡기소음을 제거하는 레조네이터(공명기), 각 실린더에 혼합기를 분배하는 흡기 매니폴드 등으로 구성된다. 엔진에 가능한 많은 공기를 공급하기 위해서 흡기계통은 흡기관의 지름과 길이, 흡기 소음을 저감하기 위한 파라메터가 흡기장치의 설계에서 가장 중요한 변수이다.

6.1.3 배기 장치

연소실에 있는 연소가스를 외부로 방출하기 위해서 사용되는 배기 장치는 엔진의 성능, 공해, 안전성 등에 영향을 미치는 중요한 장치이다. 배기 행정이 완료된 이후에 잔류가스가 실린더 내에 많이 남아있을 경우는 잔류가스가 새로 유입된 연료-공기 혼합기에 많이 포함하게 되므로 연소속도와 연소온도를 저하시키는 원인으로 작용한다. 배기가스를 저감시키기 위해서 잔류가스를 특별히 많게 하고자 하는 경우를 제외하고는 연소실에 잔류가스의 체류를 가능한 적게 유지하는 것이 좋다. 따라서, 연소가스는 충분히 배기될 수 있도록 배기계통을 설계하는 것이 중요하다.

이와 같이 연소실 내에 머물고 있는 잔류가스와 새로운 연료-공기 혼합기 사이의 가스교환 과정은 엔진의 출력과 연소에 중대한 영향을 미친다. 배기 장치는 연소실에서 방출되는 연소가스를 모으고 산소센서가 장착되는 배기 매니폴드, 엔진의 진동이 배기관을 통하여 실내로 전달되는 것을 방지하는 벨로즈(bellow), 배기가스를 정화하는 촉매변환장치, 배기소음을 줄이고 물이 역류하는 것을 방지하는 프런트 소음기와 메인 소음기로 구성되어 있다.

배기 계통은 연소가스를 많이 배출할 수 있도록 하기 위해서 배기관의 지름과 길이, 소음과 유동 저항 발생이 적도록 배기관 내의 압력, 즉 배압(back pressure)을 낮추는 것이 배기장치의 설계에서 가장 중요한 변수이다. 이것을 위해서 배기 파이프의 곡관을 가능한 줄이고, 3원촉매장치를 사용한 배기가스 정화보다는 공기량을 충분히 공급하고 시스템적으로 불완전 연소량을 줄이도록 해야 한다.

6.2 흡기장치의 구성품과 요구 조건

6.2.1 흡기장치의 구성품

(1) 공기 청정기의 종류와 작용

공기 청정기(air cleaner)는 엔진으로 흡입되는 공기 중에 혼입된 먼지와 이물질을 제거하고, 흡기 계통에서 발생하는 흡기 소음을 없애주는 역할을 한다. 가솔린 엔진의 공기 청정기는 연료 분사장치 또는 기화기의 공기 흡입구에 부착되어 있다.

엔진으로 흡입되는 공기에 혼입된 먼지나 각종 이물질이 연소실로 유입하게 되면 실린더, 피스톤 등을 손상시키고, 엔진오일의 열화 현상을 촉진시킨다. 흡입된 이물질이 엔진오일에 섞이면서 윤활부의 마멸량 발생을 증가시키고, 부품의 수명을 단축하는 부작용이 발생한다. 따라서, 엔진의 성능에 긍정적인 영향을 주기 위해서는 흡입된 공기의 청정 효율이 좋아야 한다. 공기의 청정 효율은 $[m^3]$의 공기 중에서 먼지를 90% 이상 여과하여야 한다.

공기 청정기는 사용 목적이나 조건에 따라 다음과 같이 분류할 수 있다.
① 건식 공기 청정기(dry type air cleaner)
② 습식 공기 청정기(wet type air cleaner)
③ 유조식 공기 청정기(oil bath type air cleaner)
④ 원심 분리식 공기 청정기(cyclone type air cleaner)
⑤ 복합식 공기 청정기(combination type air cleaner)

이들 공기 청정기 중에서 대표적으로 널리 사용하는 건식 공기 청정기와 습식 공기 청정기의 두 가지에 대하여 설명하기로 한다.

1) 건식 공기 청정기

건식 공기 청정기(dry type air cleaner)는 여과지나 여과포로 된 여과망을 사용하여 여과하는 방식으로 그림 6.2에서 보여주고 있다. 건식 공기 청정기는 그림 6.2처럼 청정기 케이스 안에 여과망이 들어 있고, 여과망의 상하에 공기가 새는 것을 방지하는 패킹을 대고 케이스 커버로 부착한다.

건식에서 사용하는 여과망은 여과 면적을 최대한 수용하고 통기 저항의 증가를 방지하기 위해서 그림 6.3과 같이 접어서 방사상으로 가공한 것을 사용한다. 종이를 사용한 여과망은 다른 여과망에 비해 다음과 같은 장점이 있기 때문에 자동차에서 가장 많이 사용되고 있다.

① 작은 입자의 먼지나 이물질을 여과할 수 있다.

② 엔진의 회전 속도 변동에도 안정된 공기 청정 효율을 얻을 수 있다.

③ 구조가 간단하고 가벼우며, 저렴하다.

④ 분해와 설치가 간단하다.

⑤ 장시간 사용할 수 있으며, 간단히 청소할 수 있다.

외부의 공기는 공기 청정기의 흡입구로 들어가 여과망의 바깥 둘레를 따라 돌면서 여과망을 통과하는 동안에 먼지가 제거되고, 공기는 중심부로 모여서 흡기 매니폴드로 들어간다. 즉, 공기 중에 포함된 먼지나 이물질은 공기가 여과망을 통과할 때 모두 여과된다. 여과망은 여과지 또는 여과포로 그림 6.4와 같이 방사선 모양으로 제작되어 있으므로 여과는 잘되지만 단위 면적당 통과할 때 유동 저항을 많이 받기 때문에 가능한 통기 면적을 크게 해야 한다. 또한, 내수성과 강도를 증가시키기 위하여 화학적으로 처리되어 있다.

건식 공기 청정기의 여과망은 자동차의 경우, 일반적으로 1,500∼3,000km 주행하면 점검하여 청소를 해야 하고, 20,000∼30,000km 주행하면 신제품으로 교환할 것을 추천한다. 건설용 엔진이나 광산용 엔진은 사용 환경이 대단히 열악하기 때문에 50시간마다 여과망을 점검하여 청소를 해야 하고, 500시간을 사용하면 여과망을 교환한다.

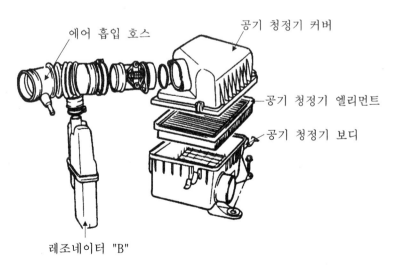

그림 6.2 건식 공기 청정기

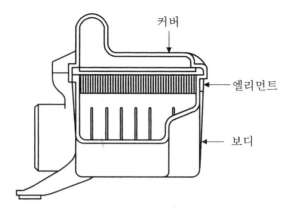

그림 6.3 건식 공기 청정기의 여과망

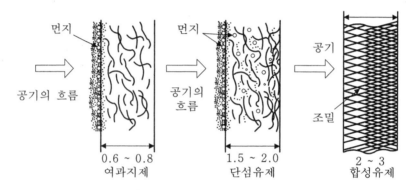

그림 6.4 건식용 여과망 구조와 공기의 흐름

2) 습식 공기 청정기

　　습식 공기 청정기(wet type air cleaner)는 흡입 공기를 오일로 적셔진 여과망을 통과시켜 여과하는 형식으로 습식 공기 청정기의 구조는 그림 6.5와 같이 공기 청정기 케이스 커버가 덮개로 덮여 있고, 케이스 밑에는 일정한 높이로 오일이 들어 있다. 공기는 공기 청정기 케이스와 케이스 커버 사이에서 흡입되어, 공기 청정기 케이스와 케이스 커버 사이에서 여과망 케이스 사이를 통한 공기는 청정기 케이스 내의 오일에 부딪히면서 여과망을 통하여 청정기 중앙부로 들어가 흡기 매니폴드로 흡입된다.

　　즉, 흡입된 공기가 오일에 부딪힐 때 먼지나 이물질의 대부분이 오일에 부착되어 제거되고, 나머지 불순물은 여과망을 통과하는 사이에 습식 여과망에 부착되어 제어된다. 습식용 여과망은 공기가 오일에 부딪힐 때 발생되는 비말(splash) 현상에 의해 항상 오일이 묻어 있다. 습식 청정 효율은 공기량이 증가할수록 높아지고, 엔진의 회전 속도가 높아질수록 청정 효율이 증가하지만, 회전 속도가 떨어지면 효율은 저하된다. 따라서, 공기 통로의 단면적이나 오일 수준 등에 대한 설계가 잘 되어야 한다.

습식은 대부분 오일에 적신 스틸 울(steel wool) 등을 사용했으나, 그림 6.6과 같이 폴리에스터 폼(polyester form)에 오일이나 특수 접착제를 흡착시켜서 일부 사용하기도 한다. 이 밖에 건식 여과망에 특수 접착액을 흡착시켜 건식 공기 청정기에 사용한 것도 있다. 이것은 공기량의 변동에 따라 여과 효율이 비교적 영향을 받지 않는 특징이 있다.

습식 공기 청정기는 500km 주행하면 오일을 점검하여 보충해야 하고, 2,000km 주행하면 여과망을 청소하고 케이스 내의 오일을 교환해야 한다.

고정 스크루
청정기 캡
스크린
스틸 울
여과망 케이스
안내 날개
청정기 케이스

그림 6.5 습식 공기 청정기

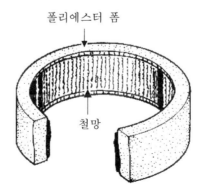

폴리에스터 폼

철망

그림 6.6 습식용 여과망

(2) 흡기 매니폴드

흡기 매니폴드(intake manifold)는 연료-공기 혼합장치에서 섞어진 연료-공기 혼합기의 유동 저항을 작게 하면서 각각의 실린더에 균일한 양의 혼합기를 분배하는 역할을 한다. 따라서, 흡기 매니폴드는 엔진의 설계법에 따라서 흡입 공기량, 혼합기의 분배, 시동성 등 엔진의 출력에 큰 영향을 준다. 특히, 고출력 엔진에서는 흡기 매니폴드의 유동 저항을 작게 하여 더 많은 공기가 실린더로 흡입하게 할 뿐만 아니라 흡기 매니폴드의 관성 효과를 적극적으로 이용하여 보다 큰 출력을 얻도록 해야 한다.

1) 흡기 매니폴드의 재질 및 구조

흡기 매니폴드의 두께는 3~4mm 정도로 주철 또는 알루미늄 합금재로 주조된다. 그림 6.7과 같이 흡기 매니폴드의 중앙부에는 기화기(carburetor) 또는 연료분사 노즐을 설치하기 위한 플랜지가 있으며, 실린더 헤드의 흡기 구멍(inlet port)에 가스켓을 설치하여 가스의 누설을 방지한다.

자동차의 가속에 따른 응답성을 좋게 하거나, 또는 저속시의 원활한 운전을 하기 위해서는 가능한 흡기 매니폴드의 단면적을 작게 설계하여 흡기의 유동 속도를 빠르게 하는 것이 좋다. 그러나, 고속 운전과 같이 큰 출력이 필요할 때는 흡기의 유동저항이 작도록 단면적을 크게 설계하는 것이 좋다.

흡기 매니폴드에는 아직도 기화하지 않는 가솔린 연료가 매니폴드의 벽면을 따라 밑면으로 흐르기 때문에 균일한 혼합비로 분배하기 위해 관의 굵기나 단면의 모양과 굴곡(bent) 등에 대하여 여러 가지 방법을 이용하고 있다. 또한, 실린더의 점화 순서도 고려하여 흡입 행정에 있는 실린더와 다음 흡입 행정에 들어가는 간격을 될 수 있는대로 떼어서 흡기의 간섭으로 인한 체적 효율의 저하를 피하고 있다. 따라서, 8실린더 엔진에는 2개 이상의 흡기 매니폴드를 독립적으로 설치한다. 보통은 대형 엔진에서는 엔진 자체가 너무 크기 때문에 저속 회전시에 연료의 공급이 원활하지 않으므로 독립된 흡기 매니폴드의 밸런스 튜브로 연결하여 압력의 변동을 억제하고 있다.

2) 흡기의 가열

가솔린 연료의 기화가 잘되게 하려면 배기가스 열의 일부를 활용하여 흡기 매니폴드의 온도를 높게 하거나, 흡기 매니폴드의 주위에 워터 자켓(water jacket)을 만들어 온수를 순환시켜 흡입되는 연료에 기화열을 공급하는 방법이 있다. 또한, 기온이 낮을 때는 시동한 직후의 혼합기의 기화는 잘 되지 않으므로 배기가스를 흡기 매니폴드의 일부로 직접 유도하는 방법을 사용하고 있다. 결국, 이러한 흡기 가열은 냉각된 연료의 기화를 도와 완전연소를 이룰 수 있도록 하는 연소 방식이다.

열제어 밸브는 그림 6.8(a)와 같이 배기 매니폴드의 중심부에 설치되어 있고, 코일식 바이메탈에 의하여 작동한다. 엔진이 냉각될 때는 그림 6.8(b)와 같이 흡기 매니폴드의 중심부에 배기가스를 끌어 들여 온도를 높이고, 엔진이 가열되면서 밸브가 열려서 배기가스는 그림 6.8(c)와 같이 흡기 매니폴드를 가열하지 않고 바로 배출된다.

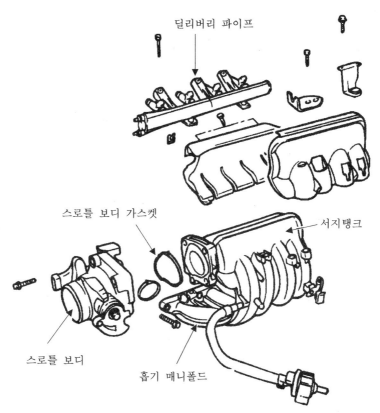

그림 6.7 흡기 매니폴드 및 주변 부품

흡기를 가열하는 방식에는 그림 6.9와 같이 온수를 이용하는 방식이 있다. 흡기의 온수 가열식은 흡기 매니폴드에 워터 자켓을 설치하기 때문에 구조가 복잡하고 제작이 어려운 점은 있으나, 흡기 매니폴드와 배기 매니폴드를 분리하여 연소실의 양쪽에 배치할 수 있으므로 가스의 흐름과 밸브의 배치에 무리가 없으며, 연소실의 모양을 이상적으로 설계할 수 있어 엔진의 성능을 향상시킬 수 있다. 온수 가열식은 흡기 매니폴드와 배기 매니폴드를 서로 분리하여 설치한 엔진에서 많이 사용되고 있다.

상기의 2가지 가열 방식(배기가스와 냉각수 열원의 활용)을 비교하면 배기가스를 이용하는 방식이 구조가 간단하고, 제작이 용이하며 작업성도 우수하다. 그러나, 흡기 매니폴드와 배기 매니폴드를 같은 쪽에 설치하기 때문에 연소실 안에서의 흡기의 흐름과 배기의 유동 방향이 반전하는 현상, 즉 카운터 블로(counter blow)가 형성되어 서로 간섭을 받는다. 또한, 밸브의 위치도 규제를 받으므로 연소실을 설계하는데 어려움이 있을 뿐만 아니라 흡기를 가열할 염려가 있어 제어 밸브 등의 조절 밸브가 필요하다.

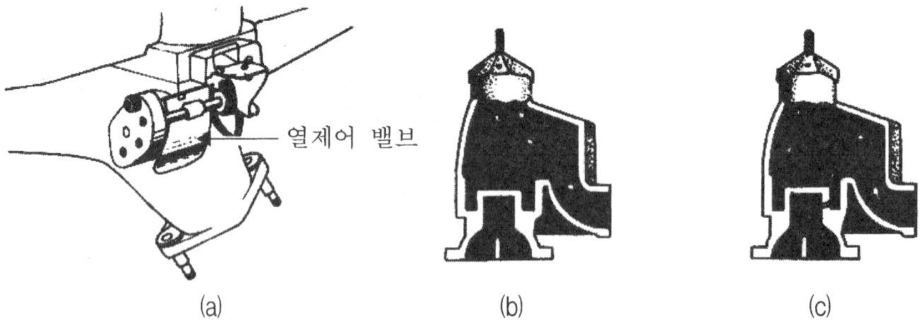

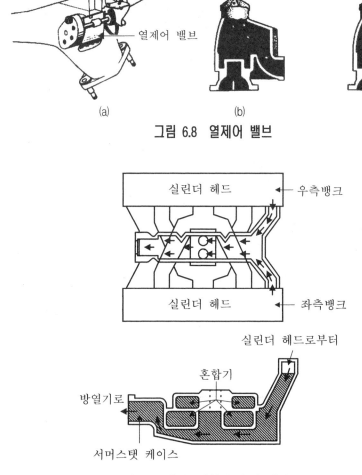

(a)　　　　　(b)　　　　　(c)

그림 6.8　열제어 밸브

그림 6.9　온수 가열식 흡기 매니폴드

6.2.2 흡기계통의 요구 조건

흡기계통은 공기 청정기, 스로틀 챔버, 흡기 매니폴드, 실린더 헤드의 흡기포트, 흡기밸브 등으로 구성되며, 여기서 요구하는 흡기계통의 조건은 다음과 같은 것으로 요약될 수 있다.

① 전체 회전영역에 걸쳐서 흡입효율이 좋을 것
② 가솔린과의 혼합성이 좋을 것
③ 분배성이 균일할 것
④ 응답성이 우수할 것
⑤ 운전성이 안정적일 것

(1) 고속용 흡기계통

흡기과정에서 흡기저항이 작은 것이 바람직하고, 흡기포트를 포함한 단면적은 크고 곡선부는 부드럽게 함과 동시에 흡기 라인의 전체 길이를 가능한 짧게 하여 고속회전시에 보다 많은 혼합기가 흡입될 수 있도록 해야 한다. 그러기 위해서는 흡기통로를 각 실린더마다 별도로 설치하고, 곡선부는 가능한 작게하여 내경을 크게 한다. 또한, 흡기밸브의 지름과 리프트도 크게 하여 고속 회전시 흡입효율의 향상을 기대한다. 그러나, 저속에서는 흡입공기의 유속이 느리고, 그로 인해 가솔린의 무화가 약화되며, 동시에 강한 와류를 얻기 어렵기 때문에 안정성이 결여된다.

(2) 저·중속용 흡기계통

저·중속시에 우수한 흡입효율을 얻기 위해서는 실린더마다의 지선(branch) 길이를 길게 하고, 흡기밸브의 개폐에 따른 흡기관내의 압력변동이 다른 실린더에 영향을 주지 않도록 해야하고, 동시에 혼합기의 분배가 균일하도록 해야 한다.

(3) 흡기포트의 요구 조건

흡기포트에서 유동 저항을 작게 하기 위해서는 급격한 포트형상 변화를 피해야 하고, 포트 내면의 상태도 흡기 매니폴드를 포함하여 표면 거츨기를 깨끗이 하는 것이 효과적이다. 표면의 거츨기가 나쁘면 혼합기가 내부를 흐를 때 작은 와류가 발생하게 되어 실제의 내경보다 작아지는(유동에 필요한 유효면적이 좁아진다) 현상을 일으키게 된다. 따라서, 혼합기에 강한 와류를 주고 연소실 입구의 유속이 저하되지 않도록 하기 위해서는 내경을 완만하기 좁히고 형상도 그림 6.10과 같이 곡선을 유지하는 것이 바람직하다.

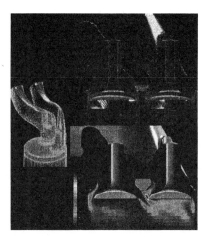

그림 6.10 흡기포트 형상 및 혼합기의 흡입 패턴

흡기 계통에서 필요한 조건들을 요약하면, 엔진의 배기량과 특성에 맞추어 형상과 내경이 결정되어야 한다. 엔진의 흡기계통은 다양한 운전 조건에서도 흡입효율이 우수하고 연료의 무화와 적당한 와류가 얻어지도록 최적화하는 것이 필요하다. 흡기 계통에서 필요한 조건을 요약하면 다음과 같다.

① 유동저항을 작게 하여 흡입 효율을 높인다.

② 혼합기에 와류를 주어 연소 속도를 빠르게 한다.

(4) 흡기관의 중요성

엔진의 출력은 연소효율, 전달효율, 흡·배기 효율의 3가지 방식에 의해 향상시킬 수 있지만, 이중에서 연소효율과 전달효율에 의한 출력상승 효과는 비교적 어렵다. 자연 흡기식에서 실제로 흡·배기할 수 있는 양은 60% 전후, 즉 배기량이 100cc인 경우는 60cc이 된다. 따라서, 아무리 우수한 엔진이라 하여도 70cc 전후에 지나지 않는다. 결국, 엔진의 흡기 효율을 좋게 하기 위해서는 흡기관의 단면적, 길이, 곡면부 등을 변경시킴으로 엔진의 성능 향상을 기할 수 있다.

(5) 흡기관에서 부압변화의 원인

엔진의 구동중에 흡기관에서 부압 변화가 발생하는데, 이것은 회전수가 일정하고 스로틀 밸브의 개도가 최저일 때 흡입 부압이 하강하는 현상이 나타나는데, 이것을 밸브 오버랩(valve overlap)이라 한다. 즉, 흡기밸브와 배기밸브가 동시에 열려있는 상태가 일어나는데, 이것은 구동중에 엔진의 흡기효율 향상을 위해서 불가피하게 밸브의 오버랩 과정을 필요로 한다.

연소실과 배기관 내부가 같은 정압상태에 있으면, 배기밸브와 대향한 흡기밸브가
열린다. 여기서 흡기밸브가 열린다는 것은 정압상태의 연소실과 흡기관이 일체화
되었다는 것을 의미한다. 이 때에 정압은 부압측으로 급격히 밀려 들어가고, 그것
은 배기밸브가 닫히는 것에 의해 중지된다. 흡기밸브와 배기밸브가 오버랩될 때는
대기압보다 고압인 배출가스가 흡기관 내부로 진입하면서 부압은 떨어진다.

(6) 흡기계통의 성능 특성

엔진의 출력 특성을 크게 좌우하는 흡기계통에서 요구하는 출력 특성을 얻기 위
해서는 흡기관의 지름과 길이, 그리고 밸브의 수, 지름, 양정량, 밸브의 개폐시기
를 적절하게 선정하여야만 한다. 엔진에서 고출력화가 용이하고, 고속회전 상태에
서 고출력을 얻기 위해서는 그림 6.11과 같이 흡기밸브를 2개, 또는 그 이상 설치
한 것도 있고, 실린더 내에 공기를 압입하여 광범위한 회전구간에서 출력을 향상시
키기 위해 과급기를 부착한 것도 있다.

그림 6.12는 흡기계통에 공급되는 여러 가지 연료 공급방식의 변천에 따라 달라
지는 엔진의 출력특성을 비교하고 있다.

그림 6.11 2개씩 설치된 흡기밸브와 배기밸브의 설치 형상

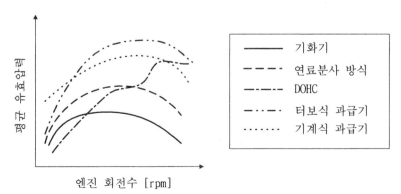

평균유효압력 / 엔진 회전수 [rpm]

- ——— 기화기
- – – – 연료분사 방식
- –·–·– DOHC
- –··–··– 터보식 과급기
- ········· 기계식 과급기

그림 6.12 흡기계통의 출력특성

6.3 배기장치의 구성품과 요구 조건

6.3.1 배기장치의 구성품

(1) 배기 매니폴드

단일 실린더 엔진(single cylinder engine)은 배기 매니폴드가 없기 때문에 실린더 헤드에 직접 파이프를 부착하지만, 멀티 실린더 엔진(multiple cylinder engine)은 배기 매니폴드를 설치하여 배기가스가 한곳으로 모이도록 하여 배기 파이프를 통해 배출한다. 배기 매니폴드와 흡기 매니폴드는 유사한 구조로 제작되어 있으며, 배기가스를 그림 6.13(a)와 같이 엔진의 한쪽 끝(뒤쪽)으로 모으는 방식과 그림 6.13(b)와 같이 중앙으로 모으는 방식 두가지가 있다.

배기가스를 한쪽으로 모으는 그림 6.13(a)의 방식은 배기 매니폴드를 짧게 할 수 있으나 운전석이 가열될 우려가 있고, 중앙으로 모으는 그림 6.13(b)의 방식은 배기가스를 이용하여 흡기 매니폴드를 예열하는 장점이 있다.

그림 6.14에서 보여준 것처럼 최근의 4실린더 엔진에서는 2개의 배기 파이프를 사용하여 1번과 4번 실린더, 2번과 3번 실린더를 두 개로 분할한다. 또한, 6실린더 엔진에서는 1번, 2번, 3번 실린더와 4번, 5번, 6번 실린더를 분할하여 각 실린더간의 배기 간섭이 일어나지 않도록 하여 한정된 실린더 용적에서 출력을 증가하는 효과적인 배기 방식을 채택하고 있다.

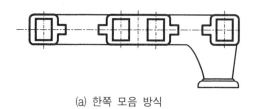

(a) 한쪽 모음 방식

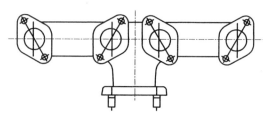

(b) 중앙 모음 방식

그림 6.13 배기 매니폴드의 배기가스 모음 방식

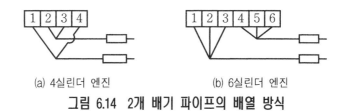

(a) 4실린더 엔진   (b) 6실린더 엔진

그림 6.14 2개 배기 파이프의 배열 방식

(2) 배기 파이프

배기 파이프(exhaust pipe)는 배기 매니폴드에서 나오는 배기가스를 외부로 방출하는 연결관으로 강관(steel pipe)으로 제작되기 때문에, 배기 파이프는 배기가스 열의 일부를 대기중으로 방산하는 역할도 한다.

(3) 소음기

배기 파이프의 일부에 소음기(muffler)를 부착하면 일반적으로 엔진의 배압이 증가되고, 출력은 떨어진다. 소음기의 구조와 배기관의 형상, 치수 등을 적절하게 설계하면 출력이 저하되지 않고 동적효과에 의하여 체적효율을 향상시킬 수 있으므로 오히려 출력이 증대된다.

배기라인(exhaust line)에 소음기를 부착하면 배기 파이프가 길어지는 것 같으나 실제로는 관내 배기가스의 평균 온도가 높아져 가스의 음속이 커지므로 배기관의 길이가 짧아진 것과 같은 효과를 나타낸다.

6.3.2 배기계통의 요구 조건

배기계통은 흡기계통과 마찬가지로 엔진의 성능을 크게 좌우하는 요소로 튜닝의 필요성이 큰 부분이다. 실린더 내에서 연소된 혼합기는 순간적으로 약 250배 팽창하기 때문에 배기계통에는 배기가스가 충분히 통과할 수 있는 통로 면적과 배기가스 흐름에 저항을 주지 않도록 설계하는 것이 중요하다. 또한, 배기포트와 배기관의 면적이 충분하더라도 각 실린더 상호간에 다량의 배기가스가 배출되기 때문에 배기가스간의 간섭을 피할 수 없다. 따라서, 실린더 수가 작은 엔진과 경부하 운전에서는 배기가스간의 간섭에 의한 영향은 작지만, 멀티 실린더(multi-cylinder)나 고속의 고부하 운전에서는 그 영향이 크다.

(1) 흡기계통보다 설계가 어려운 부분

배기계통은 배기밸브, 배기 매니폴드, 배기 파이프, 소음기 등으로 구성되어 있으며, 엔진의 성능에 주는 영향은 흡기계통보다 더 중요하다. 엔진을 고부하 상태에서 운전하는 경우는 800℃ 이상의 고온으로 올라가기 때문에 엔진의 내열성 유지가 대단히 어렵다. 따라서, 고온에서 다량의 배기가스를 대단히 짧은 시간에 배출시키기 위해서는 밸브지름을 비롯하여 배기 가스가 지나가는 통로의 내경을 크게 하는 것이 이론적으로는 유리하지만, 연소와 배기기간 동안 밸브시트에 축적되는 열량은 밸브지름의 곱에 비례하게 된다. 즉, 지름이 2배가 되면 축적되는 열량은 4배가 되며, 배기밸브에 축적된 열량의 약 75%는 밸브시트를 지나 실린더 헤드로 방출하게 된다.

그림 6.15와 같이 밸브면적을 크게 하면 밸브시트 면적도 필연적으로 그만큼 커지는 데 반하여 수열 면적은 그 이상으로 커지기 때문에 방열량이 감소하여 밸브의 온도는 점점 높아지는 악순환을 거듭하게 된다. 배기밸브를 크게 설계하면, 밸브의 왕복동 운동에 따른 밸브 자체의 관성중량이 크게 증가하는 문제점이 발생하고, 밸브스템의 열팽창량도 증가하는 것은 전체적으로 큰 손해를 가져올 가능성이 크다. 따라서, 적정한 배기밸브의 크기는 흡기밸브 지름의 85~90%로 설정하는 것이 일반적이다. 경주용 차량과 같은 고속용 엔진에서는 75~80%로 더 작게 제작하여 관성중량을 줄여줌과 동시에 수열량을 작게 하는 것이 유리하다.

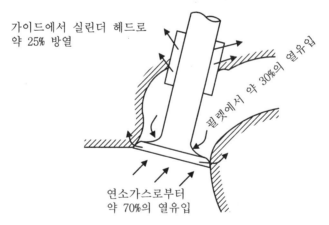

그림 6.15 배기밸브의 방열과 수열

(2) 배기관의 효과

1) 소기효과

배기계통은 배기가스 분출에 의해 흡기관의 경우보다는 더 큰 압력진동이 발생한다. 이러한 압력파 발생에 의해 배기행정 후반에 부압이 생기면 잔류가스가 분출된다. 밸브 오버랩(valve overlap) 현상이 커지면 부압파를 오버랩 기간에 동조시킴으로써 소기효과를 얻을 수 있다.

2) 배기 맥동

배출가스의 흐름 과정에서 그림 6.16과 같은 배기 맥동 현상이 발생한다. 배기행정의 마지막은 바로 오버랩 과정이고, 오버랩 과정의 매우 짧은 순간에 배출가스의 일부가 실린더 안으로 되돌아간다. 이 때에 배출가스의 흐름에 맥동이 발생되고 나아가 배기소음이 되는 것이다. 이러한 맥동 현상은 엔진에 따라 오버랩이 다르게 나타나기 때문에 각각 고유 주기를 발생한다. 더욱이 맥동효과를 이용하여 연소가스를 배출시키지만, 배기관의 길이나 지름 등에 따라 엔진의 출력에 큰 영향을 미치기 때문에 이것은 대단히 중요한 설계치수가 된다. 결국, 배기효율이 우수한 배기관은 연소가스가 부드럽게 흐르지만, 극단적으로 구부러져 있으면 그 부분에서 큰 배기저항이 걸리므로 연소가스가 부드럽게 흐르지 않게 되고, 고속 회전시에는 연소가스가 실린더 내에 잔류가스로서 남아서 출력 저하로 이어진다.

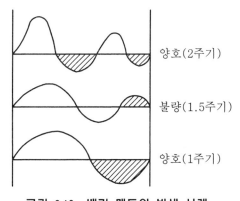

양호(2주기)

불량(1.5주기)

양호(1주기)

그림 6.16 배기 맥동의 발생 사례

3) 배기 맥동의 간섭

각 실린더(cylinder)의 배기 파이프 길이를 균일하게 하여 맥동주기를 맞추지 못하면, 각 실린더의 배기가스가 다른 실린더의 배기 파이프로 역류하거나 간섭하여 역효과가 발생하는데, 이것을 배기 간섭이라 한다. 이러한 배기 간섭을 피하지 않으면 배출가스가 부드럽게 배출되지 않기 때문에 배기관내의 압력, 즉 배압을 높여 출력의 손실로 이어지게 된다.

엔진이 각 실린더마다 독립된 흡·배기관을 가진 경우도 있지만, 대부분의 자동차 엔진은 각 실린더의 흡·배기관을 배기 매니폴드로 연결하고 있기 때문에 인접한 실린더의 맥동 영향을 상호간에 받는다. 그림 6.17에서 배기관 간섭의 실제 사례를 보여주고 있는데, 1번 실린더에서 측정한 배기 A는 스스로 일으킨 배기 맥동의 기본파이고, B는 그 반사파를 나타내고 있다. C는 중앙 실린더에서 되돌아온 간섭파이고, D는 4번 실린더에서 발생한 간섭파이다. D는 같은 집합관에 들어있는 4번 실린더의 간섭파이기 때문에 A'의 길이를 바꾸어도 위상 관계는 바뀌지 않는다. 그러나, C의 파형은 A'의 길이를 1.3m에서 0.98m로 줄이면 경로가 짧아지므로 보다 빠르게 도달하고, 흡 · 배기밸브의 오버랩시 어떤 상사점 부근에서의 배압을 높이게 된다. 이와 같이 배기관을 집합하면 맥동의 간섭이 복잡해진다. 따라서, 이것을 체적효율 향상에 이용하는 것은 대단히 어렵게 된다.

자동차에서 공기 청정기(air cleaner)와 소음기(muffler)는 이들 맥동에 대한 감쇄 요인으로 작용한다. 왕복동 엔진에서 흡 · 배기계통의 튜닝은 맥동효과를 최대한 이용하여 출력을 향상시키는 것이 대단히 중요한 과제이다.

ㄴ) 배기 저항의 저하

연소가스 통과에 따른 배기 저항을 저하시키기 위해서는 우선 배기관의 곡면부를 부드럽게 직선화하는 것이 중요하다. 배기가스가 통과하는 이러한 곡면부는 흡기계통과 마찬가지로 최저 100R은 확보해야 배기가스의 유동 저항이 줄어드는 효과를 기대할 수 있다.

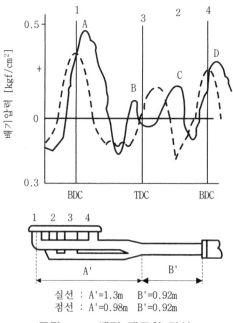

실선 : A'=1.3m   B'=0.92m
점선 : A'=0.98m   B'=0.92m

그림 6.17 배기 맥동의 간섭

6.1 흡기 장치의 역할에 대하여 설명하고, 그 구성 부품을 간략하게 그림으로 그려서 흡입과정을 설명하시오.

6.2 배기 장치의 역할에 대하여 설명하고, 그 구성 부품을 간략하게 그림으로 그려서 배기과정을 설명하시오.

6.3 흡기 장치의 핵심부품으로 엔진으로 유입되는 공기를 깨끗하게 걸러내는 공기 청정 기를 분류하고, 그 특징을 간략하게 기술하시오.

6.4 흡기 매니폴드와 배기 매니폴드의 역할을 기술하고, 제작에 사용된 재질에 대하여 각각 설명하시오.

6.5 흡기 밸브와 배기 밸브에서 서로 유사한 점과 다른 점을 특징적으로 설명하시오. 또한, 배기 밸브를 흡기 밸브에 비하여 작게 설계하는 이유를 설명하시오.

6.6 연소 가스가 배기 계통을 따라서 원활한 배출을 위해 필요한 요구조건을 기술하시 오.

6.7 흡기계통에 연료-공기 혼합기를 공급하는 방식에 따라 달라지는 평균유효압력 출력 특성을 엔진의 회전수 변화에 대하여 설명하시오.

제 7 장

엔진의 전기 장치

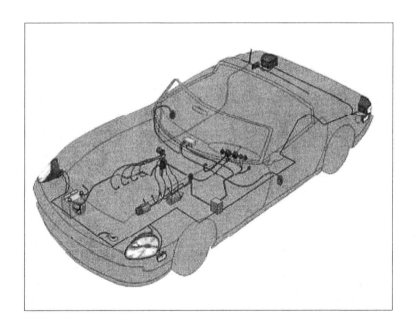

7.1 전기장치

자동차에서 전기장치가 작동해야 엔진을 시동하기 위해 필요한 모든 전기·전자·제어 시스템이 정상적으로 가동되면서 전자제어 엔진은 우수한 성능을 발휘할 수 있게 된다. 엔진에서 전기장치는 그림 7.1과 같이 엔진을 시동하는 시동장치를 비롯하여 점화장치와 충전장치가 있으며, 이들 각종 전기장치는 엔진의 성능과 밀접한 관계를 맺고 있다. 여기서 전기장치는 엔진의 구동에 필요한 장치를 기술하고 있으며, 자동차 시스템의 작동에 필요한 각종 전기장치와는 구별된다.

(a) 시동장치 (b) 점화장치

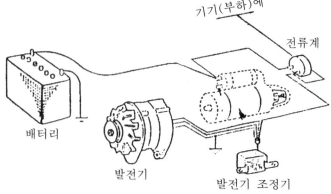

(c) 충전장치

그림 7.1 엔진의 전기장치

7.2 시동장치

7.2.1 시동장치의 개요

엔진은 열 에너지를 기계적 에너지로 전환시키는 장치이므로 처음부터 자력으로 시동할 수 없다. 따라서, 연소실에 공급된 연료로 폭발 연소를 일으켜 엔진을 회전시키려면, 초기에는 외부 힘으로 크랭크축을 돌려줘야 한다. 이러한 역할을 하는 것이 시동장치(starting system)이다.

현재 자동차에서는 배터리를 전원으로 하는 직류 직권 전동기가 사용되고 있다. 직권 전동기의 부하가 커지면 토크가 증가하고, 부하가 감소하면 회전이 빨라지는 특성이 있다.

그림 7.2는 배터리, 스타트 모터, 점화 스위치, 점화 코일, 배전기, 점화 플러그로 연결되는 시동장치 시스템을 보여주고 있다.

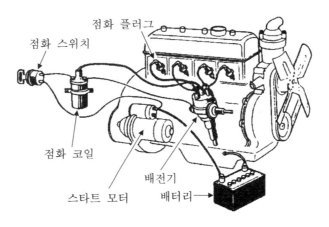

그림 7.2 시동장치 시스템

7.2.2 시동장치의 주요 부품

(1) 시동모터

1) 원리

그림 7.3과 같이 자석 사이에 U자형 코일을 놓고, 이 코일에 전류를 통하면 도체가 자장안에 있으므로 플레밍의 왼손 법칙 방향으로 힘이 발생한다. 이 때 코일의 양쪽으로 흐르는 전류의 방향이 반대가 되어 자력선의 분포가 다르게 나타나기 때문에 회전력이 작용하여 회전운동을 일으키는 원리를 이용한 것이 엔진 시동장치

인 시동모터(start motor)이다. 여기서 시동모터는 스타트 모터로도 널리 사용한다.

2) 구조와 기능

　시동모터(start motor)는 그림 7.4와 같이 회전력을 발생하는 전동기(motor), 회전력을 엔진에 전달하는 동력 전달기구와 마그네틱 스위치(magnetic switch)의 작동에 의해 피니언을 이동시켜 링기어에 물리게 하는 마그네틱 스위치로 구성되어 있다. 여기서 마그네틱 스위치는 점화 스위치(ignition switch)와 같은 표현이다.

① 전동기

　전동기(motor)는 다음과 같은 주요 부품으로 구성되어 있다.

　(a) 자계를 발생시키는 계자철심, 계자코일

　(b) 자계철심을 지지해서 자기회로를 이루는 요크(yoke)

　(c) 토크를 발생하는 전기자(armature)

　(d) 전기자 코일에 전류를 흘리는 정류자와 브러시

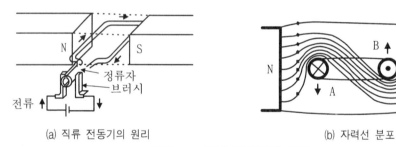

(a) 직류 전동기의 원리　　　　　　(b) 자력선 분포

그림 7.3 직류 전동기의 원리

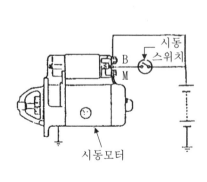

(a) 시동모터의 배선

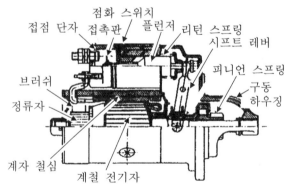

(b) 시동모터의 내부

그림 7.4 시동모터의 구조

② 점화 스위치

점화 스위치(magnetic switch)는 그림 7.5와 같이 배터리에서 시동모터로 흐르는 큰 전류를 단속하는 작용을 하고, 또한 피니언 기어(pinion gear)가 링 기어(ring gear)에 물리게 하는 작용을 한다. 시동키를 넣게 되면 전류가 흘러 내부 코일에 자력이 발생하여 플런저를 흡입한다. 플런저가 이동되면 접점 스위치를 작동시켜 배터리의 전류가 전동기(모터)에 흐르게 되고 동시에 시프트 레버가 당겨져 피니언 기어를 밀어냄으로써 플라이휠의 링 기어와 피니언 기어가 맞추어 지면서 엔진의 시동이 걸리게 된다. 여기서 마그네틱 스위치는 점화 스위치, 시동 스위치 등으로 표현되기도 한다.

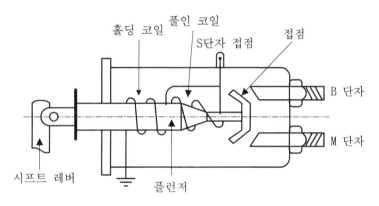

그림 7.5 마그네틱 스위치의 구조

(2) 동력전달 기구

동력전달 기구는 시동모터에서 발생한 회전력을 플라이휠에 전달하여 엔진을 회전시키는 기구이다. 점화 스위치가 작동하여 피니언과 링 기어가 물리면서 엔진 시동이 걸리고, 엔진의 시동이 성공적으로 진행되면 엔진 회전력이 시동모터에 전달되지 않도록 작동하는 오버런닝 클러치(over-running clutch)가 있다. 오버런닝 클러치의 구조는 그림 7.6과 같다.

(3) 배터리

자동차의 모든 전기장치를 작동하게 하는 기본 전원으로 배터리(battery) 충전장치가 사용되는데, 배터리는 2계통으로 구성된다. 즉, 엔진의 정지시나 시동시에는 배터리에 의해 전원이 공급되지만, 엔진의 운전중에는 얼터네이터(alternator)에 의해 전원이 공급된다. 여기서, 배터리를 축전지라고도 널리 사용한다.

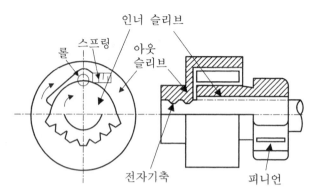

그림 7.6 오버런닝 클러치의 구조

자동차에서 많이 사용되고 있는 납산 배터리는 그림 7.7과 같은 구조로 되어 있고, 보통은 6개의 셀(cell)로 이루어진 케이스가 있다. 각각의 셀(cell)마다 양극판, 음극판, 격리판, 전해액이 들어있다.

배터리에서 극판은 납과 안티몬 합금제의 격자속에 납산화물을 묽은 황산에 혼합하여 충진, 건조 및 화학처리 한 것으로서 양극판은 다갈색의 과산화납(PbO_2)으로, 음극판은 해면상납(Pb)으로 각각 변한다. 양극판과 음극판 사이에는 격리판(부도체)과 유리매트가 끼워져 있으며, 이러한 여러장의 극판(양극판 3~5)은 1개의 셀(cell)속에 완전 충전을 할 경우 약 2.1V의 전압을 발생시킨다. 따라서, 배터리의 셀이 6개인 경우는 12V의 전압을 발생시킬 수 있다.

배터리의 전해액은 무색 무취의 순도 높은 묽은 황산으로 배터리 내부의 화학작용을 돕고, 각 극판 사이의 전류를 전도시키는 일을 한다. 배터리의 충전 상태를 확인하는 방법은 전해액의 비중을 측정하여 확인할 수 있으며, 완전 충전일 경우에는 25℃를 기준으로 하여 1.280이면 된다. 배터리에서 전류가 흘러나가는 것을 방전이라 하고, 발전기나 충전기에 의해서 배터리로 흘러 들어가는 것을 충전이라 하는데, 다음과 같은 화학반응을 하게 된다.

1) 방전원리

(양극)	(전해액)	(음극)		(양극)	(전해액)	(음극)
PbO_2 +	$2H_2SO_4$ +	Pb	$\rightarrow$	$PbSO_4$ +	$2H_2O$ +	$PbSO_4$

2) 충전원리

(과산화납)	(황산)	(해면상납)		(황산납)	(물)	(황산납)
PbO_2 +	$2H_2SO_4$ +	Pb	$\leftarrow$	$PbSO_4$ +	$2H_2O$ +	$PbSO_4$

최근의 자동차에서는 기존 배터리의 단점인 자기 방전과 화학 반응시 발생하는 가스로 인한 전해액의 감소 등을 개선한 MF(Maintenance Free) 배터리를 사용하고 있다. MF 배터리는 증류수를 보충할 필요가 없고, 자기 방전이 작으며, 장기간 보존이 가능하다. 또한, 배터리의 충전상태를 쉽게 확인할 수 있도록 배터리 상단에 표시기가 설치되어 편리하다는 장점이 있지만, 기존 배터리에 비하여 아직은 고가이다. 그러나, 최근 자동차에 사용되는 대부분의 배터리는 관리가 편리한 MF 배터리이다.

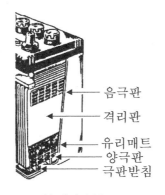

음극판
격리판
유리매트
양극판
극판받침

(a) 배터리 구조

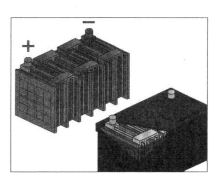

(b) 배터리 외관도

그림 7.7 배터리

7.3 점화장치

7.3.1 점화장치의 개요

연소실 내부에 압축된 고온·고압의 혼합기에 전기 불꽃을 튀겨서 적절한 시기에 점화하여 강제로 연소시키는 시스템을 점화장치(ignition system)라 한다. 점화장치는 그림 7.1(b)에서 보여준 것처럼 배터리, 점화 스위치, 점화코일, 배전기, 고압 케이블, 점화 플러그 등으로 구성되어 있다.

7.3.2 접점식 점화장치의 작동

(1) 점화회로의 작동 메카니즘

그림 7.8은 접점식의 점화장치를 나타낸 것으로 점화 스위치를 닫으면 배터리, 또는 발전기의 전류는 접점으로 흐른다. 이 때 접점이 닫혀 있으면(Tr식에서는 베이스에 "ON" 신호) 전류는 접점을 통하여 1차 코일에 자력선을 발생시킨다. 엔진이 회전하여 접점이 열리는 순간(Tr식에서는 "OFF" 신호) 흐르던 전류는 차단되고 급격한 자력선 감소(변화)로 인하여 10,000~30,000V라는 고전압이 2차 코일에 발생한다. 이 고전압을 배전기와 점화 케이블을 통해 점화 플러그로 공급하여 불꽃방전을 일으키고, 이 불꽃에 의해 연소실 안의 압축된 혼합기가 점화하게 되면 연소가 이루어진다. 최근의 자동차는 그림 7.8과 같은 접점식 점화장치의 단점을 보완한 트랜지스터식(transistor type) 점화장치가 사용되고 있다.

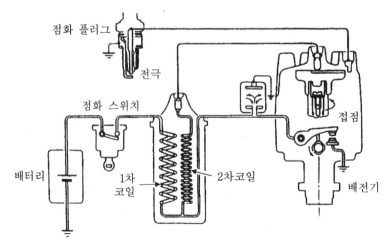

그림 7.8 점화장치의 구성도

(2) 점화장치의 구성 및 작용

1) 1차 저항

1차 저항은 그림 7.9와 같이 코일의 1차 코일에 장시간의 전류가 흐르면서 온도가 높게 되는 것을 방지하기 위하여 1차 회로(개자로형 점화 코일에 부착)에 직렬로 접속하는 밸러스트 저항(ballast resistor)으로 온도에 민감한 일종의 가변 저항이다.

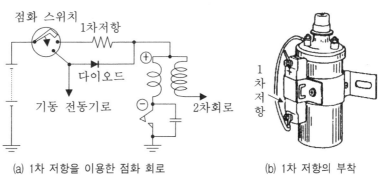

(a) 1차 저항을 이용한 점화 회로　　　　(b) 1차 저항의 부착

그림 7.9 1차 저항

2) 점화코일

점화코일은 기화기식 엔진의 경우 그림 7.10과 같은 개자로형을 많이 사용하였으나, 최근의 연료 분사장치가 장착된 엔진에서는 개자로형보다 더 높은 전압을 낼수 있는 그림 7.11과 같은 폐자로형 점화코일을 사용하고 있다.

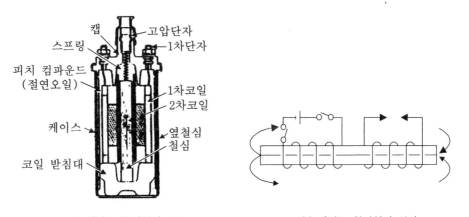

(a) 개자로 철심형의 구조　　　　(b) 개자로 철심형의 원리

그림 7.10 개자로 점화코일

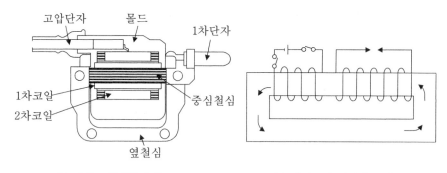

(a) 폐자로 철심형의 구조   (b) 폐자로 철심형의 원리

그림 7.11 폐자로 점화코일

개자로형 점화코일의 철심은 자력선의 손실과 열 발생을 감소시키기 위해서 얇은 규소 강판을 겹치거나 말아서 중심 철심을 만든다. 이 철심에는 약 $0.05 \sim 0.1\text{mm}$ 정도의 2차 코일을 $20,000 \sim 30,000$회 정도로 먼저 감아 놓고, 그 위에 $0.5 \sim 1\text{mm}$ 정도의 1차 코일을 $200 \sim 300$회 정도 감는다. 점화코일이 1차 코일에 전류를 통하면 자력선이 형성되고, 흐르던 전류를 단속하면 변화된 자력선을 2차 코일이 받게 되어 2차 코일에는 높은 전압이 상호 유도작용에 의해 유기된다.

3) 배전기

배전기(distributor)를 기능별로 구분하면 그림 7.12와 같이 배전부, 단속부, 진각부, 구동부라는 4개의 주요 부분으로 구성된다.

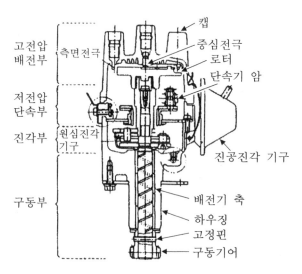

그림 7.12 배전기의 구조

① 배전부

배전부는 점화코일의 2차측에서 발생한 고전압을 엔진의 실린더 헤드에 설치한 점화 플러그의 점화 순서에 따라 분배하는 역할을 한다. 배전부의 주요 구성부품은 배전기 캡과 로터로 구성된다.

② 단속부

단속부는 점화코일의 1차 회로를 단속하여 점화코일의 2차측에 고전압을 발생시키는 부분이다. 접점식에는 그림 7.13과 같이 점점, 단속기 암, 캠, 배터리 등으로 구성되어 있으며, 무접점식(전자파 차단)에서는 이그나이터(ignitor)와 트리거 휠로 구성되어 있다.

(a) 캠 : 접점식에서는 단속기 암의 접점을 개폐하고, 무접점식에서는 캠 대신에 트리거 휠을 사용한다. 4사이클 엔진에서 캠축은 크랭크축 회전수의 1/2로 회전을 한다.

(b) 캠각 : 접점식에서는 점점이 닫혀 있는 동안 캠의 회전 각도를 말하고, 무접점식에서는 폐로율이라고도 한다. 2차 전압에 직접적으로 영향을 미치고 있으며, 점화회로 내의 1차 전류가 흐르고 있는 시간이다.

③ 진각부

일반적인 배전기의 진각부에서는 엔진의 회전수에 따라 진각하는 원심식 진각장치와 엔진에 걸린 부하에 따라 진각하는 진공식 진각장치의 두가지가 있다. 연소 시에 발생하는 최대압력은 상사점 후 $10°{\sim}15°$ 부근에서 폭발하도록 점화시기를 조절하는 역할을 한다.

(a) 원심식 진각기구 : 엔진의 회전 속도가 증가하면 그림 7.14와 같이 원심추에 원심력이 가해져서 스프링의 장력을 이기고 바깥쪽으로 벌어지면서 구동판을 구동축의 회전 방향으로 일정량 만큼 이동시켜 점화시기를 빠르게 한다.

(b) 진공식 진각기구 : 진공 진각기구는 기화기식 연료공급 장치에서는 스로틀 부분에서 생기는 진공이 엔진에 걸리는 부하와 함께 변화하는 원리를 이용하여 작동시킨다. 즉, 무부하 상태에서는 다이어프램에 대기압이 작용하여 진각이 이루어지지 않다가 그림 7.15와 같이 작은 부하가 걸리면 진공도가 크기 때문에 최고의 진각 상태가된다. 반대로 부하가 클수록 진공포트에 걸렸던 진공도가 점점 약해져 진각량이 작아지게 된다.

④ 구동부

구동부는 엔진의 캠축이나 크랭크축에 직접 결합되어 회전하는 부분으로 크랭크축 기어와 캠축의 헬리컬 기어가 서로 맞물려 구동한다. 4사이클 엔진에서 캠축은 엔진 회전수의 1/2로 구동한다.

그림 7.13 단속기의 구조

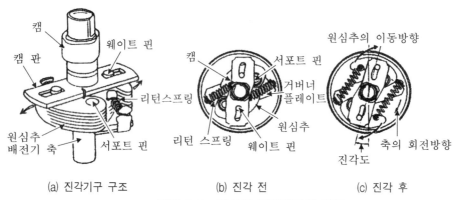

(a) 진각기구 구조   (b) 진각 전   (c) 진각 후

그림 7.14 원심식 진각기구의 작동

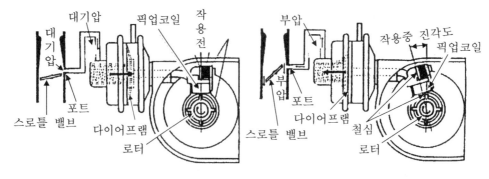

그림 7.15 진공식 진각기구

ㄴ) 점화 플러그

점화 플러그(spark plug)는 점화 2차 회로의 한 부품으로 실린더 헤드의 연소실

에 체결되어 있다. 점화 플러그는 점화코일에서 유도된 고압 전류로 점화 플러그의 중심 전극과 접지 전극 사이의 간극에서 불꽃 방전을 일으켜 전극에 인접한 압축된 혼합기에 점화하는 일을 한다. 여기서 점화 플러그는 가솔린 엔진에서 압축된 연료—공기 혼합기를 강제로 점화하기 위해서 사용되는 것으로 스파크 플러그(spark plug)라고도 한다.

점화 플러그의 구조는 그림 7.16과 같이 구성되어 있으며, 점화 플러그의 간극은 권장 기준값(1.0~1.1mm)보다 너무 작으면 불꽃이 약해지고, 너무 크면 불꽃 발생이 어려워 실화(misfire)된다. 점화 플러그를 오랫동안 사용하게 되면, 중심 전극에 용융 마모(melting wear)가 발생하여 엔진 점화에서 필요한 불꽃방전을 일으키지 못하는 경우가 발생하기 때문에 간극 수정이 필요하다. 결국, 점화 플러그는 일정한 사용시간이 지나면 간극의 마모, 탄소와 같은 이물질의 퇴적에 의한 노크 발생 등 때문에 정기적으로 교환해야 한다.

전극은 둥근 것보다 모서리지게 하는 것이 불꽃방전에 유리하다. 또한, 연소과정에서 생성되는 카본 누적을 막고, 조기점화를 방지하기 위해 자기 청정온도(450~800℃)에서 사용될 수 있도록 적절한 열가를 가지고 있다. 여기서 열가는 점화 플러그의 열발산 정도를 수치적으로 나타낸 것이다.

점화 플러그에서 열 발산이 잘되고 타기 어려운 플러그를 냉형(고속형) 점화 플러그, 열을 잘 발산시키지 못하고 타기 쉬운 플러그를 열형(저속용) 점화 플러그, 그 중간의 것을 중열형 점화 플러그라 한다.

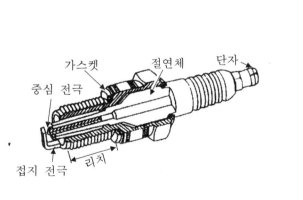

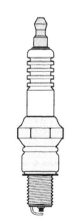

(a) 점화 플러그의 구조   (b) 점화 플러그의 외관도

그림 7.16 점화 플러그

7.3.3 트랜지스터식 점화장치

자동차의 점화장치는 그림 7.8의 회로식 점화장치에서 접점식 배전기를 무접점 (트랜지스터식) 배전기 타입으로 급속히 바뀌고 있다. 접점식 점화장치는 기계식 접점을 사용하므로 저속으로 회전할 때의 접점 불꽃으로 인한 2차 전압의 저하, 접점(point)의 소손, 고속시 2차 전압의 저하는 물론 접점 틈새의 변화로 점화시기가 맞지 않거나 고속시에 접점이 채터링(chattering)이 발생하는 등의 문제를 피할 수가 없다.

따라서, 접점(point contact) 대신에 정확한 점화시기를 검출하는 신호 발신기를 사용하여 전기적으로 점화 시기를 결정하는 것이 유리하다. 트랜지스터식 점화장치는 신호를 발생하는 방법에 따라 신호 발전식, 전자파 차단식, 광선 차단식으로 분류할 수 있다.

(1) 신호 발전식

신호 발전식(signal generator)은 그림 7.17과 같이 점화시기 신호를 만드는 일종의 작은 발전기로 엔진의 실린더 수와 같은 수의 돌기 부분이 있는 타이밍 로터가 회전함에 따라서 픽업 코일에 신호 전압을 발생시키고, 이 신호 전압에 의하여 트랜지스터가 작동하면, 1차 코일에 흐르는 1차 전류를 단속하여 2차 전류를 유도한다.

그림 7.17과 같은 신호 발전식 점화장치는 가솔린 엔진에서 많이 이용되고 있는 형식이다.

(2) 전자파 차단식

전자파 차단식은 그림 7.18과 같이 이그나이터(ignitor) 내부에 있는 발진 코일에서 수백 [kHz] 고주파의 전자파를 발생시키고, 픽업 코일(검출 코어)에서 수신할 수 있게 한 다음, 실린더 수와 같은 차단판이 있는(트리거 휠)을 회전시켜 점화 신호를 발생한다. 즉, 로터의 돌기가 검출 코어와 가까워졌다가 멀어짐에 따라 자속 손실의 변화가 발생하고, 이러한 자속 손실의 변화는 고주파의 발진상태로써 발진 검출기에서 검출된 후 증폭하여 최종적으로 파워 트랜지스터를 "ON"-"OFF"시켜서 점화 코일의 1차 전류를 단속한다.

(3) 광선 차단식

광선 차단식은 그림 7.19와 같이 배전기 안에 슬릿(slit) 판을 설치하여 아래 위

발광 다이오드와 포토 다이오드를 두고, 배전기 축이 회전함에 따라서 슬릿 판이 회전하게 되어 발광 다이오드에서 발하는 빛을 포토 다이오드가 슬릿 틈새를 통하는 빛을 받아 전기 신호로 컴퓨터(ECU)에 보낸다.

또한, 컴퓨터(ECU)는 엔진의 각종 상황에 가장 알맞은 점화신호를 결정한 후에 파워 트랜지스터에 점화신호를 보내게 되고 파워 트랜지스터에 의해 폐자로 점화코일의 1차전류가 단속되어 고전압을 얻는 형식이다. 이러한 관성 차단식의 점화장치 대표적인 형식이 MPI 엔진이다.

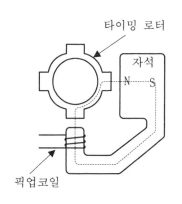

그림 7.17 신호 발전식 점화장치

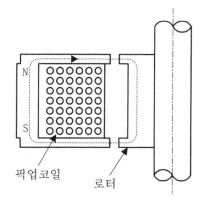

그림 7.18 전자파 차단식 점화장치

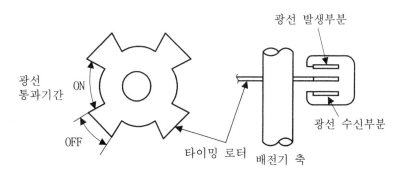

그림 7.19 광선 차단식 점화장치

7.3.4 전자배전 점화장치

전자배전 점화장치(distributorless ignition : DLI)는 배전기가 없는 대신에 컴퓨터를 이용한 전자배전 방식의 점화장치이다. 전자제어 장치에 따라 전자배전 방식을 분류하면 크게 코일 분배식과 다이오드 분배식으로 나눌 수 있다. 코일 분배 방식에는 동시 점화방식과 독립 점화방식의 두가지가 있다. 전자배전 점화방식의 점화장치는 일반적으로 가격면에서 유리한 코일 분배식의 동시 점화방식을 이용하고 있다.

전자제어 배전점화장치(DLI)의 동시 점화방식은 2개의 실린더에 1개의 점화 코일을 이용하여 압축행정의 상사점과 배기행정의 상사점에서 동시에 점화시키는 방식이다. 즉, 1번 실린더와 4번 실린더에 점화를 동시에 하고자 할 경우 1번 실린더는 압축행정의 상사점이기 때문에 연소가 이루어지지만, 4번은 배기행정의 상사점에 있기 때문에 무효방전이 된다.

그림 7.20과 같이 ECU의 신호에 따라 트랜지스터 Ⓐ가 "ON"되면 점화코일 Ⓐ의 1차 전류가 "ON"되고, 파워트랜지스터 Ⓐ가 "OFF"되면 점화코일 Ⓐ의 2차 코일에는 (+)와 (−)의 양극성 고전압이 발생된다.

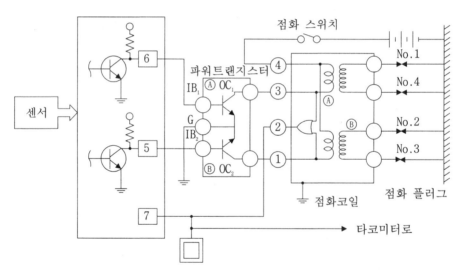

그림 7.20 전자제어 배전점화장치(DLI) 구성도

7.4 충전장치

7.4.1 충전장치의 개요

자동차에는 엔진의 시동장치나 점화장치와 같은 전장품을 비롯하여 램프류, 에어콘 장치 등 많은 전기장치가 있으며, 이러한 전기장치에 전력을 공급하는 전원으로는 그림 7.21과 같이 배터리(battery)와 발전기(alternator)가 있다.

발전기는 벨트로 엔진과 연결되어 구동되며, 그 발전량은 엔진의 회전수에 따라 다르지만 발전량이 부하량보다 많은 경우는 발전기만으로 모든 전기장치에 전력을 공급하고 배터리도 발전기에 의해 충전된다.

교류 발전기는 그림 7.22와 같이 원통형으로 제작된 철심(stator) 내면에 코일을 3조로 감아 놓고, 그 안에서 자석(로터)을 회전시키면 3상의 교류전압이 발생한다.

자동차 엔진의 교류 발전기는 3상 교류 발전기의 출력을 실리콘 다이오드에 의해 정류하여 직류로 바꾸는 방식이다. 현재는 다음과 같은 이유로 직류 발전기보다는 교류 발전기를 많이 사용하고 있다.

① 크기가 작고 가볍다.
② 내구성이 우수하고, 공회전시나 저속시에도 충전이 가능하다.
③ 출력 전류의 제어 작용을 하고, 조정기의 구조가 간단하다.
④ 브러시의 수명이 길고, 불꽃 발생이 작다.

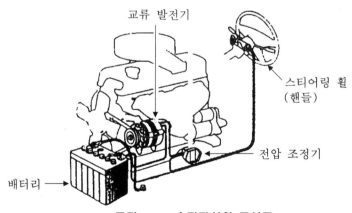

그림 7.21 충전장치의 구성도

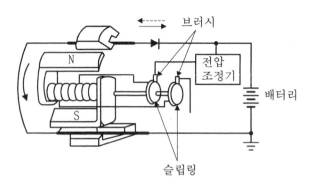

그림 7.22 교류 발전기

7.4.2 교류 발전기의 구조

(1) 로터

로터(rotor)는 그림 7.23과 같이 철심(core), 로터 코일(rotor coil), 슬립링(slip ring), 로터축으로 구성되어 있으며, 회전 로터는 크랭크 풀리와 V－벨트로 연결되어 있다.

로터 코일은 브러시와 슬립링을 통해 들어온 여자 전류(레귤레이터에 의해 조정된 전류)로 자장을 발생하는 부분이며, 코일의 양끝에는 스테인레스강(stainless steel)으로 만든 슬립링(slip ring)에 각각 연결되어 있다. 로터 철심은 로터 코일에서 자장으로 자석이 되는 부분이다.

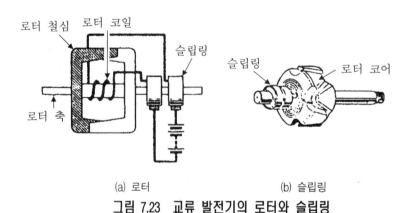

(a) 로터　　　　　　　　　　　　(b) 슬립링

그림 7.23 교류 발전기의 로터와 슬립링

(2) 스테이터

스테이터(stator)는 그림 7.24와 같이 코어와 코일로 되어 있고, 로터에서 발생한 자장의 크기와 회전수에 따라 높고 낮은 3상 교류전압이 발생되며, 3상 교류전압은 다이오드에 의해 직류로 정파 정류가 된다. 스테이터 철심은 자장 손실을 적게 하기 위해 0.8~1.2mm의 강판이나 규소 강판을 여러 장 겹쳐서 만들었고, 로터 철심과 함께 자기 회로를 형성한다. 철심의 안쪽에는 코일이 들어가는 홈이 있으며, 코일은 120° 간격의 Y결선 방식으로 감아 놓았다.

(3) 레귤레이터

레귤레이터(regulator)는 발전기의 로터 코일에 흐르는 계자 전류를 제어하여 발전기의 출력 전압을 조성하는 역할을 한다. 접점식 레귤레이터는 접점에 의해 로터 코일 전류를 기계적으로 단속하고, IC 레귤레이터는 반도체 회로에 의해 로터 코일의 전류를 단속한다. 또한, 발전기의 출력 전압이 낮을 경우에는 충전 경고등이 점등되도록 한다.

(4) 브러시

그림 7.3(a)처럼 회전하는 정류자를 지지하는 브러시(brush)는 금속 흑연을 이용하여 만든 것으로 레귤레이터에서 제어된 계자 전류를 슬립링까지 전달하는 역할을 한다.

(5) 팬과 풀리

발전기에서 팬(fan)을 이용한 냉각 방식은 그림 7.25와 같이 뒤쪽에서 들어간 공기가 로터와 스테이터의 틈새를 지나 앞쪽으로 나가는 방식이 보통이다. 특히, 발열이 큰 다이오드와 코일의 냉각이 중요하다.

풀리(pulley)는 V−벨트를 사용하나, 최근에는 벨트의 접촉면적을 키워 미끄럼을 방지하기 위해 V−리브형 벨트를 많이 사용하고 있다.

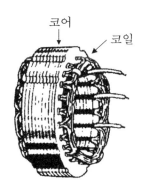

그림 7.24 스테이터

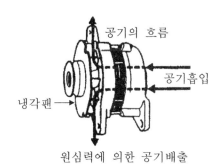

그림 7.25 발전기의 냉각

7.1 자동차 엔진을 시동하기 위해 필요한 시동장치의 구성부품을 그림으로 그려서 시스템적으로 설명하고. 각 부품에 대해 간략하게 설명하시오.

7.2 자동차 엔진의 연료를 점화시키기 위해 필요한 전기 점화장치의 구성부품을 그림으로 그려서 시스템적으로 설명하고. 각 부품에 대해 간략하게 설명하시오.

7.3 엔진을 시동하기 위하여 배터리를 사용하지만, 엔진의 구동중에는 배터리를 충전하고, 필요한 전기 에너지를 공급하기 위해 사용하는 충전장치의 구성부품을 그림으로 그려서 시스템적으로 설명하고. 각 부품에 대해 간략하게 설명하시오.

7.4 배터리의 방전과 충전은 양극과 음극의 소재, 그리고 전해액의 역할이 대단히 중요한데, 배터리의 방전과 충전과정에서 발생되는 현상을 간략하게 설명하시오.

7.5 가솔린 엔진에서 사용하는 점화 플러그의 역할과 점화 플러그를 장기간 사용함에 따라 발생하는 문제점을 기술하시오.

7.6 엔진의 점화는 전자배전 점화방식(DLI)을 널리 사용하는데, DLI가 기존의 점화방식과 다른 점에 대하여 설명하시오.

7.7 엔진에서 배터리의 역할을 기술하고, 배터리의 방전과 충전과정을 화학적 반응식으로 설명하시오.

제 8 장

윤활유와 윤활장치

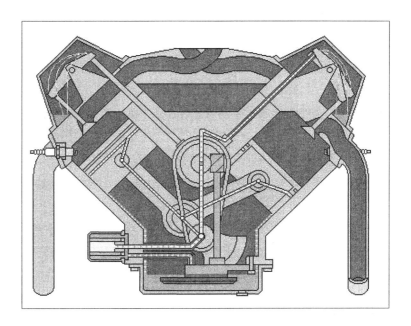

8.1 엔진 윤활의 일반개요

자동차 엔진의 윤활은 각부의 마찰 운동부에 윤활유를 공급하여 저마찰 특성을 유지하고, 발생되는 마찰열을 냉각시키고, 동시에 윤활부에 있는 각종 이물질을 제거하며, 하중을 담당해야 하는 베어링에서는 엔진의 회전 하중을 충분히 담당하여 안전성을 확보하고, 마찰부에서 발생하는 산화물질을 억제하는 등 그 역할이 대단히 많다. 이렇게 중요한 기능을 담당해야 하는 윤활유는 윤활이 필요한 부위에 정량의 윤활유를 적기에 충분히 공급함으로써 엔진 마찰부에 공급되는 윤활유 부족에 따른 문제점을 해결할 수 있다.

따라서, 자동차 엔진에서는 오일탱크에 저장된 윤활유를 오일펌프를 사용하여 윤활을 필요로 하는 마찰부위에 강제로 급유하는 방법이 일반적으로 사용되고 있다. 오일탱크에 있는 오일 여과기(oil strainer)를 거친 엔진오일은 오일펌프에 의해 흡상되어 불안정한 오일의 압력을 유압조정밸브에 의해 200~500kPa 정도의 균일한 압력으로 유지하며, 오일탱크에서 이송된 오일은 오일필터(oil filter)를 거치면서 이물질 모두가 제거된다. 윤활유에 함유된 이물질이 제거되고, 적정온도로 떨어진 오일은 엔진에서 윤활유 공급을 필요로 하는 크랭크축 계통의 피스톤과 실린더 벽면, 밸브 트레인 장치, 엔진 베어링과 각종 보조장치의 마찰부 등에 공급된다.

즉, 그림 8.1과 같은 윤활 공급체계를 갖는 자동차 엔진은 주급유관에서 크랭크축의 저널부로 보내진 오일은 크랭크축 내부의 크랭크 핀에 공급되고, 그 측면으로 누설된 오일은 피스톤과 실린더 벽면을 윤활하도록 되어 있다, 또한, 커넥팅 로드의 내부에 오일 구멍을 설치해서 피스톤 핀의 마찰부에 강제적으로 급유한다. 대형 엔진은 커넥팅 로드를 통해서 유입된 윤활유를 피스톤 아래 면에 공급하여 냉각작용을 수행하도록 하고 있다. 밸브기구는 일반적으로 캠축, 또는 로커암축을 통해서 급유하고, 캠의 마찰 운동면에 대한 윤활은 베어링에서 비산(splash)된 윤활유의 거품에 의해 윤활유가 공급되기도 한다.

엔진의 각 윤활부에서 윤활을 마친 오일은 중력에 의해 하부에 설치된 오일탱크로 떨어지고, 모아진 오일은 다시 오일 여과기를 통해서 오일펌프로 보내지지만, 그림 8.1과 같이 크랭크실의 하부에 비교적 큰 체적의 오일팬을 설치함으로써, 그것이 오일탱크가 되는 습식법과 엔진의 외부에 별도의 오일탱크를 설치하여 크랭크실의 윤활유를 송유펌프로 오일 냉각기를 거쳐서 오일탱크에 되돌리는 건식법의 두가지가 있다. 자동차용 엔진에서는 습식법이 주로 사용되고 있으나, 대형 엔진이나 항공기용 피스톤 타입 엔진에서는 건식법을 대부분 사용하고 있다.

윤활유 공급 시스템을 자세히 설명하면, 그림 8.1은 자동차 엔진의 윤활유 공급 계통도를 보여주는 것으로 오일탱크에 저장된 윤활유는 유면 아래에 설치된 오일 여과기로부터 오일펌프에 의해 흡상하여 오일필터에서 이물질을 제거하고 주급유관으로 보내진다. 주급유관을 통과한 오일은 유공(oil hole)을 따라서 메인 베어링으로 압송되고, 일부는 로커암축, 캠축으로 이동하여 흡배기 밸브, 밸브 스템 등의 밸브기구에 윤활을 한다. 또한, 실린더−피스톤계에는 크랭크 핀과 베어링을 거친 윤활유를 사용하고, 동시에 비말식 급유법으로 실린더−피스톤 간극에 오일을 공급한다. 이와 같이 각각의 윤활 부위를 순환한 오일은 중력으로 아래로 떨어져 다시 오일탱크로 되돌아가는 순환 시스템이 자동차 엔진의 윤활 계통도이다.

단일 실린더(single cylinder)의 소형 엔진은 급유펌프를 사용하지 않고 특수한 형상의 오일주걱을 커넥팅 로드의 대단부 또는 크랭크 핀의 마찰부에 부착시켜 크랭크축이 회전함에 따라 오일팬에서 소량의 오일을 떠서 피스톤의 하단부나 실린더 벽면에 비산되도록 한다. 또한, 중질 연료를 사용하는 대형 선박의 디젤 엔진에서는 연소과정에서 발생된 연소 생성물에 의해 윤활유가 오염되기 쉬우므로 실린더 주위의 윤활 계통과 크랭크축 주위의 윤활 계통을 완전히 분리하는 방법이 채택되기도 한다. 이러한 방법은 사용중인 윤활유의 오염도를 낮추기 위한 것이다.

일반적으로 자동차의 엔진오일이 갖추어야 할 기본적인 윤활 작용은 다음과 같다.

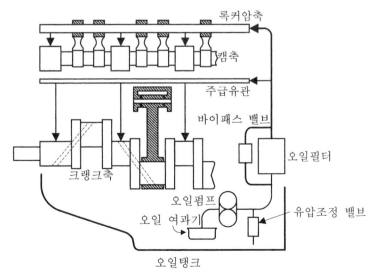

그림 8.1 자동차 엔진의 윤활 계통도

① 마찰력을 감소시켜 동력손실을 작게 한다.

② 혼합기, 또는 연소가스에 의한 블로바이(blow-by) 현상을 방지한다.

③ 마찰 운동부에 대한 냉각작용을 한다.

④ 베어링에 걸리는 충격하중이나 진동을 흡수한다.

⑤ 미끄럼 마찰 접촉 운동부의 부식이나 녹 발생을 방지한다.

⑥ 마찰면에서 발생되는 마멸입자나 외부에서 유입된 이물질을 제거한다.

자동차 엔진의 성능과 수명, 고장 발생 측면에서 엔진오일은 절대적 영향을 미치기 때문에 엔진오일에 대한 윤활 관리(oil management)를 철저하게 해야 한다. 결국, 자동차에 대해 잘 모르는 절대 다수의 운전자는 최소한 윤활유와 냉각수를 점검하면서 운전을 해야 한다.

즉, 자동차에 연료가 떨어지면 엔진은 절대로 작동을 하지 않기 때문에 엔진에 어떠한 영향도 미치지를 않는다. 그러나, 자동차에 사용하는 각종 윤활유는 부족하거나 없으면, 윤활유를 공급받아야 하는 부품은 금방 고체마찰에 의한 손상을 입게 되고, 계속하여 구동시키면 엔진은 마찰열에 의한 손상을 받아서 엔진을 교환해야 하는 치명적인 사건이 발생한다. 따라서, 엔진에 윤활유가 부족하던지, 또는 사용 윤활유가 부적합 할 경우는 자동차의 수명에 직접 영향을 미치기 때문에 윤활유의 관리를 항상 잘 해야 한다. 이것을 위해서 가장 간편하고 효과적인 방법은 엔진오일을 점검할 수 있는 오일 레벨 게이지를 사용하면 된다.

엔진오일은 대부분 윤활 특성이 우수하기 때문에 엔진에 적량을 공급하여, 일정 기간동안 사용하고, 엔진 용량에 따른 교환주기를 맞추기만 하면 문제가 없다. 그러나, 엔진오일의 교환시기를 크게 넘기면 엔진은 윤활유 부족에 따른 심각한 열적 문제점, 즉 피스톤의 스커핑(scuffing)이나 시져(seizure) 현상이 발생되어 엔진이 손상되기도 한다. 따라서, 자동차 엔진은 윤활유의 적정한 교환과 유지를 하면 특별한 문제가 일어나지 않는다.

자동차 엔진의 성능 또는 품질을 보장하는 제1차 기준은 자동차 엔진오일의 점검과 교환 관리가 정상적으로 이루어졌는가를 본다. 아무리 좋은 자동차라 할지라도 윤활관리가 잘 관리되지 않았다면 엔진의 성능은 잠시도 보장할 수 없기 때문이다. 자동차 엔진은 그림 10.79에서 보여주는 것처럼 정상적인 윤활관리가 이루어지고 있다는 전제조건하에서 최저 3년부터 최장 10년까지 보장하고 있다. 결국, 자동차의 성능이나 내구성은 엔진오일의 품질과 엔진오일에 관련된 시스템 관리상태에 크게 의존한다는 사실이다.

8.2 윤활유

8.2.1 윤활유의 종류

일상적으로 사용중인 윤활유에는 동식물유와 광유(mineral oil)가 있으며, 자동차 엔진오일(engine oil)은 일반적으로 탄화수소(HC) 계열의 광유를 사용하지만, 최근에 합성유(synthetic oil)를 일부 사용하기도 한다.

식물성 윤활유로 피마자유(caster oil)가 엔진오일로 사용된 적이 있다. 피마자유의 윤활성은 비교적 좋지만 고온에서 고무모양의 물질을 생성하는 결점이 있고, 특히 피스톤과 피스톤 링의 미끄럼 마찰부에 눌러붙는 문제점이 발생하기 때문에 현재는 사용되지 않는다.

자동차 윤활유로 널리 사용되고 있는 광유는 석유에서 정제된 것으로서 원유의 생산지에 따라서 파라핀계와 올레핀계로 분류된다. 올레핀계 윤활유는 파라핀계보다 쉽게 완전 연소해서 슬러지(sludge)라고 부르는 퇴적물이 잘 발생되지 않는다. 여기서 슬러지는 연소실의 온도가 고온으로 올라가기 때문에 윤활유가 변질되어 불순물과 혼합된 퇴적물을 말한다. 일반적으로 파라핀계 윤활유는 소비량이 작고 밀봉성(sealing)이 양호하다.

8.2.2 점도와 점도지수

점도(viscosity)는 오일의 유동성에 대한 저항의 크기 정도를 나타내는 수치로 오일의 특성, 즉 오일의 성능에 관련된 선정 기준으로 중요한 역할을 한다. 따라서, 자동차 엔진에서 오일의 점도는 엔진오일을 선정하는 기준으로 작용하고 있다. 엔진 윤활유의 성능은 표 8.1에서 제시한 것처럼 오일의 점도에 의해 좌우되지만, 오일의 점성계수 또는 절대점도의 크기는 cgs 단위로 P(Poise), 또는 1/100인 cP(centi-Poise)로 표시하며, SI 단위는 Pa·s(Pascal-sec)로 표기된다. 여기서 Poise의 단위는 $g/(cm \cdot s)$으로 나타낸다.

동점성계수는 윤활유의 절대 점성계수를 밀도(density)로 나눈 것으로, cgs 단위로는 St(Stokes) 또는 1/100인 cSt(centi-Stokes)로 표기하고, 동점성계수를 SI 단위로 나타내면 cm^2/s이다. 일반적으로 트라이볼로지에 관련된 윤활설계를 해야하는 경우는 절대점도(단위 : cP)를 사용하지만, 대부분의 기계 시스템에 대한 윤활관리는 오일의 동점도(단위 : cSt)를 관리하면 된다.

표 8.1 육상 내연기관용 윤활유의 특성

		1호	특2호	2호	3호	4호	5호
인화점, ℃		150℃ 이상	175℃ 이상	175℃ 이상	185℃ 이상	185℃ 이상	185℃ 이상
동점도 cSt	-17.8℃	1950±650	6500±3900	-	-	-	-
	98.9℃	-	-	7.5±1.5	11.0±2.0	15.0±2.0	20.0±3.0
점도지수(VI)		85 이상	85 이상	85 이상	85 이상	85 이상	85 이상
유동점, ℃		-25℃ 이하	-22.5℃ 이하	-12.5℃ 이하	-10℃ 이하	-7.5℃ 이하	-5℃ 이하

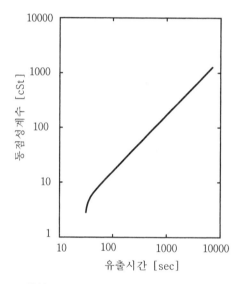

그림 8.2 세이볼트 유니버셜 점도계로 측정한 동점성계수

윤활유의 점도는 측정하는 점도계에 따라 세이볼트 유니버셜 점도, 레드우드 점도, 엥글러 점도로 각각 부른다. 이들 점도계는 일정량의 윤활유가 정해진 크기의 오리피스를 통과하는 시간을 측정해서 점도로 나타낸 것으로 동점성계수에 해당된다. 이러한 점도계로 측정된 시간(sec)과 동점성계수는 그림 8.2와 같이 제시될 수 있다.

오일의 점도는 오일의 실제 사용온도에 따라서 크게 달라진다. 엔진에서 사용하는 윤활유는 온도에 의한 점도 변화가 작은 것이 바람직하다. 오일에서는 점도가 온도에 따라서 변화하는 비율을 점도지수(Viscosity Index : VI)로 나타낼 수 있다. 점도지수(VI)의 값이 크다는 것은 온도에 따른 점도변화가 작다는 것을 의미한다. 점도지수는 점도변화가 작은 파라핀계의 기준유(reference oil)를 100으로 하고, 점도변화가 큰 나프텐계의 기준유를 0으로 한다. 기준유와 시료유의 온도가 37.8℃(100°F)와 98.9℃(210°F)일 때의 점도변화를 비교해서 VI가 구해진다. VI의 측정편의를 위해 그림 8.3과 같은 점도지수 선도가 작성되어 있다. 엔진 윤활유의 점도지수는 일반적으로 100 전후이지만, 최근의 엔진오일은 점도지수가 높은 것을 사용하는 추세에 있다. 윤활유에 점도지수 향상제(VI improver)를 첨가하면 120~150 정도에 도달하는 것도 있다.

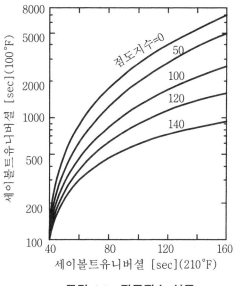

그림 8.3 점도지수 선도

8.2.3 윤활유 첨가제

윤활유는 기유(base oil)에 첨가제(additive)를 혼합함으로써 그 윤활유의 특성을 결정하게 된다. 따라서, 윤활유에 혼합된 첨가제는 기능적으로 대단히 중요한 역할을 담당하고 있다.

엔진오일은 엔진의 작동과정에서 연소실의 온도 변화를 직접 접하게 되고, 동시에 공기, 혼합기, 연소가스 등과 직접 접촉하기 때문에 장기간 운전에 따른 노화현상이 일어난다. 즉, 윤활유는 크랭크실 내에서 고온의 공기와 혼합하고 비산되기 때문에 서서히 산화가 진행될 뿐만 아니라 흡입공기 중에 포함되었던 먼지가 실린더 벽면을 통해 윤활유로 들어가 혼합하게 된다. 또한, 고온의 연소가스와 접촉하면서 윤활유는 변질되어 슬러지(sludge)가 발생되어 윤활유를 오염하게 되고, 윤활유에 물이나 수분이 혼입하게 되면 윤활유는 에멀젼(emulsion)을 생성하게 된다.

이러한 윤활유의 노화현상 문제를 완화시키거나 방지하기 위해서 윤활 기유(base oil)에 필요한 첨가제(additive)를 혼합하게 된다. 윤활유의 산화분해, 열분해, 마찰이나 마멸의 감소를 위하여 첨가하는 물성 강화용 첨가제와 기유 분해분의 침적을 막아주거나 부식을 방지하고, 온도 변화에 따른 점도 변화를 작게 하기 위한 물성 추가용 첨가제의 두 가지로 대별된다. 즉, 윤활유 첨가제는 윤활유의 물리적, 화학적 성질을 보완시키거나, 또는 기존의 특성을 강화시킴으로써 윤활유의 특성을 향상시키기 위해 사용하는 특수한 화학물질을 첨가제라 한다.

일반적으로 윤활유에 공급되는 첨가제로써 갖추어야 할 조건을 보면 다음과 같이 요약될 수 있다.
① 기유에 대한 용해도가 충분할 것
② 물이나 열에 대한 안정성이 우수할 것
③ 휘발성이 낮을 것
④ 장기간 보관해도 안정할 것
⑤ 첨가제 상호간에 반응하여 침전물이 생기지 말 것

윤활유의 성능을 향상시키고 동시에 열화되는 것을 방지하기 위해서 여러 가지 첨가제를 사용하는데, 널리 사용되는 엔진 오일의 첨가제로는 산화 방지제, 청정 분산제, 점도지수 향상제, 부식 방지제, 극압제, 유동점 강하제, 기포 방지제 등이 있다. 또한, 대형 선박용 디젤 엔진에서는 유황분을 포함한 연료를 사용하기 때문에 발생된 연소 생성물에 의한 윤활유의 산성화를 방지하고 윤활유가 접하는 메탈이 부식되는 것을 차단하기 위해서 특히 알칼리성이 강화된 윤활유를 사용한다.

8.2.4 엔진오일의 특성

엔진의 효율성을 확보하고, 기능을 충분히 발휘할 수 있도록 하기 위해서 엔진의 상대 접촉 운동부에 윤활유를 충분히 공급하여 마찰부가 원활하게 작동하도록 하여 불필요한 마찰력을 없애고, 마찰면 상호간에 직접적인 접촉을 가능한 방지시켜서 윤활작용과 냉각작용이 효율적으로 진행하도록 한다. 또한, 피스톤과 실린더의 간극을 통하여 연소실로부터 유입되는 연소가스의 누출을 방지할 수 있도록 윤활막(oil film)에 의한 밀봉작용을 한다. 따라서, 엔진오일에 필요한 성상과 실용상 요구되는 엔진오일의 성능은 다음과 같다.

(1) 점도특성

    엔진오일의 점도는 오일의 유동성에 대한 저항성 정도를 나타내는 중요한 파라메터로 저온 유동성, 윤활성, 연료 소비량, 오일 소비량 등과 밀접한 연관성을 갖고 있다. 엔진오일의 점도는 미국의 SAE(Society of Automotive Engineers)의 점도 분류표가 널리 사용되고 있다.

    엔진오일의 SAE 점도 번호가 크면 점도는 높고, 점도번호가 작으면 점도는 작다고 표현한다. 엔진오일의 점도특성은 SAE 점도번호에 의한 점도의 대소뿐만 아니라, 온도 변화에 따른 점도 변화의 정도를 나타내는 점도지수나 저온시의 유동성도 대단히 중요한 특성이다. 예를 들어 점도지수가 높은 오일을 사용하게 되면 온도 변화에 대하여 점도 변화가 작기 때문에 고온에서의 윤활성과 저온에서의 시동성이 대단히 유리해진다.

    현재 자동차용 고급 엔진오일의 점도지수(VI)는 점도변화에 따라서 다르기는 하지만, 일반적으로 90~110 정도의 것을 사용한다. 이것은 SAE 점도 분류의 번호 규정 점도범위 안에 해당되는 것으로 싱글 그레이드 오일(single grade oil)이라고 한다. 그림 8.4는 엔진오일이 2개의 규정 점도번호 범위, 즉 SAE 10W와 SAE 30의 특성을 동시에 만족하는 멀티 그레이드 오일(multi-grade oil)을 보여주고 있는 것으로, 넓은 범위의 점도지수를 가지고 있다. 이러한 멀티 그레이드 오일은 점도 번호를 SAE 10W-30, 또는 SAE 20W-40으로 표시한다. 엔진을 저온 시동할 경우는 SAE 10W 또는 SAE 20W의 점도를 필요로 하고, 엔진의 운전중에는 우수한 윤활성을 나타내는 SAE 30 또는 SAE 40의 엔진오일을 사용하는 것이 유리하다.

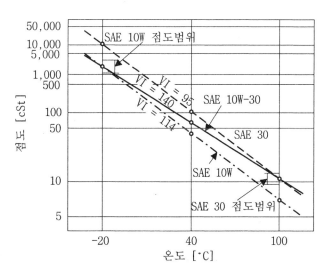

그림 8.4 멀티 그레이드 엔진오일

따라서, 최근의 엔진오일은 이러한 사계절용의 멀티 그레이드를 사용하고, 높은 점도지수(VI)를 선호하는 경향에 있기 때문에 엔진의 내구성 향상과 성능 보장에 큰 기여를 하고 있으며, 엔진오일의 교환이나 사용에 관련된 소비자의 전문성이 극히 나빠도 문제가 제기되지 않도록 엔진오일의 기술개발은 많이 진행되었다.

(2) 청정 분산성

엔진오일이 여타 윤활유와 크게 다른 점은 오일이 연소가스와 직접 접촉하기 때문에 청정 분산성을 대단히 중요시하고 있다는 것이다. 엔진오일의 중요한 첨가제인 청정 분산제는 엔진의 운전중에 생성되는 카본, 기타 연료의 산화 생성물, 엔진오일 자체의 산화 생성물 등 불용성 물질을 윤활유 중에 안정하게 분산시켜야 한다. 이것은 엔진의 각 부분에서 침적하는 것을 방지하고, 엔진 내부를 항상 청정한 상태로 유지시키는 역할을 한다. 따라서, 청정 분산성이 양호한 오일을 사용하면 엔진 내부의 청정성을 유지하기가 용이하고, 피스톤 링의 교착을 방지하게 된다. 또한, 일반적으로 청정 분산성이 좋은 오일을 사용하게 되면 오일 필터의 막힘도 줄어들고, 청정 분산제를 다량 사용할 경우는 녹 방지제 역할도 겸비하게 된다.

엔진을 원활하게 운전하는 데는 피스톤 링의 교착 방지가 대단히 중요하다. 따라서, 엔진의 운전조건이 가혹할수록 피스톤 링의 교착을 방지하기 위해서 보다 높은 청정 분산성이 우수한 엔진오일을 사용할 필요가 있다. 청정 분산성이 좋은 엔진오일을 사용하면 오일이 서로 달라붙어 엉기는 현상이 줄어들므로 엔진의 각부에서 발생되는 마멸량 발생을 줄여주고 수명을 연장하며, 또한 엔진의 점검이나 부품 교환 횟수가 줄어드는 효과를 기대할 수 있다.

(3) 산화 안정성과 부식 방지성

엔진오일은 장기간에 걸쳐 사용하는 것이 일반적이기 때문에 사용중에 노화되지 않는 성질이 필요하다. 엔진오일이 사용되는 조건은 연소실의 높은 온도, 혼합기에 존재하는 산소와의 접촉, 산화 촉매를 갖는 금속입자의 존재, 산화를 촉진하는 연소 생성물의 혼입 등이 있으며, 실제의 엔진오일은 극히 산화되기 쉬운 환경에서 사용되고 있다. 엔진오일이 이러한 사용조건에서도 우수한 산화 안정성을 나타낼 수 있도록 기술개발을 기울이고 있다. 엔진오일의 산화 안정성은 기유(base oil)의 정제만으로는 불충분하기 때문에 산화 방지제를 첨가하여 산화 안정성을 확보토록 한다.

산화 방지제는 많은 종류가 개발되었지만, 현재 사용되고 있는 대부분의 첨가제는 산화반응 초기에 생성되어서 산화 연쇄반응의 핵심적 역할을 하는 과산화합물을 분해시키는 작용을 하게 된다. 과산화물은 유기산과 같이 금속, 특히 납부식을 촉진하므로 켈멧(Kelmet) 재질로 제작된 베어링 등의 부식 발생 원인이 된다. 따라서, 산화 방지제는 생성된 과산화물을 분해시킴과 동시에 이러한 부식을 방지하는 베어링 부식 방지제의 역할도 겸비하고 있다.

오일에서 산화 안정성은 엔진오일에만 국한되어 있는 것이 아니고, 모든 윤활에서 동시에 요구되는 성능이다. 그러나, 엔진오일은 다른 윤활유에 비하여 사용온도가 높고, 항상 공기와 주기적으로 접촉하기 때문에 고온에서 산화 안정성이 요구되므로 산화 방지제도 기타 윤활유보다 우수한 첨가제를 사용하고 있다.

(4) 윤활성과 내마멸성

엔진오일의 주요 작용중의 하나는 엔진을 원활하게 운전하고, 또한 각부의 마찰력 발생을 줄여주는 것이다. 엔진에서 마찰부의 마멸(wear)은 여러 가지 원인에 의해 발생되고, 그 형태도 다양하다. 마멸의 대책을 고려해 볼 때, 우선 마멸의 원인이나 그 형태를 분류하는 것이 가장 바람직하다.

자동차 엔진에서 윤활유가 공급되는 미끄럼 마찰부의 마멸(wear) 발생 원인을 요약하면 다음과 같다.

① 금속간 접촉에 의한 응착마멸(adhesive wear)
② 이물질 혼입에 의한 연삭마멸(abrasive wear)
③ 연료, 엔진오일 등의 산화 생성물에 의한 부식마멸(corrosive wear)

엔진에서 발생하는 마멸은 이것들이 복합되어 일어나는 것으로 결코 단순한 작용에 의한 결과가 아니다. 특히, 마멸의 정도가 심하게 진행될 경우에는 어떠한 원인이 지배적으로 작용하고 있는가를 고려해야 한다. 엔진에서 발생되는 마멸의 형태는 대부분 윤활유 부족과 오일에 혼합된 이물질에 의해 발생된다. 이러한 마멸 발생을 줄이기 위해서는 윤활유 공급이 충분해야 하고, 오일필터를 적기에 교환하여 마멸입자가 미끄럼 마찰부를 순환하지 못하도록 제거해야 한다.

(5) 연소에 관한 특성

엔진의 각부에서 윤활작용을 하는 극히 적은 양의 엔진오일이 엔진의 피스톤이 왕복동 운동을 하면서 연소실로 유입되어 연료와 함께 연소되기도 한다. 경우에 따라서는 엔진오일이 연소되는 문제점이 발생하게 때문에 윤활유의 본래 목적과는 다른 성질을 요구하기도 한다.

엔진오일의 성능을 향상시키기 위해서는 다량의 첨가제, 특히 청정 분산제를 혼합하게 되는데, 현재 사용되고 있는 청정 분산제의 조성은 칼슘, 바륨 등의 유기 화합물이 내포되어 있으므로 연소실에서 연소할 때 청정 분산제 함량이 높은 오일을 사용하게 되면 회분이 많이 생기는 결과를 초래한다. 이러한 회분은 오일의 연소로부터 발생되는 카본과 함께 연소실 내에 있는 배기 계통에 침적물을 생성시키는 주체가 되며, 엔진의 형식이나 사용조건에 따라 다르기는 하지만 옥탄가 높은 연료나 배기밸브의 손상이라는 등의 문제점이 제기된다. 그러므로 무회분 청정 분산제를 사용하기도 하며, 최근에는 회분이 적은 금속계통의 청정 분산제를 개발하여 널리 사용하고 있다.

흡·배기밸브의 손상은 엔진오일의 회분에 의한 영향 때문에 발생될 수 있으며, 다량의 회분을 함유하고 있는 오일은 배기밸브나 배기계통을 손상시키는 등의 문제를 일으킬 우려가 높다. 이러한 흡·배기밸브의 손상은 특히 엔진의 운전조건에 의해서 발생되는 경우가 많고, 엔진오일에 의해서 야기되는 문제점은 상대적으로 낮은 편이다.

(6) 소포성과 녹방지성

엔진오일은 사용중에 기포성이 작아야 하고, 메탈표면에 발생되는 녹방지성도 우수해야 한다. 엔진오일 사용중에 발생된 기포에 의해 마찰면의 유막이 파괴되면 윤활특성이 저하되는 것은 물론 마찰면에서 금속간 접촉에 의한 마멸이 촉진되기 때문에 기포성이 작은 윤활특성을 요구한다. 오일에 기포가 형성되면 오일은 마찰계면을 따라 유동하면서 압력을 받아 기포는 터지게 된다. 이 때에 발생된 급격한 압력은 유막을 파손하거나 마찰면을 손상시키기도 한다.

또한, 엔진오일 사용중에 발생한 산화물질이나, 엔진을 장기간 보존하기 때문에 발생된 수분 등에 의해 금속이 부식되는 경우를 경험하게 된다. 따라서, 엔진오일은 각부의 부식을 방지할 수 있는 우수한 녹방지성을 요구하며, 특히 녹방지성이 우수한 오일은 다른 종류의 오일과 식별을 명확하게 하기 위해서 엔진오일을 착색하여 사용하기도 한다.

8.2.5 엔진오일의 분류

엔진의 연소 효율성을 확보하고, 마찰 기능을 충분히 발휘할 수 있도록 하기 위해서 가솔린 엔진은 모빌유, 디젤 엔진의 디젤유, 제트 엔진의 제트 엔진유 등이 전용으로 개발되어 사용되고 있다.

이들 엔진오일을 보다 편리하게 관리하고 사용하기 위해서 엔진에 사용되는 윤활유(oil)를 유동성과 마찰특성을 기반으로 분류된 SAE 점도 분류표(표 8.2)가 일반적으로 많이 사용되고 있다.

여기에 엔진을 사용하는 환경과 유지보수 및 관리(maintenance service)와 엔진의 카본 퇴적물 형성, 오일의 산화도, 부식, 녹, 마멸, 유해 배출가스 발생 등을 고려한 API 서비스 분류표(표 8.3)가 널리 활용되고 있다.

(1) SAE 점도 분류

SAE에서는 점도에 따라서 엔진에서 사용하는 엔진오일을 표 8.2와 같이 분류하고 있다. 여기서 엔진오일을 겨울(숫자 뒤에 W가 부가됨)과 여름에 사용하기 적합한 점도를 분류하고 있다. 즉, 엔진오일의 유동성에 따라서 엔진오일의 흐름에 대한 저항성 정도인 점도(viscosity)를 미국 SAE에서 규정하고 있다.

엔진오일은 엔진이 저온 상태에 있으면 쉽게 흐를 수 있는 저온 성능을 가져야 하고, 엔진이 고온에서 작동중인 경우는 엔진의 유막(oil film)을 충분히 보호할 수 있을 고온 성능을 확보하고 있어야 한다. 엔진오일은 이러한 성능을 나타내기 위해서 SAE 10W-30과 같은 숫자를 사용한다. 이것은 오일의 저온성을 나타내는 SAE 10W과 고온성을 나타내는 SAE 30의 점도 조건을 동시에 만족하는 멀티 그레이드 엔진오일이라는 의미이다. 표 8.2에서 제시한 SAE 점도 분류에서 제시된 숫자가 커질수록 점도가 높다는 것을 의미한다.

가솔린 엔진에서 우리나라의 기후에 적합한 엔진오일의 저온 점도는 SAE 5W, 10W 등이 있고, 고온 점도는 SAE 30, 40, 50 등이 있다.

(2) API 서비스 분류

미국석유협회(API)는 자동차 엔진오일의 성능에 관련된 전반적인 품질 인증이나 검사 업무를 담당하고 있다. 국내 엔진오일은 대규모 자동차 시장을 갖고 있는 미국의 API 규격에 적합하도록 개발하고 있다. 자동차 시장의 특성상 대부분의 나라들은 미국 API 규격에 적합한 엔진오일을 생산하고 있다. 엔진오일은 사용 특성상 국내외를 구별하여 제품을 생산할 수 없기 때문에 미국의 오일 및 자동차 다국적 회사나 단체를 중심으로 규격이 제정되었고, 이러한 규격이 관례적으로 세계의 표준 규격이 되었다.

최근에 개발된 엔진일수록 고속·고부하의 운전조건을 가지므로, 이것에 적합한 엔진오일은 기존의 API 등급에 비해 더욱 강화된 성능과 품질을 요구하는 기준에 합격한 오일을 필요로 한다. 따라서, 엔진오일에 대한 API 서비스 등급을 표시하기 위해서는 미국석유협회(API)로부터 공식적인 엔진 시험을 거쳐 각 등급기준에 합격한 후 그 표시 허가를 받는다.

1) 가솔린 엔진오일의 분류

가솔린 엔진을 장착한 승용차, 밴, 경트럭, SUV 등에 사용하는 가솔린 엔진을 위해 만들어진 오일은 API의 "S"(Service) 분류에 해당된다. 표 8.3은 가솔린 엔진에 적용되는 API 서비스 분류로 가장 최근에 제정된 API 등급은 SL급으로 엔진의 기능성을 보장하는 특성을 갖는다.

2) 디젤 엔진오일 분류

디젤 엔진을 장착한 경하중이나 고하중의 트럭과 버스, 건설 장비 등에 사용하는 디젤 엔진을 위해 제조하는 오일은 API의 "C"(Commercial) 분류에 해당된다. 표 8.4는 디젤 엔진에 적용되는 API 등급을 제시하고 있다. 디젤 엔진의 엔진오일로 제조되는 오일의 등급은 CF-4, CG-4, CH-4이며, 가장 최근에 제정된 API 등급은 API CH-4이다.

표 8.2 엔진오일의 SAE 점도 분류표

SAE 점도분류	절대점도 [mPa·s]		동점도 [cSt] (100℃ 기준)		경계면 펌핑 최고온도 [℃]	비 고
	온도℃	최고점도	최저	최고		
0W	-35	6,200	3.8	–	-40	KS M 2121 특 0호
5W	-30	6,600	3.8	–	-35	KS M 2121 특 5호
10W	-25	7,000	4.1	–	-30	KS M 2121 특 10호
15W	-20	7,000	5.6	–	-25	KS M 2121 특 15호
20W	-15	9,500	5.6	–	-20	KS M 2121 특 20호
25W	-10	13,000	9.3	–	-15	KS M 2121 특 25호
20	–	–	5.6	9.3	–	KS M 2121 20호
30	–	–	9.3	12.5	–	KS M 2121 30호
40	–	–	12.5	16.3	–	KS M 2121 40호
50	–	–	16.3	21.9	–	KS M 2121 50호
60	–	–	21.9	26.1	–	KS M 2121 60호

표 8.3 엔진오일의 API 서비스 분류표 (가솔린 엔진용)

API 분류	성능 시험법	미군 또는 엔진 제작사 규격	특 성
SA	–		1900년대의 낮은 조건에서 사용하는 엔진에 적용하는 오일로 첨가제를 필요하지 않음.
SB	L-4 또는 L-38 Seq.IV	–	1930년대의 경하중 조건에서 사용하는 엔진에 적용하는 오일로 약간의 첨가제를 필요로 한다. 즉, 스크래치 방지성, 산화 방지성, 베어링의 부식 방지성 등의 특성을 가진 오일
SC	L-1, L-38 Seq.IIA Seq.IIIA Seq.IVA Seq.VA	MIL-L-2104B Ford ESE-M2C 101-A	1964~1967년도 승용차와 트럭용 가솔린 엔진에 적용한다. 고온 퇴적물 억제, 녹과 부식 방지성이 향상된 오일
SD	L-38, L-1 또는 1-H Seq. IIB Seq. IIIB Seq.IVB Seq.V B. Falcon	Ford ESE-M2C 101-B GM 6041-M	1968~1972년도 승용차와 트럭용 가솔린 엔진에 적용한다. SC급보다 산화 안정성, 고온 퇴적물 억제, 녹과 부식 방지성이 더 향상된 오일
SE	L-38 Seq.IIB Seq. IIC Seq.IID Seq. IIIC Seq.IIID Seq. VC Seq.VD	MIL-L-46152 Ford ESE-M2C 101-C GM 6136-M	1972~1979년도 승용차와 트럭용 가솔린 엔진에 적용한다. SD급보다 산화 안정성이 우수하고, 고온 퇴적물 억제, 녹과 부식 방지성이 더 향상된 오일
SF	L-38 Seq.IID Seq.IIID Seq.VD	–	1980~1988년도 승용차와 트럭용 가솔린 엔진에 적용한다. SE급보다 산화 안정성과 내마멸성이 우수하고, 고온·저온 퇴적물 억제, 녹과 부식 방지성이 더 개선되고 공해 문제를 보다 향상시킨 오일
SG	L-38, 1-H2 Seq.II D Seq.IIIE Seq.VE	–	1989~1993년도 승용차, 밴, 경트럭 엔진에 적용한다. SF급보다 엔진 퇴적물 억제, 산화 안정성, 내마멸성이 보다 우수하고, 녹과 부식 방지성이 더 개선되고 공해 문제를 보다 향상시킨 오일
SH	L-38 Seq.IID Seq. IIIE Seq.VE	MIL-L-4615E	1993~1996년도 승용차, 밴, 경트럭 엔진에 적용한다. SG급보다 엔진 퇴적물 억제, 산화 안정성, 내마멸성이 보다 우수하고, 녹과 부식 방지성이 더 개선된 오일
SJ	L-38, Seq.IID Seq. IIIE Seq.VE	–	1996~2000년도 승용차, SUV, 밴, 경트럭 엔진에 적용한다. SH급보다 엔진 퇴적물 억제, 산화 안정성, 내마멸성이 보다 우수하고, 녹과 부식 방지성이 우수하며, 자동차 배기가스 정화장치의 삼원촉매에 영향이 크게 줄어든오일
SL	BRT, Seq.IVA Seq. IIIF, VG, VIB, VIII	–	2001년도 이후의 자동차에 대한 연비성능 강화와 이러한 성능을 오랫동안 유지할 수 있는 기능성 향상, 배기가스 정화장치의 삼원 촉매에 미치는 영향의 감소. 엔진부품 보호 성능이 향상된 오일

표 8.4 엔진오일의 API 서비스 분류표 (디젤 엔진용)

API 분류	성능 시험법	미군 또는 엔진 제작사 규격	특 성
CA	L-4 또는 L-38, L-1	-	저유황분의 고품질 연료유를 사용하는 경하중~중하중 조건의 디젤 엔진에 적용하며, 1940~1949년에 생산된 디젤 차량에 사용할 수 있는 오일
CB	L-4 또는 L-38 L-1	-	1949년도 저품질 연료유를 사용하는 경하중~중하중 조건의 디젤 엔진에 적용하며, 베어링의 부식과 고온 퇴적물을 억제하는 오일
CC	L-38 LTD Seq. IIA, IIB, IIC, IID 1H 또는 1-H2, 1-D	MIL-L-2104B Ford ESE-M2C 101-A	1961년도 고부하에서 운전하는 디젤 엔진 또는 가솔린 엔진과 버스, 트럭, 산업 및 건설장비 엔진오일로서 고온·저온 퇴적물의 억제, 녹과 부식 방지성을 가지고 있는 오일
CD	1-G 또는 1-G2 L-38	Ford ESE-M2C 101-B GM 6041-M	1975년도 과급기가 부착된 고속·고출력에서 운전하는 디젤 엔진에 적용하며, 베어링의 내부식성과 고온 퇴적물 억제에 대한 방지성을 가진 오일이다. Caterpillar Tractor Co.의 디젤 엔진에 적합한 오일
CE	1-D, 1-G, L-38	MIL-L-46152 Ford ESE-M2C 101-C GM 6136-M	1984년도 Mack Truck Co.의 디젤 엔진에 적합한 오일
CF-4	L - 3 8 MACK-6T-7,N TC400	-	1990년도 고부하 디젤 엔진에 적합하고, CE급 엔진오일보다 오일 소모량이 작고, 피스톤의 퇴적물 억제 성능이 우수한 오일
CG-4	L-38, GM6-2L M A C K T - 8 CATIN, Seq.3E	-	1995년도 고부하 디젤 엔진에 적합하고, 매연 발생 억제 능력이 우수하여 환경 보호성이 우수한 오일
CH-4	Orbahn MACK T-9 MACK T-8E Cummins M7 CAT1P CAT1K Seq.IIIE GM 6·5L	MIL-L-4615E	구 모델 엔진뿐만 아니라 1998년도 생산 고부하 디젤 엔진에 적합한 엔진오일이다. 특히, 연료 함유량이 0.5% 이하의 저유황 연료에 적합하고, 마멸 방지성, 열 안정성, 퇴적물 억제 기능, 전단 안정성이 우수하며, CF-4나 CG-4 급보다 그 성능이 향상된 오일

8.3 자동차 엔진의 윤활

8.3.1 실린더와 피스톤링 사이의 윤활

실린더 내측면과 피스톤 링 사이에 형성된 유막(oil film)은 간극에 밀봉력을 발생시킴으로써 블로바이(blow-by) 현상을 차단한다. 또한, 유막은 마찰열 발생을 줄여서 국부적인 유막손상을 완화시키고, 마멸량 발생을 줄여주는 등 중요한 역할을 한다. 피스톤 링에서는 윤활유 소비량을 작게 하는 것이 바람직하고, 동시에 유막압력 발생이 잘 이루어지도록 하여 블로바이 현상을 차단하고, 동시에 피스톤의 왕복동 운동에 따른 측방향 압력에도 잘 견디도록 해야 한다.

피스톤의 미끄럼 마찰 속도는 0(상사점 또는 하사점)에서 고속으로 항상 변화하고 있으며, 상부링(압축링)은 고온·고압의 연소가스에 의한 영향을 직접 받는다. 따라서, 압축링이 연소가스를 완벽하게 차단하지 못하면 블로바이 현상을 나타내는 증거로 피스톤 측면에 퇴적된 카본층을 발견하게 된다.

피스톤 측면에 피스톤과 실린더 사이의 유막에는 연소실의 연소열에 의해 피스톤이나 실린더 벽면으로 전달되는 전열량이 크기 때문에 일반적으로 윤활조건이 매우 까다롭다. 따라서, 실제의 마찰면에서 발생되는 윤활상태는 유체윤활에서 경계윤활로 이동되는 경우가 많다. 즉, 피스톤 마찰면에는 가혹한 마찰열에 의한 스커핑(scuffing)이 발생되는 경우가 있고, 최악의 경우는 시져(seizure) 현상이 발생되어 피스톤의 기능을 상실하기도 한다.

피스톤 링은 유막에 의한 기밀성 유지가 중요지만, 처음에는 피스톤 링의 윤활작용을 무시하고 링에 가해진 힘을 생각해 보기로 한다. 엔진의 회전속도가 비교적 낮은 경우, 즉 관성력이 작은 경우는 압축행정과 팽창행정에서 피스톤 링이 실린더 내부의 압력에 의해 그림 8.5(a)와 같이 항상 피스톤 링의 홈 하단부에 압착된다.

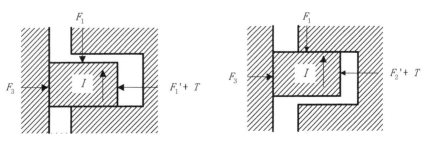

(a) 하단부 압착(회전속도가 낮은 경우)   (b) 상단부 압착(회전속도가 높은 경우)

그림 8.5 피스톤의 왕복운동에 따른 피스톤링의 접촉하중

실린더 내부의 가스압력에 의한 힘을 F_1, 피스톤 링 배후의 가스에 의한 힘을 $F_1{}'$, 피스톤 링의 장력을 T, 링 질량에 의한 관성력을 I, 링과 실린더벽 사이의 간극에 존재하는 가스에 의한 힘을 F_3라 하면, 이들 사이에는 다음과 같은 관계식이 성립한다.

$$F_1 > I \pm f\,(\,F_1{}' + T - F_3) \tag{8.1}$$

여기서 f는 피스톤 링과 실린더 벽면 사이의 마찰계수이다. 이 때에 피스톤 링을 통한 가스 누출은 링의 홈(groove)을 따라서 새는 것으로 그 양은 비교적 적다.

엔진의 회전속도가 증가하면서 관성력이 커지고, 어느 한계를 넘어서면 압축과정과 팽창과정의 상사점 부근에서 다음과 같은 관계가 성립한다. 즉,

$$F_1 < I \pm f(\,F_1{}' + T - F_3) \tag{8.2}$$

또한, 그림 8.5(b)에서 피스톤 링이 링홈의 상단부로 이동하게 되면 링 배후의 가스압력이 감소하면서 다음과 같은 경우가 발생하기도 한다.

$$F_3 > F_2{}' + T \tag{8.3}$$

이러한 조건에서는 피스톤 링 주위의 가스압력에 의해 압축되기 때문에 기밀이 유지되지 않고, 실린더 안의 고압가스가 크랭크실 내로 빠져나가게 된다. 즉, 실린더 내부의 가스가 빠져나가는 현상을 블로바이(blow-by)라 하는데, 이 때 피스톤 링은 플러터링(fluttering)이라는 진동현상을 병행해서 발생하는 경우가 많다. 연소가스의 블로바이가 발생하게 되면 윤활유 소비량은 크게 증가할 뿐만 아니라 크랭크실 내부의 윤활유가 연소가스나 혼합기에 의해 오염되면서 피스톤이나 피스톤 링의 마멸은 심해지고, 경우에 따라서는 피스톤 링이 교착되는 현상이 발생하기도 한다.

피스톤 링이 왕복동 운동을 하면서 실린더 벽면에는 보통 유막이 잘 형성된다. 피스톤 링의 바깥 원주면은 초기의 마멸 발생에 의해 그림 8.6에서처럼 형성되기 때문에 피스톤 링의 운동에 따라서 링의 바깥 원주면과 실린더 벽면 사이에는 유체유막에 의한 압력이 발생한다. 실린더 벽면에서 발생된 압력 W는 상부의 가스 압력 P_1, 링의 탄성에 의한 압력 P_e로 표현하면 다음과 같이 성립한다. 즉,

$$W = (P_1 + P_e)B \tag{8.4}$$

여기서, B는 피스톤 링의 두께를 나타낸다.

피스톤 링의 미끄럼 마찰면에 작용하는 힘 F는 연소가스의 압력에 의한 발생되는 힘 $F_3 = B(P_1 + P_2)$와 유체윤활 박막에 의한 힘 F_h의 합으로 나타낸다. 최소유막두께를 h_2로 하면, 유체막의 힘 F_h는 다음과 같이 된다. 즉,

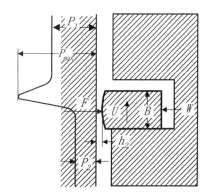

그림 8.6 피스톤링의 윤활막과 압력분포

$$F_h = \frac{\mu U B^2}{h_2^{\,2}} \tag{8.5}$$

여기서 U는 피스톤 링의 상대속도, μ는 오일의 점성계수를 각각 나타낸다. 실린더 벽면에서 발생된 압력 W가 커지면 유막두께는 감소하고, 발생압력이 증가하여 링의 유막은 자동적으로 평형이 유지된다. 따라서, 유막두께가 표면요철의 크기 정도로 감소할 때까지는 양면이 직접적으로 접촉하지 않기 때문에 마멸이 발생되지 않는다.

또한, 피스톤 링의 바깥 원주면에서 발생된 압력분포는 그림 8.6에 나타난 것처럼, P_{max}는 유체막의 압력 P_h보다 커지게 때문에 링 바깥 원주부분에서 가스의 누설이 차단되지만, 링의 운동에 의한 압력 W가 감소하게 되면 P_{max}가 감소하여 연소가스의 블로바이 현상이 발생하게 된다. 이와 같이 유막에 발생된 압력은 양면 간의 상대속도에 비례한다. 피스톤이 상사점과 하사점에 도달하게 되면, 유막의 두께 h_2는 정상적으로 0이 되지만 유막이 감소되기 위해서는 시간이 필요하다. 따라서, 엔진의 회전속도가 매우 낮은 경우를 제외하고는 상사점과 하사점에서 어느 정도의 유막 두께는 항상 유지하고 있다. 유막 두께는 피스톤 링의 상대속도 U가 클수록, 그리고 피스톤 링의 두께 B가 클수록 커진다. 실제로 저속에서 운전되는 엔진일수록 피스톤 링의 두께가 두꺼운 링을 사용하는 것도 이러한 이유 때문이다.

상사점과 하사점에서 최소유막두께가 금속 표면의 요철 정도에 도달하게 되면 마찰면에서는 경계윤활 상태로 진입하게 되고, 마찰계수가 증가하여 마멸량 발생이 크게 증가한다. 실제로 엔진의 실린더 내벽면의 상사점과 하사점 부근에서 마멸량 발생이 특히 커진다는 것이 확인되고 있다. 즉, 왕복동 운동을 하는 피스톤은 구조상 상사점과 하사점 부근에 경계마찰을 하게 된다. 특히, 연소가스와 직접 접촉하는 상사점에서는 윤활유 공급이 원활하지 못하기 때문에 경계마찰에서 건조마찰로 더 치우쳐서 미끄럼 마찰운동을 하기 때문에 마멸량 발생이 보다 증가된다.

8.3.2 엔진 베어링

엔진에서 사용하는 베어링은 저널 베어링(또는, 평면 베어링)과 구름 베어링의 두가지 타입이 있다. 엔진의 크랭크축을 회전 지지하기 위한 저널 베어링은 포금, 인청동과 같은 베어링 합금을 사용하고, 그림 8.7(a)와 같이 배경금속(back metal)의 내면에는 베어링 합금을 주조 또는 융착하여 사용하기도 한다. 크랭크축의 저널 베어링(또는, 엔진 베어링)과 커넥팅 로드 대단부의 크랭크핀 베어링(또는, 커넥팅 로드 베어링)은 분해와 조립이 용이하도록 분할식의 저널 베어링을 그림 8.7(b)와 같이 두 개로 나누어 사용하고 있다.

일반적으로 저널 베어링의 배경금속(back metal)은 연강을 사용하고, 배경금속의 내면에는 주조 또는 융착성이 우수한 베어링 합금, 즉 주석이나 납을 주재질로 제작한 화이트 메탈(또는, 배빗메탈)이나 켈멧(Kelmet)이 널리 사용되고 있다. 여기서 배빗메탈(Babbitt)은 구리, 안티몬, 주석을 베어링 합금으로 개발한 것으로 가볍고 내구성이 우수하고, 켈멧소재는 구리와 납의 혼합물이다.

엔진 베어링은 연소실로부터 전달되는 충격 고하중을 주기적으로 담당해야 하므로 윤활막에 의한 윤활이 중요하고, 윤활유 공급 부족이나 부적절한 점도의 선정은 베어링 손상이라는 문제점을 제기한다. 따라서, 저속의 저하중에서 엔진이 구동될 경우는 저널 베어링으로 화이트 메탈을 많이 사용하고, 고속의 고하중에서 운전되는 엔진은 켈멧이나 납-인듐(indium) 등의 박층을 입힌 베어링을 사용한다. 그러나, 소형 엔진에서는 알루미늄 합금을 베어링 재료로 사용되는 경우도 있다.

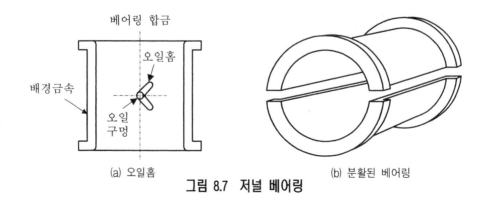

(a) 오일홈   (b) 분활된 베어링

그림 8.7 저널 베어링

표 8.5 베어링용 합금의 특성

베어링 재질	표준허용 압력 MPa	최대허용 압력 MPa	허용 $P_m U$ 값 MPa·m/s	최소 $\mu N/P_m$	간극비, ψ
Sn 바탕 화이트 메탈	6	6~10	120	~5×10^{-8}	$(0.5\sim1.0)\times10^{-3}$
Pb 바탕 화이트 메탈	4	6~8	80	~3×10^{-8}	$(0.5\sim1.0)\times10^{-3}$
포 금	7	7~20	30	–	$(0.5\sim2.0)\times10^{-3}$
인청동	15	15~60	50	–	$(0.5\sim2.0)\times10^{-3}$
켈 멧	20	20~30	350	~1×10^{-8}	$(1.2\sim1.5)\times10^{-3}$
은-납-인듐	20	~35	600	~0.5×10^{-8}	$(1.2\sim1.5)\times10^{-3}$

표 8.5는 이들 베어링용 합금의 특성을 제시하고 있다. 피스톤이 받은 연소가스 압력은 커넥팅 로드를 통해서 크랭크축으로 전달되는 토크는 엔진의 1사이클 동안에 크게 변동하기 때문에 크랭크축의 저널 베어링은 하중의 크기와 방향이 모두 변동하는 가혹한 동적 하중을 받는다.

그림 8.8은 4행정 엔진의 크랭크 핀(crank pin)에 작용하는 하중을 회전축을 기준으로 극좌표에 나타낸 것이다.

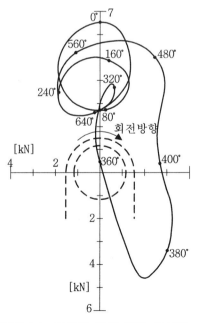

그림 8.8 크랭크 핀의 하중 극선도

저널 베어링에 작용하는 하중은 그 크기와 방향이 주기적으로 변화하기 때문에 일반적으로 크랭크 각도로 변동하게 된다. 따라서, 저널 베어링에 작용하는 하중을 크랭크축의 회전 각도마다 등가속도를 구하고, 하중 극선도(荷重 極線圖)에 나타난 하중은 정적 베어링 성능에 대한 각각의 크랭크 각도에 대하여 베어링 특성을 구하는 것이 필요하게 된다. 회전축과 베어링 사이의 상대회전속도를 U_1, 베어링의 하중방향 회전속도를 U_2로 하면, 등가속도 U_r은 다음과 같이 주어진다. 즉,

$$U_r = U_1 - 2U_2 \tag{8.6}$$

베어링과 미끄럼 마찰 접촉운동을 하는 크랭크축의 저널(journal)도 크랭크 핀 베어링과 동일한 평면 베어링을 사용하는데, 저널에 작용하는 하중은 커넥팅 로드의 대단부에 연결된 크랭크 핀에 작용하는 하중의 1/2과 양쪽의 크랭크암에 의해 발생되는 원심력의 1/2에 해당하는 벡터합으로 구하여진다. 따라서, 크랭크암의 반대쪽에 평형추를 부착하면 이에 따라 최대하중의 크기는 변하게 된다. 이 경우에 회전속도는 일정하다고 해도 좋으며, 베어링의 특성은 하중 극선도를 그려서 그 크기와 방향을 분석하면 구해진다.

일반적으로 저널 베어링에 작용하는 하중은 가솔린 엔진의 경우 15~20MPa이고, 디젤 엔진은 15~30MPa 정도로 높다. 이러한 하중을 베어링이 충분히 담당하기 위해서 베어링 간극에는 그림 8.9에서 보여준 것과 같은 유막(oil film)이 항상 유지될 수 있도록 해야 한다. 따라서, 저널 베어링의 내면에는 다수의 오일홀(oil hole)을 폭 넓게 설치하여 윤활유 공급이 원활하게 일어나도록 해야 한다. 베어링의 마찰면 오일홀을 통하여 유입된 윤활유가 베어링의 마찰면에 고르게 분포하여 유체윤활을 할 수 있도록 오일 그루브(oil groove)를 설치한다. 따라서, 그림 8.9에서 보여준 엔진 베어링의 미끄럼 마찰면에 분포하는 유막 압력과 전단력은 엔진의 회전에 따른 하중을 담당한다.

저널 타입의 베어링은 크랭크축 이외에도 피스톤핀, 캠축 등에도 사용되고 있으며, 피스톤 핀은 작은 요동운동을 하면서 큰 하중을 받기 때문에 인청동이나 강한 베어링 합금을 사용한다. 특히 2행정 엔진의 피스톤 핀은 항상 일방향으로 하중을 받기 때문에 윤활설계에서 특별한 주의가 필요하다. 일반적인 평면 베어링의 성능은 표 8.5에서 제시한 것처럼 $\mu N/P_m$값에 의해 한계치가 정해지지만, 큰 하중을 받는 베어링은 고체마찰에 의한 발열량과 밀접한 관계가 있는 $P_m U$ 값이 보다 중요한 것으로 알려져 있다.

엔진에서 회전부의 하중은 저널 베어링(journal bearing)에 의해 담당되고, 구름

베어링은 주로 보조기능의 베어링으로서 사용되는 적이 일반적이지만, 소형의 가솔린 엔진에서는 크랭크 저널로 구름 베어링이 채택되기도 한다. 일반적으로 엔진에 사용되고 있는 구름 베어링은 그림 8.10(a)와 같은 단열 볼베어링과 그림 8.10(b)와 같은 로울러 베어링의 두가지가 있으며, 로울러 베어링은 추력을 받을 수가 없기 때문에 용도가 한정되고 있다.

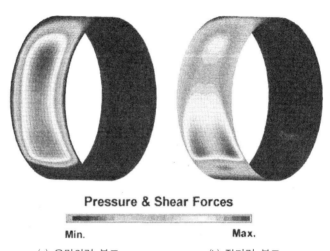

Pressure & Shear Forces

Min.   Max.

(a) 유막압력 분포   (b) 전단력 분포

그림 8.9 크랭크측용 엔진 베어링의 유막압력과 전단력 분포도

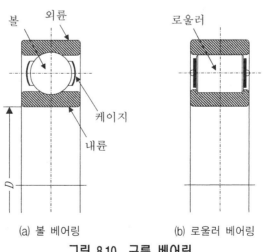

(a) 볼 베어링   (b) 로울러 베어링

그림 8.10 구름 베어링

구름 베어링(rolling bearing)의 성능은 주로 최대 원주속도와 크기에 의해 제한을 받는다. 즉, 베어링의 내경을 D[mm]로 하고, 매초당 회전수를 N으로 하였을

때, DN 값이 베어링의 성능을 나타내는 지수이다. 구름 베어링의 허용 DN 크기는 베어링의 종류와 윤활 방법에 의해 다르고, 대개는 표 8.6과 같은 값이 되는 것으로 알려져 있다.

구름 베어링의 부하용량은 수명과 밀접한 관계가 있다. 즉, 베어링에 작용하는 하중이 증가하면 수명은 일반적으로 급격히 짧아진다. 베어링 하중을 P로 하면, 수명 L은 10^6 회전 단위로 식 (8.7)처럼 표시된다. 즉,

$$L = \left(\frac{C}{P} \right)^n \tag{8.7}$$

여기서, C는 정격부하용량을 나타내고, 지수 n은 볼 베어링일 때는 3, 원통 베어링일 때는 3.3으로 각각 주어진다.

표 8.6 구름 베어링의 허용 DN 값

베어링 종류	그리스 윤활	허용 DN 값, mm/s		
		윤활유 공급방식		
		비산식	강제 순환식	제트 윤활식
단열 래디얼 볼 베어링	3.3×10^3	5×10^3	1×10^4	1.5×10^4
복열 자동조심 볼 베어링	2.5×10^3	4×10^3	–	–
단열 앵귤러 볼 베어링	3.3×10^3	5×10^3	1×10^4	1.5×10^4
원통형 베어링	2.5×10^3	5×10^3	1×10^4	1.5×10^4
원추형 베어링	1.5×10^3	3.3×10^3	5×10^3	–

베어링에 동적하중이 작용하면 수명이 이것보다 짧아지고, 특히 충격적 하중이 가해지면 베어링 수명은 크게 단축된다. 엔진은 주요 베어링으로 구름 베어링을 거의 사용하고 있지 않는 큰 이유는 엔진의 구동 특성상 베어링에 항상 충격하중이 가해진다는 것과 베어링의 외경 치수가 미끄럼 베어링에 비해 커지기 때문이다.

구름 베어링의 일종인 니들 베어링(needle bearing)이 로커암에 설치되어 사용되는데, 그림 8.11과 같이 니들 직경은 1~3mm 정도로 가늘고 긴 원통을 나란히 나열하고 케이지를 사용하지 않는다. 니들 베어링은 내측 또는 외측의 레이스(race)를 사용하지 않고 직접 축면에 니들이 전동(rolling)하도록 조립된 경우도 있다. 이러할 경우 베어링의 외경을 크게 줄일 수 있는 장점이 있다. 니들 베어링은 부하용량이 비교적 크지만, 반경방향의 간극이 커지면 니들이 축방향과 어느 각도에서 틀어지는 스큐잉(skewing) 형상이 발생되어 손상이 발생하기도 한다.

그림 8.11 니들 베어링

8.3.3 4행정 엔진과 2행정 엔진의 차이점

자동차의 4행정 엔진과 2행정 엔진에서 엔진오일과 관련된 가장 큰 차이점은 4행정 엔진오일은 윤활과 연료 공급이 분리되어 작동을 하지만, 2행정 엔진은 오일이 연소실에 연료와 윤활유가 혼합되어 공급된 후 연소실내에 윤활을 하고, 동시에 폭발·연소도 동시에 진행하는 2가지 역할을 수행한다는 점이 가장 큰 차이다. 따라서, 2행정 엔진에서 연소실에 공급된 윤활유는 연료와 함께 연소되므로 연소가 완료되면 잔류가스가 점화 플러그나 배기관에 퇴적되고, 배기가스에 많은 영향을 미치므로 문제점이 많다. 여기에 윤활유가 항상 연소하므로 윤활유 교환에 많은 주의를 기울여야 한다.

자동차에서 널리 사용하는 4행정 엔진과 오토바이나 선박에서 사용하는 2행정 엔진의 차이점을 간략하게 요약하면 다음과 같다.

① 2행정 엔진오일은 연료와 혼합을 용이하게 하여 연소를 쉽도록 하기 위하여 엔진오일 내에 연소점이 낮은 솔벤트(solvent)를 혼합시킨다. 즉, 2행정 엔진오일의 인화점 50~70℃에 비하여 4행정 엔진오일은 약 230℃이므로, 만약 2행정 엔진오일을 4행정 엔진오일에 적용할 경우 화재 위험성이 있으므로 혼합해서 적용하면 안 된다.

② 대부분의 4행정 엔진오일의 성능 향상을 위해 극압 및 마모 방지제로 ZnDTP(Zinc ditiophosphate), 황산(sulfur) 등을 주로 사용한다. 이러한 첨가제는 연소후에 재(ash)를 생성한 후에 점화 플러그에 부착하게 되는데, 이 오일을 2행정 엔진에 적용할 경우 연소 후에 조기폭발 등을 발생시키게 되므로 혼용하여 사용하지 말아야 한다.

③ 대체적으로 4행정 엔진오일은 청정 분산제, 극압제, 마모 방지제 등의 사용으로 유황회분(sulfurated ash)이 1.0~1.3[WT%]로 높은데 비하여 2행정 엔진오일은 0.2[WT%] 이하로 낮은 수치를 유지한다. 많은 유황회분의 발생은 폭발시 점화 플러그에 조기 점화 등의 원인이 되는 부착물 등을 발생하게 하므로 2행정 엔진

에 적용이 불가능하다.

최근에는 4행정 엔진오일의 연비를 향상시키고, 계절에 관계없이 사용하도록 개발된 멀티 그레이드 엔진오일(multi-grade engine oil)을 많이 사용한다. 이러한 멀티 그레이드 엔진오일에 점도지수 향상제를 사용하여 넓은 온도범위에 대하여 특히 열안정성을 확보하고 있다. 점도지수 향상제는 열적 안정성이나 산화 안정성이 우수한 폴리머로 구성이 되어 있기 때문에 연소가 쉽게 되지 않을 뿐만 아니라 연소 후에도 부착물 등을 다량 생산하므로 2행정 엔진에 적용할 경우 문제가 발생하게 된다.

8.4 윤활장치

8.4.1 윤활장치의 구동 메카니즘

가솔린 엔진의 윤활장치 작동 메카니즘은 대단히 복잡하게 구성되어 있다. 그러나, 실제의 윤활 공급선, 즉 윤활유가 흘러다니는 통로는 하나의 라인으로 모두 연결되어 있다. 윤활유가 순환하는 라인의 내부가 막히든지, 또는 오일 공급량이 충분하지 못하면 엔진은 윤활유 공급 부족으로 인해 심각한 손상을 받게 된다.

엔진의 윤활장치는 윤활유에 의한 문제점을 즉시 발견하지 못하면 엔진 고장으로 인해서 차량이 운행할 수 없게되는 심각한 현상이 발생한다. 따라서, 자동차 엔진에서 윤활은 단순히 윤활유의 점검이나 교환이라는 일상적인 상태 관리를 넘어서 엔진의 수명과 안전성에 관련된 중요한 문제이다. 엔진에서 윤활유의 공급 라인 흐름도는 그림 8.12와 같이 주어진다. 즉,

오일 팬 → 오일 여과기 → 오일 펌프 → 릴리프 밸브(압력조정밸브) → 오일 필터 → 메인오일 통로(main oil gallery) → 메인 오일 통로(오일 압력 스위치) → 아래의 ①과 ②의 윤활유 공급 파이프를 따라서 크랭크 축 쪽과 실린더 헤드 쪽을 동시에 별도의 라인으로 각각 공급된다.

→ { ① 크랭크축→커넥팅 로드→실린더와 피스톤→오일 팬

② 실린더 헤드→로커 암축→로커 암→캠과 밸브→캠축(저널)→오일 팬

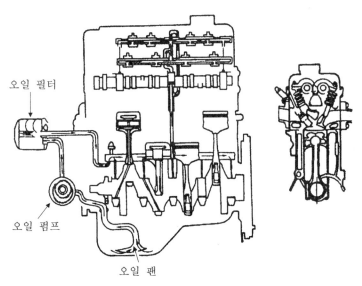

오일 필터

오일 펌프

오일 팬

그림 8.12 윤활장치와 윤활 경로

8.4.2 윤활장치의 구조

윤활장치는 오일을 저장하는 오일 팬(oil pan), 오일 팬에서 오일을 여과하여 오일 펌프로 올리는 오일 여과기, 엔진 회전축에 의해 구동되는 오일 펌프, 오일의 압력에 과다할 경우 오일의 압력을 낮추어 주는 릴리프 밸브와 오일의 압력이 낮을 경우를 진단하여 주는 오일 압력 스위치 등으로 구성되어 있다. 또한, 오일 냉각장치는 엔진에서 발생된 각종 열(연소열과 마찰열)을 빼앗아온 오일을 냉각하는 장치로 윤활장치에서 중요한 방열 기능을 갖고 있다.

(1) 오일 펌프

오일 펌프는 오일 팬에 저장된 엔진오일을 흡상하고 가압하여 윤활유가 필요한 부위로 보내는 역할을 한다. 펌프의 성능은 급유량과 급유압력으로 표시하고, 오일의 과도한 급유나 높은 압력은 유압 조절기로 균형을 잡아준다.

엔진에서 사용하는 오일 펌프의 종류에는 로터리식, 기어식, 플런저식, 베인식이 있으나, 일반적으로 로터리식과 기어식이 많이 사용된다.

1) 로터리 펌프

로터리식 오일 펌프는 그림 8.13과 같이 펌프 몸체 안에 조립된 바깥 로터와 내측 로터가 있으며, 크랭크축에 의해 배전기가 구동되는 형식과 크랭크축의 앞 부분에 내측 로터가 결합되어 구동하도록 되어 있다.

로터리 펌프의 내측 로터가 회전하면 내측 로터의 중심이 편심되어 있는 관계로 내측 로터의 볼록부(convex)와 바깥 로터의 오목부(concave)가 차례로 물리면서 체적 공간의 변화가 생겨 오일을 흡입하고 배출하게 된다. 즉, 내측 로터의 회전에 따라 제한된 공간의 변화는 오일을 흡입하고, 압축하여 송출하는 과정을 반복하게 된다.

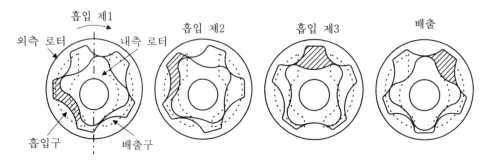

그림 8.13 로터리 펌프의 작동

2) 기어 펌프

기어 펌프에는 그림 8.14(a)의 외접식 기어 펌프와 그림 8.14(b)의 내접식 기어 펌프 두가지가 있는데, 작동 방법은 거의 유사하다. 기어 펌프는 2개의 기어가 회전하면서 맞물리는 용적변화에 따라 오일을 흡입하고 배출하는데, 오일의 흡입구와 배출구 외에는 거의 틈새가 없다. 기어 펌프의 구동은 크랭크축에 의해서 내접 기어가 구동되는 형식과 크랭크축에 연결된 벨트에 의해 외접 기어가 구동되는 두가지가 있고, 피동측 기어는 카운터 밸런스 축(balance shaft)과 결합되어 동시에 구동한다.

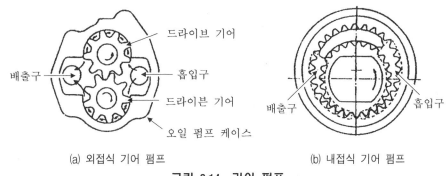

(a) 외접식 기어 펌프   (b) 내접식 기어 펌프

그림 8.14 기어 펌프

3) 플런저 펌프와 베인 펌프

플런저 펌프는 그림 8.15와 같이 몸체안에 조립된 플런저가 편심캠에 의해 작동되고, 플런저 내부에는 스프링이 있다. 또한, 아래와 위에는 2개의 흡입 및 배출용 체크 볼이 설치되어 있다. 스프링에 의해 플런저가 캠쪽으로 밀리면 아래쪽 체크 밸브가 열리면서 오일이 흡입되고, 캠의 작동에 따라 플런저가 왼쪽으로 밀리면서 위쪽의 체크 볼이 열려 오일이 압송된다.

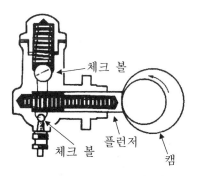

그림 8.15 플런저 펌프

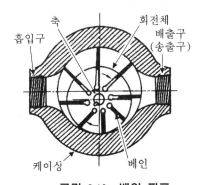

그림 8.16 베인 펌프

베인 펌프는 그림 8.16과 같이 둥근 하우징과 그 속에 편심으로 설치되어 있는 로터가 있다. 로터에는 두 개의 날개가 스프링을 사이에 두고 펌프축이 회전하면 펌프실의 안쪽면과 날개가 접촉되면서 오일을 흡입하고 배출한다.

(2) 오일 여과기

오일 여과기(oil strainer)는 오일 팬 내부에 저장된 오일을 오일 펌프로 유도하고, 직전에 설치되어 오일에 포함된 비교적 큰 입자의 불순물을 제거할 수 있도록 고운 스크린이 설치되어 있다. 그림 8.17은 자동차 엔진의 오일탱크에 설치된 오일 여과기를 보여주고 있다.

스크린

그림 8.17 오일 여과기

(3) 릴리프 밸브

감압 밸브라고도 하는 릴리프 밸브(relief valve)는 윤활유의 공급 회로 내에서 유압이 과도하게 올라가는 것을 방지해서 유압이 항상 일정하게 유지하도록 하는 안전 밸브로, 프런트 케이스의 측면에 설치되어 있다. 릴리프 밸브의 동작이 원활하지 못하면 윤활유 공급회로에 유압이 과도하게 걸리게 되고, 심할 경우에는 오일 필터가 파열되어 각종 이물질을 걸러내지 못함으로 인해 중대한 결함을 유발할 수 있다.

릴리프 밸브는 그림 8.18(a)와 같이 정상압력이 걸리는 윤활 통로에 과도한 유압이 걸리게 되면, 릴리프 플런저는 초기에 설정된 스프링 힘을 이기고 그림 8.18(b)와 같이 위로 이동하여 과도한 압력만큼의 오일을 오일 팬으로 복귀시킨다. 유압 조절 압력은 자동차의 성능에 따라 다소 차이는 있지만 $3 \sim 5 \mathrm{kg/cm^2}$로 유지시켜 준다. 릴리프 밸브는 윤활유 공급체계에서 윤활유가 남게되는 경우로 대단히 중요하게 다르고 있는 분야이다.

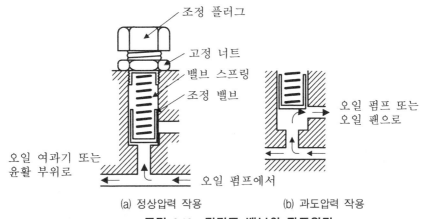

그림 8.18 릴리프 밸브의 작동원리

(4) 오일 필터

오일 필터(oil filter)는 윤활 라인에 설치하여 오일에 혼입된 먼지, 카본, 금속 분말, 산화 생성물 등을 제거하는 역할을 하며, 보통은 5,000~10,000km 주행시 마다 엔진오일과 함께 교환한다. 오일 필터는 보통 프런트 케이스에 부착되며, 일부 엔진에서는 실린더 블록에 설치되기도 한다.

오일 필터는 그림 8.19와 같이 필터의 케이스, 엘리먼트, 바이패스 밸브 등으로 구성된다. 바이패스 밸브는 엘리먼트가 이물질에 의해 막혀있을 때 열려서 여과되지 않은 오일을 공급하도록 제작되어 있다. 그렇지 않으면 엔진오일을 필요로 하는 엔진 베어링, 캠축, 피스톤—실린더의 간극 등에서는 윤활유 공급 부족으로 인한 문제가 급격하게 발생하기 때문이다.

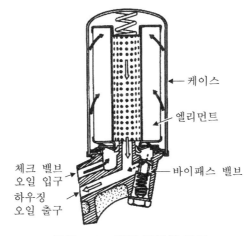

그림 8.19 오일 필터의 구조

(5) 유면 표시기와 유압 경고등

엔진에서 오일의 양은 대단히 중요하기 때문에 오일의 양을 간단하게 확인할 수 있도록 그림 8.20과 같이 엔진의 측면이나, 앞쪽에 유면 표시기(oil level gage)를 설치한다. 자동차를 운행하기 전에 오일 레벨 게이지(또는, 유면 표시기)를 사용하여 오일의 양이 정상인가 확인하는 것이 중요하다.

또한, 차량의 운행중에 엔진오일의 압력이 정상인가를 확인할 수 있도록 운전석 계기판에 유압계가 있으며, 오일 회로내의 오일 압력이 $0.2 \sim 0.4 kg/cm^2$으로 떨어졌을 때는 유압 경고등이 켜지도록 운전석에는 경고등을 설치하고 있다. 운전자는 엔진오일의 압력이 떨어지면 윤활유 공급 부족으로 인한 고장발생 문제를 고려하여 즉시 조치를 해야 한다.

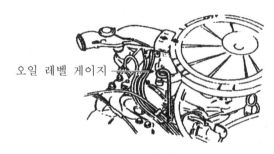

오일 레벨 게이지

그림 8.20 오일 레벨 게이지

(6) 오일 냉각장치

엔진오일의 온도는 오일의 특성상 $80 \sim 90℃$ 정도를 넘지 않도록 유지하는 것이 좋으나, 각 윤활 부위, 실린더와 피스톤 등에 의해 오일의 온도를 연소효율을 향상시키기 위해서 일반적으로 높게 유지하려는 특성이 있다. 엔진오일의 온도가 높아지게 되면 오일의 윤활성이 급격히 상실하기 때문에 오일은 항상 냉각시킬 필요가 있다. 엔진 오일의 온도가 높아지면 윤활유에 혼합된 첨가제의 기능이 떨어지기 때문에 윤활기능은 급격히 나빠진다.

일반적으로 가솔린 엔진의 경우에는 오일 팬(oil fan)에 의해 냉각이 가능하지만, 디젤 엔진에서는 오일 팬에 의한 열 방사만으로는 부족하기 때문에 그림 8.21과 같은 별도의 오일 쿨러(oil cooler)를 별도로 설치하여 오일을 냉각시킨다. 오일 쿨러에는 냉각수를 공급하여 높은 온도의 오일을 직접 냉각시키지만, 낮은 온도의 윤활유는 오히려 냉각수에 의해 적정 온도까지 열을 가하여 유동저항을 줄이기 위한 점도를 떨어뜨린다.

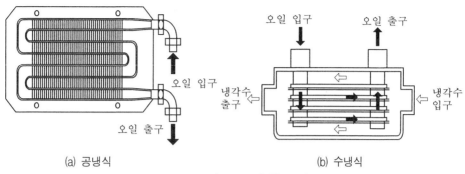

(a) 공냉식   (b) 수냉식

그림 8.21   오일 쿨러

8.1 엔진에서 윤활유의 역할을 기술하고, 가솔린 엔진과 디젤 엔진에서 사용되고 있는 윤활유의 차이점을 기술하시오.

8.2 엔진의 윤활유로 사용되고 있는 광유 윤활유와 합성 윤활유의 특징을 상대적으로 비교하면서 기술하시오.

8.3 엔진오일의 분류를 SAE 점도와 API 서비스로 분류하는데, 이들의 분류상 차이점과 최근에 자동차 메이커나 정부의 규제조건을 고려한 오일의 분류 경향에 대하여 기술하시오.

8.4 자동차 엔진에서 윤활유 공급 계통도를 그림으로 그려서 급유 과정을 기술하고, 또한 윤활유 공급장치의 구성부품에 대해서도 간략하게 설명하시오.

8.5 자동차 엔진의 축하중을 회전지지하기 위해 사용하는 저널 베어링의 역할과 윤활유에 연계되어 발생될 수 있는 베어링의 문제점에 대하여 기술하시오.

8.6 피스톤 링의 역할과 실린더-피스톤 링 사이에 형성된 유막(oil film)의 중요성에 대하여 설명하시오.

8.7 오일 필터(oil filter)의 역할과 교환주기, 오일 필터의 구조에 대하여 간략하게 기술하시오.

8.8 엔진오일 교환주기에서 고려되어야 할 사항과 사용하고 난 엔진오일(폐윤활유)의 수거방법, 또는 처리방법에 따라 환경에 미치는 영향에 대하여 논하시오.

제 9 장

냉각수와 냉각장치

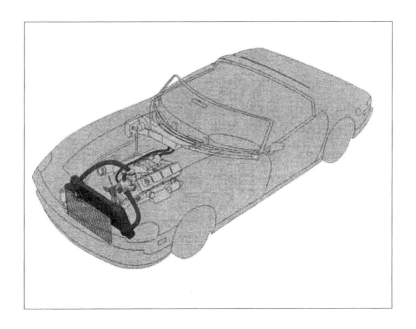

9.1 엔진 냉각의 일반개요

엔진을 냉각하여 과열을 방지하고, 항상 적정 온도를 유지할 수 있도록 하기 위해서 냉각장치가 사용된다. 엔진의 온도분포를 보여준 그림 9.1에 의하면, 실린더의 연소가스 온도가 2000~2500℃에 이르는데, 이 열의 대부분은 실린더의 벽면과 헤드, 피스톤, 밸브 등으로 폭 넓게 전도된다. 엔진의 온도조건을 항상 일정하게 유지시키는 문제는 연소효율과 배출가스, 냉각성, 엔진오일의 윤활성과 열화정도, 고무소재의 내열성 등과 밀접한 관계가 있기 때문에 이들 성능과 작동조건을 모두 고려하여 최적의 상태로 결정하는 것이 대단히 중요한 엔진설계 능력이다.

연소실 내부의 온도가 너무 높아지면 재료의 기계적 강도가 저하되어 고장이 발생하거나 수명이 크게 단축된다. 결국, 연소가 불량(노킹이나 조기점화의 발생)해지고, 엔진의 출력은 저하된다. 그러나, 연소실의 온도가 너무 냉각되면 과냉으로 인하여 손실되는 열량이 크기 때문에 엔진의 효율은 떨어지고, 불완전 연소에 의한 연료 소비량이 증가하는 등의 문제가 생긴다. 따라서, 엔진의 온도를 80~90℃로 유지하여 연소효율을 향상시키고, 동시에 엔진 구조물의 기계적 강도를 유지시킬 수 있는 냉각장치가 필요하다. 그러나, 엔진의 냉각온도는 가능한 연소온도를 높여서 불완전 연소에 의한 유해 배기가스 발생량을 줄이려고 노력하고 있다.

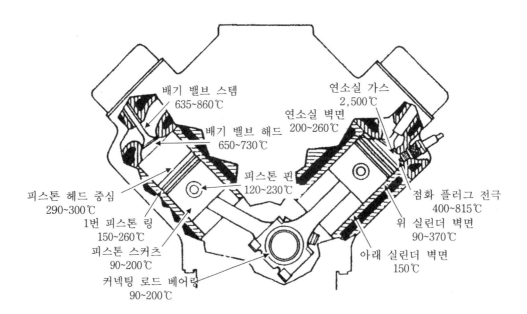

그림 9.1 엔진의 온도 분포

9.2 냉각수

9.2.1 냉각유체의 종류

(1) 냉각수

엔진을 냉각하기 위해 사용하는 물(water)은 열을 잘 흡수하고, 구입이 용이한 연수(soft water)를 많이 이용한다. 대기압 상태의 물은 0℃에서 얼고 100℃에서 비등하고, 물 때(water scale)가 생기기 쉽기 때문에 금속을 부식시키는 결점이 있다. 냉각수로 물을 사용할 경우는 냉각장치의 고장 원인으로 작용하므로 다음과 같이 보완해야 한다.

① 가압 후 냉각수의 비등점을 올린다.
② 부동액을 사용하여 냉각수의 응고점을 내려야 한다.
③ 물의 수질에 따라 방부제를 사용해야 한다.

(2) 냉각액

수냉식 냉각장치는 무게를 줄이기 위해 일반적으로 알루미늄 라디에이터를 널리 사용하면서 냉각수에 의한 부식이나 녹 발생이 문제가 되므로 방청제, 부식 방지제, 동결 방지제 등이 첨가된 냉각액을 사용하고 있다. 첨가제가 들어간 이러한 냉각액을 장수명 냉각액(long life coolant, LLC)이라 한다.

냉각액에는 무색, 무취의 에틸렌글리콜(비중 : 1.113, 20℃ 기준)에 부식 방지제, 산화 방지제 등을 첨가하여 장시간 사용할 수 있도록 한다. 냉각액은 냉각수가 흐르는 금속부의 부식을 방지하고, 동시에 동결과 과열을 방지하는 부동액 역할도 하기 때문에 별도의 부동액을 사용할 필요가 없다.

(3) 부동액

자동차 엔진의 부동액(anti-freeze coolant)은 냉각수(coolant)의 동결을 방지하기 위한 액체로 냉각수가 빙점 이하로 떨어지면 부피가 팽창하면서 라디에이터를 비롯한 냉각수 순환계통을 파손한다. 따라서, 0℃ 이하로 떨어지는 겨울철에 냉각수로 부동액은 중요한 엔진 관리의 중요 포인트이다.

냉각수로 사용되는 물과 부동액의 주원료인 에틸렌글리콜(Ethylene Glycol)을 자동차의 실제 사용 환경에 따라 적절히 혼합하여 사용한다. 부동액은 자동차 엔진의 냉각계통의 동결 현상을 방지하기 위해 우선적으로 사용되지만, 냉각수가 직접 접촉하는 라디에이터, 엔진의 헤드 및 블록, 히터, 워터 펌프, 고무호스 등은 대부분 알루미늄, 주철, 강, 황동, 동, 땜납 등의 재질로 제작되었기 때문에 이들 소재를 보호하기 위해 부식 방지제, 산화 방지제, 소포제 등 특수한 첨가제를 냉각수에 첨가하여 사용하는 것이 부동액이다.

물의 온도가 0℃에 도달하면 얼게 되면서 체적이 10% 정도 증가하므로 엔진이 파손될 우려가 높다. 따라서, 온도가 0℃ 이하로 자주 내려가는 겨울철에는 냉각수의 빙점이 낮은 부동액을 첨가하여 엔진이 파손되는 것을 방지해야 한다. 부동액은 무색, 무취의 에틸렌글리콜(빙점 : −13℃, 비등점 : 197℃)에 청색 물감과 안정제를 넣어 눈에 띄도록 제조하고, 물과의 혼합 비율에 따라 빙점을 변경할 수 있다. 보통은 냉각수 60%, 부동액 40%의 비율로 한다. 부동액의 농도가 30% 이하이면 내식성이 떨어져 부식이 많이 발생하고, 60% 이상이면 부동성과 냉각성이 감소하여 엔진에 나쁜 영향을 미치게 된다.

자동차의 부동액 교환은 엔진의 관리 상태에 따라 다르기는 하지만, 신차의 경우는 2년(40,000km), 기존의 차량은 매년(20,000km) 교환할 것을 부동액 메이커는 추천하지만, 실제로는 이 기간보다 오래 사용하는 것이 일반적이다.

표 9.1은 냉각수의 농도와 비중과의 관계를 제시한 것으로, 20℃ 냉각수의 측정 비중이 1.058일 때 안전 작동온도는 −15℃이다. 따라서, 액체 비중계로 냉각수의 비중을 측정한 다음 표 9.1로부터 농도를 산출해서 온도 변화에 따른 규정 농도로 맞추어야 한다.

표 9.1 냉각수 농도와 비중과의 관계

냉각수 온도에 따른 비중값					빙점 [℃]	안전작동 온도 [℃]	부 동 액 농도 [%]
10℃	20℃	30℃	40℃	50℃			
1.054	1.050	1.046	1.042	1.036	−16	−11	30
1.063	1.058	1.054	1.049	1.044	−20	−15	35
1.071	1.067	1.062	1.057	1.052	−25	−20	40
1.079	1.074	1.069	1.064	1.058	−30	−25	45
1.087	1.082	1.076	1.070	1.064	−36	−31	50
1.095	1.090	1.084	1.077	1.070	−42	−37	55
1.103	1.098	1.094	1.084	1.076	−50	−45	60

9.3 자동차 엔진의 냉각방식

엔진의 정상 작동과정에서 연료-공기 혼합기를 압축하면 불가피하게 발생하는 압축열, 연료를 태우는 과정에서 발생된 연소열, 엔진 각 구동부의 운동과정에서 발생된 마찰열 등은 모두 엔진 구조물의 기계적 강도를 약화시키고, 특히 엔진오일의 점도를 떨어뜨려 윤활기능과 유막형성을 어렵게 하는 등 많은 부정적 영향을 미친다. 따라서, 엔진은 일정한 성능을 유지하기 위해 반드시 냉각을 해야 한다. 엔진을 냉각하기 위해 제시된 두가지 냉각방식에 대한 특징을 표 9.2에서 요약하고 있다.

표 9.2 공랭식과 수냉식의 특징

특 징	공랭식 냉각장치	수냉식 냉각장치
냉각효과	엔진 각 부품의 균일한 냉각이 곤란하고, 국부적인 열변형을 일으키기 쉽다.	엔진 각 부품의 균일한 냉각이 가능하고, 냉각성이 우수하다.
출력 및 내구성	압축비가 낮고, 냉각팬 손실마력이 크기 때문에 고출력 발생이 어렵다.	압축비가 높고, 평균 유효압력 증대로 출력이 증가한다. 열부하 용량이 크므로 내구성이 우수하다.
연비 및 마멸량	연비와 오일 소비가 증가하는 경향이 있고, 오일의 고온열화가 일어난다. 그러나, 저온 마멸은 비교적 작다.	열효율이 높고 연비가 좋으며, 열변형이 작고 오일 소비가 적다. 그러나, 저온 마멸의 가능성이 높다.
중량 및 용량	냉각팬, 실린더, 도풍커버 등이 필요하므로 체적이 크다.	워터 자켓, 라디에이터, 워터펌프 등이 필요하지만 체적은 작다.
소음	냉각팬에 의한 진동과 소음이 크다.	워터 자켓이 방음벽 역할을 하므로 소음이 작다.
보수	보수 점검이 용이하다.	냉각수의 보수와 점검이 필요하다.

9.3.1 공랭식 냉각장치

공랭식 냉각장치는 엔진을 대기와 직접 접촉시켜서 열을 방산하는 형식으로, 구조가 수냉식에 비해 간단하지만 운전 상태에 따라서 엔진의 온도 변화가 쉽게 일어나고, 냉각이 균일하지 못하기 때문에 과열되기 쉽다는 문제점이 있다. 따라서, 공랭식 냉각장치는 자동차용 엔진에서는 거의 이용되지 않으며, 모터 사이클이나 경비행기 엔진의 냉각장치로 사용되고 있다.

공랭식에서는 방열 면적을 크게 설치해야 하므로 전열량이 많은 실린더 헤드와 실린더 블록에 많은 냉각핀(cooling fin)을 설치하여 대류에 의한 냉각효율을 증가시킨다.

9.3.2 수냉식 냉각장치

수냉식 냉각장치는 그림 9.2와 같이 냉각수를 이용하여 엔진을 냉각하는 형식으로 물의 순환 방식에 따라 자연 순환식과 강제 순환식의 두가지가 있다. 자연 순환식은 냉각수를 대류에 의해 순환시키기 때문에 고성능 엔진에는 적합하지 않으므로 현재는 전혀 사용되지 않고 있다. 강제 순환식은 자동차 엔진의 대표적인 냉각 방식으로 워터 펌프를 이용하여 냉각수를 강제로 순환시켜 냉각하는 방식이다.

수냉식 냉각장치의 주요 구성품은 그림 9.2와 같이 라디에이터(radiator), 워터 자켓(water jacket), 서모스탯(thermostat : 수온 조절기), 냉각 팬, 연결 호스 등으로 구성된다.

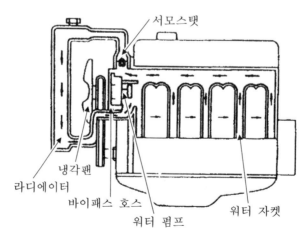

그림 9.2 수냉식 냉각장치의 구성

9.4 냉각장치의 구조와 수온 제어방식

9.4.1 냉각장치의 구조

연소실에서 혼합기가 연소될 때 발생된 연소가스의 온도는 최고 2000~2500℃에 도달하고, 발생된 연소열은 실린더의 벽면과 헤드, 피스톤 등에 전달된다. 실린더 블록의 벽면 온도가 200℃ 이상으로 올라가면 피스톤과 실린더의 간극에 형성된 윤활 유막이 손상되고, 실린더 블록은 변형을 일으키기 때문에 엔진의 성능과 기계적 특성은 급격히 떨어지게 된다. 따라서, 엔진의 냉각장치는 이러한 열을 방열시켜 엔진의 온도를 적정한 수준으로 유지시킴으로써 엔진이 정상적으로 가동되도록 하는 중요한 역할을 한다.

냉각장치의 전체적인 구성도는 그림 9.3과 같다. 냉각장치는 열을 방열하는 라디에이터, 냉각팬, 냉각수를 순환시키는 워터 펌프, 냉각수의 체적팽창을 흡수하는 보조탱크, 수온 조절기, 수온 센서, 수온 스위치 등의 부품으로 구성되는 냉각 시스템을 이루고 있다. 냉각 시스템 내에는 작동유체로 물(보통 연수를 사용함)이 들어 있고, 수냉식의 경우는 겨울철의 결빙을 방지하기 위해 부동액을 사용한다.

자동차 엔진의 형태와 구조는 서로 다른 시스템으로 구성되어 있지만, 기본적인 냉각 원리는 유사하다. 자동차의 과열(overheat)은 냉각장치 부품이 고장났을 때 흔히 발생한다. 냉각장치 시스템의 설계상 일반적인 설계 허용 최대온도는 140℃이기 때문에 작동온도가 이 온도 이상으로 올라가면 엔진은 과열된다. 엔진에서 과열

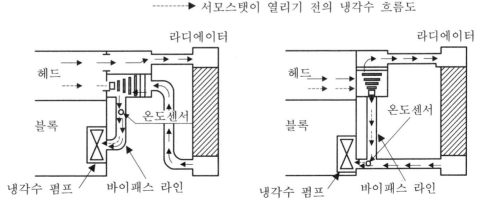

그림 9.3 냉각장치의 구성도

현상이 발생하면 점화 스위치를 "ON"에 놓고 냉각장치를 작동시켜 냉각 팬을 돌려주어 엔진을 냉각시켜야 한다. 만약, 엔진이 과열된 상태에서 찬물을 급하게 넣으면 실린더 블록에 열변형 등이 발생하여 엔진은 파손되는 직접적인 원인이 된다.

차량의 운전중에 엔진이 과열되는 것을 방지하기 위해서는 냉각계통의 부품 정비가 제일 먼저 선행되어야 하지만, 일반적으로 과열은 고속도로 주행보다는 여름철에 언덕길(grade road 12%)에서 에어콘을 켜고 서행으로 올라갈 때 특히 부하가 많이 걸리면서 발생한다. 이때에는 에어콘을 잠시 꺼서 엔진의 부하를 줄이면 엔진이 과열되는 현상없이 안전하게 언덕을 넘을 수 있다.

9.4.2 냉각장치의 수온 제어방식

엔진을 처음 구동하는 단계에서 냉각장치의 작동은 엔진의 온도가 높지 않아서 방열이 필요 없으므로 수온 조절기(thermostat)를 열지 않고, 엔진의 워터 자켓을 통하여 엔진 내부로만 냉각수가 순환된다. 그러나, 엔진의 온도가 상승하여 수온 조절기가 열리면 라디에이터 내에 갇혀있던 냉각수는 수온 조절기를 통하여 흐르면서 라디에이터에서 방열(즉, 열교환)이 시작된다. 수온 조절기는 위치에 따라 출구 제어방식과 입구 제어방식의 두가지로 나누어지지만, 현재는 입구 제어방식이 많이 사용하고 있다.

(1) 입구 제어방식

입구 제어방식은 냉각수의 온도가 88℃로 되면, 수온 조절기(서모스탯)가 열려서 라디에이터에 갇혀있던 냉각수가 수온 조절기를 통하여 곧바로 엔진으로 들어가기 때문에 수온 조절기가 열려 있는 시간이 짧게 된다. 따라서, 냉각수의 온도분포가 비교적 균일해지고 온도조절을 정밀하게 할 수 있다는 장점이 있다.

(2) 출구 제어방식

출구 제어방식은 냉각수의 온도가 88℃로 되면, 수온 조절기(서모스탯)가 열려서 냉각수는 라디에이터로 유입되어 냉각된다. 라디에이터에서 열교환되어 냉각된 물은 워터 펌프, 실린더 블록, 실린더 헤드를 통해 수온 조절기에 도달하여 수온 조절기가 열려 있는 시간이 길어진다. 따라서, 흐르는 냉각수의 유량이 많아지고, 냉각수의 온도분포 변화도 크게 되어 온도분포가 불균일해지면 연료량의 보정이 부정확해져서 배기가스 저감에 불리하게 작용한다.

9.5 냉각장치의 구성부품

자동차 엔진의 냉각장치는 엔진이 시동한 후에 냉각수의 온도가 낮을 때(웜업 전)는 그림 9.4(a)와 같이 냉각수를 라디에이터로 보내지 않고 바이패스 호스와 워터 펌프를 통해 엔진으로 직접 순환시키기 때문에 냉각상태의 엔진이 빠르게 웜업된다. 그러나, 엔진의 냉각수 온도가 어느 정도(약 80℃ 이상) 뜨거워지면 그림 9.4(b)와 같이 서모스탯이 열리면서 라디에이터로 흘러 들어가 열교환되어 냉각되고, 냉각된 물은 워터 펌프를 통하여 엔진으로 공급된다.

자동차의 냉각장치는 바이패스 방식에 따라 보텀 바이패스(bottom by-pass) 방식과 인라인 바이패스(in-line by-pass) 방식이 있지만, 일반적으로 인라인 바이패스 방식을 많이 사용되고 있다.

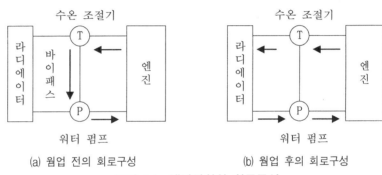

(a) 웜업 전의 회로구성   (b) 웜업 후의 회로구성

그림 9.4 냉각장치의 회로구성

9.5.1 워터 자켓

워터 자켓(water jacket)은 그림 9.5와 같이 실린더 블록과 실린더 헤드에 일체형 주조로 설치된 냉각수의 순환 통로로, 이 곳을 통과하는 냉각수가 실린더 벽, 밸브 시트, 밸브 가이드, 연소실과 접촉하면서 열을 흡수한다. 워터 자켓을 통과하는 냉각수는 엔진의 온도를 항상 일정하게 유지하여 엔진의 연소효율을 좋게 하고, 마찰면의 윤활기능이 보장될 수 있도록 중요한 역할을 한다.

그림 9.5(a)는 공랭식이므로 많은 냉각핀을 설치하여 대기중의 공기와 대류에 의한 냉각성을 확보하지만, 그림 9.5(b)와 같은 수냉식에서는 밀폐된 공간(chamber)에 냉각수를 강제로 순환하여 자동차의 주행속도와 관계없이 항상 일정한 온도를 유지할 수 있어서 모든 차량에서 채택하고 있는 워터 자켓 방식이다.

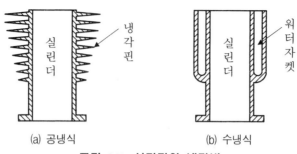

(a) 공냉식   (b) 수냉식

그림 9.5 실린더의 냉각법

9.5.2 서모스탯

서모스탯(thermostat)은 수온 조절기라고도 하며, 엔진과 라디에이터 사이에 설치되어 있다. 서모스탯은 냉각수의 온도 변화에 따라 자동적으로 개폐하여 라디에이터로 흐르는 유량을 조절함으로써 엔진의 온도를 적절하게 유지하여 엔진의 마찰부에 형성된 유막을 일정하게 유지하여 미끄럼 마찰부의 운동성을 안정적으로 유지하고, 엔진의 연소효율도 균일하게 유지할 수 있다.

엔진에서 냉각수의 유량을 조절하는 서모스탯의 중요한 역할은 다음과 같이 요약할 수 있다.

① 엔진의 작동온도를 일정하게 유지하므로 엔진의 성능을 최고로 발휘시킨다.

② 과열이나 과냉을 방지한다.

③ 오일의 노화를 방지하고, 엔진의 수명을 연장시킨다.

④ 차내의 난방 효과를 높인다.

⑤ 연료의 소모를 적게 한다.

⑥ 냉각수의 소모를 방지한다.

서모스탯에는 그림 9.6과 같이 펠릿형과 벨로즈형이 있으며, 펠릿형은 벨로즈형에 비해 수압의 영향을 덜 받기 때문에 냉각수 온도를 정확히 제어할 수 있어서 많이 사용한다.

펠릿형 서모스탯의 작동은 그림 9.7(a)와 같이 냉각수 온도가 규정치까지 높아지면 펠릿안의 왁스가 팽창하여 고무 부분을 압축함으로써 그 중심부에 있는 스핀들을 밀어 올리려고 하나, 스핀들은 케이스에 고정되어 있으므로 펠릿이 밀려 내려가서 밸브가 열린다. 반대로 냉각수 온도가 낮아지면 그림 9.7(b)와 같이 팽창했던 왁스가 수축되고 고무의 압축이 제거되면서 펠릿은 스프링에 의해 원위치로 돌아가면 밸브는 닫힌다.

(a) 펠릿형

(b) 벨로즈형

그림 9.6 서모스탯

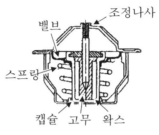
(a) 냉각수 온도가 낮을 때

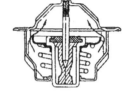
(b) 냉각수 온도가 높을 때

그림 9.7 펠릿형 서모스탯의 작동

9.5.3 라디에이터

라디에이터는 엔진의 워터 자켓을 순환하면서 가열된 냉각수를 냉각하는 장치로 큰 방열 면적을 가지고 있으며, 다량의 물을 저장하는 일종의 냉각수 저장탱크이다. 라디에이터는 방열효과를 증가시키고, 제작성을 향상시키기 위해서 알루미늄이나 구리 박판을 사용하여 제작한다.

라디에이터는 그림 9.8과 같이 상부 코어에는 라디에이터 캡, 오버 플로워 파이프, 입구 파이프가 있고, 하부 탱크에는 출구 파이프와 드레인 콕(drain cock)이 부착되어 있다.

그림 9.9와 같이 상부의 라디에이터 코어는 가열된 냉각수가 흐르는 튜브와 낮은 온도의 공기가 통하는 핀 부분으로 되어 있으며, 방열 면적을 증가시키기 위한 구조로 되어 있다. 자동차의 라디에이터 재료는 그동안 황동제를 많이 사용하였으나, 최근에는 알루미늄제를 많이 사용하고 있다. 황동제는 열전도성이나 강도면에서 우수하지만, 알루미늄제는 황동제에 비해 강성과 내압성이 좋고, 특히 판의 두께를 두껍게 하여 전체의 강도를 크게 하여도 라디에이터의 무게가 황동제에 비하여 절반 이하로 줄어드는 장점이 있다.

라디에이터 캡은 그림 9.10과 같이 압력 밸브와 부압 밸브가 설치된 가압식을 사용하고 있으며, 압력 밸브는 그림 9.10(a)와 같이 냉각수가 110~120℃ 정도로 가압(보통 1.8kgf/cm²)되면 열려서 보조 탱크로 배출되도록 작동한다. 또한, 그림 9.10(b)와 같이 엔진의 온도가 내려가면 라디에이터 내부의 압력이 대기압보다 낮아지게 되면 부압 밸브가 열려 보조탱크에 저장된 냉각수를 빨아들인다.

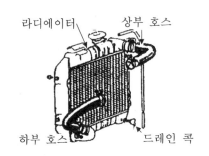

그림 9.8 라디에이터의 구성부품

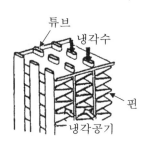

그림 9.9 라디에이터의 코어

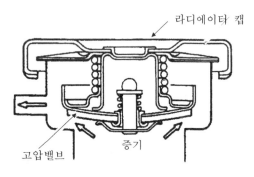

(a) 압력 밸브가 열린 때

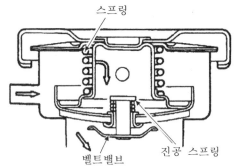

(b) 부압 밸브가 열린 때

그림 9.10 라디에이터 캡

9.5.4 냉각 팬

냉각 팬(cooling fan)은 라디에이터의 뒤쪽에 부착되어 대기중의 공기를 강제로 통풍시킴으로써 라디에이터의 냉각 효과를 충분히 얻게 하고, 또한 고속시에는 배기 매니폴드 등의 과열을 방지하는 역할도 한다.

최근에는 냉각 팬의 회전을 자동적으로 조절하여 냉각 팬 구동에 따른 동력손실을 줄이면서 엔진의 과냉과 소음발생을 줄일 수 있도록 팬 클러치식과 전동 팬을 많이 사용하고 있다.

(1) 팬 클러치

팬 클러치(fan clutch)는 자동 팬이라고도 하며, 팬의 회전을 엔진 실내의 온도에 따라 자동적으로 조절하여 팬의 구동에 따른 동력손실을 가능한 줄일 수 있도록 설계하여 엔진의 과냉이나 팬의 소음을 작도록 개발한 냉각 장치이다. 그림 9.11은 팬 클러치의 형상을 나타낸 것이다.

(2) 전동 팬

전동 팬은 그림 9.12와 같이 전동기(motor)로 냉각 팬을 구동하는 형식이며, 전륜 구동 자동차에서 많이 사용하고 있다. 라디에이터에 부착된 서모 스위치는 냉각수의 온도를 감지하여 어느 온도에 도달하게 되면 팬이 회전하기 시작하고, 냉각되어 어느 온도 이하로 내려가면 팬이 정지하게 된다. 서모 스위치의 설정 온도는 일반적으로 90~100℃이고, 작동되기 시작하는 온도(ON)와 정지되는 온도(OFF)의 차이는 약 3~5℃ 정도이다. 다음과 같은 장점을 갖고 있는 전동 팬은 대부분의 승용차에서 많이 사용되고 있다.

① 라디에이터에 설치가 용이하다.
② 엔진의 웜업(warm-up)이 빠르다.
③ 냉각수가 일정 온도에서 작동되므로 불필요한 동력 손실을 줄일 수 있다.

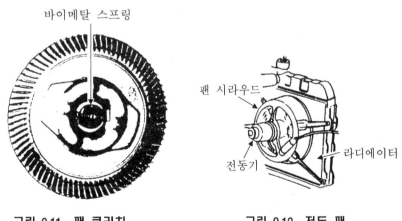

그림 9.11 팬 클러치   **그림 9.12 전동 팬**

9.5.5 워터 펌프

워터 펌프(water pump)는 실린더 블록의 앞쪽에 부착되어 냉각수를 순환시키는 장치로 원심 펌프를 많이 사용한다. 원심 펌프는 임펠러(impeller)가 회전하면서 발생된 원심력에 의해 냉각수를 바깥 둘레로 뿜어내서 실린더 블록의 워터 자켓으로 물을 보내는 펌프 작용을 한다.

워터 펌프는 그림 9.13과 같이 펌프 몸체, 임펠러, 펌프 축, 베어링, 풀리, 시일(seal) 등으로 구성되어 있다. 워터 펌프의 구동은 크랭크 풀리와 연결되는 V-벨트에 의해서 구동되기 때문에 엔진의 회전중에는 냉각수가 항상 순환시키도록 되어 있다.

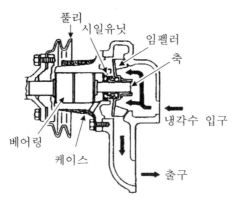

그림 9.13 워터 펌프의 구조

9.5.6 팬 벨트

팬 벨트(fan belt)는 일반적으로 V-벨트를 사용하며, 크랭크축의 회전력을 발전기 풀리와 팬 풀리(워터 펌프와 동시 구동함)에 전달하여 그림 9.14와 같이 냉각팬(cooling fan)을 회전시킨다. 그러나, 전동 팬을 사용하는 엔진에서는 팬 풀리 대신에 워터 펌프 풀리를 회전시킨다.

V-벨트는 크랭크축에 설치된 크랭크 풀리의 회전을 워터 펌프의 풀리와 얼터네이터 풀리에 전달하는 역할을 하며, 벨트의 장력이 너무 헐거우면 벨트가 미끄러져 냉각수 송출능력이 저하되면서 엔진이 과열되고, 발전기에서는 출력 부족으로 충전 불량의 원인이 되기도 한다. 그러나, V-벨트의 장력이 증가하면 워터 펌프와 얼터네이터 베어링의 마멸이 쉽게 발생하기 때문에 적절한 장력의 유지가 필요하다.

팬 벨트는 풀리와 벨트 사이의 마찰력에 의해 구동력을 전달하기 때문에 과도한 마찰력은 엔진의 기계적 마찰손실이 커지고, 과소한 마찰력은 슬립 현상에 의한 동력 전달력 저하로 인한 소음과 진동 발생의 원인이 된다. 특히, 워터 펌프, 얼터네이터, 에어콘, 냉각 팬 등에서 성능저하를 일으키기 때문에 적정한 마찰력 유지가 중요한 설계 변수이다. 따라서 자동차 메이커에서 권고하는 최적의 벨트 장력치를 유지하는 것이 필요하다.

차량의 운전중에 팬 벨트의 이완으로 인해 냉각수를 효과적으로 냉각시키지 못하면 엔진이 과열되면서 엔진의 열효율은 크게 떨어지고, 특히 엔진은 급격히 과열되어 엔진이 심각한 열손상을 입게 되므로 운전자는 냉각수 온도가 올라가는 신호를 발견하면 즉시 모든 부하(에어콘 가동 등)를 줄이고, 차량을 정지한 후에 엔진을 냉각시켜야 한다. 엔진의 냉각 팬 벨트는 주기적으로 점검하여 이완량이 약 10mm 이상으로 측정되면 교환하는 것이 일반적이다.

그림 9.14 팬 벨트와 냉각장치 구조

9.1 엔진에서 냉각수의 역할과 냉각장치가 엔진에 설치됨으로 인해 엔진에 미치는 영향을 열역학적 측면에서 기술하시오.

9.2 자동차 엔진의 냉각수 온도를 80~90℃ 정도로 높게 유지해야 하는 이유를 설명하고, 냉각수 온도를 이렇게 높게 유지함으로 인해 발생될 수 있는 문제점을 기술하시오.

9.3 자동차 엔진에서 냉각수의 온도를 80~90℃ 정도를 높게 유지해야 하는 이유를 설명하고, 그로 인한 문제점을 간략하게 기술하시오.

9.4 자동차 엔진의 냉각수 순환계통을 그림으로 그려서 설명하시오. 또한, 냉각수 온도가 지나치게 낮거나 높아서 엔진이 과열 또는 과냉될 경우에 유발될 수 있는 문제점을 기술하시오.

9.5 냉각장치에서 중요한 구성부품인 서모스탯, 라디에이터, 냉각팬, 워터펌프의 기능에 대하여 간략하게 기술하시오.

9.6 자동차 엔진을 냉각하기 위해서 사용하는 수냉식 냉각장치와 공랭식 냉각장치의 특징을 기술하고, 개선점이 있다면 기술하시오.

9.7 냉각유체로 사용되는 부동액의 특성을 기술하고, 부동액의 사용상 문제점과 처리방법에 대하여 기술하시오.

9.8 라디에이터의 주요 구성부품에 대하여 기술하고, 라디에이터 캡을 개방할 경우에 주의해야 할 점을 기술하시오.

제 10 장

엔진의 전자제어 장치

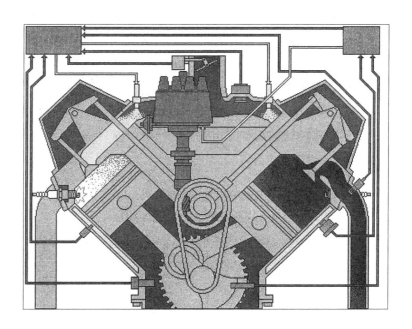

10.1 전자제어 연료 분사장치

10.1.1 연료 분사장치의 개요

전자제어 연료 분사장치는 연료 분사량을 전자제어 유니트(Electronic Control Unit : ECU)로 제어하여 엔진에서 필요한 혼합기를 효과적으로, 그리고 정확하게 공급하는 장치이다. 연료 분사장치는 엔진의 회전속도, 흡입 공기량, 냉각수 온도, 흡입공기의 온도 등 현재의 작동상태를 각종 센서로 검지한 후에 연산하여 각각의 운전조건에 가장 적합한 혼합기를 공급함으로써, 출력을 향상시키고 동시에 배기가스를 저감시키기 위한 첨단 분사장치이다. 현재 자동차에서 널리 사용되고 있는 멀티 포인트 연료분사(Multi Point Injection : MPI) 엔진이 대표적인 전자제어 연료 분사 엔진이다.

전자제어 방식의 연료 분사장치(injection type)는 종래의 벤튜리(venturi) 방식의 기화기(carburetor) 연료 공급장치에 비하여 다음과 같은 특징이 있다.

(1) 엔진의 출력 향상

① 멀티 포인트 연료 분사장치(MPI)에 의해 연료의 분배가 균일하다.

② 벤튜리가 없기 때문에 흡입공기의 유동저항이 작다.

③ MPI 엔진은 이상적인 흡기 매니폴드를 형성하고 있다.

(2) 유해 배기가스의 감소

① 운전조건에 따른 연료의 공급을 용이하게 할 수 있다.

② 감속시에 연료 차단(fuel cut)을 용이하게 할 수 있다.

③ 고압 분사에 의해 희박 혼합기의 설정이 가능하다.

(3) 연료 소비량의 감소

① 연료의 공급 과잉을 억제하여 운전조건에 따른 이상적인 혼합기의 공급이 가능하다.

② 감속에 따른 연료 차단을 용이하게 할 수 있다.

(4) 운전성의 향상

① 가속 및 감속에 대한 응답성이 좋다.

② 냉각수 온도 및 흡기 온도의 악조건에 대한 운전성이 좋다.

③ 베이퍼 록(vapor lock), 퍼컬레이션(percolation), 빙결현상(icing) 등의 고장이 없다.

④ ISC 서보에 의해 안정된 공회전을 유지할 수 있다.

(5) 저온 시동성의 향상

① 저온 시동시는 연료의 증량보정에 의해 용이하게 시동된다.

② 쵸크 밸브와 패스트 아이들(fast idle) 캠 대신에 ISC 서보가 작용하여 안정된 시동을 할 수 있다.

10.1.2 연료 분사장치의 종류

(1) 분사량 조절 방식에 따른 분류

1) 매니폴드압 조정 분사식

매니폴드압 조정 분사방식을 MPC 방식이라고도 하며, 흡기 매니폴드의 압력에 의해 기본 연료 분사량이 결정되고, 이에 적합한 연료를 분사하는 방식을 말한다.

2) 공기량 조정 분사식

연소실에 유입된 공기량을 센서로 감지하고, 이 데이터를 근거로 기본 연료 분사량을 결정하여 연료를 분사하는 방식을 말한다.

(2) 분사노즐의 배치방식에 따른 분류

1) 싱글 포인트 분사방식(SPI)

그림 10.1과 같이 1개 또는 복수의 인젝터를 한 곳에 장착하여 연료를 분사하는 방식을 싱글 포인트 분사식(Single Point Injection : SPI)이라 한다.

2) 멀티 포인트 분사방식(MPI)

그림 10.2와 같이 인젝터를 흡기 매니폴드의 모든 실린더에 1개씩 배치하여 연료를 분사하는 방식을 멀티 포인트 분사식(Multi Point Injection : MPI)이라 한다.

3) 직접 분사방식(DI)

직접 분사식(Direct Injection : DI)은 엔진의 연소실에 인젝터를 설치하여 연료를 연소실에 직접 분사하는 방식으로 기존의 SPI나 MPI 방식에 비하여 연료의 유입에 따른 유동손실을 줄일 수 있다.

그림 10.1 SPI 방식

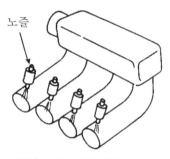

그림 10.2 MPI 방식

(3) 분사량 제어방식에 따른 분류

1) 기계식

MPC 형식에서 주로 사용되며, 그림 10.3과 같이 흡기 매니폴드의 통로에 설치된 센서 플레이트(sensor plate)의 작동에 의해 연료 분사량이 자동적으로 조절된다.

2) 전자 제어식

그림 10.4와 같이 공기 유동 센서(AFS), 크랭크 각도 센서(CAS), 냉각수 온도 센서(WTS) 등 각종 센서에서 감지된 신호는 전자제어 유니트(ECU)로 보내져 연산 처리된 후에 인젝터를 작동시켜 연료가 분사되며, 연료의 분사량은 인젝터의 작동시간에 의해 조절된다.

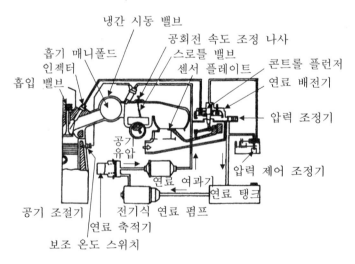

그림 10.3 기계식 분사제어 시스템

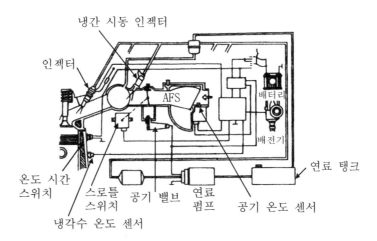

그림 10.4 전자 제어식 분사 시스템

10.1.3 MPI 엔진의 기본구성

MPI 엔진의 연료 공급장치는 각 실린더와 연계된 흡기 매니폴드에 연료를 직접 분사하기 위해서 각 실린더의 흡기밸브 앞에 4개의 인젝터를 설치하여 독립적으로 연료를 분사한다.

MPI 엔진에서 연료 공급장치의 기본적인 기능은 각종 센서로부터 신호를 받은 후 운전 상태에 따른 연료분사, 점화시기의 설정, 엔진 회전수 등의 기능이 전자제어 유니트(ECU)에 의해 모두 제어된다.

(1) MPI 엔진의 주요 구성부분

1) 연료계통

연료펌프, 인젝터, 연료압력 조절기, 고압필터, 연료 분배 파이프 등

2) 흡기계통

공기 유동 센서(AFS), 스로틀 보디, 서지탱크(surge tank), 흡기 매니폴드 등

3) 제어계통

각종 센서(냉각수 온도 센서, 흡기 온도 센서, 스로틀 위치 센서, 공정 위치 센서, 1번 실린더 상사점 센서, 크랭크 각도 센서, 모터 위치 센서), ECU 등

4) 점화계통

배전기(1번 실린더 상사점 센서, 크랭크 각도 센서), 파워 트랜지스터, HEI

(high energy ignition) 코일 등

5) 배출가스 제어 계통

크랭크 케이스 배출가스 제어 장치, 증발가스 제어 장치, 배기가스 제어 장치 등

(2) MPI 연료공급 장치의 구성 회로도

MPI 엔진에서 연료를 안정적으로 공급하기 위한 시스템은 그림 10.5에서 보여 주고 있다. 외부에서 유입된 공기는 공기 청정기(air cleaner)를 지나면서 깨끗한 공기로 정화되어 연소실로 유입되고, 동시에 연료탱크에 저장된 연료는 펌프에 의해 가압되어 흡기 매니폴드나 연소실에 직접 설치된 인젝터로 분사되면서 연료-공기 혼합기가 형성되어 연소실내에서 압축되고 연소되는 과정을 밟게 된다. 이러한 연료공급 과정에서 각종 센서(APS, AFS, TPS 등)가 작동하고, ECU에 의해 최적의 혼합기 상태와 공급량, 공급시기 등이 결정하게 된다.

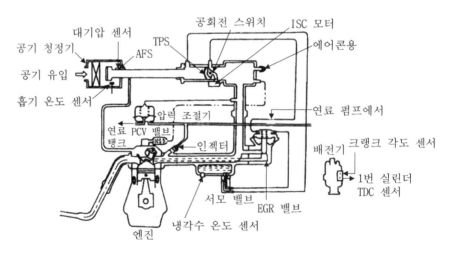

그림 10.5 MPI 연료공급 장치의 구성도

(3) 센서의 종류와 기능

1) 공기 유동 센서(AFS)

흡입되는 공기량을 계측하여 분사 시간을 결정하는 기본 센서로 사용한다.

2) 1번 실린더 TDC 센서

1번 실린더의 압축행정 상사점 위치를 검출하여 이 기준 신호를 ECU로 보내고,

ECU는 이 정보를 기초로 순차적인 분사시기를 결정한다.

3) 크랭크 각도 센서(CAS)

크랭크축, 즉 피스톤이 압축 상사점에 대해 어떤 위치에 있는가를 검출하여 엔진 회전수와 분사 시기를 결정하는 신호로 사용한다.

4) 공전 스위치

아이들 스위치(idle switch)라고도 하며, 엔진의 공회전 상태를 검지하여 ECU는 적정한 공전 상태를 제어한다.

5) 스로틀 위치 센서(TPS)

스로틀 밸브의 열림 정도를 검출하여 엔진의 회전운전 모드를 판정하도록 하고, 가속과 감속 상태를 검지하며, 연료 분사량을 보정한다.

6) 대기압 센서(APS)

대기의 압력을 검지하여 ECU로 보내진 신호는 자동차의 고도를 계산하여 연료 분사량과 점화시기를 보정한다.

7) 냉각수 온도 센서(WTS)

냉각수의 온도를 검출하여 연료 분사량, 점화 진각, 공회전 속도 등을 보정한다.

8) 흡기 온도 센서(ITS)

흡기 매니폴드의 흡기 온도를 검출하여 연료 분사량, 점화 진각, 공회전 속도 등을 ECU에 의해 정밀하게 보정한다.

9) 모터 위치 센서(MPS)

ISC 모터의 플런저 위치를 검출하여 ECU로 전달하고, ECU는 이 데이터를 기초로 ISC 제어를 한다.

10) IG-SW "ST"

시동 모터의 "S" 단자 전압으로부터 연료펌프가 구동되고, 분사량, 점화시기, 스로틀 개도를 제어한다.

11) 차속 센서(VSS)

차속 신호를 펄스 신호로 변환시켜 ECU로 보내면, 이 정보를 기초로 공회전 속도를 조정하여 자동차가 공회전 상태인지 또는 주행 상태인지를 파악한다.

12) 에어콘 릴레이

에어콘의 제어 신호를 읽어서 ISC—servo 제어 신호로 사용된다.

13) 가변 저항기(variable resistor)

배기 유해가스를 조정하기 위한 조절장치이다.

14) 산소 센서

배기가스의 산소농도에 따라 이론 공연비를 중심으로 출력 전압이 급격히 변하는 원리를 이용한 센서로서, 변동되는 출력 전압을 ECU로 보낸다. 이 신호에 따라 Closed Loop 제어가 이루어진다.

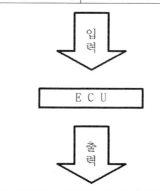

1) 산소 센서(Oxygen Sensor)	9) MPS(Motor Position Sensor)
2) 공기 유동 센서(Air Flow Sensor)	10) 대기압 센서(Atmospheric Pressure Sensor)
3) 흡기 온도 센서 (Intake Temperature Sensor)	
4) 냉각수 온도 센서 (Coolant Temperature Sensor)	· 가변 저항기 · 시동모터 S 단자 · 전원 공급
5) TPS(Throttle Position Sensor)	· 차속 센서
6) Idle Speed SW	· 에어콘 스위치
7) 1번 실린더 TDC 센서	· 파워 핸들 스위치
8) 크랭크 각도 센서(Crank Angle Sensor)	· 점화 스위치(ST)

입력

E C U

출력

1) 인젝터(injector)
2) ISC—Servo
3) Purge Valve(Purge Control Solenoid Valve)
· 연료펌프 콘트롤(콘트롤 릴레이)
· 에어콘 릴레이
· 점화시기 조절장치

그림 10.6 전자제어 장치의 작동 흐름도

10.2 연료계통

그림 10.7과 그림 10.8에서와 같이 연료는 연료탱크에 있는 흡입 필터를 통해 연료 펌프에서 압송되며, 파이프, 고압필터, 딜리버리 파이프를 거쳐 각각의 인젝터(injector)에 분배된다. 각 인젝터에 걸리는 연료의 분사 압력은 압력 조절기에 의해 이루어지고, 이 때의 압력은 흡기 매니폴드 내부의 압력보다 3.35kg/cm^2 정도 더 높은 압력이 항상 일정하게 유지되도록 한다. 압력 조정 후의 연료는 리턴 파이프(return pipe)를 통해 연료 탱크로 되돌아간다.

인젝터에 전류가 흐르면 인젝터 내의 니들 밸브가 완전히 열려서 연료는 흡기 매니폴드 내부로 분사되고, 이 때의 연료량은 인젝터에 항상 일정한 압력이 유지되므로 인젝터에 흐르는 통전 시간에 비례하여 증감한다. 인젝터는 ECU의 신호에 의해 각 실린더(cylinder)마다 점화 순서에 따라서 흡기 매니폴드 포트(port)에 분사하게 된다.

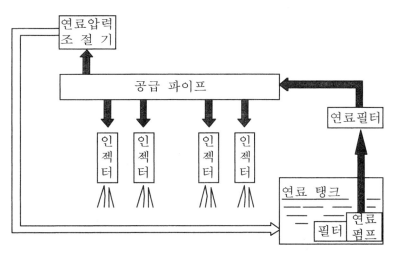

그림 10.7 연료의 공급 회로도

10.2.1 연료 펌프

(1) 구조

연료 펌프(fuel pump)는 연료 탱크내에 저장된 연료를 가압하여 연료필터와 연료 압력 조절기를 거쳐 인젝터(injector)로 보낸다. 연료 펌프는 내장형으로 연료 탱크 안의 연료에 잠겨져 있기 때문에 펌프의 작동에 따른 소음과 베이퍼 록(vapor lock) 현상을 효과적으로 억제하는 기능을 가지고 있다. 이 펌프는 그림 10.9와 같이 직류 모터 부분과 터빈식 펌프 부분으로 구성되어 있고, 체크 밸브, 릴리프 밸브, 필터가 결합되어 있다.

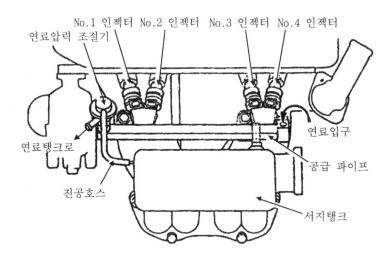

그림 10.8 연료의 공급계통 장착도

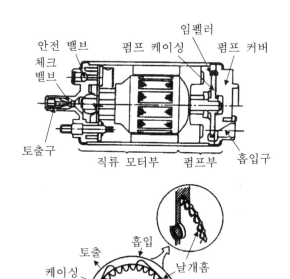

그림 10.9 연료탱크 내장형 연료펌프

(2) 연료의 압력 형성

펌프의 임펠러(impeller)가 모터에 의해 회전되면, 임펠러의 바깥 둘레에는 홈을 따라서 이송되면서 앞뒤로 생기는 유체의 마찰작용에 의해 압력차가 발생한다. 모터가 회전함에 따라 이러한 동작이 반복하게 되면, 펌프내에서 소용돌이치는 연료는 모터를 통과한 후 일정한 압력을 갖게된다. 연료의 압력에 의해 체크 밸브가 열리면 연료가 출구를 통과하여 연료 필터, 연료 파이프를 거쳐서 연료 분배 파이프까지 공급된다.

(3) 릴리프 밸브

릴리프 밸브(relief valve)의 작동압력은 $4.5{\sim}6\mathrm{kg/cm}^2$ 정도이고, 연료 펌프가 작동하다가 연료가 출구를 통과하지 못하는 경우가 발생하면, 연료 펌프내의 압력은 비정상적으로 높아진다. 이런 경우에 릴리프 밸브(또는, 안전밸브)는 압력을 제거하기 위해 열리게 되며, 연료 라인에서 일정 압력보다 비정상적으로 올라가는 연료 압력을 제어한다. 따라서, 연료공급 라인에서 릴리프 밸브의 작동은 인젝터로 연료가 공급되는 것이 아니고, 연료 저당탱크로 되돌아가게 된다.

(4) 체크 밸브

연료 펌프가 작동하거나 멈추게 되면, 체크 밸브(check valve)는 스프링 힘에 의해 닫히고 일정 압력이 연료 라인에 남게 된다. 연료 라인에 남은 일정한 압력은 엔진의 재시동을 용이하게 하고, 높은 온도에서 베이퍼 록(vapor lock) 현상을 방지한다.

10.2.2 고압 연료필터

전자제어 연료 분사장치에서 사용하고 있는 연료 필터의 구조는 그림 10.10에서 보여주고 있다. 이러한 연료 필터는 종래의 기화기(carburetor) 방식 필터에 비하여 다음과 같은 특징이 있다.

① 먼지 등의 여과 성능을 높이기 위한 엘리먼트의 메쉬를 작게 한다.

② 연료의 압력이 높기 때문에 내압성이 크다.

③ 여과 면적이 크므로 필터 자체가 커진다.

이러한 이유로 인하여 고압측에서 사용되는 연료 필터의 특징은 다음과 같이 요약될 수 있다.

1 연료의 압력 조절기에서 먼지 등에 의해 필터가 막혀도 연료 압력이 올라가지 않는다. 이것은 인젝터에 먼지 등이 끼면서 연료가 흩어지기 때문이다.

2 연료 필터 몸체는 금속제를 사용하고, 안쪽에는 녹 방지를 위해 도금되어 있다.

3 여과지의 메쉬가 작아서 막히기 쉬우므로 여과 면적을 크게 한다.

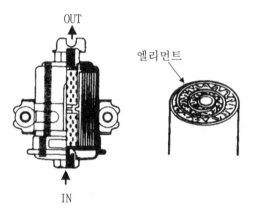

그림 10.10 연료 필터의 구조

10.2.3 압력 조절기

압력 조절기는 흡기 매니폴드(intake manifold) 내의 압력변화에 대응하여 가장 적합한 연료 분사량을 일정하게 유지하기 위해 작동한다. 전자제어 분사장치인 인젝터에 걸리는 연료의 압력을 흡기 매니폴드 내부의 압력보다 항상 3.35kg/cm^2 정도 높게 유지하도록 조절한다. 압력 조절기의 스프링 챔버(chamber)에는 진공호스가 서지탱크와 연결되어 있어 흡기 매니폴드에 항상 부압이 걸리도록 한다.

그림 10.11과 같이 연료의 압력이 규정 압력을 초과할 때는 다이어프램이 밀려 올라가게 되고, 이때 연료는 리턴 파이프를 지나 연료탱크로 되돌아가게 된다. 진공호스를 빼거나 끼울 때의 압력은 그림 10.12의 연료 압력 조절기 부압표를 참조하면 된다.

10.2.4 인젝터

인젝터(injector)는 ECU로부터 보내온 분사신호에 의해 연료를 분사하는 솔레노이드 밸브가 내장된 분사 노즐이다. 각 실린더의 흡기 매니폴드에는 1개씩의 인젝터가 각각 장착되어 연료 송출 파이프와 연결되어 있으며, 니들밸브(needle valve)는 플런져(plunger)와 일체로 되어 있어서 인젝터의 작동시 플런저와 같이 전개 위치까지 열려 연료라인의 압력에 의해 연료가 분사된다. 인젝터에는 흡기 매니폴드에 분사하는 싱글 포인트 분사식(SPI)과 멀티 포인트 분사식(MPI)이 있으며, 디젤 엔진처럼 연소실에 직접 분사하는 DI의 3가지가 개발되었다.

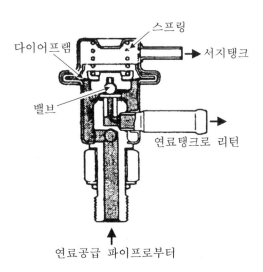

그림 10.11 연료 압력 조절기의 구조

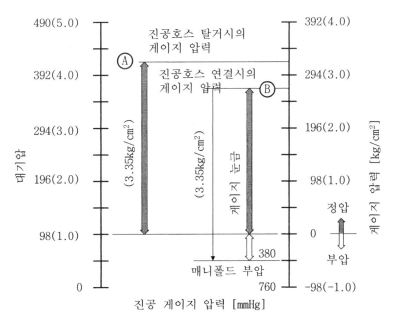

그림 10.12 연료 압력 조절기의 부압표

그림 10.13과 같이 인젝터는 분출구의 면적과 연료의 압력이 일정하기 때문에 니들밸브의 개방시간, 즉 솔레노이드 코일의 통전 시간에 의해 연료의 분사량이 결정된다. 즉, 엔진의 전자제어 유니트(ECU)는 공기 유동 센서(AFS), 산소센서, 냉각수 온도 센서(WTS) 등과 같은 센서에서 오는 각종 신호를 기초로 최적의 운전조건을 연산하여 솔레노이드 코일의 통전 시간을 제어하게 되므로 인젝터는 적정의 연료 분사량을 증감할 수 있다. 따라서, ECU은 솔레노이드 코일에 신호를 보내서 플런저가 작동하도록 하고, 플런저에 연계된 니들밸브를 작동하도록 하여 연료의 분사량이 정밀하게 조절된다.

그림 10.14는 연료 분사 체계의 인젝터에 대한 전기 회로도를 나타낸 것이다. 인젝터의 작동 흐름도를 보면 다음과 같다.

① 배터리 → 콘트롤 릴레이 → ECU

② ECU에서 분사 신호가 발생하면, 파워 TR의 B에서 E로 전류가 흘러서 TR은 스위치 "ON"이 되고, TR의 C와 E사이에 전류가 흘러 솔레노이드 코일이 접지되어 인젝터가 작동한다.

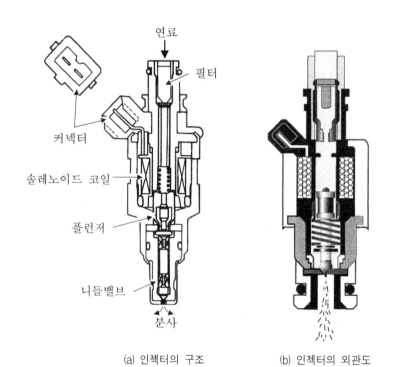

(a) 인젝터의 구조 (b) 인젝터의 외관도

그림 10.13 전자제어 인젝터

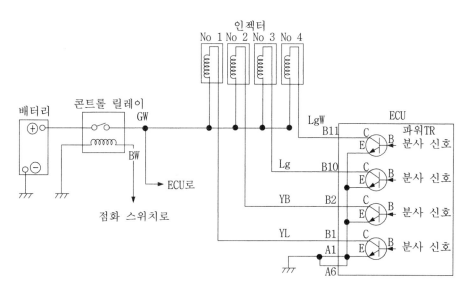

그림 10.14 인젝터의 전기 회로도

10.2.5 콘트롤 릴레이

콘트롤 릴레이(control relay)는 점화 스위치의 동작에 따라 연료 펌프를 구동하고, 동시에 ECU, 인젝터, 공기 유동 센서(AFS) 등의 센서에 전원을 공급하는 릴레이이다. 콘트롤 릴레이의 작동은 점화 스위치(ignition switch)의 작동에 따라 아래와 같이 이루어진다. 그림 10.15는 콘트롤 릴레이의 작동 상태를 나타낸 회로도이다.

(1) 점화 스위치를 "ON"하였을 때

① L_3가 여자되면, S_2가 "ON"되어 ECU 전원을 공급한다.

② S_2가 "ON"되고, ECU(엔진 회전수 25rpm 이상) 연료 펌프용 TR이 "ON"으로 되면, L_1 코일이 여자되면서 S_1 스위치가 "ON"하여 연료 펌프를 구동한다.

(2) 점화 스위치를 "ST"하였을 때

점화 스위치가 "ST(START)" 위치에 있으면 IG 위치에서도 "ON" 상태가 되며, L_2 코일이 여자되어 S_1이 "ON"되므로 연료 펌프가 구동한다.

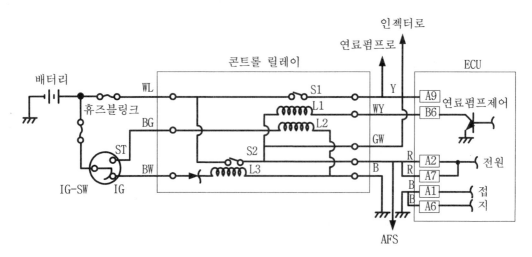

그림 10.15 콘트롤 릴레이의 회로도

10.3 흡기계통과 각종 센서

10.3.1 흡기계통

그림 10.16과 같이 공기 청정기로(air cleaner)부터 흡입된 신선한 공기는 공기 유동 센서(AFS)에 의해 공기량이 계측된 후 스로틀 보디(throttle body)를 통하여 서지탱크(surge tank)로 유입된다. 서지탱크의 공기는 각 실린더(cylinder)의 흡기 매니폴드로 분배되어 인젝터에서 흡기 매니폴드로 분사된 연료와 혼합하고, 이 혼합기는 각각의 실린더에 보내진다.

즉, 엔진에서 흡기계통은 외부의 공기와 무화된 연료를 받아들여서 완벽한 혼합기를 형성하고, 이것을 연소실로 흡입하는 역할을 담당하고 있다. 따라서, 흡기계통은 엔진의 출력과 배기가스의 유해성에 중요한 역할을 담당한다.

흡기 매니폴드로 유입되는 공기량은 스로틀 밸브에 의해 제어되고, 공회전에 따른 스로틀 밸브의 개도는 ECU의 계산에 따라 제어되는 공전속도 조절 서보(idle speed control servo : ISC servo)에 의해 정확하게 조정된다. 또한, ISC 서보는 엔진을 감속하거나 엔진을 웜업하는 동안에 스로틀 밸브의 개도를 조절한다.

공기 청청기	→	공기유동센서 (AFS)	→	스로틀 보디	→	서지 탱크	→	흡기 매니폴드에서 실린더로

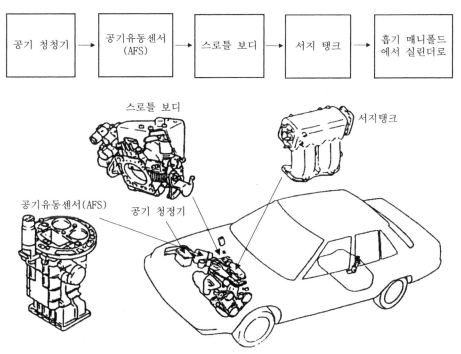

그림 10.16 흡기계통의 구성부품

10.3.2 각종 센서

(1) 공기 유동 센서

공기 유동 센서(Air Flow Sensor : AFS)는 그림 10.17과 같이 공기 청정기 내부에 설치되어 있으며, 연소실로 공급되는 흡입 공기량을 측정하는 센서이다. 공기 유동 센서는 칼만 와류(Karman vortex) 현상을 이용하여 공기량을 측정한 후에 전기적인 신호로 바꾸어 ECU에 보내게 된다. ECU는 공기 유동 센서의 흡입 공기량 신호와 엔진 회전수 신호(크랭크 각도 센서)를 이용하여 엔진에 걸린 부하를 연산한 후 기본적인 연료 분사시간과 기본 점화시기를 결정한다.

칼만 와류 현상은 공기 유동부의 중간부분에 삼각기둥(저항체)을 두면, 기둥 뒤의 공기가 유동함에 따라서 유동체의 유속에 따른 소용돌이는 규칙적인 관계가 있다는 것이다. 즉, 칼만 와류수(Karman vortex number)는 유속에 비례한다. 즉,

$$f = 0.2 \frac{V}{D} \tag{10.1}$$

여기서 $f = $ 칼만 와류수, 개수/sec

$V = $ 유속, cm/sec

$D = $ 저항체의 지름, cm

칼만 와류의 발생 수량을 검출하는 방법으로 초음파를 이용하고 있다. 그림 10.18과 같이 칼만 와류의 발생 부분에 발진기인 초음파 진동자를 놓고, 소용돌이의 흐름과 직각 방향으로 초음파를 발진하여 반대쪽의 수신기로 이러한 신호를 받는다. 발신기로부터 발신된 초음파는 맴돌이의 영향을 받아 수신기에 도달할 때까지의 시간이 빨라지거나 늦어지게 되므로 이 위상차의 소밀음파를 변조기에서 전기적인 펄스 신호로 변환시켜 ECU로 보내게 된다. 공기 유동 센서(AFS)에는 대기압 센서(APS)와 흡기 온도 센서(ITS)가 일체형으로 장착되어 있다.

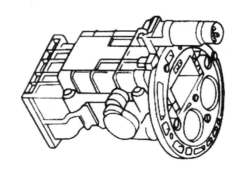

그림 10.17 공기 청정기와 공기 유동 센서(AFS)

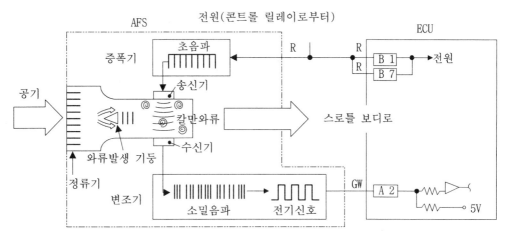

그림 10.18 공기 유동 센서(AFS)의 작동 회로도

(2) 대기압 센서

그림 10.19와 같이 대기압 센서(Atmospheric Pressure Sensor : APS)는 공기 유동 센서(AFS)에 부착되어 대기압을 검출해서 전압으로 변환한 신호를 ECU로 보낸다. ECU는 이 신호를 이용하여 이들의 전압차를 고도(level)로 계산하여 그 고도에서 적당한 공연비가 되도록 연료 분사량과 점화시기를 보정한다. 이것은 연소효율 뿐만 아니라 배출가스 저감효과에도 큰 도움이 된다.

따라서, 대기압 센서는 고도의 변동에 따른 주행성을 향상시켜주는 역할을 한다. 대부분의 차량에서 대기압 센서는 그다지 중요한 역할을 하지 않지만, 고도차가 있는 지역에서는 연료 분사량과 공기량의 혼합비가 절절하게 유지되어야 출력이 증가하고, 배출가스를 규정에 적합하도록 유지할 수 있다.

대기압 센서는 그림 10.20과 같이 스트레인 게이지의 저항치가 압력에 선형적으로 비례하여 변하는 특성을 이용한 것이다. 대기압 센서는 압력을 전압으로 변환시키는 반도체 피에조(piezo) 저항형 센서를 널리 사용하고 있다.

그림 10.19 대기압 센서(APS)

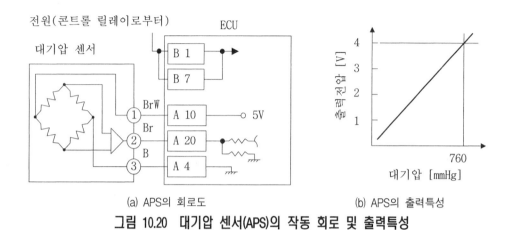

(a) APS의 회로도　　　　　(b) APS의 출력특성

그림 10.20　대기압 센서(APS)의 작동 회로 및 출력특성

(3) 흡기 온도 센서

흡기 온도 센서(Intake Temperature Sensor : ITS)는 그림 10.21과 같이 공기 유동 센서(AFS)의 공기 통로에 검출부가 노출되도록 장착되어 있으며, 흡입공기의 온도를 측정하는 서미스터(thermistor)이다.

흡기 온도 센서(ITS)의 서미스터는 온도에 따라 그림 10.22와 같이 저항값이 변하게 되고, 이 저항에 따른 출력전압의 변화치를 ECU로 보낸다. ECU는 공기 유동 센서의 출력전압에 의한 흡입공기의 온도를 측정하여 흡입공기 온도에 대응하는 최적의 연료 분사량으로 보정한다. 즉, 흡입 공기의 온도는 외부에서 유입되는 공기의 밀도에 영향을 주기 때문에 공기의 온도 조건에 따라 연료 분사량의 보정이 필요하다.

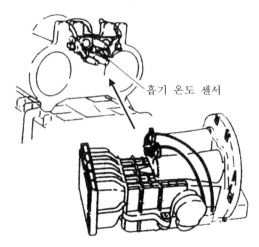

그림 10.21　흡기 온도 센서(ITS)

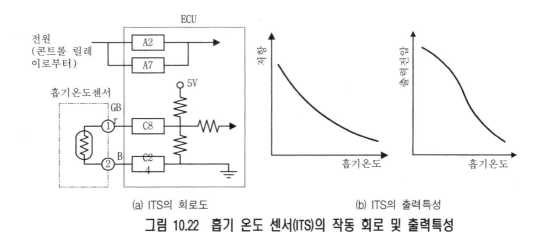

(a) ITS의 회로도   (b) ITS의 출력특성

그림 10.22 흡기 온도 센서(ITS)의 작동 회로 및 출력특성

(4) 스로틀 보디

스로틀 보디(throttle body)에는 그림 10.23과 같이 흡입 공기량을 제어하는 스로틀 밸브, 공회전시 회전수를 제어하는 ISC(Idle Speed Control)—servo, 스로틀 밸브의 개도를 검출하는 스로틀 위치 센서(Throttle Position Sensor : TPS)가 조립되어 있다. 또한, 스로틀 보디의 하부에는 냉각수 통로가 설치되어 있어 엔진의 냉각수가 순환하므로 한냉시의 빙결(icing) 현상을 방지한다.

ISC 서보

스로틀 위치 센서(TPS)   냉각수(흡기 매니폴드에서)   리턴 파이프로

그림 10.23 스로틀 보디

(5) ISC 서보

엔진을 공회전 상태에서 운전하게 되면 흡입 공기량이 가장 적고 연료 분사량도 최소가 된다. 엔진은 냉각수의 온도변화에 따라서 불안정한 상태가 되기도 한다. 또한, 공회전 상태에서 에어콘이나 파워 스티어링 펌프가 작동하게 되면, 부하조건에 따라서는 엔진의 회전수가 낮아지고 불안정한 공회전 상태가 될 수 있다. 따라

서, 공회전의 운전 성능에 영향을 주지 않는 최저의 회전속도로 제어할 필요가 있으며, 이것을 위해서 개발된 ISC 서보(idle speed control servo)는 모터를 사용하여 스로틀 밸브를 조절함으로써 안정된 공회전 상태를 유지할 수 있다.

ISC 서보의 구성부품은 그림 10.24와 같이 모터, 웜 기어, 모터 위치 센서, 공회전 스위치(idle switch) 등으로 구성되어 있다. ECU의 신호에 의해 모터가 회전하게 되면, 모터의 회전축에 설치된 웜 기어가 웜 휠의 회전 방향에 따라서 플런저는 왕복운동을 하게 되고, 동시에 ISC 레버를 작동시킴으로써 스로틀 밸브의 개도를 조절하여 안정된 공회전 상태를 유지시킬 수 있게 된다.

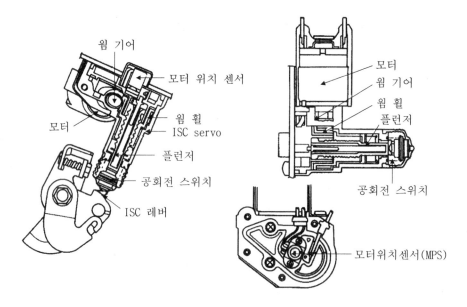

그림 10.24 공전 스위치와 MPS의 구조

(6) 모터 위치 센서

모터 위치 센서(Motor Position Sensor : MPS)는 그림 10.25와 같이 가변 저항식으로 ISC 서보 내에 설치되어 있다. 플런저의 끝 부분이 모터 위치 센서의 슬라이딩 핀(sliding pin)에 접촉되어 플런저가 작동할 때 모터 위치 센서의 내부 저항이 변화하므로 출력 전압이 변화하게 된다.

모터 위치 센서는 그림 10.26과 같이 ISC servo 플런저의 위치를 검출한 신호를 ECU로 보내고, ECU는 모터 위치 센서 신호, 공회전 신호, 냉각수 온도 신호, 에어콘 부하 신호, 차속 신호를 이용하여 스로틀 밸브의 개도를 제어함으로써 엔진의 공회전시의 회전수를 제어한다.

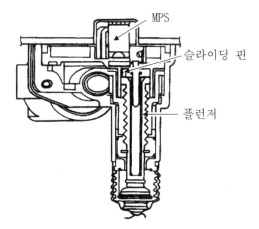

그림 10.25 모터 위치 센서(MPS)의 구조

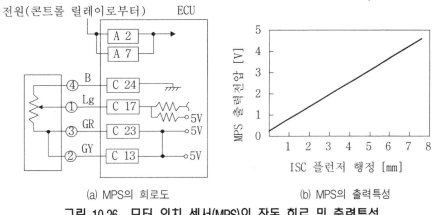

(a) MPS의 회로도   (b) MPS의 출력특성
그림 10.26 모터 위치 센서(MPS)의 작동 회로 및 출력특성

(7) 스로틀 위치 센서

스로틀 위치 센서(Throttle Position Sensor : TPS)는 그림 10.27과 같이 슬라이드가 스로틀 보디의 스로틀 축과 같이 회전하는 가변 저항기로서 스로틀 밸브의 개도를 검출하는 기능을 갖고 있다. ECU는 스로틀 밸브가 회전함에 따라 변화하는 출력 전압으로 스로틀 밸브의 개도를 검지한다.

엔진에서 스로틀 밸브의 개도를 검출하는 이유는 엔진의 가속과 감속 상태를 검출하기 위한 것으로 TPS가 사용된다. 여기서 얻은 TPS의 정보는 엔진의 공기량과 연료 분사량을 제어하는데 사용한다. TPS의 작동 회로도와 출력 특성을 그림 10.28에서 보여주고 있다.

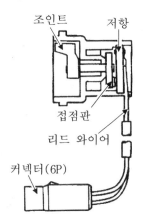

그림 10.27 스로틀 위치 센서(TPS)의 구조

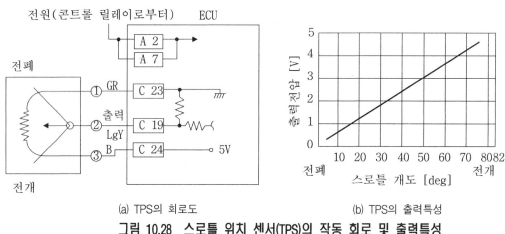

(a) TPS의 회로도   (b) TPS의 출력특성

그림 10.28 스로틀 위치 센서(TPS)의 작동 회로 및 출력특성

(8) 아이들 스위치

공회전 스위치라고도 하는 아이들 스위치(idle switch)의 구조를 그림 10.29(a)에서 보여주고 있다. 그림 10.29(b)의 회로도로 구성된 아이들 스위치에서는 엔진이 공회전 상태라는 신호를 검출하여 ECU로 보낸다. 아이들 스위치는 접점식으로 되어 있으며, ISC servo의 끝부분에 설치되어 스로틀 밸브가 공회전 상태에 놓이면 ISC 레버에 의해 푸시핀(push pin)이 눌려져 접점이 "ON" 상태로 된다.

(9) 서지탱크

서지탱크(surge tank)는 스로틀 보디와 흡기 매니폴드 사이에 장착되어 있으며, 내부에는 적당한 용적을 갖는 알루미늄 합금으로 만든 작은 통이다. 서지탱크의 용적부분은 흡입되는 공기의 흐름에 변화를 주어 공기의 밀도를 효율적으로 관리함으로써 흡기의 맥동을 줄일 수 있고, 흡기의 관성효과를 높여서 흡입효율을 향상시키도록 설계되어 있다. 서지탱크의 형태는 그림 10.30에서 보여주고 있다.

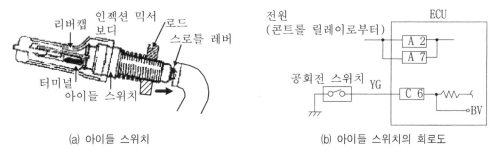

(a) 아이들 스위치   (b) 아이들 스위치의 회로도

그림 10.29 아이들 스위치와 회로도

그림 10.30 서지 탱크

(10) 크랭크 각도 센서 및 1번 실린더 TDC 센서

크랭크 각도 센서(Crank Angle Sensor : CAS)와 1번 실린더 TDC 센서는 그림 10.31과 같이 디스크와 유니트로 구성되어 있다. 디스크는 금속제 원판으로 되어 있으며, 디스크 주변의 외측에는 $90°$ 간극의 빛 통과용 슬릿(slit) 4개가 있고, 내측에는 1개의 슬릿이 있다. 여기서 디스크 외측의 4개 슬릿은 크랭크 각도 센서용 슬릿이고, 디스크 안쪽의 1개 슬릿은 1번 실린더 TDC 센서용 슬릿이다.

디스크는 배전기(distributor)의 회전축에 고정되어 축이 회전하면 디스크의 슬릿이 움직여서 유니트 어셈블리에 의해 빛으로 감지할 수 있도록 되어 있다. 유니트 어셈블리는 2종류의 슬릿을 검출하기 때문에 발광 다이오드(Light Emission Diode : LED) 2개가 내장되어 발광 다이오드와 포토 다이오드(photo diode) 사이에서 디스크가 회전함으로 발광 다이오드에서 방출된 빛은 포토 다이오드에 도달한다.

그림 10.32와 같이 포토 다이오드가 빛을 받으면 포토 다이오드와 반대 방향으로 통전되고, 이 전류는 비교기(comparator)로 약 5[V]가 들어가 감지된다. 단자 ②

에서 ECU로 5[V]가 감지된 후 슬릿이 회전하면, 포토 다이오드의 빛이 차단되어 전류가 흐르지 않고 단자 ②는 0[V]가 된다. 이 때문에 유니트 어셈블리(unit assembly)에서의 펄스 신호로써 ECU에 전달된다. 4개의 슬릿(slit)에 의해 얻어지는 신호는 엔진의 회전수를 연산하는 기준 신호이므로 크랭크축의 압축 상사점이 정위치에 있는지를 검출하는 크랭크 각도 센서(CAS)이다.

디스크 내측의 한 개 슬릿에서 얻어지는 신호는 1번 실린더에 대한 기초 신호를 식별한다. 이들 두 개의 센서에서 공급되는 신호는 ECI-Multi 장치의 연료 분사 순서와 점화시기를 결정하는데 가장 중요한 신호로 이용된다.

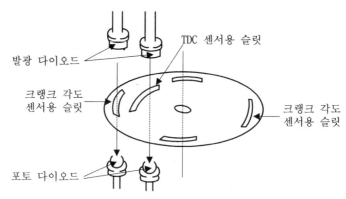

그림 10.31 크랭크 각도 센서(CAS) 및 1번 실린더 TDC 센서

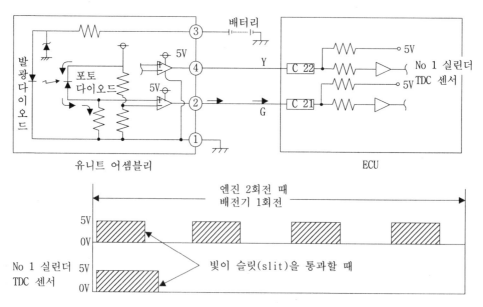

그림 10.32 크랭크 각도 센서(CAS) 및 1번 실린더 TDC 센서의 회로도

(11) 차속 센서

차속 센서(Vehicle Speed Sensor : VSS)는 그림 10.33과 같이 리드(lead) 스위치식으로 스피드 미터에 내장되어 변속기의 스피드 미터 기어의 회전(차속)을 전기적 신호로 변환하여 ECU로 보낸다.

차속 센서에는 리드 스위치식 차속 센서, 광전식 차속 센서(전자미터 차량에 장착됨), 전자식 차속 센서 등이 있다.

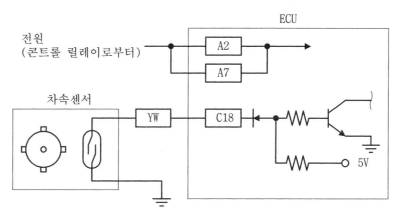

그림 10.33 차속 센서(VSS)의 회로도

(12) 수온 센서

수온 센서(Water Temperature Sensor : WTS)는 그림 10.34에서 보여준 센서를 흡기 매니폴드의 냉각수 통로에 설치되어 냉각수의 온도를 검출하는 일종의 저항기이다. 검출된 신호는 ECU로 보내져 공연비를 제어하여 엔진의 출력을 증가시키고 동시에 배출되는 유해 배기 가스량을 규정치 이내로 제어한다. 즉, 검출된 전압으로 엔진의 웜업 상태를 판단하여 엔진이 냉각상태일 때는 연료량을 적절히 증가시키고, 점화시기도 일정한 각도만큼 진각시킨다. 그림 10.35는 수온센서의 회로도를 나타낸 것이다.

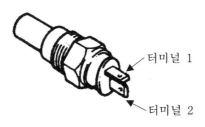

그림 10.34 수온 센서(WTS)

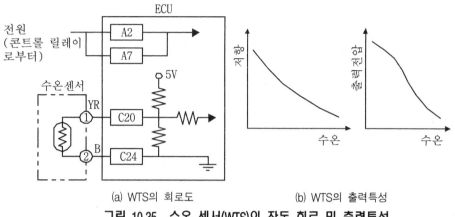

(a) WTS의 회로도   (b) WTS의 출력특성

그림 10.35 수온 센서(WTS)의 작동 회로 및 출력특성

(13) 에어콘 스위치와 릴레이

에어콘의 "ON", "OFF" 신호는 그림 10.36과 같이 ECU에 입력되고, ECU는 이 신호를 이용해 에어콘을 "ON"시켰을 때 ISC servo를 제어하여 공회전수 설정치까지 상승시킨다. 또한, 자동 변속기의 경우는 급가속시 5초 동안 에어콘 작동을 중지시킨다.

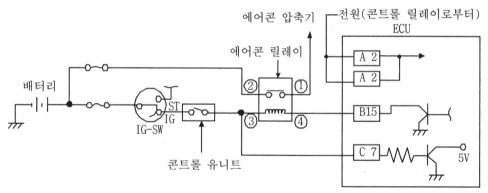

그림 10.36 에어콘 스위치와 릴레이 회로도

(14) 산소 센서

산소 센서(O_2 sensor)는 배기 매니폴드에 장착되어 있고, 그림 10.37과 같이 고체 전해질의 산소농도 전지의 원리를 응용한 것이다. 산소 센서의 출력 전압은 이론 공연비 부근에서 급격히 변화하는 특성을 가지고 있다. 이러한 특성을 이용하여 배기 가스중의 포함된 산소농도를 검출해서 ECU에 피드백(feedback)을 함으로써 공연비가 이론 공연비보다 농후(rich)한지, 또는 희박(lean)한지 여부를 판정한다.

이 판정에 따라서 엔진의 공연비는 삼원촉매 정화율이 가장 우수한 이론 공연비가 되도록 피드백 제어를 한다. 그림 10.38은 산소센서의 회로도를 나타낸 것이다.

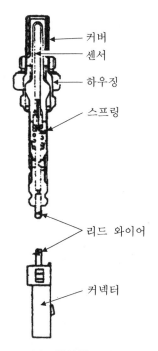

커버
센서
하우징
스프링
리드 와이어
커넥터

그림 10.37 산소 센서의 구조

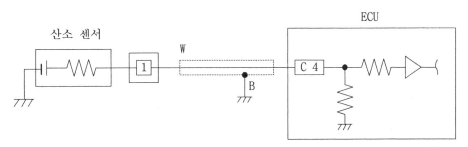

그림 10.38 산소 센서의 회로도

(15) 인히비터 스위치

자동 변속기에서 시동을 걸기 위해서는 변속기 레버를 반드시 "P"(Parking) 또는 "N"(Neutral)에 놓고 시동이 걸어야 하는데, 이것은 안전 통제장치를 하는 인히비터 스위치(inhibitor switch)에 의한 것이다.

그림 10.39(a)에서 보여준 인히비터 스위치의 ON("N" 또는 "P") 또는 OFF("N"

또는 "P") 신호를 ECU에 입력하고, ECU는 이 신호를 기준으로 변속기가 중립 (neutral)인지, 또는 주행(drive) 범위인지를 판정하여 ISC servo를 구동함으로써 공회전수를 제어한다. 패스트 아이들(fast idle) 회전수는 그림 10.39(b)와 같이 냉각수 온도에 따라 적절하게 제어한다.

인히비터 스위치는 알루미늄으로 제작된 둥글 납작한 전기 부품으로 내부에는 여러 가지 복잡한 회로의 전기 접촉기판으로 구성되며, 변속 케이블을 통하여 변속기 레버와 직접 연결되어 있다.

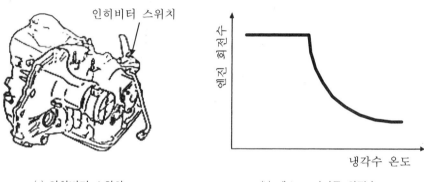

(a) 인히비터 스위치　　　　　　　(b) 패스트 아이들 회전수

그림 10.39　인히비터 스위치 및 출력특성

10.4 배출가스 제어 계통

10.4.1 블로바이 가스 제어장치

블로바이 가스(blow-by gas)는 엔진의 압축행정이나 팽창행정에서 피스톤과 실린더의 벽면 사이, 즉 간극을 통하여 압축가스나 팽창가스가 크랭크 케이스로 누출되는 가스이다. 블로바이 가스 제어장치는 블로바이 가스가 대기중으로 방출하지 않고 재연소시키기 위해서 크랭크 케이스에 있는 블로바이 가스를 흡기계통으로 다시 보내는 장치를 말한다. 블로바이 가스를 제어하기 위한 주요 부품으로는 PCV (positive crankcase ventilation) 밸브가 있고, 전체적으로는 그림 10.40과 같이 구성되어 있다.

블로바이 가스를 제어하는 가장 큰 이유는 누출된 가스(연료-공기 혼합기 또는 연소가스)가 크랭크 케이스에 저장된 엔진 오일을 열화시키고, 엔진의 출력을 저하시키며, 동시에 불완전 연소를 일으켜 유해 배기가스를 발생시킨다는 측면으로 두 가지 모두 문제가 있다.

10.4.2 증발가스 제어장치

증발가스를 제어하기 위한 장치는 그림 10.41과 같이 차량이 운행하지 않을 때 연료탱크에서 자연적으로 증발한 가스를 활성탄 캐니스터(charcoal canister)에 저장시켰다가 엔진이 시동되어 냉각수 온도와 엔진 회전속도가 일정 수준에 도달하게 되면 저장해둔 증발가스를 서지탱크로 유입시켜서 연소될 수 있도록 구성된 제어 장치이다.

(1) 활성탄 캐니스터

그림 10.42에서 보여준 활성탄 캐니스터(charcoal canister)는 연료탱크에서 증발한 가스를 흡착시키는 기능을 갖고 있다. 활성탄 캐니스터에 신선한 공기를 통과시키면 증발가스가 이탈되어 PCS(purge control solenoid) 밸브를 통해 서지탱크로 유입되어 연소하게 된다.

(2) PCS 밸브

PCS 밸브(purge control solenoid valve)는 그림 10.43과 같이 ECU에 의해 제어되며, ECU는 엔진이 웜업되기 전이나 공회전시 엔진의 안정성과 배출가스의 만족을 위해 "OFF"시킨다. PCS 밸브는 ECU로부터 전원을 공급받게 되면 활성탄 캐니스터와 스로틀 보디의 통로를 개방하여 캐니스터에 저장된 증발가스를 서지탱크로 보내어 연소시킨다.

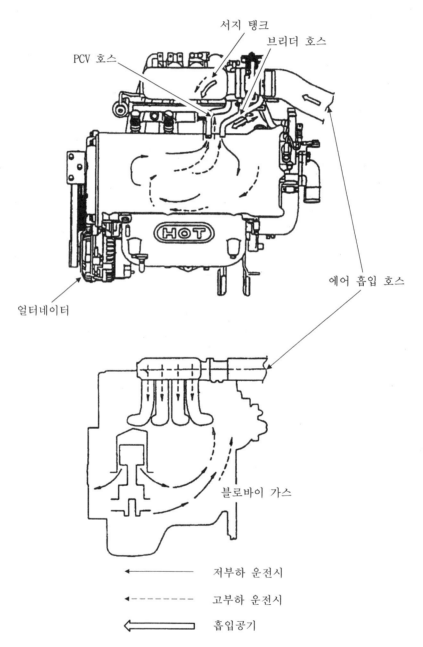

그림 10.40 블로바이 가스의 제어장치 구성도

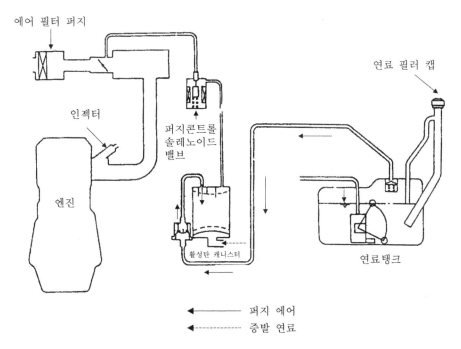

에어 필터 퍼지

연료 필러 캡

인젝터

퍼지콘트롤
솔레노이드
밸브

엔진

활성탄 캐니스터

연료탱크

← 퍼지 에어

◄------ 증발 연료

그림 10.41 증발가스의 제어장치 구성도

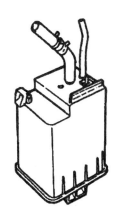

그림 10.42 활성탄 캐니스터

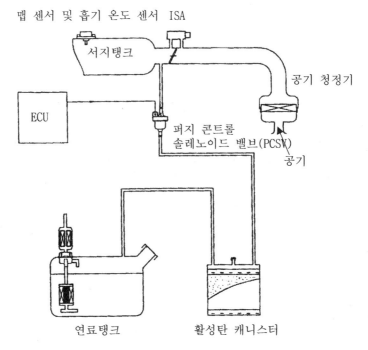

그림 10.43 PCS 밸브의 제어 구성도

(3) 2-웨이 밸브

2-웨이 밸브(2-way valve)는 그림 10.44와 같이 연료탱크와 활성탄 캐니스터의 중간에 설치되어 증발가스를 내보내기도 하고, 신선한 공기를 들여 보내기도 하는 2-웨이 밸브로 구성되어 있다. 2-웨이 밸브에는 압력밸브와 진공밸브 두 개로 구성되어 있는데, 압력밸브는 연료탱크 내의 압력이 정상보다 높을 때 열려서 증발가스를 캐니스터에 보내며, 진공밸브는 연료탱크 내의 압력이 정상보다 낮으면 캐니스터로부터 신선한 공기가 들어갈 수 있도록 구성되어 있다.

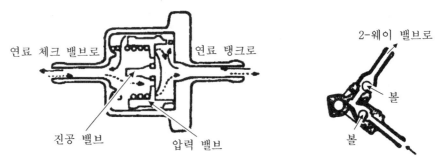

그림 10.44 2웨이 밸브의 구조   그림 10.45 연료 체크 밸브의 구조

(4) 연료 체크 밸브

연료 체크 밸브(fuel check valve)는 연료탱크에서 활성탄 캐니스터로 연결된 중간에 설치되어 있다. 연료 체크 밸브는 차량이 전복되는 위급한 상황이 발생되면 그림 10.45에서 보여준 것과 같이 체크 밸브의 볼에 의해 캐니스터로 흘러나가는 연료를 즉시 차단시키는 역할을 한다.

(5) 연료 필러 캡

연료탱크의 연료 필러 캡(fuel filler cap)에는 그림 10.46과 같이 진공 릴리프 밸브가 있어서 증발가스가 대기중으로 방출되는 것을 방지하며, 연료탱크 내에 진공이 발생되면 밸브가 열려서 신선한 공기가 유입되도록 하는 역할을 한다.

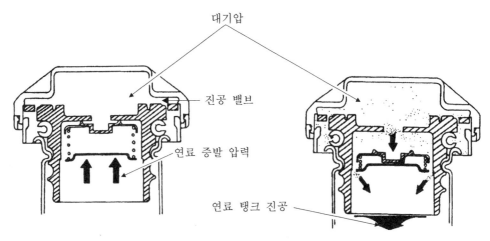

그림 10.46 연료 필러 캡의 구조

10.4.3 배기가스의 제어

(1) 제트공기의 제어

제트공기(jet air)의 제어는 그림 10.47과 같이 흡기밸브와 배기밸브 이외에 연소실로 제트공기를 유입시키는 제트밸브가 추가로 설치되어 있다. 제트공기의 통로는 스로틀 보디와 실린더 헤드에 있으며, 스로틀 보디의 스로틀 밸브 근처에 있는 2개의 흡입구를 통해 유입되는 공기는 흡기 매니폴드와 실린더 헤드내의 통로를 통과한 후에 제트 구멍을 통해 연소실로 분출하게 된다.

제트밸브는 흡기밸브를 구동시키는 캠과 로커암에 의해 구동되므로 흡기밸브와 동시에 열리고 닫히도록 되어있다. 흡·배기 밸브는 밸브간극을 자동 조정기

(auto-lash adjustor)로 조절하지만, 제트밸브의 간극은 수동으로 조정하도록 되어 있다. 제트구멍을 통해 분사된 제트공기는 점화 플러그 주위의 잔류연소 가스를 배출시켜 보다 양호한 점화상태를 유지하며, 연소실 내의 혼합기에 생성된 강한 소용돌이가 압축행정까지 연속되어 점화 후의 화염전파를 향상시켜 높은 연소효율을 유지시키고 유해가스의 배출량도 저감하게 된다.

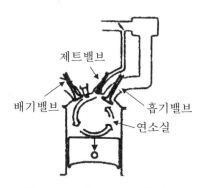

그림 10.47 제트공기 장치의 구조

(2) 공연비 조정장치

공연비 조정장치(MPI)는 산소센서로부터 연소상태에 따른 혼합비 상태의 신호를 ECU에 보내고, ECU에서는 각 실린더에 장착된 인젝터의 개방시간을 조절하여 공기와 연료의 혼합비를 적절히 조절하면서 배출가스를 감소시키는 역할을 한다. 공연비 조정장치를 이론 공연비로 제어하고자 하는 가장 큰 이유는 촉매장치에서 작동이 이론 공연비의 농도 부근일 때 가장 효과적으로 조절할 수 있기 때문이다. 공연비 조정장치는 다음의 2가지 모드로 작동한다.

1) 개회로(open loop)

ECU에 미리 기억시켜 둔 정도에 따라 공기와 연료의 혼합비가 제어된다.

2) 폐회로(closed loop)

공기와 연료의 혼합비가 산소센서에서 보내온 정보를 기준으로 제어된다.

(3) 촉매변환장치

촉매변환장치(catalytic converter)는 그림 10.48과 같이 배기 파이프의 중간에 장착되는 모노리스식(monolithic type)의 3원 촉매변환장치로 탄화수소(HC)와 일산화탄소(CO)를 산화시키고, 질소산화물(NO_x)을 감소시키는 역할을 한다. 촉매변환장치는 그림 10.49와 같이 납 성분이 포함되어 있는 유연 가솔린을 사용하면 파손되므로 반드시 무연 가솔린을 사용해야 하며, 엔진이 실화하게 되면 촉매가 과열되어 손상되는 경우가 발생한다.

3원 촉매 변환장치는 그림 10.50과 같이 이론 공연비의 농도 부근에서 CO, HC, NO_x를 효과적으로 제어할 수 있으며, 공연비 피드백 제어는 이론 공연비로 조절하여 배기가스가 대기로 방출되기 전에 유해가스를 산화 또는 환원시킬 수 있다.

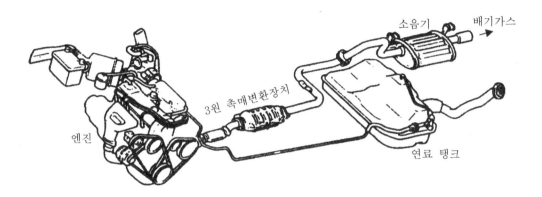

그림 10.48 3원 촉매변환장치

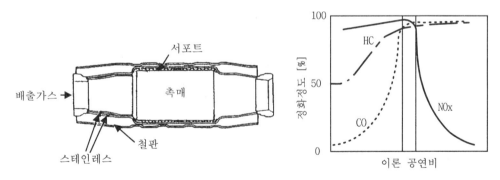

그림 10.49 3원 촉매변환장치의 구조   그림 10.50 3원 촉매장치의 정화율

(4) 배출가스 재순환 장치

배출가스 재순환 장치(Exhaust Gas Recirculation System : EGR)의 질소 산화물(NO_x)은 연소실의 고온에 의해 공기중의 질소(N_2)와 산소(O_2)가 반응하여 생성된다. 자동차의 배출가스에 함유된 NO_x에서 NO가 95% 이상을 차지한다. NO의 생성은 주로 고온에서 크게 나타나고, 특히 연소온도가 높은 고부하에서 많이 배출되므로 과도한 연소열 발생을 억제할 필요가 있다. 즉, 연소 효율은 증가하고 동시에

배출가스 발생량을 줄이도록 해야 한다. 이것을 위해서는 연료-공기 혼합기의 압축온도는 가능한 높여주고, 연소과정에서 최고 연소온도는 낮추는 기술이 필요하다. 이러한 목적을 달성하기 위해 개발된 장치가 배기가스 재순환 장치이다.

EGR 장치는 고온의 배기가스 일부를 다시 흡기계통으로 재순환시키는 것으로, 배기가스를 흡기와 혼합시켜 연소시의 최고온도를 낮추어 NO_x 발생량을 적게 하는 장치이다. 그러나, 연소된 배기가스가 연소실로 재유입되는 정도에 따라서 출력과 연비에 영향을 주기 때문에, 이들의 영향을 최소한으로 줄일 필요가 있다. 따라서, 냉각수의 온도와 엔진에 걸리는 부하를 조절하여 배기가스를 적절히 유입시킬 필요가 있다. EGR 장치는 그림 10.51과 같이 서모밸브, 스로틀 보디, EGR 밸브 등의 부품으로 구성된다.

그림 10.51에서 냉각수의 온도가 65℃ 이하일 때는 스로틀 밸브를 열어도 서모밸브가 대기(A 라인)와 스로틀 보디 부압(E 라인)을 연결시키게 되므로 EGR 밸브는 작동되지 않는다. 그러나, 냉각수의 온도가 65℃ 이상으로 높아질 때는 스로틀밸브가 열리게 되면서 서모밸브는 대기(A 라인)을 차단시켜 EGR 밸브에 부압(E 라인)이 형성되므로 EGR 밸브가 열려 배기가스가 재순환하게 된다.

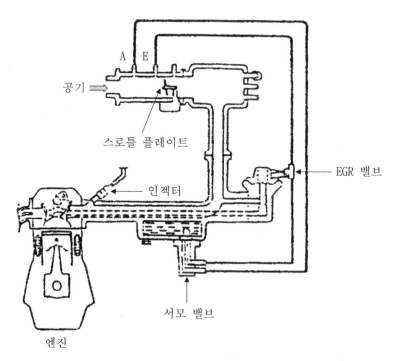

그림 10.51 EGR 장치의 구조

10.5 전자제어 점화장치

10.5.1 전자제어 점화장치의 개요

가솔린 엔진에서 점화장치는 엔진의 3대 요소라 할 수 있는 적절한 혼합기의 형성, 압축압력의 설정, 점화시기의 선택 등과 동등할 정도로 그 중요도가 높다. 엔진이 최고의 성능을 발휘하기 위해서는 엔진의 회전수와 엔진에 걸리는 부하 변동에 따라서 최대의 연소 압력지점을 적절하게 조절해야 하고, 엔진의 각종 운전상황에서 요구되는 전압을 공급할 필요가 있다. 그림 10.52는 MPI 엔진에서 사용중인 전자제어 점화장치의 기본적인 구성부품을 나타낸 것이다.

최근의 자동차는 엔진의 성능향상과 배기가스의 정화 측면에서 종래의 접점식 점화장치를 트랜지스터식 점화장치로 신속하게 전환하였고, 트랜지스터 방식에서도 신호 발전식이나 전자파 차단식보다는 광선 차단식이 보다 많이 보급되고 있는 실정이다. 이러한 전환은 엔진의 출력 향상과 국제적으로 규제하고 있는 배기가스 규제정책 때문이다. 여기에, 전자제어 기술의 눈부신 발전에 힘입어 자동차 점화장치에도 적극적으로 응용하고 있다.

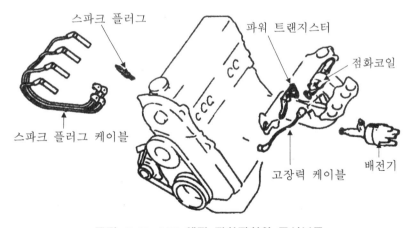

그림 10.52 MPI 엔진 점화장치의 구성부품

MPI 엔진의 점화장치는 광선 차단식을 적용하고 있으며, 이 장치의 작동은 엔진의 회전수와 부하, 냉각수 온도 등을 검출하여 ECU에 입력한다. ECU는 엔진의 작동상태를 중심으로 점화시기를 연산하여 1차 전류를 차단하는 신호를 파워 트랜지스터로 보내줌으로써 1차 전류의 단속이 이루어지고, 높은 2차 전류가 발생하게 된다. 특히, FBC 엔진은 개자로 점화코일을 사용하고 있는 반면에 MPI 엔진은 폐자로 점화코일을 사용하여 높은 2차 전류를 얻고 있다. 그림 10.53은 점화시기 제어 부품을 나타내고 있다.

표 10.1은 전자파 차단식을 이용하고 있는 FBC 엔진의 점화장치와 광선 차단식을 이용하고 있는 MPI 엔진의 전자제어 점화장치에 대해 항목별로 비교한 것이다.

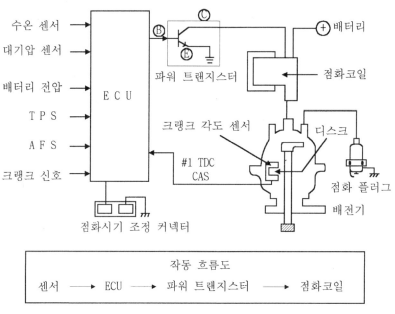

그림 10.53 점화시기 제어 구성부품

표 10.1 FBC 엔진과 MPI 엔진의 점화장치 비교

항 목	FBC 엔진	MPI 엔진
점화신호 발생방식	전자파 차단식	광선 차단식
캠	트리거 휠(차단판)	슬릿과 디스크
점화진각 방식	원심 및 진공진각 기구	ECU에 기억된 데이터에 의한 진각
파워 트랜지스터	이그나이터에 내장된 트랜지스터	독립된 트랜지스터
점화코일	개자로형 점화코일	폐자로형 점화코일
2차 전압	약 25,000V	약 35,000V
1차전류 단속을 위한 구성부품	이그나이터(발진기, 검출코일 코어, 검출기, 파워 트랜지스터 등), 트리거 휠	CAS(발광 다이오드, 슬릿 판, 포토 다이오드), AFS, 파워 트랜지스터, ECU, 기타 센서

10.5.2 배전기

MPI 엔진에서 배전기(distributor)는 그림 10.54와 같이 구동부, 검지부, 배전부의 3개 부분으로 나눌 수 있으며, 각 부분의 기능은 다음과 같다.

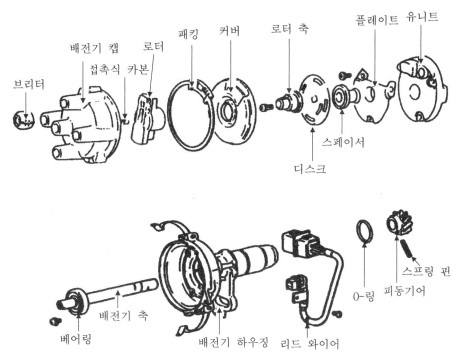

그림 10.54 배전기의 구조

(1) 구동부

배전기(distributor)의 구동부는 FBC 엔진과 동일한 것으로, 크랭크축은 타이밍 벨트에 의해 캠축을 1/2 회전으로 구동하고, 캠축에 부착된 헬리컬 기어는 배전기의 헬리컬 기어와 맞물려서 1:1로 회전하도록 되어 있다. 배전기의 헬리컬 기어는 배전기 축과 고정되어 있고, 배전기 축은 디스크와 로터 축을 회전시킴으로써 각 실린더의 압축 상사점을 감지하고, 고전압의 분배가 이루어지도록 한다.

(2) 검지부

배전기 내의 검지부는 유니트와 디스크의 주요 구성품으로 조립되어 있으며, 유니트에는 디스크에 설치한 2종류의 슬릿(slit)을 검출하기 위해 발광 다이오드(Light Emission Diode : LED)와 포토 다이오드(photo diode)가 각각 2개씩 내장되어 있다(그림 10.31 참조). 디스크의 바깥쪽에 설치된 4개의 슬릿은 각 실린더의 압축 상사점을 검출하는 크랭크 각도 센서(Crank Angle Sensor : CAS)이고, 디스크의 안쪽에 설치된 1개의 슬릿은 1번 상사점을 압축하는 센서용이다. 이렇게 검출된 펄스 신호를 ECU로 보내게 되면, 이 신호와 공기 유동 센서의 신호를 이용하여 점화 신호를 파워 트랜지스터에 보내고 점화코일의 1차 전류를 제어하게 된다.

배전기 유니트(distributor unit)는 고전압 배전부의 진동에 의한 오작동이 발생하지 않도록 하기 위해서 배전부와의 사이는 커버(cover)로 격리되어 있다.

(3) 배전부

MPI 엔진에서 배전기 내의 배전부는 일반적인 다른 엔진에서 사용하는 배전기의 배전부와 거의 동일하다. 점화코일에서 발생한 고전압은 고압 케이블을 통과한 후 배전기의 캡 중심 단자에 들어 있는 중심 카본과 로터를 통하여 접지전극에 분배되고, 접지전극에 연결되어 있는 점화 케이블을 통해서 점화 플러그에 분배되도록 되어 있다. 점화시기는 엔진의 회전속도와 부하조건에 따라서 항상 변동되기 때문에 로터의 로터암은 그림 10.55와 같이 부채꼴로 만들었기 때문에 고전압 분배가 용이하도록 설계되어 있다.

로터암의 끝과 접지전극 사이에는 보통 0.3~0.8mm의 에어 갭(air gap)을 두어 고전압이 이 간극을 불꽃으로 뛰어 넘어 전달되나, 고전압 공급에는 큰 장애가 되지 않는다. 배전기 캡의 통기구멍은 고전압에 의한 불꽃으로 오존이 발생함에 따라서 화학작용에 의해 금속이 부식되는 것을 방지하기 위하여 설치한 구멍이다.

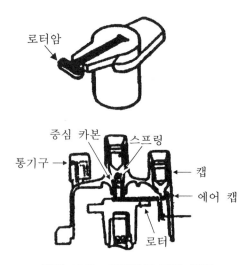

그림 10.55 배전기의 캡과 로터

지금까지 대부분의 배전기는 일반적인 배전부를 많이 사용해 왔으나, 자동차 엔진의 급속한 전자제어 시스템화는 배전기도 모두 전자제어 점화방식(distributorless ignition : DLI)으로 대체될 것이다. 전자제어 점화방식은 배전기 캡과 로터, 점화 케이블 등의 고전압 배전부품을 삭제하여 고전압 분배과정에서 나타난 손실과 전파 잡음을 방지한 장치로 각 실린더의 점화 플러그에 점화 코일을 부착시켜 놓고서 ECU와 파워 트랜지스터에 의해 제어되는 점화 코일이 고전압을 발생시켜 점화 플러그에 공급하도록 되어 있다.

특히, 최근의 자동차는 터보 엔진(turbo-engine)을 탑재하는 경향이 일반화되고 있으며, 터보 엔진에서 점화장치의 고성능화가 중요한 요구사항 중의 하나이기 때문에 DLI의 적용이 가속화되고 있다. 전자제어 엔진에서 연료 분사량과 분사시기 조절은 MPI 엔진의 핵심기술이다.

10.5.3 파워 트랜지스터

엔진의 전자제어 점화장치(electronically controlled unit)에서 파워 트랜지스터 (power transistor)는 점화 코일에 흐르는 1차 전류를 단속하는 기능을 갖고 있으며, 흡기 매니폴드에 부착되어 있다. 파워 트랜지스터는 그림 10.56과 같은 모양으로 되어 있고, ECU와 연결된 베이스 단자 □, 점화코일과 연결된 컬렉터 단자 ③, 접지용 이미터 단자 ②로 구성되어 있다.

베이스 단자 □은 ECU와 연결되어 ECU의 신호에 따라 "ON" 또는 "OFF"하게 되고, 베이스의 신호에 의해 점화코일의 1차 코일과 연결되어 있는 ③번 단자의 12V가 "ON" 또는 "OFF"되어서 결국은 점화 코일의 2차 코일에서 고전압이 발생하게 된다.

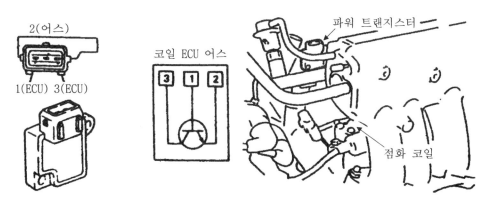

그림 10.56 파워 트랜지스터의 구조

10.5.4 점화코일

자동차에서 점화코일은 대부분 개자로형을 사용하여 왔으나, 전자제어 점화장치를 적용한 자동차에서는 폐자로형 점화코일을 사용하여 강력한 2차 전압을 유도하고 있다. 개자로형 점화코일은 1차 코일의 전류에 의해 발생하는 자속이 그림 10.57과 같이 철심의 중앙을 통한 후에 공기중으로 통하기 때문에 비교적 자속손실이 많으며, 이러한 손실은 결국 2차 전류의 손실과 직결된다.

그러나, 폐자로형 점화코일은 그림 10.58과 같이 4각 철심의 안쪽에 1차 코일을 감고 바깥쪽에 2차 코일을 감아서 자속의 경로를 4각 철심안으로 폐쇄시켰기 때문에 자속의 손실이 줄어든다. 자속은 공기중으로 통할 때보다 약 1만배 정도는 잘 통하는 성질이 있어서 개자로형에 비해 자속 손실이 거의 없기 때문에 높은 2차 전압을 발생시킬 수 있다.

폐자로형 점화코일은 미국의 GM사가 1974년에 처음 개발하여 보급하고 있지만, 가격이 비싸다는 단점이 있음에도 불구하고 기능 측면에서 많은 장점이 있기 때문에 지금은 자동차에 확대 적용하고 있다. 폐자로형 점화코일은 배기가스 정화 대책 측면과 연소효율을 통한 고출력 향상이라는 측면에서 개자로형보다 우수하기 때문에 컴퓨터 제어 점화장치에 이용되고 있다.

폐자로형 점화코일을 HEI(high energy ignition) 코일이라고도 하며, 대표적인 전자제어 점화코일인 개자로형과 폐자로형 점화코일에 대한 장단점을 표 10.2에서 제시하고 있다. 배터리에서 공급되는 12V의 1차측 전압을 폐자로형 점화코일의 2차측 전압에서 30,000V 이상으로 승압한 것은 엔진의 초기 점화 안정성이 크게 기여할 수 있다.

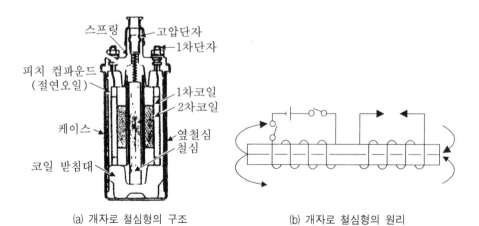

(a) 개자로 철심형의 구조　　　(b) 개자로 철심형의 원리

그림 10.57　개자로 철심형 점화코일

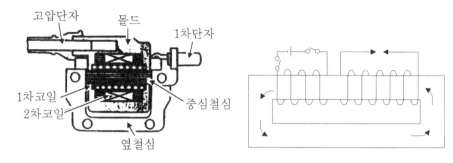

(a) 폐자로 철심형의 구조　　　　(b) 폐자로 철심형의 원리

그림 10.58　폐자로 철심형 점화코일

표 10.2　개자로형과 폐자로형 점화코일의 장단점

항　목	개자로형 점화코일	장단점 비교	폐자로형 점화코일
내 열 성	고온에서 컴파운드가 누설될 경우가 있다.	〈	충진물이 흘러나오지 않는다.
내 진 성	내부부품의 규격을 엄격하게 관리할 필요가 있다.	〈	내부코일 부품이 일체로 되어 진동에 영향이 없다.
내부 방전	내부 오일 공간으로 방전된다.	〈	내부 공간이 없어 유리하다.
1차측 서지전압	자속의 유출이 많다.	〈	자속의 유출이 적다.
2차 전압	20,000~25,000[V]	〈	30,000[V] 이상
가　격	저가	〉	고가

10.5.5　점화시기의 전자제어

(1) 점화시기 전자제어의 개요

　　일반적인 점화장치에서 점화시기의 제어는 엔진의 회전수와 부하 변동에 따라서 원심 진각장치와 진공 진각장치를 이용하여 조절한다. 그러나, 전자식 점화시기 제어장치는 그림 10.59와 같이 센서부, 제어부(ECU), 작동부의 3개 부분으로 구성되며, 최종적으로 파워 트랜지스터를 "ON"-"OFF"로 제어함으로써 1차 전류가 제어된다. 엔진 회전수의 측정은 공기 유동 센서(AFS)에 의해 흡입 공기량을 측정한 후에 크랭크 각도 센서(CAS)의 신호, 즉 3가지 센서의 신호에 의해 엔진에 걸린 부하(A/N)를 연산한다. 이와 같이 엔진 회전수와 부하가 계산되면 기본 점화진각, x 값을 연산하게 된다.

ECU에서 제공된 점화신호는 그림 10.60과 같이 크랭크 각도 센서(CAS)의 신호 (시간) T를 계측한 후 크랭크 각도 1°에 소요되는 시간 $t = T/180°$를 구하고, 75° BTDC를 기준으로 기본 점화시기 T_1을 계산하여 냉각수 온도, 대기압 등의 상태에 따라서 보정을 한 후에 파워 트랜지스터로 점화신호를 보낸다. 즉,

$$T_1 = t \times (75° - x) \tag{10.2}$$

여기서 $T_1 = $ 기본 점화시기

$t = $ 크랭크 각도 1°에 소요되는 시간

$x = $ 점화 진각

ECU의 ROM(read only memory)에는 많은 시험에 의해 결정된 최적의 점화시기 데이터가 기억되어 있으며, 그림 10.61과 같이 엔진의 회전수와 부하조건에 따라 적절한 점화시기 값을 메모리로부터 구하기 때문에 아주 정확도가 높은 점화시기의 조절이 가능하다.

기본 점화진각 값이 구해지면, 엔진의 냉각수 온도, 배터리 전압 등의 상태에 따라서 파워 트랜지스터를 "ON"―"OFF"하게 된다. 이 때에 ECU로부터 "ON"(파워 트랜지스터도 "ON" 상태) 시간은 점화코일의 1차 코일에 전류가 흐르는 FBC 점화장치의 폐로율에 해당된다. ECU에서 "OFF" 신호가 발생하면, 1차 전류가 차단되면서 2차 전류는 점화 코일로부터 유도된다.

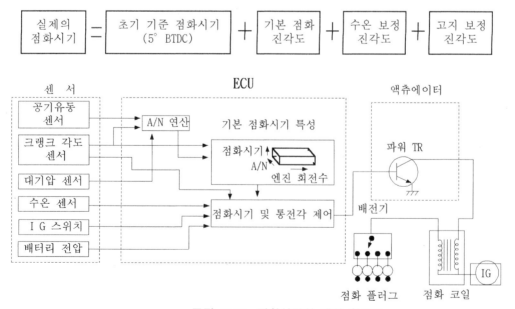

그림 10.59 **점화시기의 제어 회로도**

(2) 점화시기의 초기 설정

　　초기에 설정된 점화시기를 고정 진각 특성이라 하며, 냉각수 온도 등 엔진의 여러 가지 엔진 운전조건을 무시(전자 진각 상태를 해제)하고 초기 설정치의 BTDC (Before Top Dead Center) 5°에 고정되어 있는 것을 말한다. 엔진의 회전수가 400rpm 이하에서 시동할 경우는 엔진의 회전수 변동이 커져서 정확한 점화시기를 산출하기가 어렵다. 따라서, 시동시에는 초기 기준 점화시기로 고정하여 점화한다. 초기 기준 점화시기를 확인하는 방법은 점화시기 확인용 커넥터 단자를 어스(earth) 측에 접지시키고, 타이밍 라이트로 크랭크 풀리를 비추어 확인하면 된다. 이때 커넥터가 접지되는 순간 전자 진각 상태가 해제되며, 접지하였던 전자를 다시 분리시키면 전자 진각 상태로 복귀한다.

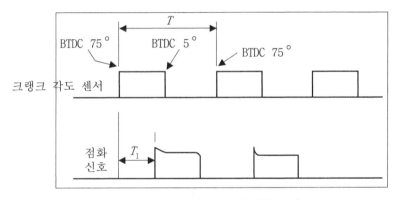

그림 10.60 점화시기의 특성

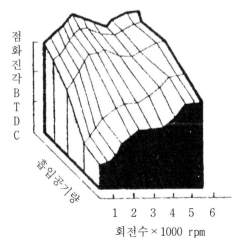

그림 10.61 흡입 공기량과 점화진각 간의 점화시기 특성 비교

(3) 수온 및 대기압 보정 점화진각

엔진이 냉각된 상태로 운전하게 되면 화염전파 속도는 그만큼 늦어지게 되고, 주행성도 좋지 않게 된다. 따라서, 엔진이 웜업되기 전에는 그림 10.62와 같이 일정량만큼 진각을 보정하여 웜업 촉진과 주행성능을 향상시켜 준다. 또한, 흡입된 공기의 밀도는 대기압에 따라 영향을 받기 때문에 700mmHg 이하에서는 고지에 따라서 그림 10.63과 같이 일정량만큼 진각을 보정하여 차량의 주행성을 향상시킨다.

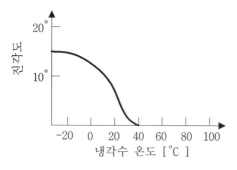

그림 10.62 수온의 보정 점화 진각도   그림 10.63 고지의 보정 점화 진각도

(4) 통전시간의 제어

점화코일의 1차 코일에 흐르는 전류의 통전 시간(dwell time)은 배터리의 전압에 따라 결정된다. 이 통전 시간은 점화코일의 자계를 형성하는 시간이기 때문에 배터리의 전압이 낮으면 통전 시간을 길게 해야 한다. 1차 전류는 그림 10.64와 같이 변화되기 때문에 필요한 전류를 확보하기 위해서는 배터리 전압이 낮을수록 긴 통전 시간을 필요로 한다. 따라서, ECU의 ROM에는 통전 시간(1차 코일 "ON" 시간)의 크기를 배터리의 전압에 따라 변화시켜 주기 위해서 그림 10.65와 같은 정보가 기억되어 있다.

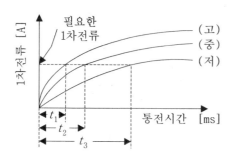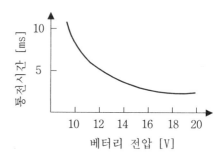

그림 10.64 배터리 전압과 1차전류   그림 10.65 점화코일의 통전시간

10.6 전자제어 계통

10.6.1 엔진제어의 개요

엔진에서 전자제어는 그림 10.66과 같이 입력부, 제어부, 출력부로 구성되며, 입력은 엔진의 각종 작동 상황, 즉 흡입 공기량, 냉각수 온도, 흡기 온도, 엔진 회전수, 차속 등의 상태를 센서에 의해 측정한 후 컴퓨터에 입력된다.

자동차에 사용되는 컴퓨터(computer)를 일반적으로 ECU(electronic control unit)라 하며, 8비트 마이크로 프로세서(micro processor), RAM(random access memory), ROM(read only memory), 입출력 단자로 구성되어 있다. 전자제어 엔진에서 가장 중요한 핵심부품은 ECU로 엔진의 모든 정보를 센서로부터 수집하고, 이들 신호를 엔진의 현재 작동조건에 가장 적합하도록 데이터를 처리하여 실제로 각종 장치를 제어할 액츄에이터(actuator)에 신호를 보낸다. 따라서, ECU는 엔진의 핵심으로 사람의 두뇌에 해당한다.

즉, 전자제어 엔진에 설치된 각종 센서에 의해 엔진의 현재 상태를 검지한 ECU는 그 작동 조건에 가장 적절한 제어장치를 기억하고 있는 ROM으로부터 최적조건을 비교 판단한 후 작동부인 액츄에이터를 구동시켜 엔진의 성능을 가장 좋은 환경에서 운전되도록 한다.

액츄에이터는 ECU로부터 보내오는 전기적인 신호를 기계적인 일로 변환시키고, 제어 대상을 자동적으로 작동시키는 역할을 한다. MPI 엔진의 액츄에이터로는 인젝터, 파워 트랜지스터, ISC-서보, 콘트롤 릴레이 등이 있다. 그림 10.67에서는 이러한 MPI 엔진의 제어용 구성 부품을 보여주고 있다.

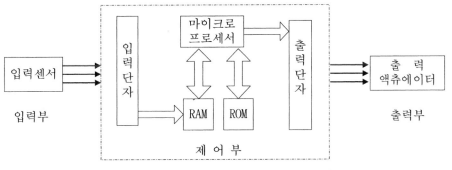

그림 10.66 엔진 전자제어의 기본구성

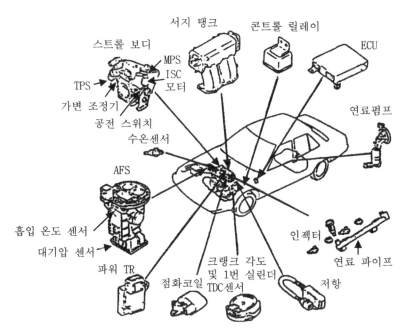

그림 10.67 MPI 엔진의 각종 전자제어 구성 부품

10.6.2 ECU의 전자제어 기능

제 어 항 목	제 어 내 용
연료분사 제어	• 웜업 전 : 개회로에 의한 혼합기 제어 • 웜업 후 : 산소 센서의 신호에 따라 폐회로 공연비 제어 • 시동시 : 동시분사 • 정상 주행시 : 동기분사 • 가속시 : 비동기 분사 • 인젝터의 구동시간 제어
공회전 속도 제어	ISC−서보에 의해 스로틀 밸브의 개도 제어 • 패스트 아이들(fast idle) 제어 • 공회전수 제어 • 아이들업(idle−up) 제어 • 대쉬포트(dash−pot) 제어
점화시기 제어	엔진의 운전 코드별 점화시기 제어 • 시동 구간 제어 • 웜업 구간 제어 • 통상 사용 구간 제어
Purge Control Solenoid 밸브제어	냉각수 온도와 엔진 회전수에 따라 "ON"−"OFF" 제어
콘트롤 릴레이 제어	엔진 정지시 연료펌프 "OFF" 제어
에어콘 릴레이 제어	엔진 시동 및 가속시 에어콘 압축기의 "OFF" 제어
고장 진단 및 전자통제 기능	각종 센서의 고장을 진단하여 고장진단 표시 또는 전자통제 기능 수행

10.6.3 연료분사 제어

인젝터는 크랭크 각도 센서의 출력신호, 공기 유동 센서의 출력 등을 계산한 컴퓨터의 펄스 신호에 의해 구동된다. 분사 회전수는 크랭크 각도 센서의 신호에 비례하고, 분사량은 흡입 공기량에 비례한다. 따라서, 1실린더 1회의 분사량이 결정되면 공연비가 결정되므로 공연비는 보정계수에 따라 조정된 시간에 의해 제어된다. 연료 분사 제어에 대한 개략적인 흐름은 그림 10.68과 같다.

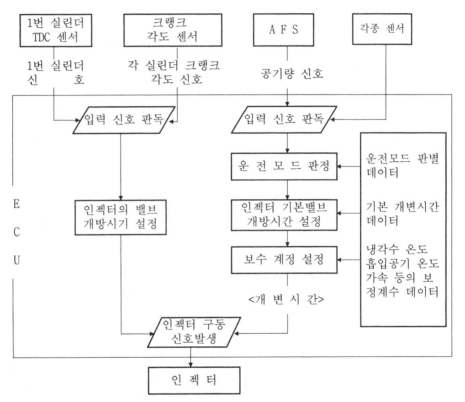

그림 10.68 연료분사 제어의 구성 흐름도

(1) 연료분사의 제어방법

MPI 엔진은 흡기 매니폴드의 각 입구에 설치된 각각의 인젝터에 의해 연료가 분사되고, 인젝터의 구동시기와 구동시간은 공기 유동 센서(AFS)와 크랭크 각도 센서(CAS)의 출력을 근거로 ECU에서 계산된 신호에 의해 결정된다. 그림 10.69는 ECU에 의한 연료분사 제어 구성을 나타낸 것이다.

인젝터의 분사방법은 엔진을 운전하는 모드에 따라서 다음과 같은 3가지 방법으로 분사된다.

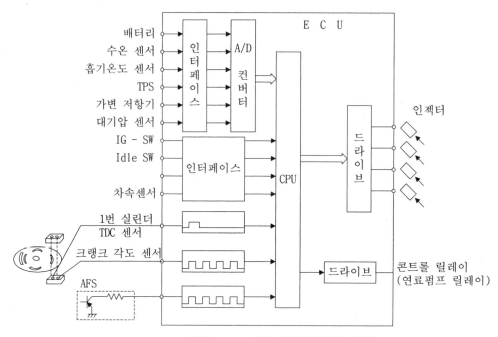

그림 10.69 연료 분사 제어의 구성

1) 동시분사

엔진을 시동할 때는 엔진의 회전수가 낮고, 혼합기의 활성화 정도가 낮기 때문에 혼합기를 농후하게 하지 않으면 초기 점화에 의한 폭발을 일으키기가 어렵다. 따라서, 엔진의 시동시는 그림 10.70과 같이 크랭크 각도의 신호에 따라 4개의 인젝터를 동시에 개방하여 시동에 필요한 농후한 혼합기를 공급하는 분사방식이 있는데, 이것을 동시분사라고 한다.

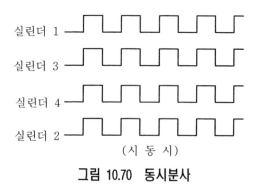

그림 10.70 동시분사

2) 동기분사

동기분사는 엔진 회전수를 검출한 크랭크 각도 센서(CAS)의 신호에 따라서 각 실린더의 배기행정 말기에 동기하여 순차적으로 분사하는 방법을 말하며, 통상시의 주행중에는 동기분사가 이루어진다. 1번 실린더 상사점 센서의 신호는 동기분사의 기준 신호로 이용되고, 이 신호로부터 엔진 회전수와 동기하여 그림 10.71과 같이 1-3-4-2의 점화 순서에 따라 1회씩 분사가 이루어진다.

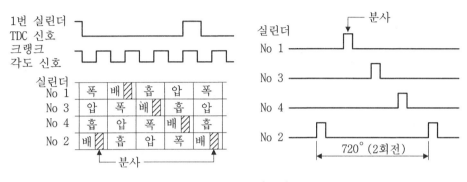

그림 10.71 동기분사

3) 비동기 분사

엔진 운전중에 급가속을 하게 되면, 실린더에 흡입공기가 순간적으로 많이 공급되지만 연료의 공급 부족으로 실화를 일으킬 수가 있다. 따라서, 일반적으로 기화기 형식에서는 가속 펌프를 장착하여 대응하고 있는 반면에, MPI 엔진에서는 정상적인 동기분사 과정외에 규정된 시간(10m/s) 동안의 가속에 적절한 연료가 흡기행정과 배기행정 중인 2개의 실린더에 분사된다. 즉, 아이들 스위치가 "OFF" 상태(공회전이 아님을 판단)에서 스로틀 밸브의 개도 변화율이 규정치와 같거나 클 때에 그 순간 "ON"되어 있는 인젝터와 인접한 인젝터가 동시에 개방되어 보다 농후한 혼합기의 공급이 이루어진다.

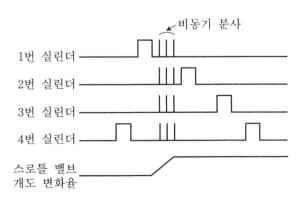

그림 10.72 비동기 분사

예를 들면, 그림 10.72에서 1번 실린더의 인젝터가 개방된 시간에 급가속이 이루어졌다고 가정할 때, 1번과 3번 실린더용 인젝터는 급가속이 이루어진 구간 동안에 비동기 분사를 하게 되고, 3번 실린더(흡입행정) 인젝터가 개방될 때의 경우는 4번 실린더(배기행정)에서 추가로 분사된다.

(2) 인젝터의 구동시간 제어

1) 인젝터의 기본 분사시간

정상적으로 운전하는 엔진에서 인젝터는 크랭크 각도 센서(CAS)의 신호에 따라 한번씩 분사되고, 공기 유동 센서(AFS)의 흡입 공기량에 따라서 인젝터의 개방시간이 결정되는데, 이것을 기본 분사시간이라 한다. 이렇게 구해진 기본 분사시간은 그림 10.73에서와 같이 엔진 회전수와 부하조건에 따라 공연비를 보정하게 된다.

2) 산소 센서의 피드백 보정

3원 촉매장치를 부착한 엔진에서는 촉매의 정화효율이 좋도록 하기 위해서 공연비를 이론 공연비로 제어할 필요가 있고, 산소 센서의 신호에 따라 피드백(feed back) 제어를 한다. 그림 10.73과 같이 피드백 제어는 냉각수가 웜업된 이후에 이루어지며, 웜업하기 이전에는 ECU의 ROM에 기억되어 있는 기본 설정치에 의해 분사시간이 결정된다.

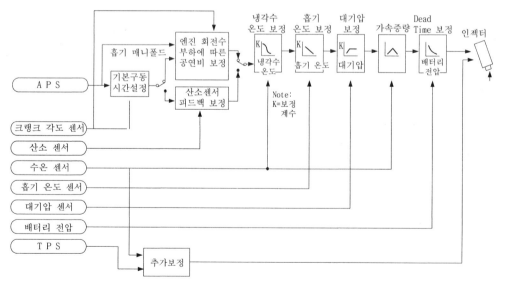

그림 10.73 MPI의 분사제어 흐름도

3) 냉각수 온도 보정

엔진의 웜업 중에는 보다 농후한 혼합기가 요구되기 때문에 기본 분사시간 대비 증량 보정을 하여 빠른 웜업과 차량 주행성을 향상시키도록 한다. 냉각수 온도 센서에 의해 측정된 냉각수 온도가 낮을 때는 공연비를 농후하도록 증량 보정하고, 웜업이 진행되면서 일정 수준의 혼합비를 유지하도록 제어한다.

4) 흡기 온도 보정

엔진에 흡입된 공기의 온도가 높아지면 무게가 가벼워지며, 공연비는 연료와 공기의 중량비를 나타낸 것으로, 흡입 공기의 온도가 높을 때는 흡입 공기량에 대해 연료를 감량 제어할 필요가 있다. 따라서, 흡입 공기량에 대해 계산된 기본 분사시간은 흡입 공기의 온도에 따라 보정하게 된다.

5) 가속 및 감속 보정

차량을 가속할 때는 흡입 공기량의 증가에 따라 증량 보정을 하며, 감속시에는 흡입 공기량의 감소에 따라 실화하지 않는 영역으로 흡입 공기량을 감량 보정한다.

6) 배터리 전압 보정

ECU로부터 인젝터에 구동 신호를 보내게 되면 인젝터는 인젝터 내의 솔레노이드 코일 인덕턴스에 의한 작동전류의 여자 지연이 일어나고, 플런저의 질량과 스프링의 저항력 등에 의해 그림 10.74와 같이 지연시간이 길어진다. 특히, 작동 지연의 길이는 배터리의 전원 전압이 낮을수록 길어지기 때문에 실질적으로는 분사시간이 짧아져서 혼합기가 희박하게 된다. 따라서, 배터리의 전압 변화에 따른 분사신호의 "ON" 시간을 보정하여 적절한 연료-공기 혼합기를 공급하도록 한다.

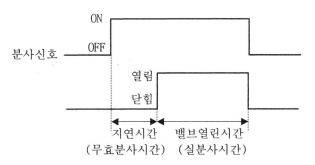

그림 10.74 실분사 시간과 무효분사 시간

10.6.4 공회전 속도 제어

엔진이 안정된 공회전을 유지할 수 있도록 하기 위해서 ISC-서보 장치가 있다. ECU는 ISC-서보를 제어하여 스로틀 밸브의 개도를 조절함으로써 일정한 공회전 속도(idle speed)를 유지시킨다.

전자제어 유니트(ECU)는 그림 10.75와 같이 엔진의 각종 상태를 감지한 센서의 신호와 모터 위치 센서의 신호를 기준으로 모터를 구동하여 스로틀 밸브를 조절한다.

(1) 시동시 제어

엔진 시동시에는 냉각수의 온도 상태에 따라 시동에 가장 적합한 상태로 ISC-서보를 작동시켜 스로틀 밸브의 개도를 일정한 각도만큼 개방시킨다.

(2) 패스트 아이들 제어

패스트 아이들 제어(fast idle control)는 웜업기간 동안에 빠른 난기의 촉진을 위해 일정한 공회전 상태(약 1200rpm)까지 상승시키는 것을 말한다. 공회전 스위치가 "ON" 상태에서 엔진의 회전속도를 냉각수 온도에 따라 정해진 온도까지 ISC-서보를 구동하여 조절한다. 또한, 공회전 스위치가 "OFF"일 때는 스로틀 밸브의 위치를 냉각수 온도에 따라 규정된 위치로 움직인다.

(3) 공회전 보상 제어

그림 10.76과 같이 공회전 상태에서 에어콘이나 파워 스티어링 펌프의 작동에 의해 엔진이 부하를 받게 되면 불안정한 공회전이 된다. 따라서, 일정한 공회전 속도의 목표치까지 엔진 회전수를 상승시켜 공회전을 보상하게 된다.

(4) 대쉬포트 제어

차량의 운행중에 갑자기 감속을 하여 스로틀 밸브가 닫히게 되면, 순간적으로 흡입 공기의 공급이 중단되면서 실화가 발생하게 된다. 따라서, 차량의 감속시에는 일정한 회전 속도의 위치까지는 스로틀 밸브를 열어 놓고, 시간이 경과함에 따라 공회전 위치까지 내려가도록 대쉬포트 제어(dash-pot control)를 한다.

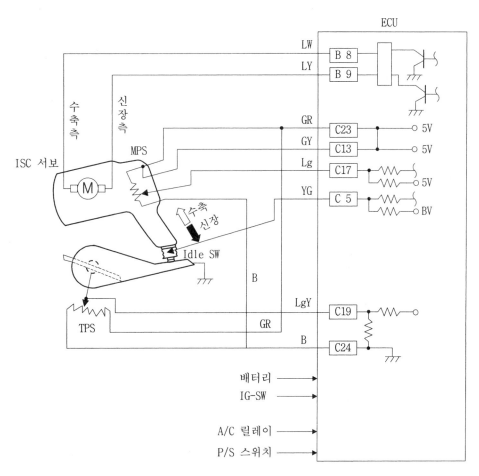

그림 10.75 공회전 속도 제어 흐름도

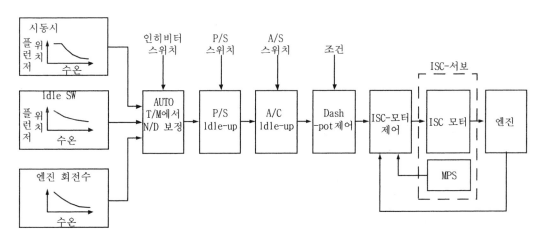

그림 10.76 ISC의 제어 블록도

(5) 에어콘 릴레이 제어

엔진이 공회전할 때에 에어콘의 스위치를 "ON"하면, ISC-서보가 작동하여 회전수를 일정 수준까지 상승시킨다. 그러나, 엔진의 회전 속도가 실제로 증가되기까지는 약간 지연이 일어난다. 공회전 상승이 지연되는 시간을 고려하고, 특정한 시간(약 0.5초) 동안 에어콘 압축기의 작동을 지연시키므로 공회전 속도의 강하는 일어나지 않는다.

또한, 자동 변속기(auto transmission : AT)를 장착한 차량의 경우는 급가속에 의한 스로틀 밸브의 개방을 크게(약 65° 이상)할 경우, 가속 성능을 향상시키기 위해 특정한 시간(약 5초) 동안 에어콘 파워 릴레이 회로를 차단시킨다. 그림 10.77은 에어콘 릴레이의 제어회로 구성도를 보여주고 있다.

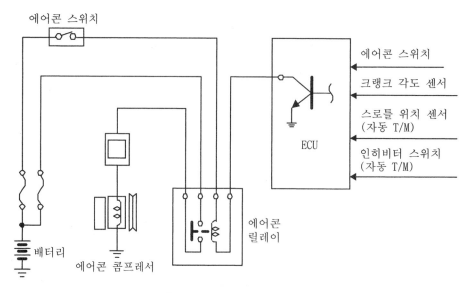

그림 10.77 에어콘 릴레이의 회로 구성

10.6.5 자기 진단법

자동차에서 신뢰성 높은 설계를 하고, 모든 부품의 품질을 크게 높였다 해도 고장은 항상 발생한다. 따라서, 자동차의 주요 기능부품에 대한 고장을 조기에 발견하고, 적절한 정비와 신속한 조처를 취하는 것이 대단히 중요하다. 특히, 최근의 자동차는 전자제어 장치가 복잡하고, 정밀한 부품이 많이 사용되면서 작은 고장이 발생해도 그 원인과 정확한 고장부위의 찾아내기가 어렵다. 따라서, 이와 같은 엔진의 전자 제어적 고장을 조기에 찾아내고, 안전성을 크게 강화시키면서 간단하게 점검할 수 있는 자기 고장 진단법이 개발되었다.

자기진단 결과는 다용도 테스터 또는 L−와이어 이용법으로 검사할 수 있다. 또한, 고장 코드의 기억은 배터리에 의해 직접 백업(back−up)되어 점화 스위치를 "OFF"시키더라도 고장진단 결과는 기억된다. 그러나, 배터리 터미널 또는 ECU 커넥터를 분리시키면 고장진단 결과는 지워진다. 그림 10.78은 MPI 엔진을 탑재한 차량의 운전석 아래에 설치된 자기 진단용 출력단자와 연결된 자기 진단기를 보여주고 있다. 이러한 휴대용 자기 진단기는 간편하면서 신속하게 자동차 엔진의 상태를 진단할 수 있기 때문에 전자제어 엔진의 안정성을 확보하는데 대단히 중요한 검사장비이다.

최근 자동차의 품질 보증기간은 그림 10.79에서 제시하는 것처럼 대폭적으로 늘어나는 경향에 있기 때문에 엔진에 대한 자기 진단기능은 대단히 중요하다.

그림 10.78 휴대용 자기 진단기 및 설치 위치

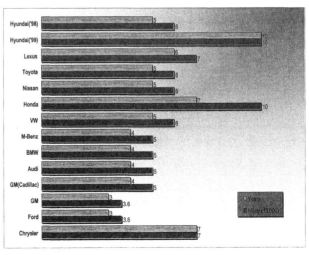

그림 10.79 주요 자동차 메이커의 품질 보증기간 (2002년 8월 기준)

10.1 전자제어 연료 분사장치가 기존 자동차에서 널리 사용하던 기화기에 비하여 상대적으로 우수한 장점을 기술하시오.

10.2 전자제어 엔진의 핵심 부품인 각종 센서를 분류하고, 그 역할에 대하여 간략하게 설명하시오.

10.3 자동차 엔진의 전자제어를 위한 전자제어 유니트(ECU)의 기능 또는 역할을 ECU에 연계하여 각종 정보(온도, 압력 등)의 획득 과정을 설명하시오.

10.4 연료분사 장치에서 인젝터와 노즐에 대하여 설명하고, 엔진의 열효율을 증가시키기 위해 이들 부품을 새로이 개발할 경우 요구될 수 있는 조건을 기술하시오.

10.5 자동차 엔진의 구동중에 발생되는 블로바이 현상을 압축과정과 팽창과정에 따라서 설명하고, 블로바이 제어장치의 기능에 대하여 간략하게 기술하시오.

10.6 배기가스를 정화시키기 위한 촉매변환장치는 어떤 종류의 배기가스를 감소시키고, 대기오염에서 촉매변환장치의 역할에 대하여 기술하시오.

10.7 고온의 연소과정에서 흔히 발생되는 NO_x를 줄이기 위해 개발된 배출가스 재순환 장치(EGR)의 원리를 설명하시오.

10.8 엔진의 성능을 자체적으로 자동 점검하기 위해 개발된 자기 진단법에 대하여 설명하고, 자기 진단기의 설치와 진단과정을 간략하게 기술하시오.

제 11 장

디젤 엔진

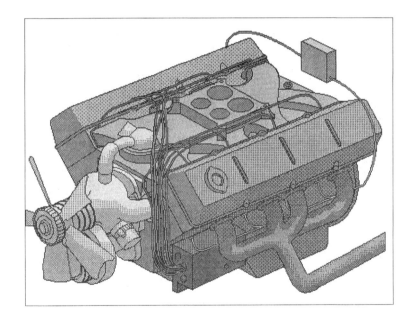

11.1 디젤 엔진의 작동

디젤 엔진은 공기만을 압축하여 자발적으로 점화시키는 압축착화 방식을 채택하고 있기 때문에 압축착화 또는 압축점화 디젤 엔진이라 한다. 즉, 실린더 내에 공기만을 흡입하여 15~22 : 1로 압축하면 실린더 내부의 압력은 200rpm 전후에서 20~35kg/cm²로 높아지고, 실린더 내부의 압축공기 온도도 연료의 자기 착화온도 이상으로 올라가게 된다. 그림 11.1은 압축비와 압축 온도, 그리고 압축비와 압축 압력과의 관계를 보여주고 있으며, 그림 11.2는 절대압력에 따른 압축 온도와 연료의 착화온도를 각각 나타내고 있다.

디젤 엔진에서 흡기 밸브를 닫고나서 연료의 분사를 시작할 때까지의 압축비를 ε으로 나타내면, 분사시 공기의 온도와 압력은 다음과 같이 요약할 수 있다. 즉,

$$\frac{P_2}{P_1} = \varepsilon^x \tag{11.1}$$

$$\frac{T_2}{T_1} = \varepsilon^{x-1} \tag{11.2}$$

예를 들어, 단열상태 공기의 초기온도 20℃, 압축비 $\varepsilon = 16$이라 하면, 압축 후의 공기 온도가 827℃라는 높은 온도에 도달한다. 이와 같이 높은 온도로 올라간 연소실 내에 연료를 연소시키기 쉬운 상태로 만들기 위해서는 연료를 무화 상태로 분사하여 자기 착화시켜야 한다.

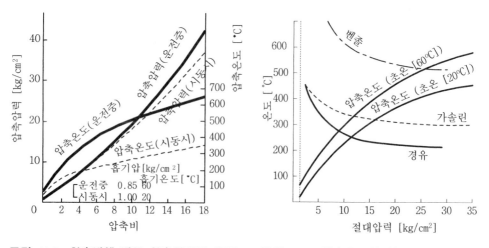

그림 11.1 압축비에 따른 압축압력과 온도   그림 11.2 압축온도와 연료의 착화온도

11.1.1 디젤 엔진의 연소과정

디젤 엔진의 연소 형태는 화염 전파, 자기 착화, 확산 연소가 일어나지만, 디젤 엔진에서 연소는 자기 착화로 시작하여 가솔린 엔진의 정상 연소로 보이는 전파로 바뀐 다음에 연료가 공기와 혼합하면서 연소되는 확산연소가 된다. 그림 11.3은 디젤 엔진의 연소과정을 크랭크 각도에 따라서 제시한 연소실 내부의 압력 선도이다.

르카르도(Ricardo)는 그림 11.3에서 보여주는 것처럼 디젤 엔진의 연소과정을 다음의 4단계로 나누고 있다. 즉,

① 제1단계(A-B 구간) : 착화 지연기간
② 제2단계(B-C 구간) : 화염 전파기간
③ 제3단계(C-D 구간) : 직접 연소기간
④ 제4단계(D-E 구간) : 후 연소기간

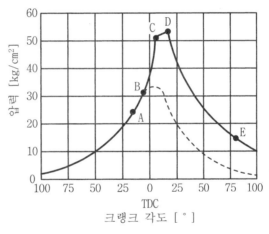

그림 11.3 디젤 엔진의 연소과정

(1) 제1단계 : 착화 지연기간

압축 행정에서 실린더 내부의 압축공기 온도가 상승하면 연료의 자기착화 온도에 도달한다. 그러나, 곧바로 발화하지 않고 B점에서 연소가 시작되는데, 발화할 때까지 도달하는데 필요한 준비기간 (A−B)를 착화 지연기간이라 한다. 연료의 착화 지연기간이 지나치게 길어지면 착화하기 이전에 기화된 연료가 많아져 급작스런 폭발 연소 현상이 발생되기도 하는데, 이것이 디젤 노크(Diesel knock)이다. 디젤 엔진에서 착화지연에 따른 노크 발생을 구별하기가 약간 어렵다.

디젤 엔진에서 제1단계 착화 지연기간은 실린더 내부의 온도, 연료 입자의 상태,

실린더 내부의 와류 정도, 연료의 분포 등에 따라서 영향을 받게 된다.

(2) 제2단계 : 화염 전파기간

착화 지연기간이 거의 끝나는 시기에 실린더 내의 각부에는 가열된 혼합기가 있고, B점에서 착화가 성공적으로 이루어져 분사된 연료의 대부분이 동시에 연소하기 때문에 실린더의 압력과 온도는 급격히 상승한다. 이 때 순간적으로, 동시에 연료가 연소하게 되면 압력 상승률이 크게 증가하면서 디젤 노크를 일으키는 원인이 되고 있다. 이 때의 연소는 전파 또는 확산 연소가 되며, 다음 단계에서는 순수한 확산 연소로 변화한다.

(3) 제3단계 : 직접 연소기간

제2단계의 화염전파 연소 후에 압력과 온도는 크게 높아지고, 계속 분사되는 연료는 착화 지연기간이 노즐에서 불꽃이 분출하는 것 같은 연소가 진행된다.

(4) 제4단계 : 후 연소기간

그림 11.3의 D점에서 인젝션(injection)에 의한 연료 분사가 종료되었지만, 그 후에도 연료의 입자가 큰 것이나 산소와 접촉하지 않은 연료는 연소가 아직도 이루어지지 않았기 때문에 연료가 팽창기간 동안에 연소하게 되는데, 이 기간을 후 연소기간이라고 한다. 분사의 분포, 연료 입자의 크기, 공기의 유동은 후 연소기간을 좌우하는 주된 요인이 된다. 후 연소기간은 전체 연소의 50% 정도이며, 이 기간이 길어지면 배기 온도가 높아져 열효율이 저하되므로 가능한 후 연소기간을 짧게 하는 것이 성능을 향상시켜 준다.

11.1.2 디젤 노크

(1) 디젤 노크의 발생

디젤 노크는 초기의 연소과정에서 발생된 급격한 압력 상승률에 의해 좌우된다. 제1단계의 착화 지연기간이 길어지면, 이 기간에 형성된 가연 혼합기가 제2단계의 화염 전파기간에서 일시적으로 감소한다. 이 때 연소에 의한 압력 상승률이 갑자기 커지면서 디젤 노크가 발생된다.

그림 11.4는 디젤 노크가 발생하였을 때의 지압선도를 크랭크 각도로 나타낸 것이다. 이 그림에서 실선 a는 착화 지연기간이 짧으며, 압력 상승률은 각도 θ로 나타낸 것처럼 비교적 작다. 그러나, 상대적으로 b는 착화 지연기간이 길고, 각도

θ'는 크기 때문에 압력 상승률이 커진다. 따라서, a는 b보다 최대 폭발 압력이 높기 때문에 노크 발생은 줄어든다.

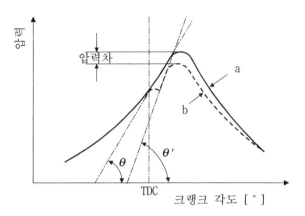

그림 11.4 크랭크 각도와 압력 상승률($dp/d\theta$)

(2) 세탄가

세탄가(cetane number)는 디젤의 노크성 정도를 표시하기 위해서, 연료의 착화성 정도를 수치적으로 표시한 것이다. 즉, 디젤 엔진에서 착화성이 좋은 연료를 사용하면 그만큼 착화 지연기간이 짧게 되므로 내노크성을 갖게 된다. 그림 11.5는 표준 연료의 착화 지연각도를 압축비에 대하여 나타낸 것이다. 세탄가가 높은 연료를 사용하면 내노크성이 높게 유지된다.

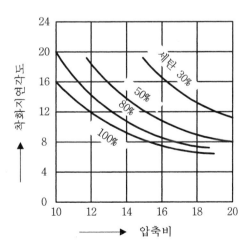

그림 11.5 표준 연료의 착화 지연

(3) 착화지연에 미치는 원인

1) 압축비, 흡기압력, 실린더 온도

디젤 엔진에서 착화 지연으로 인한 노크의 발생은 그림 11.6~11.8에 나타낸 것과 같이 압축비, 냉각수 온도, 흡기 압력이 상승함에 따라서 압축 압력과 실린더 온도의 상승은 착화 지연을 짧게 하는 긍정적인 요인으로 작용한다.

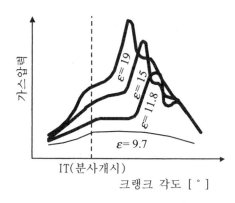

그림 11.6 압축비와 착화지연

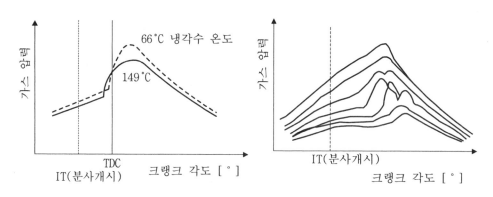

그림 11.7 냉각수 온도와 착화지연   **그림 11.8 흡기압력과 착화지연**

2) 연료 분사시기

디젤 엔진에서 착화지연은 최고 온도와 압력이 되는 상사점 가까이에서 최소가 된다고 생각하지만, 실제로는 그림 11.9에 나타낸 것과 같이 상사점 이전 5~10° 부근에서 최소가 된다. 이것은 연소실내에서 발생되는 와류의 영향에 의한 것으로 알려져 있다.

3) 회전수

엔진의 회전수가 증가하면 열부하가 크게 증가하고, 잘 압축된 가스의 누설은 적으며, 열손실이 적게 발생하기 때문에 연소실의 온도는 높아진다. 동시에 연소실에 공급된 공기의 유동도 강해지고, 와류에 의한 착화 지연시간은 짧아진다. 이것을 크랭크 각도로 나타내면 회전수가 증가함에 따라서 착화지연은 증가할 것이나, 연소실의 종류에 따라 그 영향은 다르다.

그림 11.10은 회전속도에 따른 착화지연 정도를 제시한 것이다. 즉, 와류실식 디젤 엔진은 회전수가 증가함에 따라서 공기의 유동은 매우 크지만, 크랭크 각도는 감소하는 범위가 있다.

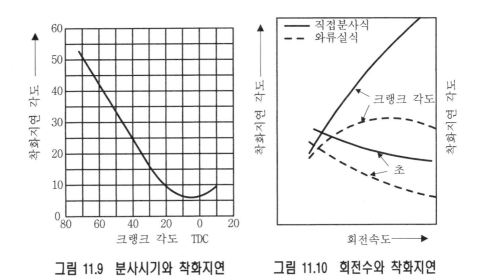

그림 11.9 분사시기와 착화지연   **그림 11.10 회전수와 착화지연**

(4) 디젤 노크와 가솔린 노크의 비교

가솔린 엔진에서 발생되는 노크와 정상 연소는 별개의 현상으로 나타나지만, 디젤 엔진에서는 이 두가지 현상을 본질적으로 구별하기가 대단히 어렵다. 따라서, 디젤 엔진에서는 엔진 각부의 충격 또는 타음(knock sound)의 발생 정도에 따라서 정상 연소와 노크 발생을 구별한다. 디젤 노크는 가솔린 엔진과 같이 국부적으로 발생하는 압력 상승에 기인하는 것이 아니므로 밸브의 열손상에 따른 피해 정도가 작으며, 가스 온도가 낮고 열손실도 상대적으로 작다. 따라서, 전체적인 디젤 엔진의 성능 저하도 대략적으로 그 만큼 작게 된다.

가솔린 엔진이나 디젤 엔진의 노크 발생은 결론적으로 혼합기의 자기착화에 의한 것이다. 그러나, 가솔린 엔진에서 발생되는 노크의 경우는 연소의 말기에 착화 지연이 짧게 일어나기 때문에 발생하지만, 디젤 노크는 초기에 착화지연이 길어지기 때문에 발생하는 상반된 현상이 일어난다. 따라서, 양자의 노크를 방지하는 방법이 서로 다르지만, 공통점은 적당한 공기 유동에 의해서 노크 문제를 해결할 수 있다는 사실이다.

(5) 디젤 노크의 방지법

디젤 엔진에서 급격한 압력 상승률을 방지하기 위해서는 연소시 제2단계의 화염 전파기간에 가연 혼합기의 공급을 가능한 적게하고, 또한 착화지연을 짧게 하는 것이 필요하다. 이것을 위해 디젤 엔진에서 발생되는 노크를 완화시킬 수 있는 방법으로는 엔진의 운전 조건이나 설계 등을 고려해야 한다. 동시에 연료에 관련된 사항을 고려하면 디젤 노크는 크게 줄일 수 있다.

① 디젤 연료는 세탄가가 높고 착화성이 좋은 것을 사용한다.

② 스로틀 노즐 등을 사용하는 경우는 착화 지연기간 중에 분사량을 적게 하고, 연료 입자를 가능한 작게 한다.

③ 연소실 내의 온도를 올린다.

자동차 엔진에서 노크의 발생은 엔진의 성능과 수명, 연료 소비량, 승차감, 유해 배기가스 등에 많은 영향을 주기 때문에 노크 발생을 억제할 필요가 있다. 표 11.1에서는 디젤 엔진과 가솔린 엔진에서 발생되는 노크 방지법을 비교하여 제시하고 있다.

표 11.1 디젤 엔진과 가솔린 엔진의 노크 방지법

비교 항목	디젤 엔진	가솔린 엔진
압축비	높게한다	낮게한다
실린더 벽면 온도	높게한다	낮게한다
흡기온도	높게한다	낮게한다
흡기압력	높게한다	낮게한다
회전속도	느리게 한다	빠르게 한다
실린더 체적	크게한다	작게한다
연료의 착화온도	낮게한다	높게한다
연료의 착화지연	짧게한다	길게한다

11.1.3 디젤 엔진의 특징

디젤 엔진은 배기가스 측면에서 많은 문제점을 노출하고는 있으나 출력과 열효율이 높기 때문에 버스, 트럭과 같은 대형 차량의 엔진으로, 그리고 최근에는 레져용 차량으로 널리 보급되고 있다. 디젤 엔진을 소형 승용차에 적용시키는 사례는 작으나, 디젤 엔진이 부분 부하에 있어서 연료의 비용이 작기 때문에 자원이 풍부하기 못한 우리나라 실정에서는 출력이 크고 배기가스에서 CO나 HC가 비교적 적게 발생하는 저공해 자동차 엔진으로 검토되어 한다. 따라서, 국내에서도 특히 유럽에서 생산되고 있는 소형 디젤 엔진에 관심을 갖을 필요가 있다.

그림 11.11은 디젤 엔진의 외관도를 보여주고 있다. 디젤 엔진은 연료를 분사하는 분사 노즐이 특징적으로 분류되었으나, 최근의 가솔린 엔진도 연료 분사 방식을 채택하고 있으므로 단지 점화 방식이 틀리다고 할 수 있다. 요약하면, 디젤 엔진에서는 공기를 압축하고 여기에 분사된 연료에 의해 압축 점화를 하지만, 가솔린 엔진에서는 연료－공기 혼합기를 압축하여 전기 스파크에 의한 불꽃 점화를 하는 것이 특징적으로 다르다.

공기만을 연소실에 흡입하여 압축된 공기의 온도 상승에 의해 분사된 연료가 자연적으로 점화되는 디젤 엔진을 스파크 불꽃에 의해 점화되는 가솔린 엔진과 비교하면, 다음과 같은 장·단점을 요약할 수 있다.

(1) 디젤 엔진의 장점

① 연료가 경제적이다. 디젤 엔진은 경유를 사용하며, 가솔린 연료에 비교하면 저급 중질유로도 운전을 할 수 있다.

② 열효율이 높기 때문에 연료 소비율 측면에서 연비를 낮게 유지할 수 있다. 그림 11.12에서 나타낸 것처럼 디젤 엔진의 연료 소비율은 $150 \sim 200 \text{g/PS} \cdot \text{h}$이다. 그림처럼, 가솔린 엔진의 연료 소비율은 $200 \sim 230 \text{g/PS} \cdot \text{h}$로 높다.

③ 인화점이 높으므로 화재의 위험성이 낮다.

④ 가솔린 엔진은 노킹 문제로 인해 실린더의 크기 설계에서 제한을 받지만, 디젤 엔진은 제한을 받지 않는다.

⑤ 디젤 엔진은 점화를 위한 전기장치가 없으므로 가솔린 엔진에 비하여 고장 발생률이 낮다.

⑥ 엔진 속도를 저속에서 고속까지 연료량을 자유롭게 조절할 수 있으므로 평균 유효압력의 변화가 거의 일어나지 않으므로 비교적 토크 변동이 작다.

⑦ 배기가스 중에 포함된 유해 성분이 적으며, 가솔린만큼 유해하지 않다.

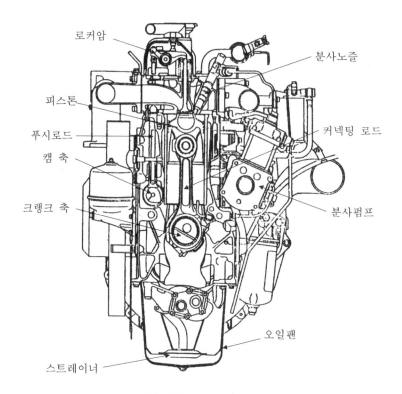

로커암

분사노즐

피스톤

푸시로드

커넥팅 로드

캠 축

크랭크 축

분사펌프

오일팬

스트레이너

(a) 디젤 엔진의 외관도

(b) 디젤 엔진

그림 11.11 자동차 디젤 엔진

(2) 디젤 엔진의 단점

1) 최고 폭발압력은 가솔린 엔진의 약 2배가 되기 때문에 엔진의 각부를 견고하게 제작해야 하므로 엔진의 중량이 많이 나가고, 또한 운전 중에 소음이 크게 발생한다.

① 디젤 엔진 : $105kg/\ell$ (2ℓ 엔진에서 배기량당의 엔진 중량)

② 가솔린 엔진 : $99kg/\ell$ (2ℓ 엔진에서 배기량당의 엔진 중량)

2) 고속 회전에 제약을 받는 일과 연소상의 문제가 있어 최대 분사량이 제한되기 때문에 동일한 출력을 요구할 경우는 그림 11.13에서처럼 배기량이 커진다.

3) 연료 분사장치에 정밀한 펌프, 노즐 등을 필요로 하기 때문에 엔진 가격이 고가로 된다.

4) 엔진의 압축비가 높기 때문에 비교적 용량이 큰 시동 전동기를 필요로 한다.

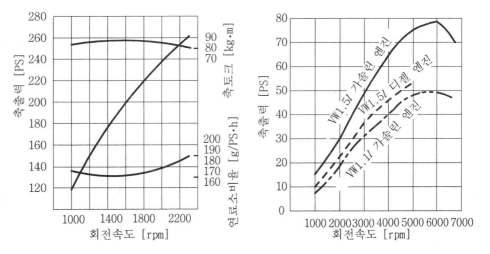

그림 11.12 디젤 엔진의 성능곡선　　**그림 11.13 디젤과 가솔린 엔진의 성능비교**

11.1.4 소형 고속용 디젤 엔진

(1) 개요

소형 디젤 엔진은 1953년에 독일의 벤츠사에서 승용차용으로 1,800cc급 고속 디젤 엔진이 발표된 이 후로 4사이클 2,000cc 전후의 디젤 엔진이 많이 개발되었다. 소형 디젤 엔진에서 배기가스 저감 대책과 연비 개선을 위한 기술개발이 성공적으로 진행된다면 소형 고속용 디젤 엔진의 승용차 탑재가 크게 늘어날 것이다. 따라서, 가솔린 엔진 대비 디젤 엔진의 점유율은 유럽을 중심으로 크게 높아질 것이다.

디젤 엔진 기술에서 단연 앞서고 있는 독일의 Benz사는 자사 승용차의 35% 정도를 디젤 자동차로 생산하고 있으며, 디젤 기술의 발전은 디젤 엔진의 승용차 생산 비율이 더욱 늘어날 것으로 전망된다.

디젤 엔진도 직렬 5실린더 엔진을 사용하고 있다. 즉, 4실린더와 6실린더의 중간 크기를 선택함으로써 엔진룸(engine room)의 공간 설계에서 여유를 갖도록 하여 손실 마력 및 연비에서도 좋고, 엔진의 균형면이나 비틀림 진동을 억제한 엔진을 설계할 수 있다. 이와 같은 엔진을 사용하는 것은 디젤 엔진의 장점을 적극 활용할 수 있으며, 특히 출력이 약한 소형차에서 디젤 엔진의 사용은 더욱 필요하다.

그림 11.14는 벤츠 자동차(Benz)에 개발한 300D 디젤 엔진의 성능 곡선을 나타내고, 그림 11.15는 독일 Opel사의 디젤 엔진의 외관도를 보여주고 있다.

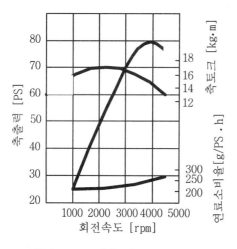

그림 11.14 벤츠 엔진의 성능곡선

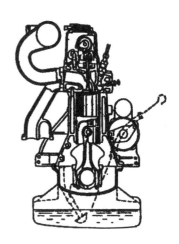

그림 11.15 오펠(Opel) 엔진의 외관도

(2) 성능 향상과 개선점

디젤 엔진의 성능 향상을 종합적으로 파악하기 위해서는 다음과 같은 사항이 중요하게 검토되어야 한다.

① 출력비가 증대되어야 한다.

② 진동이 작고, 정숙한 운전이 되어야 한다.

③ 열효율이 높고, 연비가 작아야 한다.

④ 내구성이 좋고, 수명이 길어야 한다.

⑤ 한냉시에도 시동성이 좋아야 한다.

⑥ 배기가스에 유해 성분이 적어야 한다.

그림 11.16은 디젤 엔진에서 연소에 미칠 수 있는 요인을 각각 제시하고 있다. 이것들을 디젤 엔진의 연소에 연결하여 다음과 같은 사항을 개선할 수 있다면, 엔진의 성능 향상은 크게 나타날 것이다.

① 연료 분사계통
② 연소실
③ 열 발생률
④ 완전 연소
⑤ 방열
⑥ 착화지연

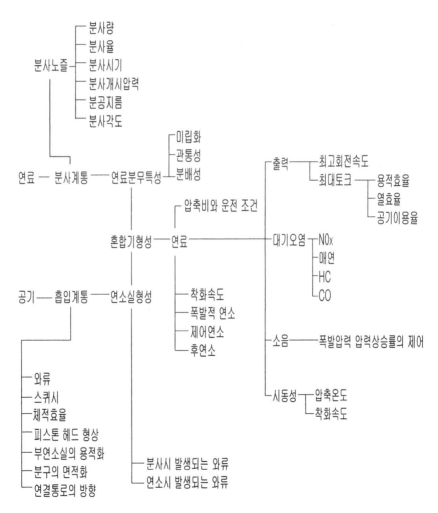

그림 11.16 디젤 엔진의 연소에 미치는 요인과 성능

　　일반적으로 디젤 엔진의 소음 발생이나 한냉시의 시동성은 가솔린 엔진에 비교하면 떨어지고, 배기가스의 청정성 측면에서는 기술적으로 매연 발생의 억제가 곤란할 수 있다. 그러나, 디젤 엔진의 고속회전 상태에서 개선해야 할 점은 다음과 같은 것들이 있다.

① 연소의 영향
② 체적효율의 증가
③ 열부하에 의한 각부의 냉각성능 향상
④ 기계적 마찰과 손실 마력의 경감
⑤ 고속 진동과 소음의 감소

11.2 디젤 엔진의 연소방식

가솔린 엔진은 연료와 공기의 혼합기 형성기간이 길지만, 디젤 엔진의 연소는 상대적으로 대단히 짧기 때문에 디젤 엔진은 분사후 크랭크 각도로 $10 \sim 15°$ 정도에서 착화하는 것이 바람직하다. 이것은, 가솔린 엔진에 비하여 $1/20 \sim 1/30$의 기간 밖에 없다는 것이다. 이러한 짧은 시간에 양호한 연소조건을 얻기 위해서는 사전에 혼합기의 형성이 충분히 이루어지도록 할 필요가 있다. 또한, 디젤 엔진의 최대 분사량은 매연에 따라 제한되며, 최고 회전수는 왕복동 운동부의 질량과 연소 시간의 길이에 따라 좌우된다.

디젤 엔진이 고출력을 얻기 위해서는 회전수를 증가시키는 것이 필요하고, 엔진 각부의 경량화도 중요한 일이지만, 짧은 시간에 연소를 완료시키는 기술은 더욱 중요하다. 즉, 연료의 와류(swirl) 발생, 스퀴시(squish), 새로운 연소 와류 등에 의하여 연료와 공기의 혼합을 촉진시킴에 따라 신속하게 연소시켜 공기의 이용률을 좋게하는 것이 필요하다. 연료와 공기의 혼합 상태를 어떤 방법으로 좋게하느냐에 따라 디젤 엔진의 연소특성이 연소실 설계의 양부에 연결된다고 할 수 있다. 즉, 압축 공기에 완벽하게 무화된 연료를 공급한다면 우수한 연소특성을 얻을 수 있다.

디젤 엔진에서 연료를 어떻게 분사하느냐에 따라서 직접 분사식, 예연소실식, 와류실식 등이 있으며, 표 11.2에서는 이들 연소실 형식에 따라서 상호간 특성을 비교한 데이터를 제시하고 있다.

11.2.1 직접 분사식

직접 분사식 연소실을 갖는 디젤 엔진은 비교적 대형이고, 저속 엔진에 사용되는 경우가 많다. 그러나, 지금까지 부연소실식이 여러개로 사용되던 소형, 고속 엔진도 연료 소비율, 시동성 측면에서 많은 장점을 갖고 있는 직접 분사식을 선호하는 추세에 있다.

중·대형의 중·저속 엔진은 혼합기의 형성과 연소에 주어지는 시간이 다른 형식에 비하여 비교적 길기 때문에 연소 그 자체보다도 열부하, 강도, 과급 등에서 문제점이 있다. 비교적 고속형 직접 분사식의 디젤 엔진은 연소실의 중앙에 다공식 노즐을 설치하여 피스톤 헤드에 설치한 연소실에 연료를 분사한다. 혼합기의 형성은 분무의 분배에 의한 것, 압축 행정중에 피스톤 헤드의 형상에 따라 발생하는 와류, 즉 스퀴시 및 와류에 의해 혼합기가 형성된다.

표 11.2 연소실 형식에 따른 비교

	직접분사식	예연소실식	와류실식
연소실 형상	간단	복잡	약간 복잡
연소실 면적	작다.	크다.	약간 크다.
용적			
압축비	15.5~17	17~22	19.5~21
열효율	상	하	하
최고측 평균유효압력 [kg/cm^2]	8~11	7~11	7.5~9
전부하 최량 연비율 [g/PS·h]	160~170	180~205	180~200
분사 압력 [kg/cm^2]	170~230	100~120	100~120
노즐 형식	다공(4공이 많다) 구형(球形) : 1~2공	단공(스로틀, 핀틀)	단공(스로틀, 핀틀)
기계적 세탄가	낮다.	높다.	중간
부연소실 용적비 [%]	–	30~50	60~80
분공 면적비 [%]	–	0.3~0.6	2~3
유동 손실	–	크다.	중간
연료 및 연료분사계통의 영향	낮다.	높다.	중간
주혼합기 형성법	분사 스퀴시, 와류	연소 와류	와류
연소 소음	높다.	낮다.	중간
배기 온도	낮다.	높다.	중간
연소 최고압력 [kg/cm^2]	80	50~60	55~65
압력 상승율	높다.	낮다.	중간
노크	높다.	낮다.	중간
발연한계 공기 과잉율	>1.25	1.1~1.3	1.1
엔진의 유연성	나쁘다. (저속 나쁨)	최고 좋다. (고속에 한계있음)	약간 좋다. (저속 나쁨)

(1) 직접 분사식의 장·단점

1) 장점

① 직접 분사식은 부연소실 방식에 비해 구조가 간단하다.

② 연소실의 냉각면적이 작고 와류가 약하며, 동시에 냉각 손실이 없기 때문에 열 효율이 높고 연비율은 전부하시 $160 \sim 170[g/PS \cdot h]$가 된다.

③ 냉각 손실이 작으므로 시동성이 좋다.

2) 단점

① 연소 압력과 압력 상승률이 높고 소음이 크다.

② 저속에서 혼합기 형성과 무화 정도가 나쁘다.

③ 분사 압력을 높게하여 다공 노즐을 사용하기 때문에 각종 사고가 일어나기 쉽다.

④ 다른 형식에 비하여 NO_x 발생량이 높다.

(2) 혼합기의 형성 방법

직접 분사식의 디젤 엔진에서 혼합기의 형성은 그림 11.17에서 보여주는 것과 같이 3가지 형태가 있다. 그림 11.17(a)는 저속과 중속의 디젤 엔진에서 나타나는 혼합기의 형성방식으로 분사 노즐에서 분사된 분무 범위가 넓어짐에 따라 공기가 들어가는 형태가 된다. 그림 11.17(b)는 소형, 고속 엔진에서 나타나는 혼합기의 형성방식으로 분사에 의한 혼합은 물론이고, 이미 연소된 가스를 기류에 의해 밀려가게 하여 새로운 공기를 공급함에 따라 연소가 촉진되어 공기 이용율을 높힐 수 있다. 그러나, 과도한 와류가 발생되면 연소가 오히려 악화될 수 있기 때문에 공기의 유동 정도를 조정할 필요가 있다. 그림 11.17(c)은 구형 연소실로 연소실 벽면에 연료 막을 형성시켜 연소시키는 것이지만, 강한 와류에 의하여 무겁고 새로운 공기는 원심력에 의하여 외주로 보내져 연소에 도움이 된다. 이미 연소된 가벼운 가스는 원심력에 의해 연소실의 중앙으로 모인다. 이와 같이 강한 와류와 적당한 벽면의 온도가 약 340℃에 의하여 신속하게 증발하여 연소시킬 수 있다.

그림 11.18(a)는 혼합기 형성이 허트형(heart type)으로 약한 와류를 사용한 경우이다. 이 그림에서 d/D는 75% 이상이고, 연소는 분무의 분배가 좌우로 일어나기 때문에 무화 상태를 좋게한다. 또한, 연료를 연소실 내부 전체에 될 수 있는대로 일정하게 분배하여 공기의 이용도를 좋게하는 것이 필요하기 때문에 일반적으로 노즐을 다공형으로 사용한다.

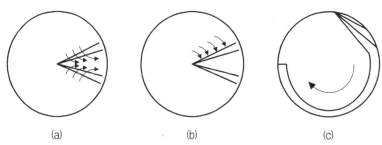

그림 11.17 직접 분사식 디젤 엔진에서 혼합기의 형성방법

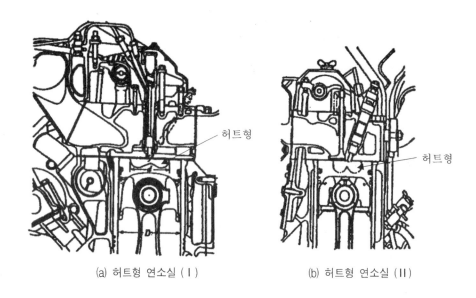

(a) 허트형 연소실 (Ⅰ)

(b) 허트형 연소실 (Ⅱ)

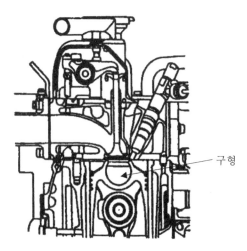

(c) 구형 연소실

그림 11.18 직접 분사식의 연소실

노즐의 분공 지름을 $0.2 \sim 0.6$mm로 하여 관통도를 좋게하는 것이 필요하다. 4사이클 엔진에서 분사 각도는 $130 \sim 150°$ 정도이고, 분사 압력은 소형 엔진에서 200kg/cm^2 전후이다. 노즐의 분공 지름은 대부분 분무의 관통도에 의해 결정되고, 분사량과 압력이 정해지면 분공의 수가 구해진다. 일반적으로 디젤 엔진은 $4 \sim 6$개의 구멍을 갖는 노즐이 사용되고 있다. 그림 11.18(b)는 허트형 연소실로서 d/D를 $50 \sim 60\%$로 깊게하여 와류(swirl)와 스퀴시(squish)를 주어 혼합기 형성을 돕는다. 와류의 속도는 $30 \sim 50$m/s이며, 노즐의 분공수는 보통 $3 \sim 4$개의 것을 사용한다. 그림 11.18(c)는 구형 연소실로서 디젤 노크가 발생하는 원인중의 하나인 착화지연기간 중에 연료의 증발량이 극히 적고, 연료는 직접 벽면에 접촉되어 비교적 저온을 얻을 수 있기 때문에 열분해 반응을 피할 수 있으며, 매연의 발생도 작다는 장점을 가지고 있다.

디젤 엔진에서 연소는 강한 와류를 이용하기 때문에 열혼합이 촉진되어 연소는 간단하게 이루어진다. 강한 와류에 의해 벽면에서 발생된 열손실은 벽면의 기화열 회수로 보충되기 때문에 연비도 다른 연소방법과 변화되지 않는다. 구형 연소실의 연소 방법은 노크 발생이 작기 때문에 여러 종류의 연료를 사용할 수 있는 특징을 가지고 있지만, 시동성은 다른 연소 방법보다 떨어진다. 최근에는 와류 발생을 더 강하게 하기 때문에 흡기관의 관성 효과를 이용한 것도 개발되고 있다.

11.2.2 예연소실식

예연소식 연소실의 형태는 그림 11.19에서 보여주는 것처럼 전체 압축용적의 $30 \sim 50\%$ 예연소실에 연료를 분사하여 연료의 $30 \sim 35\%$를 연소시키고, 그 팽창 가스에 의하여 미연소 연료를 주연소실로 분출시켜 본격적으로 미립화와 혼합을 한다. $1 \sim 3$개의 분출구가 주연소실과 연결되어 있으므로 분출구의 면적은 피스톤 면적의 $0.3 \sim 0.6\%$ 정도로 하지만, 고속용 엔진으로 설계하면 분출구 면적은 더 커진다. 크랭크 각도 변화에 따른 예연소실의 가스압력 변화를 그림 11.20에서 보여주고 있다.

연료 분사는 가능한 하나의 분출구에 가까운 곳으로 연료를 모아 그 배후에서 착화시켜 분사의 흐름을 주연소실로 분출하도록 하는 것이 좋다. 따라서, 예연소실의 분사는 무화정도가 그다지 중요하지 않고, 넓어짐이 좋지 않은 스로틀 타입도 비교적 각도가 작은 것이 많이 사용되고 있다.

디젤 엔진에서 예연소실식 연료 분사방식은 다른 연소방식에 비하여 다음과 같은 장·단점으로 요약될 수 있다. 즉,

(1) 예연소실의 장점

① 무화와 혼합이 양호해지고, 분사 조건이나 그 외의 인자에는 둔감하다.

② 비교적 세탄가가 낮은 연료를 사용할 수 있다.

③ 연소 와류에 따라 혼합기 형성이 양호하기 때문에 무화 정도가 높다.

④ 분사개시 압력은 낮아서 좋다.

⑤ 예연소실의 압력은 연소에 의하여 높아지지만, 주연소실은 분공의 스로틀로 억제되기 때문에 가스 충격은 완만하고 연소 소음이 낮다.

⑥ NO$_x$ 발생량이 적다.

(2) 예연소실의 단점

① 실린더 헤드의 구조가 복잡하다.

② 냉각 면적과 연소실 체적이 크기 때문에 연료 소비율이 높다.

③ 좁은 구멍을 통하여 주연소실과 연결되어 있기 때문에 유입 저항으로 압력 상승이 늦어지는 것과 연소실 면적이 크기 때문에 시동성이 좋지 않다.

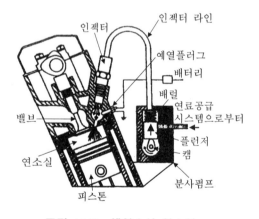

그림 11.19 예연소식 연소실

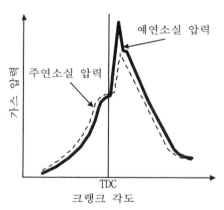

그림 11.20 예연소식 엔진의 압력변화

11.2.3 와류실식

그림 11.21에서 보여준 와류실식은 실린더 헤드에 르카르도형, 퍼킨스형, 허큐리스형 등을 설치하여 강한 와류를 발생시킨다. 연료는 와류의 흐름과 순방향으로 분사되어 기화와 혼합이 용이하게 진행됨과 동시에 열혼합 작용에 의하여 연소가 촉진되므로 특히 고속 회전에서 양호한 연소가 이루어진다. 그림 11.22와 같이 연료 분사 방향은 순방향, 횡방향, 역방향의 순서로 연소가 약화된다.

연소실의 와류는 피스톤 헤드에 가공된 주연소실의 모양에 따라 영향을 미치게 된다. 와류실의 용적은 전체 압축용적의 $60\sim80\%$ 정도이고, 분출 구멍의 면적은 피스톤 표면적에 대하여 $2\sim3\%$ 정도이다. 분출구가 비교적 작으므로 고속화가 용이하며, 소형·고속용 디젤엔진으로 많이 사용되고 있다. 그림 11.23과 같이 르카르도형의 분사위치는 와류실의 중심를 향하여 분사하며, 용적비는 $70\sim80\%$이다.

와류실식 디젤 엔진의 성능은 다음과 같은 사항에 따라 약간씩 변화한다.

① 와류실의 형상(르카르도형, 퍼킨스형, 허큐리스형)

② 피스톤 헤드의 형상(허트형, 구형, 편평형, 쐐기형)

③ 기류와 연료의 분사 방향(기류와 순방향, 역방향, 횡방향)

④ 와류실에 대한 분사 위치(중심, 벽측, 그 중간 등)

⑤ 와류실과 주연소실을 연결하는 분출 구멍의 위치와 방향

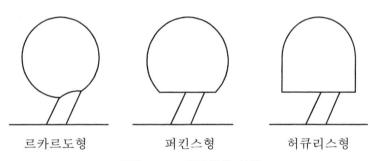

그림 11.21 **와류실의 형상**

그림 11.22 **연료의 분사 방향**

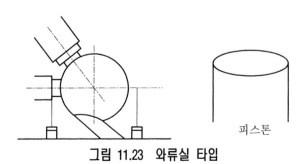

그림 11.23 **와류실 타입**

결국, 연료의 분사 방향과 와류실의 형상 등에 관련된 최상의 대책을 요약하면 다음과 같다. 즉,

① 연료는 와류와 순방향으로 분사하면 열혼합 작용이 좋아진다.

② 분출 구멍을 그림 11.24(b)와 같이 중심 가까이 향하도록 하고, 연소가스를 신속하게 주연소실로 되돌리도록 하면 좋아진다.

③ 피스톤 헤드의 주연소실은 기류의 안내 통로로 되어 있어서, 유동 손실이 어느 정도 감소하여 유출되는 연소가스의 흐름이 유효하게 피스톤 헤드의 주연소실에 흘러, 미연소 부분의 연소를 돕는다.

④ 적당한 온도와 기류의 세기가 중요하다. 기류의 강도가 너무 약하거나 강하여도 성능 저하의 원인이 된다.

그림 11.25(a)는 허큐리스형, (b)는 퍼킨스형 와류실을 사용한 것이다. 이들 형식 이외에 공기실식이 있지만, 그다지 큰 특징은 없다.

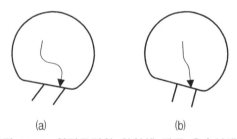

(a)   (b)

그림 11.24 연결구멍의 위치에 따른 유출상태

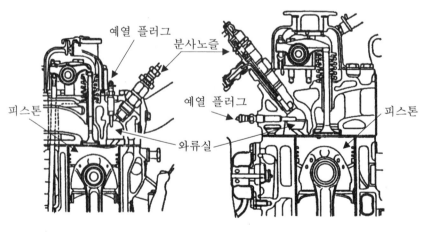

(a) 허큐리스형   (b) 퍼킨스형

그림 11.25 와류실식 연소실

(1) 와류실식의 장점

① 유동손실이 작고, 고속 연소가 용이하며, 고속화가 가능하다.

② 직접 분사식과 비교하면 소음이 작고, 노즐의 내구성이 좋다.

③ 매연의 발생이 적으며, 공기 과잉률을 1.1 정도까지 작게 할 수 있다.

(2) 와류실식의 단점

① 와류에 의하여 혼합기를 형성함으로 속도가 내려가면 중·저속의 토크를 얻기 힘들다.

② 실린더의 헤드 형상이 복잡하고, 노크가 발생될 우려가 높다.

③ 예연소실보다 연소 소음이 크다.

11.3 연료 분사장치

11.3.1 연료 분사의 3대 조건

디젤 엔진의 연소에 영향을 미칠 수 잇는 요소에는 여러 가지가 있지만, 대단히 짧은 시간에 작은 연소실에서 분사, 기화, 혼합, 착화까지 완료한다는 것은 그리 쉽지 않다. 특히, 연소과정의 제1단계라 할 수 있는 혼합기의 완벽한 혼합 형성은 대단히 중요하다. 분사장치의 성능이나 분사 노즐의 형상은 연소실의 형상과 같은 모양을 하고 있지만, 혼합기 형성이라는 측면에서 중요한 요소가 된다.

디젤 엔진의 사용 연료인 경유는 가솔린 연료보다 기화하기가 힘들기 때문에 연료의 고압 분사가 대단히 중요하다. 따라서, 연료가 고압 노즐에서 연료가 분사될 경우는 연료 입자의 미립화, 연료의 관통성과 분배성이라는 3대 조건들이 반드시 고려해야 한다.

(1) 미립화

디젤 연료를 고압($80 \sim 250 kg/cm^2$)으로 노즐의 작은 분공을 통하여 분사하면, 연료는 공기와의 마찰과 표면장력 때문에 미립화(atomization)가 발생된다. 액체 연료를 고압으로 분사하면 $2 \sim 100 \mu m$ 정도의 작은 연료 입자가 되어 연소실 내부로 비산하게 된다. 이러한 미립자 연료는 연소성, 출력성, 저공해성 측면에서 대단히 중요하다.

동일한 연료의 분사량에서 연료의 미립화 정도가 좋을수록 연료 입자의 표면적은 증가하여 공기와의 접촉이 많아진다. 따라서, 연료의 미립화는 기화 또는 공기와의 혼합성과 연소성이 대단히 좋아지므로 출력이 향상된다. 연료입자의 미립화는 분사 개시 압력이나 배압이 높을수록, 그리고 노즐의 분출구 지름이 작을수록 증가한다.

(2) 관통성

연료 입자의 관통성(penetration)은 노즐에서 분사된 연료 입자가 압축된 공기로 가득찬 연소실을 뚫고 진행하여 멀리까지 나가는 것을 말한다. 연소실에 흡입된 공기를 손실없이 이용하기 위해서는 관통성이 우수해야 한다. 분사 미립자의 관통성을 좋게 하기 위해서는 연료 입자의 운동량을 크게 하지 않으면 안된다. 연료의 운동량은 질량에 비례하며, 연료 입자가 작을수록 운동량은 작아지므로 관통성은 떨어진다. 따라서, 연료의 미립화와 관통성은 상반되는 특성을 나타나기 때문에 연료

입자가 연소실의 구석까지 도달할 수 있는 정도로 작게하고, 그 직경이 가능한 작게 미립화가 되면 좋다

(3) 분배성

연료의 미립화와 관통성이 아무리 좋아도 연료가 연소실 내에서 한쪽으로 기울어지면 국부적인 밀도 증가로 좋은 연소성을 얻을 수 없다. 더구나 1개의 분공에서 연료입자가 연소실의 구석까지 균일하게 분배한다는 것은 압축공기의 이용도를 높이고 완전 연소에 가깝도록 할 수 있다는 측면에서 연료의 분배성(distribution)은 대단히 중요하다.

11.3.2 분사 펌프의 개요

연료 장치는 분사 펌프, 분사 노즐을 포함한 연료 여과기, 연료 탱크 등으로 구성된다. 그림 11.26에서 보여주는 것과 같이 연료탱크 내의 연료는 연료 공급펌프에 의하여 연료 여과기로 보내지고, 여기서 여과된 연료는 연료 분사펌프로 들어가서 플런저, 플런저 배럴에 의해 고압으로 되어 분사 파이프를 따라서 분사 노즐에서 연소실로 분사된다.

분사 펌프는 펌프 엘리먼트(플런저, 플런저 배럴)의 부분과 그 엔진에 정해진 회전속도의 범위 내에서 작동시키기 위한 거버너와 적절한 시기에 연료를 분사시키기 위한 타이머 등으로 구성된다.

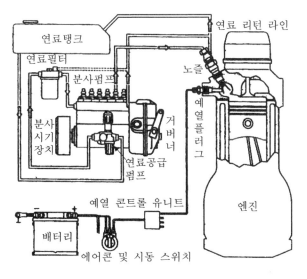

그림 11.26 연료장치

11.3.3 분사펌프의 종류

(1) 열형 분사펌프

A형, 이것보다 약간 큰 B형, 선박형 Z형, B형과 Z형의 중간 크기와 성능을 갖춘 P형이 있다. 그림 11.27은 열형 분사펌프를 보여주고 있다.

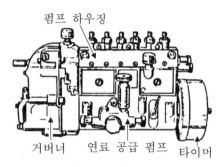

그림 11.27 열형 분사펌프

(2) 단독형

단독형은 보시 PF형이 있고, 캠축이 펌프 쪽에는 없고 엔진 쪽에 있는 것이다.

(3) 개별형

개별형을 유니트 인젝터라고 하며, 펌프에서부터 노즐까지 도관(pipe)이 있기 때문에 결점이 작도록 만들어진 것으로 실린더마다 분사장치를 설치하고 있다.

(4) 분배형

분배형에는 보시 VM형, 실드형 등이 있으며, 1개의 펌프 유니트에 의하여 각 실린더에 분배시키는 구조이다.

11.3.4 분사펌프의 구조와 기능

일반적으로 사용되고 있는 보시 PE형 분사펌프의 본체는 연료를 고압으로 하는 부분과 연료를 조절하는 부분으로 구성되어 있다.

① 그림 11.28과 같은 분사펌프의 캠축은 엔진에 의해 구동되고, 플런저를 상하로 작동시키는 캠과 공급 펌프를 구동하는 캠이 있다.

② 캠에 롤러 태핏(roller tappet)이 접촉되어 있고, 그 위에 설치된 플런저를 그림 11.29에서 보여주는 것처럼 상하로 작동시킨다.

③ 공급 펌프에 의하여 연료는 $1.6\sim2\text{kg/cm}^2$의 압력으로 공급된다.

④ 플런저의 하강에 따라 플런저 배럴의 흡기 구멍에서 공급된 연료는 플런저의 상승 행정에서 압축되어 딜리버리 밸브를 통해서 노즐로 보내진다.

⑤ 노즐 스프링의 장력에 의해 연료에 압력이 전달되면 노즐 선단에서 연소실로 분사된다.

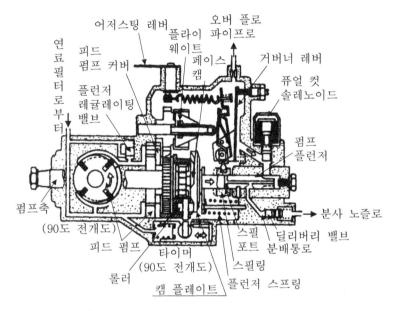

그림 11.28 분사펌프의 구조

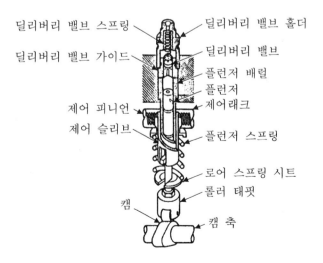

그림 11.29 분사펌프의 내부

11.3.5 플런저

(1) 플런저의 작동

그림 11.30은 분사펌프의 플런저 구조를 나타낸 것으로 플런저는 경사지게 절단한 홈(리드)과 바이패스 홈을 설치하고 있다. 이것은 연료를 압송함과 동시에 리드부에서 분사량을 조절하는 기능을 갖고 있다.

① 연료의 흡입은 그림 11.31(a)에 나타낸 것과 같이 플런저가 가장 아래로 내려간 위치에서 흡입이 이루어지며, 핸드부에 채워진다.

② 그림 11.31(b)는 플런저가 가장 위로 올라간 상태에서 연료는 고압으로 딜리버리 밸브를 밀어올려 노즐로 압송시킨다.

③ 송출을 반정도로 할 경우에 그림 11.31(c)와 같이 어느 각도로 회전시켜 연료 송출의 도중에서 리드와 흡입 구멍으로 복귀되어 그 이상은 보낼 수 없게된다. 결국, 플런저를 회전시킴에 따라 송출량이 바뀌는 것이 되며, 송출하는 길이를 유효 행정이라고 한다. 이것은 그림 11.32에서 a로 나타낸다.

④ 송출이 없는 상태에서 그림 11.33에서 A형은 흡입 구멍에서 압송의 유효 행정이 짧기 때문에 연료는 분사되지 않으며, B형은 배출 구멍과 플런저의 세로홈이 일치하여 연료에 압력이 상승되지 않고 플런저의 상하에 관계없이 연료는 송출되지 않는다.

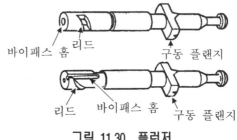

그림 11.30 플런저

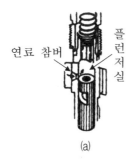
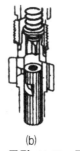

(a)   (b)   (c)   (d)

그림 11.31 플런저의 작동

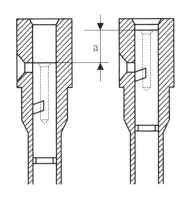

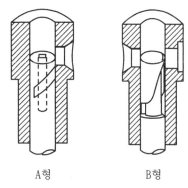

그림 11.32 플런저의 유효행정   그림 11.33 플런저의 무송출 상태

(2) 플런저의 종류

그림 11.34에 나타낸 것과 같이 직선의 리드 단면을 갖는 A형은 세로 홈이 중앙에 있고, 곡선으로 절단된 단면을 갖는 B형은 세로 홈이 측면에 있다. 성능을 보면 A형 플런저는 리드(lead)를 전개하면 곡선으로 되고, 공전(공회전)시의 변화 h 가 B형의 h' 보다 작기 때문에 공전(공회전)이 안정된다.

분사펌프의 플런저에서 정리드, 역리드, 양리드가 각각 다르다. 즉, 그림 11.35에서 정리드는 플런저 리드가 아래쪽에 절단되어 있어 분사개시 시기가 일정하고, 양리드는 분사를 개시하는 시작과 끝도 변화하는 것이다. 역리드와 양리드를 사용하면 분사 시기를 부하에 따라 변화시킬 수 있다. 오른쪽 리드란 우측으로 돌려서 분사량이 많아지는 그림 11.35(a)와 같은 것으로서 왼쪽 리드와는 반대로 그림 11.35(b), 또는 그림 11.35(c)를 말한다.

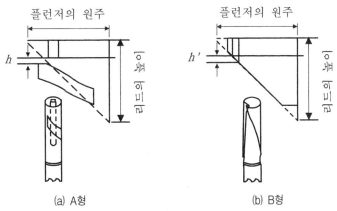

(a) A형   (b) B형

그림 11.34 플런저 타입의 차이에 의한 분사특성

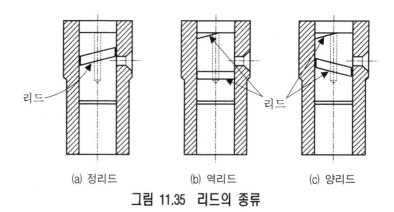

(a) 정리드   (b) 역리드   (c) 양리드

그림 11.35 리드의 종류

(3) 플런저의 치수

플런저와 플런저 배럴은 조립한 상태에서 연마제로 래핑(lapping)을 하여 표면 다듬질을 정밀하게 한다. 플런저는 크롬강, 플런저 배럴은 크롬 바나듐강을 사용하여 내마멸성을 높이고, 플런저와 배럴 사이의 간극은 $1.5 \sim 3 \mu$m 정도를 유지한다. 플런저와 플런저 배럴의 간극은 연료의 누설에 큰 영향을 주기 때문에 가능한 작게 하는 것이 좋으나, 지나치게 작으면 미끄럼 마찰열에 의한 손상의 원인이 된다.

플런저의 직경이 크면 누설이 많아지고, 또한 캠에 걸리는 힘도 커진다. 또한, 플런저의 행정을 길게 하면 플런저의 속도가 커지고 열손상 현상이 발생하기 쉽다. 따라서, 이러한 사항들을 고려하여 플런저의 지름을 결정하기 위한 계산식은 다음과 같이 주어진다. 즉,

$$\frac{\pi D_n^2 V_n t}{4} = \frac{I_v}{\gamma} \tag{11.3}$$

여기서 $D_n =$ 노즐직경, cm

$V_n =$ 노즐에서 연료의 분사속도, m/s

$t =$ 분사에 걸리는 시간

$r =$ 연료의 비중, kg/m^3

$I_v =$ 1회 분사량, cm^3

연료의 1회 분사량 I_v는 4사이클 엔진의 경우 다음과 같이 나타낸다. 즉,

$$I_v = \frac{2 b_e N_e}{60 z n} \tag{11.4}$$

여기서 $b_e =$ 연료 소비율, kg/PS·h

$N_e =$ 정미출력, PS

$n\ \ =$ 엔진 회전속도, rpm

$z\ \ =$ 실린더 수

상기식 (11.3)과 (11.4)을 연료의 1회 분사량으로 표현하면,

$$\frac{\pi D_n^2 V_n t}{4} \gamma = \frac{2 b_e N_e}{60 z n}$$

이 된다. 따라서,

$$D_n{}^2 = \frac{2 b_e N_e}{15 \pi V_n t z n \gamma} \tag{11.5}$$

한편, 플런저의 유효 행정을 S_p[cm], 플런저의 평균속도를 V_p[m/s], 체적효율을 η_v , 플런저의 직경을 D_p[cm]라고 한다면, 연료의 흐르는 양이 일정하므로

$$\frac{\pi D_p^2 V_p \eta_v}{4} = \frac{\pi D_n^2 V_n}{4}$$

$$D_p = D_n \sqrt{\frac{V_n}{V_p \eta_v}} \tag{11.6}$$

여기서 연료의 분사에 필요한 시간이 t 일 때의 크랭크 각도를 θ[degree]로 하고, D_p/S_p 를 x 로 하면 플런저의 평균속도 V_p 는 다음과 같이 크랭크 각도로 나타낼 수 있다. 즉,

$$V_p = \frac{S_p}{t} = \frac{D_p}{x t} = \frac{6 D_p n}{x \theta} \tag{11.7}$$

식 (11.7)에 식 (11.6)을 대입하면

$$D_p = \sqrt[3]{\frac{D_n^2 V_n x t}{\eta_v}} \tag{11.8}$$

또한, 식 (11.5)을 식 (11.8)에 대입하면

$$D_p = \sqrt[3]{\frac{b_e N_e x}{7.5 \pi z r n \eta_v}} \tag{11.9}$$

일반적으로 플런저의 전체 길이는 $(5\sim 6) D_p$ 로 하고, 플런저 평균속도 V_p 의 최고 한도는 다음과 같다.

- 플런저 지름이 30mm 이하인 경우 : 1~1.2m/s
- 플런저 지름이 10mm 이하인 경우 : 1.5~2m/s

11.3.6 연료 분사량의 조절기구

연료 분사량의 조절은 가속 페달에 연결된 링크기구에 의해 이루어진다. 즉, 분사펌프의 제어 래크(rack)가 움직이면서 그것과 맞물리고 있는 제어 피니언을 회전시키면 제어 슬리브가 회전하여 플런저의 리드가 슬리브의 절단부분에 조합되므로 결국 플런저가 회전하여 유효행정이 변하게 되므로 분사량이 조절된다. 연료 분사량의 조절기구는 그림 11.36에서 보여주고 있다.

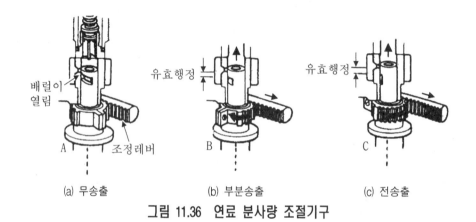

그림 11.36 연료 분사량 조절기구

11.3.7 딜리버리 밸브

플런저 배럴의 상부에는 밸브시트, 밸브, 스프링이 조합되어 연료의 역류를 방지하는 딜리버리 밸브(delivery valve)가 있다. 그러나, 역류를 방지했을 때 고압관 내의 압력이 노즐 스프링의 힘과 같으면 후적을 생기게 하여 엔진 성능에 악영향을 주므로 그림 11.37의 피스톤부에서 관내의 연료를 약간 복귀시켜 노즐 내부의 압력을 순간적으로 저하시킨다. 이로 인해 노즐로부터 연료가 차단되면서 연료의 후적을 방지하게 된다.

11.3.8 분사 노즐

(1) 분사 노즐의 기구

연료의 분사노즐(injector)은 분사펌프의 플런저에 의해 공급되는 고압의 연료를 미세한 입자로 무화시켜 연소실 내로 분사하는 역할을 한다. 따라서, 분사 노즐의 구멍이 작을수록 무화가 잘 되어 유지하지만, 고압에 견디기 어려우므로 충분한 강도와 내마멸성이 우수한 소재를 사용해야 한다.

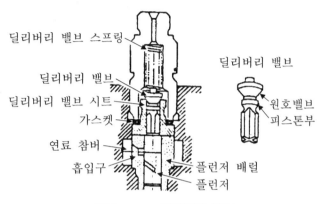

딜리버리 밸브 스프링
딜리버리 밸브
딜리버리 밸브 시트
가스켓
연료 참버
흡입구
딜리버리 밸브
원호밸브
피스톤부
플런저 배럴
플런저

그림 11.37 딜리버리 밸브

노즐의 분사량 I_v [cm^3]는 식 (11.10)으로 계산된다. 즉,

$$I_v = CAtV_n = CAt\frac{\sqrt{2g(P_n - P_c)}}{\gamma} \tag{11.10}$$

여기서 $C = 0.68 \sim 0.8$, 유량계수

A = 노즐의 분출구 면적, cm^2

t = 분사시간, s

V_n = 분사속도, cm/s

γ = 연료밀도

P_n = 분사압력, kg/cm^2

P_c = 배압, kg/cm^2

노즐의 분출구 면적, 즉 개구면적 A[cm^2]는 다음과 같이 표현된다.

$$A = \frac{I_v}{Ct}\sqrt{\frac{\gamma}{2g(p_n - P_c)}} \tag{11.11}$$

노즐의 분출구는 단공(single hole)과 다공(multiple hole)으로 나누어진다. 그림 11.38(a)는 단공노즐(single nozzle), 그림 11.38(b)는 다공노즐(multiple nozzle), 그림 11.38(c)는 핀틀노즐(pintle nozzle), 그림 11.38(d)는 스로틀 노즐(throttle nozzle), 그림 11.38(e)는 핀토노즐(pint nozzle)을 각각 보여주고 있다.

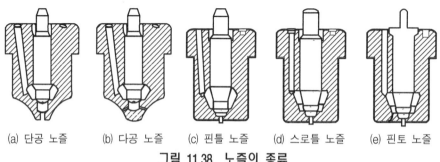

(a) 단공 노즐   (b) 다공 노즐   (c) 핀틀 노즐   (d) 스로틀 노즐   (e) 핀토 노즐

그림 11.38 노즐의 종류

연소실에 연료를 공급하기 위한 노즐의 실제 사용례는 표 11.3에서 제시하고 있으며, 그림 11.39와 그림 11.40에서는 디젤 엔진에서 많이 사용되고 있는 노즐 구조를 보여주고 있다.

① 단공 노즐은 분공이 1개인 노즐로 연소실 내에서 분사 상태가 나쁘다는 단점을 갖고 있으나, 연료를 분사하는 관통성이 좋으므로 구형 연소실식 등에서 널리 사용되고 있다.

② 다공 노즐에서 분출구의 수, 분공의 지름, 분사각 등은 연소실의 크기, 형태, 연소실 내 와류의 세기 등을 고려하여 결정된다. 일반적으로 분공수는 소형의 경우 2~4개, 중대형은 5~10개 정도가 사용되며, 구경은 0.2~0.6nm 정도가 일반적이다. 다공노즐은 무화와 분산이 잘 이루어지도록 제작하는 것이 좋지만, 분공의 지름이 너무 작아서 구멍이 막히기 쉬우며 정밀가공하기가 어렵다는 단점을 갖는다. 그럼에도 불구하고, 직접 분사식 엔진의 대부분은 다공노즐을 사용하고 있다.

③ 핀틀 노즐은 니들 밸브의 선단이 몸체보다 약간 돌출되어 있고, 밸브가 유압에 의하여 밀어 올려 열리면 그 틈새를 통하여 분출한다. 따라서, 분사개시 압력이 낮은 것이라도 분무의 연료 입자를 미세하게 할 수 있다. 노즐 분공의 지름은 1~2mm 정도이고, 분사각은 0~45°까지 여러 종류가 있다.

④ 스로틀 노즐은 핀틀 노즐에 노크 방지기를 설치한 것이다. 이것을 핀틀노즐과 비교하면 니들 밸브의 선단이 길고 2단으로 되어 있으며, 그림 11.41과 같이 분사 개시에는 노즐과 밸브 시트와의 틈새가 작아 분사량이 줄어들므로 노크 방지가 용이하다. 현재는 연소 소음의 측면에서 와류실식과 예연소실식 엔진에 사용하고 있다.

⑤ 핀토 노즐은 스로틀 노즐의 밸브 시트와 노즐 사이에 새롭게 작은 부노즐실을 설치한 것으로 분사 초기의 착화를 좋게하기 위하여 파일럿 분사를 한다. 이 노즐은 와류실에 사용되며 노크를 경감하고 시동이 용이하다는 장점을 갖고 있다.

표 11.3 분사노즐의 실제 사용례

연소실 종 류	엔진 형식 및 배기량	노즐 종류	노즐 제원		
			양정 [mm]	분사 각도	구멍수 (구멍지름)
• 예연소실식 • 와류실식	버스, 트럭은 연소 소음이 많이 발생하므로 예연소실식, 와류실식의 연소방식이 많이 사용되고 있다. 이 때의 분사압력은 $100 \sim 120 \text{kg/cm}^2$이다.	스로틀	0.8	4°	1 (2)
직 접 분사식	분사압력 : 175kg/cm^2	다공	0.3	160°	4 (0.35)
	• 분사압력 : 185kg/cm^2 • 노즐구멍 지름이 2개씩 다르게 되어 있다.	다공	0.3	150°	2 (0.32) 2 (0.34)
	• 분사압력 : 185kg/cm^2 • 구형 연소실에 의한 단공 노즐을 사용한다.	단공	0.4	14.5°	1 (0.7)

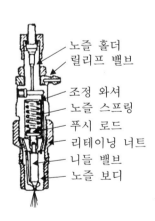

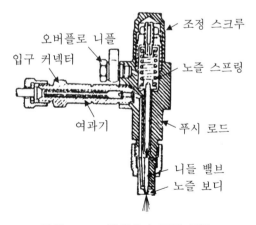

그림 11.39 소형용 노즐의 종류   그림 11.40 대형용 노즐의 구조

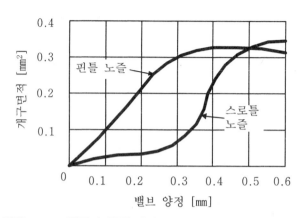

그림 11.41 핀틀 노즐과 스로틀 노즐의 양정과 개구면적

(2) 연료의 분사과정

그림 11.42는 연료의 분사과정에서 고압관내의 압력과 니들 밸브의 양정을 각각 나타내고 있다. 그림 11.42에서 (a)는 노즐쪽에 가까운 고압관 내의 압력변화, (b)는 펌프측의 관내 압력, (c)는 니들 밸브의 양정을 각각 나타내고 있다. 이 그림에서 (a)와 (b) 곡선은 모두 압력이 약 $70kg/cm^2$에서 출발하고 있지만, 이것은 이전의 행정에서 고압관 내에 남은 압력으로 잔류 압력에 해당한다.

그림 11.42의 (a)와 (b) 곡선에서 a점은 플런저가 플런저 배럴의 구멍을 닫아 펌프의 연료가 압축되는 시기이다. 그러나, 이 압력이 잔류 압력을 넘을 때까지는 딜리버리 밸브가 열리지 않으며, 여기서 분사 지연시간 t_1이 발생한다. 그러나, b점에서 딜리버리 밸브가 열리면 관내 압력은 상승을 시작하고, 그 압력은 t_2초 후에 노즐에 전달되어 노즐측의 압력도 상승하기 시작한다. 플런저의 속도가 비교적 빠르고 최초의 압력파에 의해 니들 밸브가 열리는 압력 이상이 발생하면 최초의 압력파로 열리지만 플런저의 속도가 늦을 경우에는 제2파, 또는 그 이상의 압력파가 밸브 스프링의 장력보다 크기 때문에 d점에서 열리면서 연료가 분사된다. 이 기간이 분사 지연기간 t_3에 해당되며, 이것은 잔류압력, 니들 밸브의 마찰, 플런저 속도 등에 의하여 변화한다.

니들 밸브를 여는 압력은 노즐 스프링의 초기압보다 약간 높은 압력으로 되지만, 이것은 니들 밸브에 가속도를 주고 마찰에 잘 견뎌내지 않으면 안되기 때문이다. 플런저가 연료를 압축하기 시작해서 니들 밸브를 열 때까지의 시간을 분사지연이라고 한다. 즉,

• 전체 분사 지연기간 $= ($ab 기간 $+$ bc 기간 $+$ cd 기간$) = t_1 + t_2 + t_3$

니들 밸브가 열리면 압력의 상승 정도에 따라 분공의 용적은 커지고, 연료의 분사에 의한 d~e 기간은 순간적으로 압력이 저하된다. 그러나, 이들 사이에 플런저의 속도도 증가하고 있으므로 니들 밸브는 열려도 압력은 올라간다. 그리고, 배출구가 열리기 시작해도 그 열림 정도가 작으면 압력은 약간 올라가고, 그 열림 정도가 커지면 펌프의 압력, 즉 (b) 곡선이 저하되어 노즐측 (a)의 압력은 저하된다. 고압관 내의 압력이 내려가면 니들 밸브는 닫혀지지만, 이 때 연료의 운동이 정지되기 때문에 관내의 압력파가 생긴다. 이 압력파의 주기는 (a)와 (b) 곡선 모두가 같은 경향이지만, 그 위상은 180° 달라져 있다. 시간과 함께 진폭은 점점 감쇠하여 잔류 압력과 같게 된다.

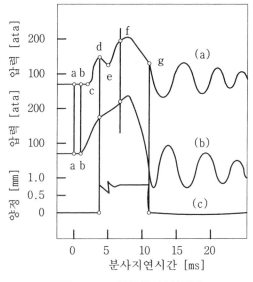

그림 11.42 연료의 분사과정

11.3.9 연료 공급펌프

연료 공급펌프는 분사펌프의 캠축에 설치된 캠에 의하여 구동된다. 그림 11.43과 같이 캠에 의해서 피스톤이 상하 왕복운동을 하고, 이것에 의하여 흡입 체크밸브, 배출밸브가 서로 번갈아 가면서 개폐하여 연료를 탱크로부터 연료 여과기를 통해서 분사펌프로 보내준다.

연료의 공급량이 지나치게 많아져서 연료의 공급압력이 규정치 이상으로 높아지면, 피스톤의 스프링이 압축되어 피스톤과 태핏이 이탈되면서 펌프는 작용하지 않게 되고, 연료는 일시적으로 공급되지 않는다. 또한, 연료 공급펌프에는 프라밍 펌프(priming pump)가 설치되어 있으므로 공기빼기(air vent)를 할 때 사용할 수 있도록 만들어져 있다.

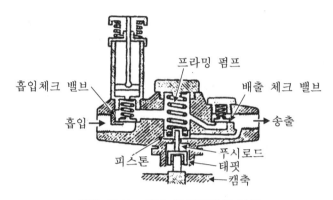

그림 11.43 연료 공급펌프의 구조

11.3.10 타이머

디젤 엔진에서 연료가 실린더 내에 분사되고 나서 다음 연소가 시작될 때까지는 어느 정도의 시간이 소요된다. 착화 지연기간을 시간적으로 보면 회전수가 변화하여도 지연기간은 그다지 변화하지 않는다. 따라서, 엔진의 회전이 높을 경우는 크랭크 각도에서 착화가 늦어지게 됨으로서 엔진이 가장 좋은 연소상태를 얻기 위해서는 엔진의 회전수에 따라 연료의 분사시기를 변화시키기 위한 타이머(timer)가 필요하다.

타이머는 캠축의 한 끝에 부착되어 작동하는데, 타이머에는 수동 타이머, 자동 타이머가 있고, 현재는 자동 타이머가 주로 사용되고 있다. 자동 타이머의 구조는 그림 11.44에 나타낸 것과 같으며, 엔진에서 구동되는 것은 구동 플랜지이고, 원심추 홀더는 분사 캠축에 설치되어 있다. 그림 11.45(a)는 엔진의 정지시 또는 저속으로 회전할 때, 그리고 11.45(b)는 고속으로 회전하는 경우의 자동 타이머 작동을 보여주고 있다.

플랜지가 구동되면 플랜지 저널, 원심추, 베어링 핀의 순서로 힘이 전달되어 캠축이 회전하는 것이다. 이 상태에서 원심추의 원심력은 작고, 타이머 스프링의 힘에 의하여 플랜지 저널은 원심추를 안쪽으로 밀어 붙이고 있다. 회전 속도가 상승하면 원심추는 원심력에 의하여 서서히 외측으로 확장된다. 이러한 고속 회전상태를 그림 11.45(b)에서 보여주는데, 원심추 홀더가 회전 방향으로 A만큼 이동하면서 그 분량만큼 캠축을 회전 방향으로 이동시켜 분사시기가 진각된다.

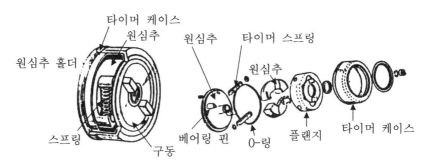

그림 11.44 자동 타이머의 구조

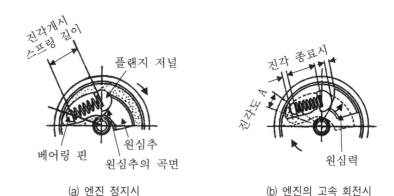

(a) 엔진 정지시   (b) 엔진의 고속 회전시

그림 11.45 자동 타이머의 작동

11.3.11 거버너

(1) 거버너(조속기)의 역할

① 공전(공회전)시에는 분사량이 작고 회전이 일정하지 않기 때문에 공회전 운동을 원활히 하기 위해서 저속의 조속을 한다.

② 엔진의 최고 회전속도는 설계할 때부터 제한을 하기 때문에 필요 이상으로 상승하는 것을 방지하기 위하여 최고 속도를 제한한다.

③ 엔진의 회전속도는 필요에 따라 임의의 정속도를 유지하도록 조속한다.

(2) 거버너의 종류

1) 공기식 거버너

부압식 거버너로 엔진의 흡입 부압 변화에 따라 엔진의 회전속도를 제어한다.

① 공기식 거버너의 종류

공기식 거버너는 그림 11.46과 11.47에서 보여주는데, 공회전의 조정을 공회전 조정 스크루에 의하여 조정하는 MZ형 거버너는 그림 11.46에서, 그리고 공회전의 조정을 캠에 의하여 조정하는 MN형 거버너는 그림 11.47에서 각각 보여준다.

② 공기식 거버너의 구조

공기식 거버너의 구조를 그림 11.46의 MZ형 거버너에 대하여 설명하면 다음과 같이 요약할 수 있다.

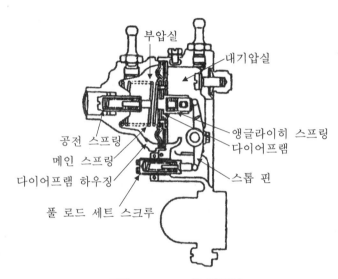

그림 11.46 MZ형 거버너

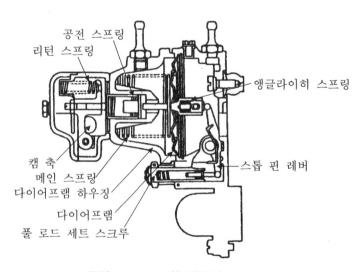

그림 11.47 MN형 거버너

■ 부압실과 대기압실은 다이어프램에 의해 분할되어 있다. 다이어프램의 한 끝에는 제어래크가 접속되어 있고, 양쪽의 압력차에 따라 다이어프램이 이동하면 제어래크가 움직이도록 되어 있다.

② 부압실에는 메인 스프링이 조립되어 있으며, 연료가 증가하는 방향으로 다이어프램을 밀고 있어서 압력과 메인 스프링의 균형에 의해 규정 분사량이 항상 유지된다.

③ 제어래크가 연료의 증가방향으로 이동할 때 다이어프램 볼트의 선단이 스톱 레버(stop lever)에 접촉하기 때문에 연료의 최대 분사량이 제어된다. 스톱 레버의 하단은 풀로드(full load) 세트 스크루에 접촉되어 있으며, 이 풀로드 스크루를 체결하면 최대 분사량은 작아지고 동시에 최대 분사량을 조절할 수 있다.

④ 스톱 레버는 중심축을 피봇(pivot)으로 기울게 되어 있으며, 최대 분사량 방향으로 기울면 더욱 더 분사량이 많아져 냉한시의 시동이 용이해진다. 또한, 반대쪽으로 기울면 비상시 등에는 제어래크를 무분사 상태로 유지함과 동시에 엔진을 정지시킬 수 있다.

⑤ 거버너 끝 부분에 공회전 스프링와 공회전 접촉 핀이 있으며, 가속 페달을 급격히 놓으면 스로틀 밸브가 닫혀 벤튜리부의 부압이 높아졌을 때 극도로 제어래크가 끌려 엔진을 정지시켜 부조화 현상을 방지하고 있다.

⑥ 다이어프램 볼트 중에는 앵글라이히 장치가 조립되어 있다.

③ 공기식 거버너의 작동

　그림 11.48은 엔진 정지시의 공기식 거버너를 나타내고 있으나, 정지시에 대기압실의 부압은 작용하지 않는다. 따라서, 메인 스프링에 의하여 다이어프램은 우측으로 밀려 제어래크는 최대 연료 분사량의 위치에 있으며, 이 상태에서 엔진을 시동하여 스로틀 밸브를 닫으면 부압은 높아져 다이어프램이 메인 스프링을 압축하기 때문에 좌로 이동하여 접촉 핀에 접촉되어 공회전 상태로 유지한다.

　가속페달을 밟아서 스로틀 밸브가 열리면 부압실의 부압은 내려가고, 다이어프램은 메인 스프링에 의하여 우측으로 밀려나면서 분사량은 증가하여 회전수는 상승한다. 스로틀 밸브를 닫으면 부압이 높아져 연료 분사량은 감소하고 회전은 낮아진다. 그러나, 작동은 가속페달에 의한 회전수의 변화이며, 거버너의 역할은 가속페달을 밟는 정도에 관계없이 회전변화에 의한 벤튜리부의 부압에 따라 회전수를 제어하는 것이다.

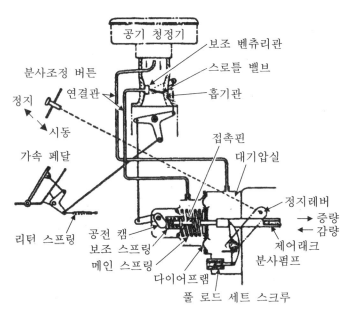

분사조정 버튼
정지
시동
가속 페달
연결관
리턴 스프링
공전 캠
보조 스프링
메인 스프링
다이어프램
풀 로드 세트 스크루
공기 청정기
보조 벤츄리관
스로틀 밸브
흡기관
접촉핀
대기압실
정지레버
증량
감량
제어래크
분사펌프

그림 11.48 공기식 거버너의 작동

④ 앵글라이히 장치

엔진이 고속으로 회전하게 되면 흡입효율은 저하하고 실제로 실린더 내로 들어가는 공기량은 감소하는 경향이 있다. 그러므로, 분사펌프에서 분사되는 연료의 분사량은 제어래크의 위치를 변화시키지 않고 일정하게 유지해도 부하의 변동에 따라 회전이 변화하면 분사량은 변화한다. 즉, 회전속도가 증가하면 플런저의 행정 당의 분사량은 증가하는 경향이 있다.

그림 11.49에 나타낸 것과 같이 저속 회전시 A에 설치하면, 고속 회전시는 B의 분사량으로 되어 분사량이 많아져 공기의 부족상태가 발생하고, 동시에 불완전 연소를 일으켜 검은 연기를 발생시킨다. 그러나, 이것을 고려하여 B′에 최대분사량을 세팅할 경우는 저속 회전의 A′에서 분사량은 작기 때문에 저속 출력이 낮아져 출력을 충분하게 발휘할 수 없게 된다. 이러한 현상을 개선하여 흡입 공기량과 분사량과의 비율을 대략 일정하게 하고, A-B′와 같은 분사량을 유지하도록 한 것이 앵글라이히 장치이다. 공기식 거버너의 경우, 앵글라이히 장치는 그림 11.50에 나타낸 것과 같이 다이어프램 볼트에 조립되어 있으며, 앵글라이히 스프링, 푸시로드로 구성되어 있다. 커넥팅 볼트가 관통하는 푸시로드의 구멍은 타원으로 되어 있으므로 양쪽 사이에는 여유가 있으며, 이러한 작동 그림 11.51에 나타내었다.

즉, 그림 11.51(a)는 가속페달을 깊게 밟아 스로틀 밸브를 전개한 상태이고, 또한 부하가 크고 회전수가 낮은 경우의 상태를 나타내고 있다. 즉, 부압실 내의 부압이 낮아 다이어프램은 메인 스프링에 의해 최대 분사량 방향으로 이동하고, 다이어프램 볼트 내의 푸시로드가 스톱 레버에 접촉하여 앵글라이히 스프링이 압축됨으로 푸시로드의 여유분만큼 분사량이 많아진다. 이 상태에서 부하가 작아지면, 엔진의 회전수는 높아지고 부압실의 부압이 높아져 메인 스프링이 축소됨으로 인하여 결국에는 그림 11.51(b)와 같이 앵글라이히 행정이 최대로 될 때까지 스프링은 늘어나 앵글라이히 장치의 작용은 종료된다. 이 상태에서 다시 엔진의 회전수가 높아져 부압이 커지면 다이어프램은 다시 감소 방향으로 되어 그림 11.51(c)와 같이 푸시로드는 스톱 레버에서 떨어져서 엔진의 고속 회전시의 제어를 한다.

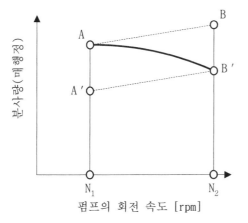

그림 11.49 엔진 회전속도에 따른 흡입
공기량과 연료 분사량의 관계

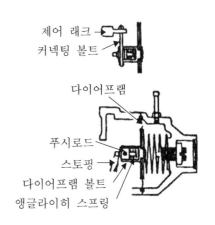

그림 11.50 앵글라이히의 구조

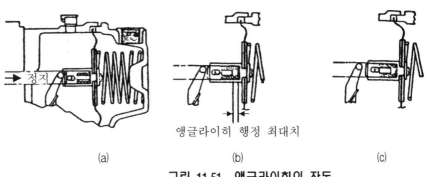

그림 11.51 앵글라이히의 작동

2) 기계식 거버너

분사펌프의 캠축에 조립된 원심추의 원심력을 이용하여 속도를 제어한다. 기계식 거버너에는 여러 종류가 있지만, 자동차용으로 많이 사용되고 있는 RSVD형 거버너가 있고, RAD형, RBD형, RFD형의 거버너도 있다.

그림 11.52에서 보여준 RSVD형 거버너의 구조는 분사펌프의 캠축과 원심추가 부착되어 있으며, 가이드 레버 하부의 베어링을 거쳐 부착된 가이드 부시와 원심추의 롤러가 접촉하고 있다. 플로팅 레버는 가이드 레버의 시점을 지점으로 하여 가이드 레버에 부착되어 링크를 중간에 끼우고 제어래크에 결합되어 있다. 기동 스프링은 플로팅 레버(floating lever) 상부에 부착되어 연료 분사량이 증가하는 방향으로 항상 당기고 있다.

그림 11.53에서 보여준 RAD형 거버너는 RSVD형 거버너를 개량하여 레버비를 변화시킬 수 있도록 한 것으로 공회전의 저속 안정성이 좋고, 고속 회전속도 제어는 레버비를 크게 하며, 속도 변동률을 좋게 하여 무부하 최고 회전수를 낮게 하도록 한 것이다.

그림 11.54에서 보여준 RBD형은 공기식 거버너와 기계식 거버너의 양쪽을 혼합한 것으로서 평상시 사용할 때 회전시에는 공기식 거버너가 작용하고, 최고 회전시의 제어를 기계식 거버너에 의하여 이루어지는 것이다.

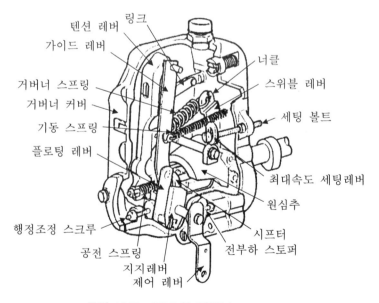

그림 11.52 RSVD형 거버너

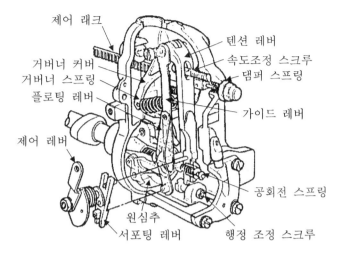

제어 래크

텐션 레버
속도조정 스크루
댐퍼 스프링

거버너 커버
거버너 스프링
플로팅 레버

가이드 레버

제어 레버

공회전 스프링

원심추
서포팅 레버

행정 조정 스크루

그림 11.53 RAD형 거버너

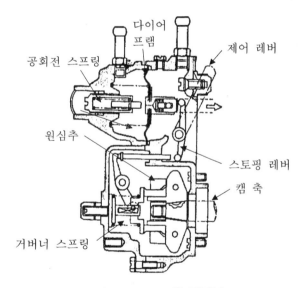

다이어
프램

제어 레버

공회전 스프링

원심추

스토핑 레버

캠 축

거버너 스프링

그림 11.54 RBD형 거버너

　그림 11.55에서 보여준 RFD형은 RAD형을 개량하여 주행시에는 최저, 최대 거버너를 사용하고, 기중기, 콘크리트 믹서 트럭, 탱크 롤리 등의 작업시에는 전속도 거버너로 사용할 수 있는 구조를 갖고 있다.

　텐션 레버(tension lever)는 핀에 의하여 상부에 설치되고, 거버너 스프링에 의하여 당겨져 있다. 스프링의 세기는 최대속도 스톱퍼의 조정 위치에 따라 변화할 수 있으며, 텐션 레버 하단에는 공회전(공전) 스프링이 있다.

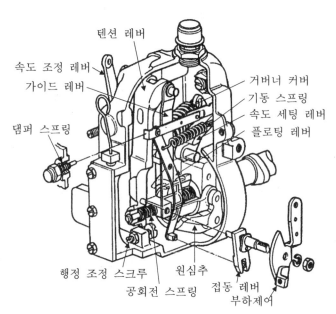

그림의 각 부분 명칭:
- 텐션 레버
- 속도 조정 레버
- 가이드 레버
- 댐퍼 스프링
- 거버너 커버
- 기동 스프링
- 속도 세팅 레버
- 플로팅 레버
- 행정 조정 스크루
- 공회전 스프링
- 원심추
- 접동 레버
- 부하제어

그림 11.55 RFD형 거버너

① 엔진시동 공회전 회전속도의 제어

그림 11.56은 엔진의 정지 상태로 원심추는 거버너 스프링, 공회전 스프링, 기동 스프링에 의해 우측으로 밀려진 상태에서 가속 페달을 밟게되면 제어 레버가 분사량을 증가시키는 방향으로 움직이고, 제어래크가 전부하 로드의 위치를 넘어 시동에 필요한 분사량이 얻어진다.

엔진을 시동시켜 가속 페달을 놓으면 제어 레버는 공회전의 위치로 되돌아가 원심추의 원심력과 공전 스프링의 장력이 균형이 잡히는 위치까지 제어래크가 움직여서 엔진은 공회전 상태를 유지한다. 엔진의 공전 속도가 변화하여도 원심추의 원심력이 변하여 이것이 공회전 스프링의 장력과 균형이 잡혀 공전의 회전이 유지 된다.

② 상용 회전시의 제어

공회전 상태에서 가속 페달을 밟으면 그림 11.57에서 보여준 것처럼 제어 레버가 점선 상태에서 실선으로 표시한 위치로 움직여서 제어래크가 연료를 증가하는 방향으로 이동하면서 엔진의 회전속도가 상승한다. 이 때 원심추의 원심력이 증가하여 시프터를 좌측으로 밀어 공회전 스프링을 텐션 레버내로 압축하면서 시프터는 직접 텐션 레버에 접촉하게 된다.

텐션 레버는 장력이 강한 거버너 스프링으로 규정된 최고 회전속도를 유지하도록 미리 당겨져 있으므로 평상시 회전 속도의 범위에서는 원심력이 작아서 텐션 레버를 움직일 수 없다. 따라서, 평상시 회전 범위에서 가속 페달의 움직임은 그대로 제어래크를 움직여 엔진의 출력과 회전수를 자유롭게 조정할 수 있다.

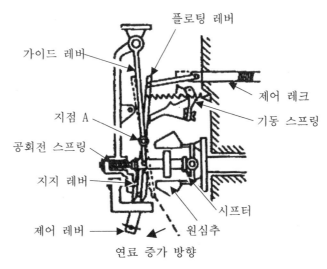

그림 11.56 시동시와 공회전시의 상태

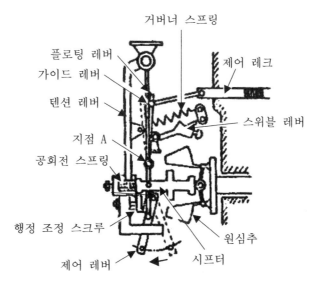

그림 11.57 정상적인 회전 상태

③ 최고 회전속도의 제어

엔진의 회전수가 상승하여 규정된 최고속도에 도달하면 원심추의 원심력과 거버너 스프링의 장력은 균형이 잡히고, 다시 회전속도가 상승하면 원심추의 원심력은 거버너 스프링의 장력보다 커진다. 이 경우 그림 11.58에 나타낸 것과 같이 원심추는 외측으로 확장되어 시프터를 중간에 두고 텐션 레버를 좌측으로 밀면 A가 좌측으로 이동한다. 따라서, 플로팅 레버도 좌로 움직여 제어 래크를 연료 분사량이 감소하는 방향으로 당긴다. 이것으로 규정된 최고 회전 속도를 제어할 수 있다.

④ RSVD 거버너의 성능

RSVD 거버너는 최고와 최대 회전속도를 제어하는 것으로서 그림 11.59와 같이 전부하나 부분 부하에도 최고 회전속도는 거의 변화하지 않는다. 이 그림에서 전부하시 최고 회전속도에서 급격하게 부하가 감소하면 회전속도가 상승하게 되는데, 이 때에 거버너가 분사량을 감소시켜 회전속도를 제어한다. 회전수 상승비, 즉 무부하 최고 회전속도와의 차이를 거버너의 속도 변동률이라 하고, 이것이 거너버 작용의 양부를 판단하는 척도가 된다.

· 속도 변동률 $= \dfrac{\text{무부하 최고 회전속도} - \text{전부하 최고 회전속도}}{\text{전부하 최고 회전속도}} \times 100\%$

속도 변동률은 10% 이내로 제어하는 것이 필요하며, 그 값이 작을수록 기능이 민감한 거너버라 할 수 있다. 그러나, 너무 지나치게 작으면 엔진의 헌팅이 발생되는 경우가 있다.

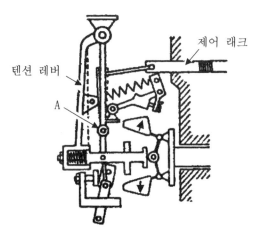

그림 11.58 최고 회전속도의 제어

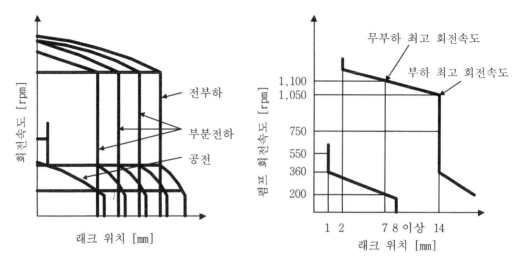

그림 11.59 RSVD형 거버너의 성능선도

3) 조합식 거버너

공기식 거버너와 기계식 거버너의 장점을 조합하여 제작된 거버너이다. 조합식 거버너를 기능상으로 분류하면 다음과 같다.

① 최저/최대속도 거버너

자동차의 거버너로 사용되고 있는 기계식 거버너는 최고·최저의 회전속도를 제어하는 것으로 2속도 거버너(two speed governor)라고도 한다.

② 전속도 거버너

전체 회전 범위에 대하여 조속작용을 하는 전속도 거버너(all speed governor)는 건설기계 등에서 많이 사용된다.

11.3.12 분배형 분사펌프

(1) 개요

보시(Bosch) 타입의 분배형 분사펌프는 그림 11.60에서 보여주는 것처럼 엔진의 실린더 수에 관계없이 한 개의 플런저가 왕복운동을 하면서 연료를 흡입하여 압축하고, 가압된 연료를 각 실린더로 분배·공급하도록 되어 있다. 또한, 거버너, 타이머, 피드펌프 등이 펌프 하우징 안에 내장되어 있고, 부품수도 열형 분사펌프의 반정도로 소형·경량이다. 분배형은 약 6000rpm까지 고속회전이 가능하기 때문에 중·소형 트럭이나 승용차에 적합한 연료 분사장치이다.

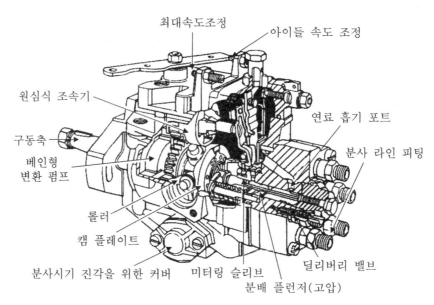

최대속도조정

아이들 속도 조정

원심식 조속기

연료 흡기 포트

구동축

분사 라인 피팅

베인형
변환 펌프

롤러

캠 플레이트

딜리버리 밸브

분사시기 진각을 위한 커버   미터링 슬리브

분배 플런저(고압)

그림 11.60 분배형 분사펌프의 내부 구조도

(2) 연료 계통

그림 11.61과 같은 VE형 연료 분사펌프에서 연료탱크에 있는 연료는 피드펌프에 의해 끌어올려져서 세디먼트와 연료필터에서 수분과 이물질을 여과하여 펌프실로 공급한다. 이 연료는 플런저의 고압실로 유입되어 플런저의 왕복운동과 회전운동에 의해 고압으로 가압되면서 분사순서에 따라 각 실린더의 노즐을 통하여 분사된다. 또한, 펌프실 내와 노즐측의 과잉연료는 오버플로 파이프를 거쳐 연료탱크로 다시 되돌아간다.

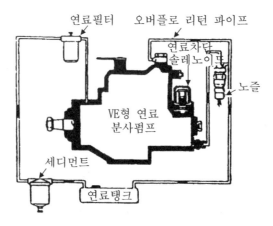

연료필터   오버플로 리턴 파이프

연료차단
솔레노이드

노즐

VE형 연료
분사펌프

세디먼트

연료탱크

그림 11.61 연료 공급 시스템

(3) 펌프본체의 구조와 기능

1) 피드펌프

베인형 피드펌프(vane type feed pump)는 그림 11.62와 같이 로터와 베인, 라이너 등으로 구성되며, 로터가 회전하기 시작하면 원심력에 의해 베인이 라이너 벽쪽으로 이동하고, 베인과 라이너에 의해 생기는 밀폐공간의 용적은 라이너의 중심이 로터의 중심에 대하여 편심되어 있기 때문에 로터의 회전에 따라 변화하게 된다. 밀폐 공간의 용적이 점점 커지면서 연료탱크 내의 연료를 끌어올리고 용적이 작아지면서 연료가 압축되어 펌프실 내로 압송하게 된다.

2) 레귤레이팅 밸브

레귤레이팅 밸브(regulating valve)는 엔진의 회전수에 비례하는 피드펌프의 송유압력을 제어하는 것으로 제어된 압력으로 타이머가 작동한다. 그림 11.63과 같이 분사펌프의 회전수가 상승함에 따라서 피드펌프의 송유압력이 상승하면 연료는 레귤레이팅 밸브 스프링을 압축하여 피스톤을 밀어 올리게 된다. 피스톤이 상승하기 시작하면 연료는 리턴라인을 통하여 피드펌프의 입구쪽으로 되돌려진다. 이와 같이 펌프실 내의 연료압력은 레귤레이팅 밸브 스프링의 장력을 일정하게 설정함으로써 조정할 수 있다.

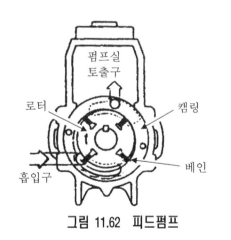

그림 11.62 피드펌프

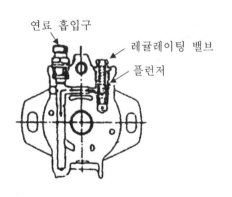

그림 11.63 레귤레이팅 밸브

3) 마그네틱 밸브

연료 차단 솔레노이드 밸브라고 하는 마그네틱 밸브(magnetic valve)는 엔진 스위치로 작동하는 솔레노이드 밸브로서 플런저 배럴의 흡입 포트로 통하는 연료 통로를 차단하거나 또는 개방하는 역할을 한다. 그림 11.64와 같이 운전중에는 솔레노이드 밸브가 통전상태로 되어 있기 때문에 밸브가 흡입포트의 통로를 열어 연료

가 유입되지만 엔진을 정지시키면 솔레노이드의 통전이 끊겨서 밸브는 흡입포트의
통로를 닫고 연료를 차단하게 된다.

연료 차단 솔레노이드 밸브

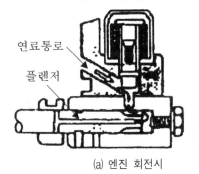
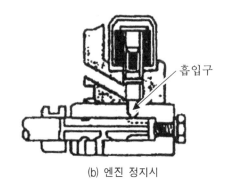

(a) 엔진 회전시　　　　　　　　　　　　　　　(b) 엔진 정지시

그림 11.64 마그네틱 밸브

ㄴ) 플런저

그림 11.65와 같이 플런저 스프링은 플런저를 캠 디스크에 밀착하고, 또한 캠 디
스크를 롤러 홀더에 고정된 롤러와 밀착되도록 하여 플런저가 구동축에 의하여 구
동되는 피드펌프와 캠 디스크에 전달된다. 또한, 캠 디스크의 압입핀이 플런저 하
단의 홈에 끼어 일체로 되어 플런저에 전달된다. 이와 같이 플런저는 회전운동을
하면서 동시에 롤러 홀더에 고정된 롤러 위를 캠 디스크가 회전함으로서 상하로 왕
복운동을 한다.

결국, 플런저의 회전운동에 의하여 플런저 배럴의 흡입 포트와 플런저의 흡입 슬
릿(slit)이 서로 만나는 순간에 연료가 고압실로 흡입되며, 왕복운동에 의해 연료가
고압으로 압축된다. 플런저 배럴의 아웃렛 포트(outlet port)와 플런저의 아웃렛 슬
릿(outlet slit)이 서로 마주칠 때 고압연료는 딜리버리 밸브의 스프링을 밀고 노즐
을 거쳐 연소실에 분사된다. 이어서 플런저의 컷오프 포트(cut-off port)가 콘트롤
슬리브에 의한 밀폐 상태로부터 벗어나는 순간 연료 압력이 떨어지면서 플런저에
의한 연료 압송이 종료된다.

ㅁ) 분사량 증감기구

연료의 분사량 증감은 거버너에 의해 콘트롤 슬리브를 이동시킴으로써 유효행정
이 변하여 분사량이 증가된다. 여기서, 유효행정은 그림 11.66과 같이 흡입 슬릿이
닫힌 직후부터 컷오프 포트가 콘트롤 슬리브를 벗어나기 시작할 때까지 플런저의
유효행정 l을 말한다.

콘트롤 슬리브를 우측으로 이동시키면 유효행정이 커지면서 연료의 분사량은 증가하지만, 반대로 좌측으로 이동시키면 유효행정이 작아져서 분사량은 감소한다. 이와 같이 분배형 분사펌프에서는 거버너에 의하여 콘트롤 슬리브를 좌우로 이동시켜 연료가 압축되는 기간이라 할 수 있는 유효행정을 변화시켜서 분사량을 적절히 조절하고 있다.

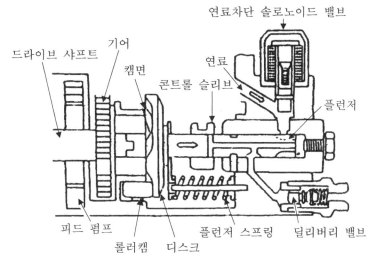

그림 11.65 플런저의 작동

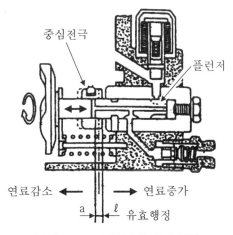

그림 11.66 플런저의 유효행정

6) 거버너

① 거버너의 개요

분배형 분사펌프의 구동 메카니즘은 플라이웨이트(flyweight)를 이용한 원심식 거버너이고, 그 사용 목적에 따라 전속도 거버너(all speed governor), 최고/최저속 거버너(maximum and minimum speed governor), 하프올 스피드 거버너(half all speed governor)의 3종류가 있다. 여기서는 원심식 거버너에서 가장 기본이 되는 전속도 거버너에 대하여 설명하기로 한다.

그림 11.67에 나타낸 것과 같이 기어와 일체로 조립된 플라이웨이트 홀더는 거버너축에 장치되어 있으며, 구동축의 기어에 의해 구동된다. 플라이웨이트 홀더내에는 4개의 플라이웨이트가 있고, 구동축의 회전수가 증가함에 따라 원심력이 커져서 플라이웨이트가 바깥쪽으로 벌어지며, 이 플라이웨이트의 움직임이 거버너 슬리브에 전달된다.

거버너 레버 어셈블리는 콜렉터 레버(collector lever), 텐션 레버(tension lever), 스타트 레버(start lever)로 구성되어 펌프 하우징의 2개의 피봇 핀(pivot pin)에 의해 거버너 레버 어셈블리에 연결되어 있는 거버너 스프링의 장력을 변화시키게 되는데, 이때의 스프링 장력과 플라이웨이트의 원심력과 힘의 균형을 이루는 점에서 레버류의 위치가 정해진다. 그 결과 콘트롤 슬리브의 유효 행정이 바뀌면서 거버너의 조속 작용이 이루어진다.

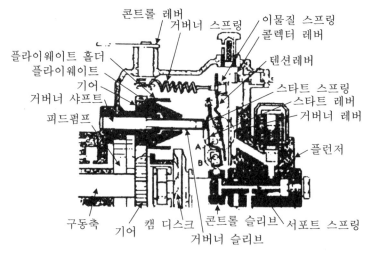

그림 11.67 거버너의 구성도

② 시동시

그림 11.68에 나타낸 것과 같이 엔진 정지시, 스타트 레버는 스타트 스프링에 의해 거버너 슬리브를 밀어주고 있기 때문에 시동시에는 스타트 레버를 지지하고

있는 B점을 중심으로 콘트롤 슬리브는 우측으로 밀려 유효행정이 최대가 되어 연료 분사량이 증가되고, 시동이 용이하게 이루어진다.

일단 엔진이 시동되면 플라이웨이트에 원심력이 발생하여 거버너 슬리브가 스타트 스프링의 힘을 이기고 스타트 레버를 이동시킨다. 그 결과 콘트롤 슬리브를 좌측으로 이동시켜 유효행정을 짧게 하여 분사량을 감소시킨다.

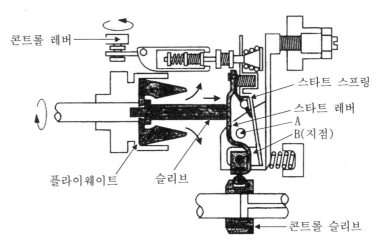

그림 11.68 시동시 거버너의 작동

③ 아이들링시

그림 11.69와 같이 엔진을 시동하여 콘트롤 레버를 아이들링 위치에 두면 거버너 스프링의 장력은 거의 없게 된다. 따라서, 플라이웨이트는 저속에서도 자유로이 벌어지게 되며, 이 힘으로 스타트 스프링(start spring)과 아이들링 스프링(idling spring)을 밀어 수축시키면서 스타트 레버와 텐션 레버를 우측으로 밀어낸다. 이 결과 플라이웨이트의 원심력과 스타트 스프링 또는 아이들 스프링의 장력과 균형을 이루는 위치에서 B점을 지점으로 하여 콘트롤 슬리브를 좌측으로 이동시켜 아이들링 위치로 오게 한다.

④ 전부하 최고 회전시

콘트롤 레버를 아이들링 위치로부터 전부하 최고 회전 위치까지 움직이면 거버너 스프링의 장력은 커지고 아이들링 스프링은 완전히 압축된 상태로 된다. 그림 11.70과 같이 텐션 레버는 거버너 스프링의 장력에 의해 고정점인 스톱퍼 C에 닿을 때까지 끌어 당겨져 있다. 결국, 이 상태에서 플라이웨이트의 원심력과 거버너 스프링 장력이 균형을 이루는 위치까지 콘트롤 슬리브가 우측으로 이동하여 분사량이 증가하고 전부하 최고 회전을 하게된다.

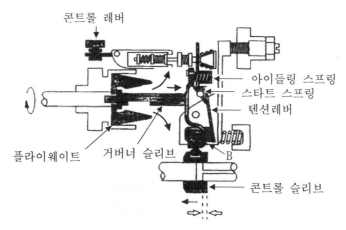

그림 11.69 아이들링시 거버너의 작동

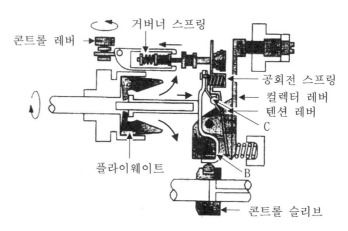

그림 11.70 전부하 최고 회전시 거버너의 작동

⑤ 무부하 최고 회전시

엔진의 부하가 감소하여 회전수가 상승하면 플라이웨이트의 원심력도 증가하여 텐션 레버를 당기고 있는 거버너 스프링의 장력을 플라이웨이트가 이기고 텐션 레버를 밀어, B점을 중심으로 텐션 레버와 스타트 레버가 우측으로 기울면서 콘트롤 슬리브를 좌측으로 밀어 유효행정이 감소하여 분사량이 증가되며 엔진의 최대 회전수 이상으로 상승하는 것을 방지한다.

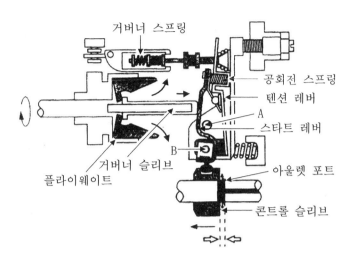

그림 11.71 무부하 최고 회전시 거버너의 작동

⑥ 타이머

분배형 분사펌프의 타이머는 레귤리이팅 밸브로 제어되는 피드펌프의 송유압력으로 작동하는 유압식 타이머이다. 타이머에 의한 연료 분사시기의 조절은 캠 디스크와 접촉하고 있는 롤러 홀더를 조금씩 회전시켜 플런저의 상승시기를 조절하는 방식을 취하고 있다. 롤러 홀더를 캠 디스크의 회전방향과 반대방향으로 회전하면 분사시기가 빨라지게 되며, 같은 방향으로 회전하면 분사시기가 늦어지게 된다.

그림 11.72에 나타낸 바와 같이 분사펌프의 회전수가 상승하면 피드펌프의 송유압력이 상승하며, 연료의 압력이 타이머 피스톤의 고압측에 가해지면 타이머 스프링의 장력을 이기고 피스톤을 좌측으로 밀게 된다. 이 움직임은 타이머 피스톤과 롤러 홀더에 연결된 핀을 통하여 롤러 홀더가 구동축의 회전방향과 반대 방향으로 회전하여 캠 디스크가 접촉하게 되는 롤러의 위치가 상대적으로 빨라지게 되므로 플런저의 상승시기가 빨라지면서 연료의 분사시기가 앞당겨지게 된다.

(4) 부속장치

1) 타코 픽업

일반적으로 분배형 분사 펌프를 장착한 디젤 엔진은 분사 펌프의 회전수를 검출하여 펌프 회전수와 엔진 회전수의 관계로부터 엔진의 회전수를 계기판의 타코미터 (tachometer)에 표시한다.

플라이웨이트 홀더 기어(보통 잇수는 23개)에 맞추어 픽업이 부착되어 기어의 돌출부가 자계를 단속하기 때문에 이 자계의 변화로부터 코일에 발생되는 전압변화로 검출한다. 즉, 기어의 잇수만큼(23펄스) 계수하여 1회전이 되도록 전기신호로 바꾸어 엔진의 회전수를 나타낸다.

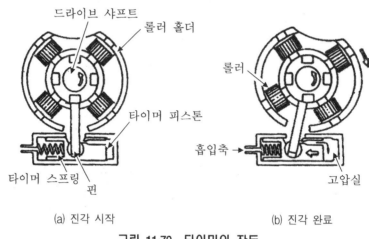

(a) 진각 시작   (b) 진각 완료

그림 11.72 타이머의 작동

2) 부스터 컴펜세이터

부스터 컴펜세이터(booster compensator)는 터보 과급기를 사용하는 디젤 엔진에 장착되며, 과급기의 작동으로 엔진의 흡입 공기량이 증가할 경우 그것에 맞는 적정 분사량을 보상해줌으로써 흡입 공기량을 충분히 공급하여 엔진의 출력을 최대로 증대시키는 기능을 담당한다.

부스터 컴펜세이터 장치는 거버너 커버의 상부에 부착되어 있으며, 이 구조는 그림 11.73에 보여준 것과 같다. 흡기 매니폴드(intake manifold) 내의 압력이 부스터 컴펜세이터의 가압실로 도입되어 있으며, 그 압력이 부스터 컴펜세이터 내에 있는 스프링의 장력보다 커지면 그 힘을 이기고 다이어프램과 결합되어 있는 로드(rod)를 아래쪽으로 이동시킨다. 로드에는 테이퍼(taper)가 설치되어 있어 테이퍼 부분과 접촉하고 있는 레버가 지점을 중심으로 움직이게 되고 그 움직임이 거버너 레버 어셈블리의 텐션 레버(tension lever)에 전달되어 콘트롤 슬리브를 분사량 증가 방향으로 이동시킨다.

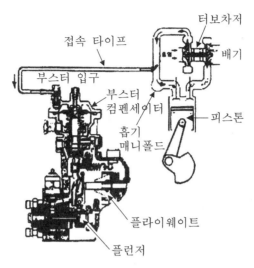

그림 11.73 부스터 컴펜세이터

11.4 커먼레일 디젤 엔진

커먼레일 디젤 엔진은 기존의 전자제어 연료 분사장치에 고압의 연료를 일시적으로 저장하기 위한 커먼레일(common rail)을 별도로 설치한 것이다. 레일에 저장된 연료 압력을 높게 유지하면서 연료는 노즐을 통하여 연소실에 1350bar 이상의 초고압으로 직접 분사함으로써 쉽게 압축착화 연소하는 방식이 커먼레일 엔진이다. 기존의 연료분사 디젤 엔진은 모든 분사 사이클마다 매번 압력을 다시 발생시켜 그때마다 연료를 분사하였지만 커먼레일 엔진은 매 사이클마다 분사 순서에 관계없이 항상 일정한 분사압력을 유지하면서 ECU에 의해 분사압력이 조정되기 때문에 연료 분사가 대단히 안정적이다.

즉, 커먼레일 연료 시스템의 분사압력은 연료 라인을 따라 항상 일정하게 유지되고, 엔진의 전자제어 타이머는 엔진속도와 부하의 변동에 따라 분사압력을 조정한다. 전자제어 유니트(ECU)는 캠과 크랭크 센서로부터 얻은 데이터를 기반으로 분사압력을 필요에 따라 적정하게 조정하여 압축과 분사를 각각 독립적으로 발생할 수 있도록 하였다. 결국, 커먼레일 분사기술은 엔진의 출력 부하조건에 따라 연료를 분사할 수 있기 때문에 연료를 절약하고 유해 배기가스 발생량을 줄일 수 있다.

디젤 엔진에서 기존의 연료 분사장치는 연료의 분사압력과 연료 분사량을 캠구동 장치의 회전수에 따라 조절하였으나, 디젤 엔진의 출력 극대화와 유해 배기가스 발생량 저감이라는 두가지 목표를 동시에 달성하기에는 어려움이 있어 그림 11.74에서 보여준 것과 같은 새로운 고압 연료분사 장치인 커먼레일 분사 시스템(common rail injection system)을 개발하게 되었다.

11.4.1 커먼레일 분사 시스템 개론

커먼레일 분사장치는 분사압력 발생과 연료 분사과정을 완전히 독립적으로 구성하여 연료의 미립화, 관통성 등을 획기적으로 개선하여 엔진출력을 높이고, 유해 배기가스 발생량을 크게 줄이는 성과를 얻었다. 따라서, 커먼레일 시스템은 고압펌프에 의한 압력발생과 분사공정을 분리하기 위한 새로운 시스템, 즉 노즐에서 분사되는 압력을 항상 고압으로 유지하기 위한 고압 어큐뮬레이터(high pressure accumulator)라고도 하는 별도의 커먼레일(common rail)을 필요하게 되었다.

커먼레일에서 연료 분사는 각 실린더에 1개씩 배치된 솔레노이드 밸브를 내장한 인젝터를 사용한다. 따라서, ECU는 인젝터에 내장된 솔레노이드 밸브를 제어함으로써 인젝터의 분사과정을 효과적으로 제어할 수 있다. 인젝터의 연료 분사량은 인젝터 노즐의 간극, 솔레노이드 밸브의 열린기간, 그리고 커먼레일의 저장압력에 의해 결정되는데, 이러한 정보는 모두 ECU에 의해 센서와 액츄에이터를 연계하여 결정하고 작동하기 때문에 효율적인 커먼레일 분사 시스템이 완성된다. 커먼레일 장치에서 ECU는 엔진의 현재 작동조건에 가장 적합한 연료 분사압력과 최적의 연소가 이루어지도록 연료라인의 유동압력, 인젝터의 분사시기와 분사기간을 연산에 의해 결정함으로써 엔진의 출력효율과 연비를 높이고, 유해 배출가스 발생량을 최저로 유지하는 초고압 전자제어 연료분사 시스템이다.

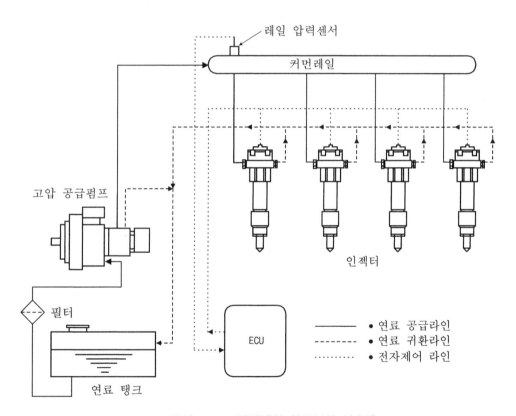

그림 11.74 커먼레일 연료분사 시스템

커먼레일의 분사압력은 승용차의 경우 래디얼 피스톤 타입(radial piston type)의 고압 분사펌프에 의해 약 1350bar, 대형 상용차의 경우는 1400~1800bar까지 올려 분사효율을 향상시키고 있다. 커먼레일 연료분사 시스템은 기본적으로 연료의 고압화(pressurization)와 분사과정(injection process)을 별개로 진행할 수 있기 때문에 엔진의 어떠한 부하조건에서도 연료분사 압력과 분사시기를 최적의 상태로 자유로운 제어를 할 수 있어 연소제어가 용이하다는 장점이 있다.

커먼레일 연료분사 시스템은 엔진에서 연료의 압력발생과 연료분사를 분리하여 엔진의 회전속도와 독립적으로 제어할 수 있기 때문에 연소와 분사과정 설계가 비교적 자유롭다. 따라서, 엔진의 운전조건에 따라 연료압력과 분사시기를 조정할 수 있으며, 또한, 엔진의 회전속도가 낮을 때도 고압분사가 가능하므로 연료의 완전 연소를 추구할 수 있다. 여기에, 인젝터에서 파일럿 분사(pilot injection)를 하면 유해 배기가스 발생량과 연소소음을 더욱 줄일 수 있고, 연료분사 곡선은 유압제어로 노즐 니들에 의해 조절되므로 연료분사 종료시까지 신속하게 조절이 가능하다.

디젤 엔진에 커먼레일 분사 시스템의 도입은 엔진에서 발생되는 출력과 연비를 크게 향상시키고, 유해 배기가스를 획기적으로 저감할 수 있다는 측면에서 매년 강화되는 환경 규제조건을 만족할 수 있는 새로운 기술혁신으로 디젤 엔진에 빠르게 채택되고 있다.

11.4.2 커먼레일 분사 시스템 구성

연료탱크에서 이송된 연료는 고압펌프(high-pressure pump)에 의해 가압된 후에 커먼레일로 압송되어 이곳에 연료를 채우고, 커먼레일 내의 압력은 압력 센서로 감지되어 엔진의 회전수와 부하조건에 따라 설정된 값으로 ECU에 의해 지속적으로 제어된다. 커먼레일의 압력은 고압 파이프를 통해 인젝터에 공급되고, 3-웨이 밸브(three way valve)에 공급되는 펄스에 따라 연료의 분사량, 분사율, 분사시기가 각각 제어되어 최종적으로 인젝터에 의해 연료 분사가 이루어진다.

그림 11.74는 커먼레일 연료분사 시스템의 구성도를 보여준 것으로 연료탱크에 저장된 액체 연료는 연료 공급펌프(fuel supply pump)에 의해 고압 분사펌프(high-pressure injection pump)로 이송되고, ECU에 의해 제어되는 분사펌프는 연료를 고압으로 가압하여 커먼레일로 보내서 고압상태로 레일에 잠시 체류시킨다. 엔진의 각 센서에서 검출된 온도, 압력, 회전수 등의 정보를 기초로 ECU는 최적의 운전조건을 결정하여 인젝터에 연료분사 시기와 기간을 지시하여 완전 연소가 되도록 제어한다.

디젤 엔진에서 고압 분사를 위해 개발된 커먼레일 연료분사 시스템의 주요 구성부품을 요약하면 다음과 같다.

(1) 고압펌프

커먼레일(common rail)에 고압으로 연료를 공급하는 고압펌프(high-pressure

injection pump)는 기존의 인라인 인젝션 펌프와 동일한 피스톤 타입의 구동방식을 채택하고 있다. 그러나, 펌프의 실린더 수는 멀티 액션 캠(multi-action cam)을 도입하여 줄였다. 대부분의 승용차에서는 1350bar 정도의 고압으로 분사하지만, 대형 상용차에서는 1800bar 이상의 초고압으로 분사한다.

고압펌프는 열효율 향상과 과잉 고압연료의 손실방지를 위하여 토출량 제어방식을 채택하였으며, 펌프의 구동토크는 기존 인라인 인젝션 펌프의 1/2~1/3 정도로 크게 줄어들기 때문에 효율적이다.

(2) 커먼레일

그림 11.75의 커먼레일은 고압펌프(high-pressure injection pump)로부터 이송된 고압 연료를 잠시 저장하였다가 매회 분사에 필요한 인젝터(injector)의 고압연료 소요량을 안정적으로 공급하는 역할을 한다.

커먼레일에는 연료의 역류 방지를 위한 체크밸브와 압력센서(pressure sensor)가 부착되어 있고, 레일 내부의 연료 압력은 ECU에 연계된 압력센서와 전자석 압력조절 밸브(pressure control valve)에 의해 조정되며, 레일의 연료압력은 압력센서에 의해 항상 모니터링 되어 엔진에서 요구하는 구동조건에 따라 연속적으로 압력을 조절하게 된다.

그림 11.75 커먼레일

(3) 인젝터

그림 11.76의 인젝터(injector)는 커먼레일에서 공급된 연료를 ECU의 신호처리결과에 따라 노즐을 통해 분사하는 역할을 담당한다. 엔진에 설치된 센서에서 검출된 각종 신호가 ECU에 보내지면, ECU는 기준 데이터와 현재의 측정 데이터를 비교 연산하여 최적의 조건에 해당하는 펄스 신호로 니들(needle)의 리프트를 제어한다. 결국, ECU에 의해 인젝터로 전달된 펄스시기에 의해 분사시기를 조정하고, 펄스 폭(pulse width)에 의해 연료 분사량이 결정된다.

커먼레일 연료장치에는 각 실린더에 사전 분사를 담당하는 파일럿 노즐(pilot nozzle)과 포스트 분사(post injection)를 담당하는 메인 노즐(main nozzle)이 분리된 인젝터에 의해 순차적으로 연료분사가 효과적으로 이루어지기 때문에 디젤 엔진은 연소효율이 높아지고 매연 발생량이 줄어들면서 동시에 진동과 소음을 크게 줄이는 효과를 얻고 있다.

엔진의 각 실린더에는 독립적으로 솔레노이드 밸브에 의해 구동되는 인젝터가 노즐과 함께 장착되고, 분사개시는 ECU의 펄스 신호가 인젝터의 솔레노이드에 전달되면서 시작된다. 연료 분사량은 커먼레일의 연료압력, 솔레노이드 밸브의 개변시간, 노즐의 유체유동 저항조건에 의해 결정된다. 일반적으로 승용차 엔진의 분사압력은 1350bar, 상용차 엔진은 1400bar, 대형 상용차 엔진은 1800bar 이상으로 올라간다.

그림 11.76 인젝터

(4) 전자제어 유니트

전자제어 유니트(Electronic Control Unit : ECU)는 압력센서로부터 공급된 신호를 공급받아 기준 데이터와 비교 연산처리를 신속하게 수행하여 그 결과를 펌프, 압력조절 밸브, 인젝터 등에 전달하여 엔진의 출력과 연비를 향상시키고, 유해 배기가스 발생량을 저감시키는 등 커먼레일 전자제어 엔진의 핵심적 역할을 담당한다.

ECU는 최적의 연소조건을 확보하기 위해서 기존에 기준 데이터로 내장하고 있는 것과 엔진의 각종 센서와 커먼레일의 압력센서에서 검지된 신호에 따라 수정된 작동조건을 선정하여 엔진의 어떠한 작동조건에서 구동해도 항상 고압의 연료압력과 최적의 연소가 이루어지도록 연료의 분사량과 분사압력, 인젝터의 분사시기와 분사기간을 결정하여 연소를 진행한다.

(5) 센서

커먼레일 연료분사 시스템을 안정적으로 운영하기 위해서는 엔진의 각부에 설치된 센서(회전수 센서, 압력 센서, 공기온도 센서, 냉각수 온도 센서 등)로부터 검출되는 정보 데이터를 ECU에 공급하는 역할을 한다. 엔진의 센서에서 검출된 물리량은 엔진의 작동조건을 최적화 조건으로 운전하는데 절대적으로 영향을 미치는 요소들이다.

특히, 커먼레일에 설치된 압력센서는 레일의 압력을 안전적으로 유지할 수 있도록 ECU에 정보를 제공하고, 압력조절 밸브(pressure control valve)에 의해 연료 압력이 항상 조정된다.

11.4.3 커먼레일의 분사조건 제어

(1) 분사압력 제어

커먼레일에 설치된 압력센서로부터 신호를 검지하여 고압펌프의 연료 토출량을 변화시켜 연료의 분사압력을 제어한다. 인젝터의 연료 분사압력은 각 센서의 신호를 바탕으로 ECU가 최종 분사압력을 결정하면 같은 노즐의 리프트 량에 의해 조정된다.

고압펌프에 의한 연료의 공급은 인젝터에서 실린더로 공급하는 연료의 분사시기와 거의 일치하므로 연료의 공급과 분사가 균형을 이루게 되므로 고압 연료의 방출과 손실이 크게 줄어든다. 따라서, 고압펌프에 의해 커먼레일로 고압의 연료가 공급되고 노즐에 의해 무화(mist)된 연료가 실린더에 안정적으로 공급되면서 완전연소가 진행되어 최대출력을 낼 수 있다. 이렇게 분사압력을 최적의 상태로 제어하는 기술이 커먼레일 분사 제어 시스템의 핵심기술이다.

(2) 분사량 제어

인젝터의 연료 분사량은 커먼레일의 압력과 3웨이 밸브로 공급되는 ECU의 펄스 폭(pulse width)에 의해 제어된다. 연료 분사량은 엔진의 작동조건에 따라 매회마다 최적의 목표 분사량이 결정되고, 결정된 분사량에 가장 적합한 펄스 폭을 결정하는 것은 중요하다.

(3) 분사시기 제어

인젝터에서 연료의 분사시기는 인젝터의 3웨이 밸브에 보내지는 펄스 시간에 의해 제어된다. 노즐의 분사각도는 엔진의 회전속도와 부하조건에 의해 결정되는 기준 분사각도를 바탕으로 흡기상태와 냉각수 온도를 고려하여 ECU는 수정된 최종 분사시기를 결정한다. 또한, 연료의 분사시간은 결정된 분사각도를 엔진의 회전속도에 따라 시간으로 환산하면 얻는다.

(4) 분사율 제어

1) 델타 방식

델타 인젝터는 원웨이 오리피스(one-way orifice)의 직경 단면적을 이용하여 연료 분사량 증가를 점진적으로 제한한다. 엔진의 구동조건에 적합한 최적 분사율은 커먼레일의 상시 압력과 원웨이 오리피스 직경 단면적의 크기에 따라 선정될 수 있다.

2) 파일럿 방식

파일럿 인젝터(pilot injector)는 고압의 연료를 연소실에 본격적으로 공급하기 전에 소량을 연료를 초기에 파일럿 분사하고, 분사된 연료가 착화하는 시기에 연료를 본격적으로 분사하는 방식이다. 연료를 매회 분사과정에서 인젝터를 2번 구동시키고, 파일럿 인젝터의 연료 분사량은 $1mm^3/stroke$ 이하로 유지하되 파일럿 인젝터의 분사 시간은 $1ms$ 이하로 제한한다.

3) 부트 방식

부트 인젝터는 원웨이 오리피스 대싱 부트 밸브가 장착되어 특정 프리 리프트 포인트(pre-lift point)에서 노즐은 니들 작동을 일시적으로 멈춘다. 프리 리프트 량과 오리피스의 직경 단면적 변동에 따라 다양한 부트 패턴을 얻을 수 있다.

11.4.4 커먼레일 디젤 엔진의 특성

(1) 커먼레일 분사방식의 특징

① 엔진의 회전수에 관계없이 분사압, 분사량, 분사율, 분사시기 등을 독립적으로 제어할 수 있다.

② 기존의 인라인(in-line) 인젝션 펌프에 비하여 경량화가 가능하고, 고압의 연료 손실을 1/2~1/3 정도 줄일 수 있기 때문에 고압펌프의 구동토크는 크게 줄어든다.

③ 인젝터, 공급펌프, 센서, 필터 등 기존의 엔진에서 사용하는 대부분의 부품을 그대로 사용하면서 커먼레일 연료분사 시스템을 도입할 수 있기 때문에 기존 엔

진에도 적용이 가능하다.

④ 고압 연료의 누유가 잘 일어나지 않는다.

⑤ 커먼레일 시스템의 고압분사에 의해 우수한 연비와 최대출력을 얻을 수 있고, 배기가스에 포함된 유해 배출가스가 크게 줄어들어 가장 효율적인 엔진설계가 가능하다.

(2) 커먼레일 디젤 엔진의 장점

1) 배출가스 감소

커먼레일 분사장치는 분사된 연료를 완전하게 연소시켜 출력을 극대화하고, 각종 유해 배출가스 발생을 억제할 수 있다. 커먼레일 분사방식을 사용하면, 동일한 질소산화물(NO_x) 발생량에 대하여 CO_2는 20%, CO는 40%, HC는 50%, 미립자상(particulate) 배출물은 60% 정도로 낮출 수 있다. 유럽과 미국의 배출가스 규제조건인 EURO Ⅲ와 US98을 모두 만족하기 위하여 커먼레일 디젤 엔진은 메인 인젝터 전·후에 연료를 분사함으로써 NO_x 발생량을 줄이게 된다.

2) 연비 향상

기존 로타리 펌프를 사용하는 엔진에 비하여 A/F를 최대화하면, 20% 정도의 연비향상을 달성할 수 있다.

3) 출력성능 향상

연료 분사압력은 엔진속도 및 부하 조건과 무관하기 때문에 저속에서 부하가 많이 걸릴 때는 고압분사가 가능하므로 기존에 사용되는 일반적인 디젤 엔진보다 저속에서는 50%의 토크향상과 25%의 출력증가를 달성할 수 있다.

4) 운전성 향상

디젤 엔진에서 가장 문제라고 할 수 있는 진동과 소음을 파일럿 분사방식의 도입으로 크게 감소시킬 수 있어 정숙한 운전성이 확보되고 있다. 디젤 엔진에 커머레일 연료 분사방식을 도입하면 가솔린 엔진에서 발생되는 소음, 진동 수준으로 낮출수가 있다.

5) 컴팩트 설계와 경량화

인젝터의 컴팩트 설계로 2밸브와 4밸브의 기술 적용이 가능하며, 기존의 전자제어 분사방식이 디젤 엔진에 비하여 중량도 약 20kg 정도 줄일 수 있다.

6) 모듈화

각 엔진의 실린더에 대해 독립적인 전자제어 분사가 가능하며, 분사 시스템의 모듈화가 개발되어 다양한 구조의 엔진에 적용할 수 있다. 기존의 전자제어 연료분사 방식의 디젤 엔진은 분사 시스템의 큰 변경 없이도 커먼레일 연료분사 시스템으로 개조하여 간단하게 사용할 수 있다.

연   습   문   제

11.1   디젤 엔진의 대표적인 특징을 가솔린 엔진에 대비하여 설명하시오.

11.2   디젤 엔진에서 연료의 연소과정은 4단계로 나누어 설명할 수 있는데, 르카르도가
분류한 연료의 연소 진행과정을 기간별로 간략하게 설명하시오.

11.3   디젤 노크의 발생 원인에 대하여 설명하고, 디젤 노크를 완화시킬 수 있는 방법
대하여 기술하시오.

11.4   디젤 엔진의 연소실은 가솔린 엔진에 비하여 다른데, 이것은 디젤 엔진의 분사방
식 차이로부터 연계되는 것으로 연료실의 형태를 분류하고 각각에 대하여 간략하
게 설명하시오.

11.5   디젤 엔진에서 예연소실 방식은 1차적으로 예연소실에서 연소하고, 미연소 연료는
주연소실로 이동하여 나머지를 모두 연소하는 방식이다. 이러한 연소실식 연소방
법의 장단점에 대하여 기술하시오.

11.6   연소에 영향을 주는 디젤 엔진의 노즐 설계에서 연료의 미립화, 관통성, 분배성 확
보가 대단히 중요한데, 이들에 대한 설명을 간략하게 기술하시오.

11.7   디젤 엔진에서 거버너, 즉 조속기를 분류하고, 그 역할과 기능에 대하여 간략하게
기술하시오.

11.8   커먼레일 디젤 엔진과 기존의 연료분사 디젤 엔진의 차이점을 구조적으로 설명하
고, 커먼레일 엔진의 장점을 기술하시오.

제 12 장

자동차 엔진의 정비

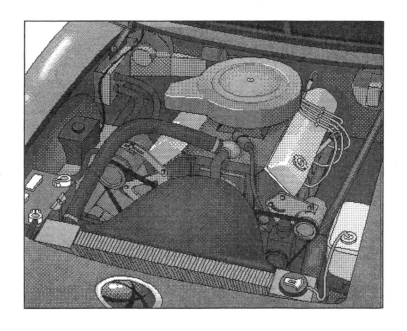

12.1 자동차 정비의 일반사항

12.1.1 자동차 번호판의 위치

그림 12.1에서 보여준 것처럼 대부분의 자동차에서 차대 번호판(자동차의 고유번호)은 방화벽(firewall)의 상부에 위치하고 있다.

그림 12.1 자동차 차대 번호판의 위치

12.1.2 정비작업에 따른 주의사항

(1) 자동차 구조물의 보호

자동차를 정비하면서 그림 12.2와 같이 도장을 해야 하는 표면이나 내장부품들을 작업커버(시트 커버)를 덮거나 테이프(tape)를 활용하여 사용중인 공구나 외부의 각종 물체 등에 의해 오손되거나 손상되지 않도록 보호해야 한다. 따라서, 자동차를 정비하기 전에 반드시 필요한 작업시트를 준비한다.

그림 12.2 정비작업에서 자동차의 보호

(2) 분해와 조립과정

자동차에서 결함이 있는 부위를 확인하고, 동시에 고장 원인을 규명하기 위해서는 부품을 떼어내서 확인하고, 보다 정밀한 검사를 위해 분해할 필요가 있는지를 파악한 후에 정비 지침서의 순서대로 작업을 한다. 정비 과정에서 수리한 부품이나 신품으로 교체할 경우는 조립을 잘못하는 것을 방지하고, 조립을 용이하도록 하기 위해서는 펀치 마크 또는 일치 마크를 기능이나 외관에 문제가 없는 부분에 적절히 표시하도록 한다.

정비 과정에서 부품의 개수와 유사 부품이 많은 대상물을 분해할 경우는 그림 12.3과 같이 주의 깊게 확인하여 조립과정에서 혼동하지 않도록 순서대로 잘 정리해야 한다.

① 떼어낸 부품은 순서대로 잘 정리하여 놓는다.

② 교환할 부품과 재사용할 부품을 구분하여 정리한다.

③ 볼트, 너트류를 교환할 때는 지정된 규격품을 사용한다.

④ 작업과정에서 부품이 손상되지 않도록 한다.

그림 12.3 부품을 떼어내는 과정에서 주의깊은 관찰

(3) 전용공구의 사용

일반공구로 작업을 실시하면 부품이 파손되거나 손상될 우려가 높은 경우는 전용공구를 사용하여 작업 능률을 높이고, 조립에 따른 안전성을 확보토록 한다. 전용공구의 사용은 일반공구와는 달리 사용방법을 숙지해야 하고, 그림 12.4에서 보여준 것처럼 정비 작업에 적합한 전용공구를 사용해야 한다.

(4) 필수 교환부품

자동차 정비에서 그림 12.5와 같은 주요 부품을 분해할 때는 항상 새로운 부품으로 교환하여 내구성과 안전성을 확보토록 한다.

① 오일시일(oil seal)

② 가스켓(로커 커버의 가스켓은 제외)

③ O-링

④ 패킹

⑤ 록크 와셔

⑥ 분할 핀

그림 12.4 전용공구의 사용예

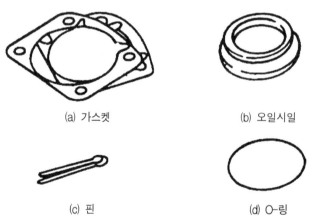

(a) 가스켓   (b) 오일시일

(c) 핀   (d) O-링

그림 12.5 엔진 분해과정에서 반드시 필요한 교환부품

(5) 부품의 교환

① 부품을 교환할 때는 자동차 메이커에서 추천하는 순정 부품을 사용한다.

② 보수용 부품은 세트, 키트 부품을 사용하도록 한다.

③ 보수용 부품으로 공급되는 부품은 부품의 통일화 등을 위해 차량에 조립되어
있는 부품과는 차이가 있을 수 있으므로 부품 카달로그를 확인한 후에 정비작업
을 실시한다.

(6) 자동차의 세척

고압 세척장비나 스팀장치를 사용하여 자동차를 세척하는 경우는 그림 12.6과 같이 모든 플라스틱 부품과 도어나 트렁크와 같은 개방 부품들로부터 최소한 300mm의 거리를 두고 스프레이 호스(spray hose)로 세척하는 것이 바람직하다.

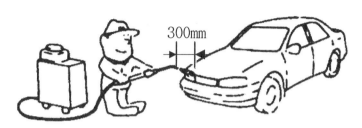

그림 12.6 자동차의 세척

(7) 전기계통

전기계통의 부품 교환이나 수리 작업을 하는 경우는 전기 쇼트에 의한 소손을 방지하기 위해서 사전에 배터리의 (−) 단자를 그림 12.7과 같이 분리한다. 이 때에 배터리 단자를 탈착하기 위해서는 반드시 시동 스위치와 점등 스위치를 꺼야한다. 그렇지 않을 경우는 자동차의 전자제어 관련 부품에 손상을 받을 수도 있기 때문에 위험하다.

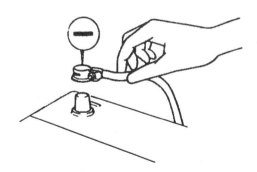

그림 12.7 배터리의 (-) 케이블 분리

12.1.3 촉매변환장치의 취급시 주의사항

촉매 변화장치는 차량의 하부에 설치되어 있으며, 촉매 변환장치에 미연소 가솔린이 많이 유입하게 되면 과열되어 화재가 발생하는 긴급한 상황이 일어날 수 있으므로 다음과 같은 사항에 주의하여 취급해야 한다.

① 무연 가솔린을 사용한다.

② 장기간 공회전을 하지 않는다.

③ 스파크 플러그의 점프 테스트를 가능한 하지 않는다. 불가피하게 테스트를 할 경우에는 가급적 빠른 시간에 실시해야 하고, 이 과정에서 엔진은 절대로 작동시키지 않는다.

④ 엔진에서 장시간의 압축압력을 측정하지 않는다.

⑤ 연료탱크가 거의 비어있을 때는 엔진을 작동시키지 않는다. 연료가 거의 없을 때 엔진을 작동시키면 엔진이 실화(misfiring)를 하게 되고, 촉매변환 장치에는 과부하가 걸리게 된다.

⑥ 감속시에는 시동 스위치를 끄거나 브레이크를 너무 장시간 사용하지 않는다.

12.1.4 리프트와 잭의 지지위치

자동차를 들어올리기 위한 리프트와 잭의 지지 위치는 그림 12.8과 같다. 여기서 그림 12.8(1)과 (2)는 리프트를 사용하여 차량을 들어올리는 경우를 보여주고 있다.

(1) 1 리프트를 사용할 때

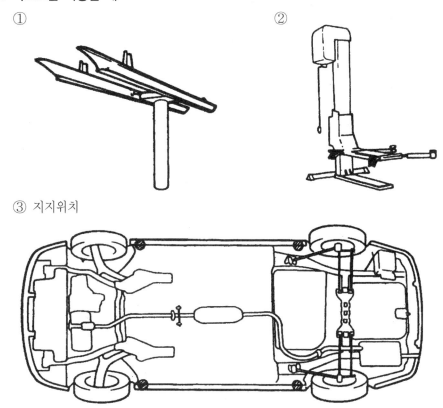

① 　　　　　　　　　　　　　　　　　②

③ 지지위치

(2) 쌍기둥 리프트를 사용할 때

① 쌍기둥 리프트　　　　　　　② 지지위치

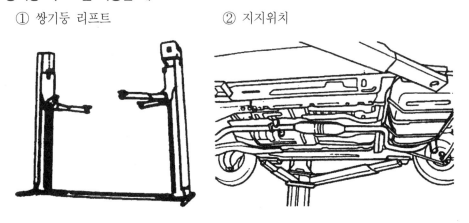

또한, 그림 12.8(3)과 (4)는 잭을 사용하여 차량을 간편하게 들어올리는 경우를 보여주고 있다.

(3) 개러지 잭을 사용할 때

① 개러지 잭

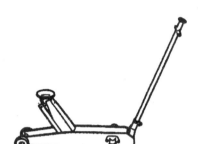

② 지지위치

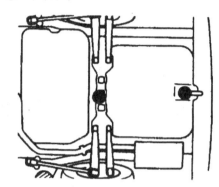

③ 지지위치

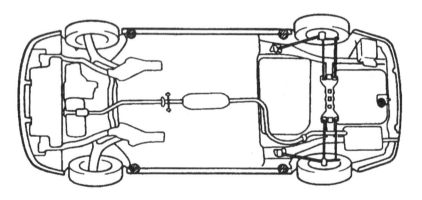

(4) 잭을 사용할 때

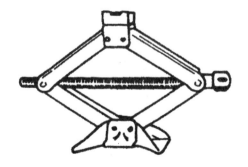

그림 12.8 잭과 리프트 및 각각의 지지위치

12.1.5 정기점검 일람표

(1) 배출가스 제어 관련 항목

배출가스 제어에 관련된 항목은 표 12.1과 같다.

표 12.1 배출가스 제어에 관련된 정기점검 일람표

번호	점검 내용	일일점검	주간점검	매 5,000 km	매 10,000 km	매 20,000 km	매 40,000 km	매 60,000 km	매 80,000 km
1	엔진오일 및 오일필터	○			●	○			
2	구동벨트(얼터네이터, 파워 스티어링 등)의 장력, 마멸 상태	○			○				
3	점화시기				○				
4	연료필터							●	
5	연료라인과 연결부의 누유				○				
6	타이밍 벨트						○		●
7	연료호스, 증발가스 호스, 연료 주입구 캡					○			
8	각 진공호스, 크랭크 케이스 통풍 호스					○			
9	공기 청정기			○		○	●		
10	점화 플러그					○	●		
11	캐니스터, 산소센서								●
12	PCV 밸브, EGR 밸브					○			
13	컴퓨터 진단기로 부터 종합 TEST								

● : 교환

○ : 점검후 조정 및 수리, 또는 필요시 교환

(2) 일반점검 항목

일반점검 항목은 표 12.2와 같다.

표 12.2 일반점검 항목

번호	점검 내용	일일점검	주간점검	매 5,000 km	매 10,000 km	매 20,000 km	매 40,000 km	매 60,000 km	매 80,000 km
1	냉각수	○		매 5년 또는 100,000km 마다 교환					
2	각종 오일 누유, 냉각장치의 누수 여부	○							
3	배터리 상태	○							
4	자동 변속기 오일	○				○	● (가혹시)		● (통상시)
5	브레이크 오일, 클러치 오일	○					● (또는 2년)		
6	파워 스티어링 오일 및 호스	○					● (또는 2년)		
7	타이어의 공기압과 마멸 상태	○							
8	타이어의 위치 교환				●	○			
9	브레이크 호스 및 라인의 누유					○			
10	앞 브레이크 패드 및 디스크				○				
11	뒤 브레이크 라이닝과 드럼					○			
12	배기 파이프 연결부, 머플러 및 서스펜션 볼트의 손상, 조임 상태				○				
13	주행 계열의 각 연결부, 기어박스, 부트 손상여부				○				
14	드라이브 샤프트와 부트				○				
15	휠 너트의 조임 상태				○				
16	수동 변속기 오일 교환				● (최초)		●		
17	클러치 및 브레이크 페달 유격	상태에 따라 수시 점검 및 조정							
18	샤시 각부의 조임 볼트				○				
19	휠 베어링의 청소 및 주유				○				
20	로워 암 볼 조인트 청소, 주유				○				
21	주차 브레이크의 행정				○				
22	도어 체커, 각 잠금장치, 각 힌지부 점검주유				○				
23	앞 바퀴 정렬상태	상태에 따라 수시 점검 및 조정							

● : 교환　　　○ : 점검후 청소, 조정, 수리, 또는 필요시 교환

다음과 같은 가혹한 조건에서 자동차를 사용하는 경우는 정기점검 주기를 앞당겨 실시하는 것이 바람직하다.

① 짧은 거리를 반복하여 주행하였을 때

② 모래, 먼지, 황사, 습증기 등이 많은 지역을 주행하였을 때

③ 공회전을 과다하게 계속 유지시켰을 때

④ 32℃ 이상으로 온도가 높고, 교통체증이 심한 곳을 50% 이상 주행하였을 때

12.1.6 윤활유 및 유량

(1) 윤활유의 종류

자동차에서 사용하는 윤활유의 종류는 표 12.3과 같다.

표 12.3 자동차 윤활유의 종류

항 목	규정 오일	비 고
엔진오일	API SF, SG, SH, SJ, SL 등	
수동 변속기 오일	API 등급 GL−4	SAE 등급번호 SAE 75W−90
자동 변속기 오일	제작사의 순정 자동 변속기 오일 다이아몬드 ATF SP−Ⅱ M	
브레이크유	DOT 3 또는 동급 이상 제품	
부동액	알루미늄 전용 부동액	
변속기 연결부, 주차 브레이크 케이블, 후드 록크 및 후크, 도어 래치. 시트 조정장치, 트렁크 리드 래치, 도어 힌지, 트렁크 리드 힌지	다목적 그리스 NLGI 등급 #2	함유량 40%
파워 스티어링 오일	PSF−3	

(2) 윤활유의 유량

자동차 엔진에서 필요한 엔진 오일, 냉각수, 변속기유, 파워 스티어링 오일 등은 표 12.4에서 제시하는 것처럼 일정한 유량을 필요로 한다.

표 12.4 윤활유의 유량예

(단위 : ℓ)

항 목		규 정 량		
		1.30[ℓ]	1.5[ℓ]	1.5[ℓ] DOHC
엔진 오일	오일 팬	3.00	←	3.70
	오일필터	0.30	←	←
	총용량	3.30	←	4.00
냉각수		6.0	←	5.60
수동 변속기 오일		2.15	←	←
자동 변속기 오일		6.70	←	←
파워 스티어링 오일		0.90	←	←

12.1.7 정기점검 및 정비

(1) 엔진오일의 등급

자동차에서 추천하는 API 등급은 CF−4, CG−4, CH−4 등이 있고, SAE 점도 등급은 그림 12.9에서 제시하고 있다. 모든 자동차 엔진이 최상의 성능조건과 최대의 효과를 유지하기 위해서는 다음과 같은 윤활유를 선정해야 한다.

① API 분류의 요구사항을 만족해야 한다.

② 주변의 온도 범위에 적정한 SAE 등급번호를 가져야 한다. 엔진오일의 용기에 SAE 등급번호와 API 분류가 표시된 윤활유를 사용하는 것이 바람직하다.

(2) 엔진오일의 점검

① 그림 12.10에서와 같이 엔진오일의 액위는 레벨 게이지(level gage)에 표시되어 있는 "MAX"와 "MIN" 표시선 사이에 항상 위치하도록 한다.

② 엔진오일의 액위가 "MIN" 표시선 아래로 떨어질 때는 1리터 정도의 오일을 주입한다.

③ 엔진오일의 오염상태나 점도를 점검하여 불량하면 교환한다.

④ 엔진오일은 차량 메이커가 추천하는 점도와 윤활 특성을 맞추어 선정해야 한다.

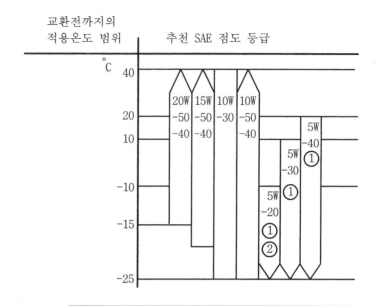

그림 12.9 SAE 등급 분류

(3) 엔진오일의 교환

① 그림 12.11에서와 같이 설치된 엔진오일의 레벨 게이지를 사용하여 현재의 유량을 점검한다.

② 엔진을 웜업시키고, 오일 휠러 캡을 연다.

③ 오일 탱크의 드레인 플러그를 풀어서 엔진오일을 배출한다.

④ 드레인 플러그 가스켓을 신품으로 교환하고, 드레인 플러그를 조인다.

⑤ 엔진오일을 주입한다.

(4) 엔진오일의 필터 교환

① 오일필터 전용렌치를 사용하여 필터를 교환한다.

② 신품 장착시는 그림 12.12와 같이 오일필터의 O-링에 엔진오일을 도포한 후 손으로 오일필터를 완전히 조인다.

③ 엔진을 작동시켜 엔진오일의 누유 여부를 확인한다.

(5) 구동 벨트의 장력 점검

① 워터펌프의 풀리와 발전기 풀리 사이를 그림 12.13과 같이 10kg의 힘으로 누른다.

② 벨트를 누르면서 벨트의 처짐 정도를 점검한다.

③ 벨트의 처짐량이 규정치를 벗어나면 벨트의 장력을 조정하거나 교환한다.

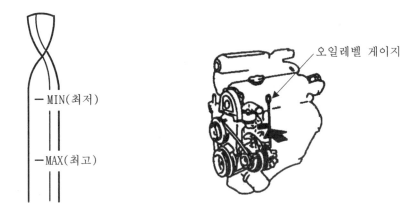

그림 12.10 엔진오일의 기준표시   그림 12.11 오일 레벨 게이지의 장착위치

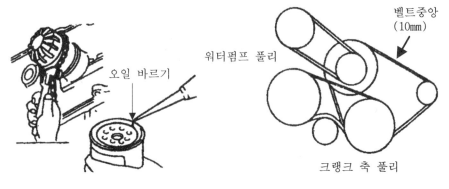

그림 12.12 오일필터의 장착 요령   그림 12.13 구동벨트의 점검 방법

(6) 점화 플러그의 점검 및 청소

1) 그림 12.14와 같이 점화 플러그에서 케이블을 분리시킨다. 점화 플러그를 분리하기 위해서는 점화 플러그 케이블 캡을 잡고 당겨야 한다.

2) 점화 플러그 렌치를 사용하여 실린더 헤드로부터 점화 플러그를 모두 떼어낸다. 이때 점화 플러그의 장착 구멍을 통해서 이물질이 침입하지 않도록 주의해야 한다.

3) 점화 플러그는 다음의 사항을 점검해야 한다.

    ① 인슐레이터의 파손

    ② 전극의 마모

    ③ 카본의 퇴적

    ④ 가스켓의 손상 또는 파손

    ⑤ 점화 플러그 간극에 있는 사기애자의 손상상태 점검

4) 점화 플러그의 간극 게이지로 그림 12.15와 같이 플러그의 간극을 점검하여 규정치 이내에 있지 않으면 접지전극을 약간 구부려 조정한다. 이때 신품의 점화 플러그를 엔진에 장착할 때는 플러그의 간극이 균일한가를 점검한 후에 장착한다.

좋음   나쁨

그림 12.14 점화 플러그에서 케이블의 분리

간극

그림 12.15 점화 플러그의 간극 점검

(7) 공기 청정기의 교환

사용중인 공기 청정기(air cleaner)가 오염되면 연료의 연소효율이 크게 떨어지므로 신품으로 교환한다.

    ① 공기 청정기의 커버 체결용 볼트를 푼다. 공기 청정기의 장착 위치는 그림 12.16과 같다.

    ② 공기 청정기의 커버를 제거한다.

    ③ 공기 청정기의 엘리먼트를 제거한다.

    ④ 신품 공기 청정기 엘리먼트를 장착하고, 공기 청정기 커버를 장착한다.

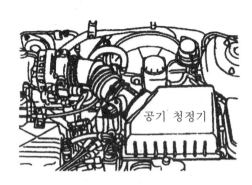

그림 12.16 공기 청정기의 장착 위치

(8) 연료필터의 교환

연료필터를 규정기간 이상으로 사용하면 포집된 먼지나 습증기 때문에 성능이 저하되며, 연료의 연소효율이 떨어지는 문제가 있다. 따라서, 열료 필터를 규정된 교환기간 이내에 바꾸는 것이 좋다. 연료필터의 장착 위치는 그림 12.17에서 보여주고 있다.

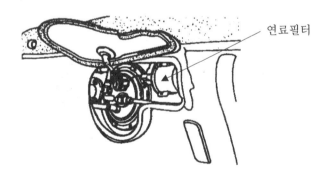

연료필터

그림 12.17 연료필터의 장착 위치

(9) 연료계통의 점검

① 연료라인 연결부의 손상이나 누설을 점검한다.
② 연료호스의 표면이 열이나 기계적 손상을 받았는지 점검한다.
③ 고무호스가 손상되면 신품으로 교환한다.
④ 연료필터 캡의 느슨함을 점검한다.

(10) 진공호스, 2차 공기호스, 크랭크 케이스 통풍호스의 점검

① 호스면에 열적 손상이나 기계적인 손상의 흔적이 있는가를 점검한다.

② 고무가 경화되거나 물렁거리는 현상, 균열, 찢어짐, 벗겨짐, 과도하게 튀어나옴 등의 발생은 고무성질의 약화를 나타낸다. 이러한 고무호스를 점검할 때는 배기 매니폴드 등과 같은 고열원과 인접해 있으므로 주의를 기울여 점검해야 한다.

③ 호스들이 약화나 손상된 흔적이 있으면, 즉시 교환해야 한다.

(11) 크랭크 케이스 배출가스 제어장치

① 그림 12.18과 같이 배출가스 호스를 크랭크 케이스 배출가스 밸브로부터 떼어낸다.

② 크랭크 케이스 배출가스 밸브를 로커 커버로부터 떼어낸 후에 호스를 크랭크 케이스 배출가스 호스에 연결한다.

③ 엔진을 공회전 속도로 구동한다.

④ 크랭크 케이스 배출가스 밸브의 끝단부를 손가락으로 막으면 흡기 매니폴드의 부압(negative pressure)에 의해 손가락이 빨려 들어가는 듯한 느낌이 든다. 이때 크랭크 케이스 배출가스 밸브 내부에 있는 플런저가 반드시 앞·뒤로 움직인다.

⑤ 만약 부압이 느껴지지 않으면 크랭크 케이스 배출가스 밸브를 교환하거나 배출가스 호스 내부를 세척용 솔벤트를 사용하여 깨끗하게 청소한다.

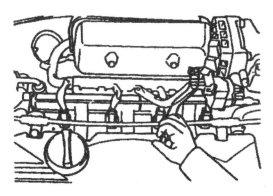

그림 12.18 배출가스 호스 분리

(12) 증발가스 제어장치

연료 증발가스 라인의 구멍이 막히거나 손상을 입게되면, 연료 증발가스가 대기 중으로 많이 방출하게 된다.

1) 캐니스터

① 그림 12.19에서 캐니스터를 떼어낸 후 연료 증발라인의 연결부 풀림, 과도한 휨,

　　손상을 점검한다.

② 변형, 균열, 연료누설을 점검한다.

③ 캐니스터를 떼어내어 균열이나 손상 등을 점검한다.

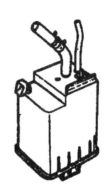

그림 12.19 캐니스터

2) 퍼지 콘트롤 솔레노이드 밸브

　　그림 12.20과 같이 진공호스를 분리시킬 때 식별 표시를 해서 원래 위치에 용이하게 장착할 수 있도록 한다.

① 솔레노이드 밸브에서 진공호스를 분리한다.

② 하니스 커넥터를 분리시킨다.

③ 핸드 진공펌프를 진공호스가 연결되었던 니플에 연결한다.

④ 진공을 가하고 퍼지 콘트롤 솔레노이드 밸브에 전압을 공급했을 때와 공급하지 않았을 때를 점검한다.

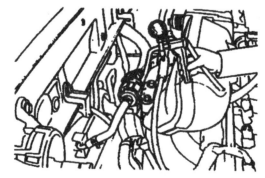

그림 12.20 퍼지 콘트롤 솔레노이드 밸브의 장착 위치

3) 2-웨이(2-way) 밸브

그림 12.21과 같이 오버 휠 리미터는 압력밸브와 진공밸브로 구성되어 있으며, 압력밸브는 연료탱크의 내부압력이 규정압력보다 높으면 개방되고, 진공밸브는 탱크내에 있을 때 개방되도록 설계되어 있다.

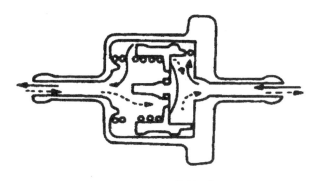

그림 12.21 2-웨이 밸브

(13) 연료휠러 캡

연료휠러 캡에는 진공 해제 밸브가 있어 증발연료가 대기중으로 방출되는 것을 방지한다.

(14) 산소센서의 교환

산소센서는 연료 혼합조절 장치로서 손상을 입게되면 자동차의 주행성은 물론 배기가스가 나빠지는 문제점이 제기된다. 그러므로, 산소센서가 고장나면 반드시 교환해야 한다. 그림 12.22는 산소센서의 장착상태를 나타낸 것이다.

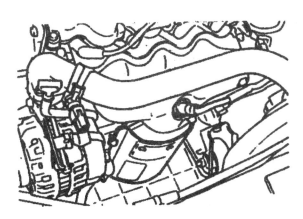

그림 12.22 산소센서의 장착 상태

(15) 냉각장치

냉각계통 호스의 손상, 이완 또는 연결부위 등에서 발생될 수 있는 냉각수의 누설을 점검한다.

1) 부동액

자동차를 출고할 당시는 이미 엔진의 냉각 계통에 부동액이 공급되어 있다. 물에 40%의 부동액을 혼합한 냉각수이다. 실린더 헤드와 워터펌프는 알루미늄 합금으로 제작되어 있으므로 냉각 부동액(에틸렌 글리콜)은 30~60%로 혼합되어야 부식이나 동파를 방지할 수 있다. 부동액의 농도가 30% 이하이면 내식성이 떨어지고, 농도가 60% 이상이면 부동성과 냉각성이 감소하며, 엔진에 급격한 영향을 미치게 된다. 따라서, 차량 메이커가 추천하는 부동액(에틸렌 글리콜)을 사용하는 것이 좋고, 다른 제품과 혼용하여 사용해서는 안된다.

2) 냉각수의 농도 측정

냉각수가 완전히 혼합될 때까지 엔진을 운전시킨 다음에 약간의 부동액을 배출시켜 안전 작동온도에서 부동액의 농도를 결정한 다음에 부동액 비중을 측정하여 규정치로 조정한다.

3) 냉각수의 교환

엔진 냉각수의 온도가 상승하면, 열에 의한 상해를 입을 수 있으므로 엔진이 가동되어 온도가 상승되어 있는 동안에는 절대로 라디에이터 캡을 열면 안되고, 냉각수의 온도가 떨어졌을 때 열도록 한다. 라디에이터 캡을 열 때(open)에는 이미 뜨거워진 냉각수나 증기가 외부로 분출될 우려가 있으므로 조심해야 하고, 라디에이터 캡을 열기 위해서는 캡 상단부를 헝겊으로 완전히 덮은 후에 시계 반대 방향으로 약간 열어서 압력이 리저버 탱크(reservoir tank) 튜브를 통하여 떨어지게 한 다음 천천히 돌려서 다음과 같은 절차에 따라 캡을 연다.

① 라디에이터 캡을 연 후에 라디에이터 배출 플러그와 엔진 플러그를 풀어서 냉각수를 배출시킨다.

② 리저버 탱크를 떼어내어 냉각수를 배출시킨다.

③ 냉각수가 완전히 배출되면 배출 플러그를 잠금 후에 라디에이터 세척액을 엔진과 라디에이터에 가득차게 주입하여 엔진과 라디에이터를 세척한다.

④ 세척이 완전히 끝난 후에 세척액을 배출시키고, 라디에이터와 엔진 배출 플러그를 잠근다.

⑤ 부동액과 물을 새로이 주입한 후에 라디에이터 캡을 잠근다.

⑥ 엔진을 잠시 운전시킨 후에 냉각수의 액위(liquid level)를 점검하고, 냉각수를 규정 수준에 도달할 때까지 주입한다.

⑦ 리저버 탱크에 표시된 "FULL"과 "LOW" 사이에 냉각수 액위가 있도록 냉각수를 채운다. 이때 리저버 탱크에 냉각수를 규정량보다 초과하지 않도록 한다.

(16) 에어콘 압축기 벨트의 장력 점검

벨트의 지정부위(화살표로 나타냄)를 그림 12.23과 같이 10kg의 힘으로 눌러서 처짐량이 표준치 이내에 있는지를 점검한다. 다음은 에어콘 압축기의 벨트 표준 처짐량을 제시하고 있다.

① 에어콘 압축기 벨트 : 5~5.5mm

② 신품 교환 후 공회전시 : 6.7mm

③ 사용중인 벨트의 재장착시 : 8.0mm

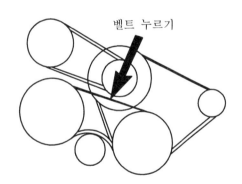

그림 12.23 에어콘 압축기의 벨트 장력 점검

(17) 배기계통

① 배기가스가 지나가는 파이프와 머플러(muffler)의 부식이나 손상 정도를 점검한다.

② 배기 파이프의 연결부위 이완이나 연결부에서 빠져나가는 배기가스의 누출을 점검한다.

③ 배기 파이프를 차체에 지지하기 위한 고무행거와 브라켓의 손상을 점검한다.

12.2 가솔린 엔진의 정비

12.2.1 제원

자동차에서 가장 많이 탑재되는 대표적인 가솔린 엔진의 제원은 표 12.5와 같다.

표 12.5 1500cc급 가솔린 엔진의 제원

항 목			제 원	한 계 치
일반 사항	형식		직렬 DOHC	
	실린더 수		4	
	실린더 내경, mm		75.5	
	실린더 행정, mm		83.5	
	배기량, cc		1,495	
	압축비		10	
	점화순서		1-3-4-2	
	공회전수		750±100rpm	
	점화시기		BTDC 9°± 5°	
	밸브 개폐 시기	흡기	열림	BTDC 5°	
			닫힘	ABDC 35°	
		배기	열림	BBDC 43°	
			닫힘	ATDC 5°	
	밸브 오버 랩		10°	
실린더 헤드	가스켓의 편평도, mm		0.03 이하	
	매니폴드 장착면의 편평도, mm		0.15 이하	0.08
	밸브 시트 홀의 오버 사이즈 정비 치수, mm	흡기	0.3 OS	29.8~29.821	0.2
			0.6 OS	30.1~30.121	
		배기	0.3 OS	27.3~27.321	
			0.6 OS	27.6~27.621	
	밸브 가이드 홀의 오 버 사이즈	0.05 OS		11.05~11.068	
		0.25 OS		11.25~11.268	
		0.50 OS		11.50~11.518	
캠축	캠 높이, mm	흡기		43.4484	42.9484
		배기		43.8489	43.3489
	저널 외경, mm			27	
	베어링 오일 간극, mm			0.035~0.072	
	엔드 플레이, mm			0.1~0.2	
밸브	스템 외경, mm	흡기		5.955~5.97	
		배기		5.935~5.95	
	밸브 헤드의 면각 두 께, mm	흡기		1.1	0.8
		배기		1.3	1.0
	밸브 스템과 밸브 가 이드 간극, mm	흡기		0.03~0.06	0.1
		배기		0.05~0.08	0.5
밸브 가이드	길이, mm	장착 치수		흡기, 배기 : 12.8	
		오버 사이즈		흡기 : 0.8~1.2	
				배기 : 1.3~1.7	

표 12.5 1500cc급 가솔린 엔진의 제원 (계속)

항	목		제 원	한계치
밸브 시트	시트 각도		45°	
	오버 사이즈, mm		0.3, 0.6	
밸브 스프링	자유고, mm		44.0	
	부하		21.6kg/35.0mm 45.1kg/27.2mm	
	장착높이, mm		35.0	
	직각도, °		1.5 이하	
실린더 블럭	실린더 내경, mm		75.50~75.53	
	실린더 내경의 원통도, mm		0.01 이내	
	피스톤과의 간극, mm		0.025~0.045	
피스톤	외경, mm		75.465~74.495	
	오버 사이즈, mm		0.25, 0.50, 0.75, 1.00	
피스톤링	사이드 간극, mm	1번	0.04~0.085	0.1
		2번	0.04~0.085	0.1
	엔드 갭, mm	1번	0.20~0.35	1.0
		2번	0.37~0.52	1.0
		오일링 사이드 레일	0.2~0.7	1.0
	오버 사이즈, mm		0.25, 0.50, 0.75, 1.00	
커넥팅 로드	휨, mm		0.05 이하	
	비틀림, mm		0.10 이하	
	사이드 간극, mm		0.100~0.250	0.4
커넥팅 로드 베어링	오일 간극, mm		0.024~0.042	
	언더 사이즈, mm		0.25, 0.50, 0.75	
크랭크축	핀 외경, mm		45	
	저널 외경, mm		50	
	휨, mm		0.03 이내	
	저널과 핀의 원통도, mm		0.01 이내	
	엔드 플레이, mm		0.05~0.175	
	핀의 언더 사이즈, mm	0.25	44.425~44.240	
		0.50	44.475~44.740	
		0.75	44.725~44.740	
	저널의 언더 사이즈	0.25	49.227~49.245	
		0.50	49.477~49.492	
		0.75	49.727~49.742	
플라이휠	클러치 디스크 접촉면의 런아웃		0.1	0.13

표 12.5 1500cc급 가솔린 엔진의 제원 (계속)

항 목			제 원	한계치
오일 펌프	외경과 프런트 케이스 사이의 프런트 사이드 간극	팁 간극, mm	0.025~0.18	
		외측기어, mm	0.06~0.069	
		내측기어, mm	0.04~0.085	
오일 압력(오일온도 90℃~110℃)		공회전때, 750rpm	1.5kg/cm²	
릴리프 스프링	자유고, mm		46.6	
	부하		6.1kg/40.1mm	
냉각 방식			수냉 압력식 냉각팬을 이용한 강제 순환식	
라디에 이터	형식		압축된 콜 게이트 핀	
	성능, kcal/h		38,000	
라디에 이터 캡	고압밸브 개방압력, kg/cm²		0.83~1.10	
	진공밸브 개방압력, kg/cm²		−0.07 이하	
자동 트랜스 액슬 오일쿨러 성능, kg/h			1,200	
워터펌프 형식			원심 임펠러식	
서모 스타트 형식			지글 밸브를 갖춘 왁스 팰릿 형식	
냉각수 용량			6.0 리터	
부동액 농도 범위(%)			40	
서모 스타트	밸브 개방 온도, ℃		82 ± 1.5	
	완전 개방 온도, ℃		95	
수온 게이지 유니트	형식		서미스터식	
	저항 (85℃에서 Ω)		42.4~54.4	
	저항 (110℃에서 Ω)		22.1~26.2	
서모 스위치	OFF→ON(℃)		82~88	
	ON→OFF(℃)		78	
수온 센서	형식		열감지 서미스터식	
	저항(20℃에서 kΩ)		2.31~2.59	
	저항(110℃에서 Ω)		146.9~147.3	
공기 청정기	형식			
	엘리먼트		건식	
배기 파이프	머플러		패널리트 형식	
	지지형식		확장 공명식	
			러버 행거	

12.2.2 고장진단

고장진단 항목은 표 12.6과 같다.

표 12.6 고장진단 항목

현　　　상	가능한 원인	정　　　비
압축압력의 떨어짐	실린더 헤드 가스켓의 손상	가스켓 교환
	피스톤 링의 마멸 및 손상	링 교환
	피스톤 또는 실린더의 마멸	피스톤 및 실린더 블록정비, 또는 교환
	밸브 시트의 마멸 또는 손상	밸브 및 시트 링의 정비 또는 교환
오일압력의 떨어짐	엔진오일의 부족	엔진오일 액위 점검
	오일압력 스위치의 결함	오일압력 스위치 교환
	오일필터의 막힘	오일필터 교환
	오일펌프 기어 또는 커버의 마멸	교환
	엔진오일의 점도 부족	엔진오일 교환
	오일 릴리프 밸브의 고착(개방)	교환 또는 원인 확인
	과다한 베어링 간극	베어링 교환
높은 오일압력	오일 릴리프 밸브의 고착(폐쇄)	릴리프 밸브 정비
밸브소음	희박한 엔진오일의 점도	엔진오일 교환
	HLA의 이상 작동	HLA 교환 또는 공기빼기
	밸브스템 또는 밸브 가이드의 마멸	밸브 또는 가이드 교환
커넥팅 로드 소음 또는 메인 베어링 소음	부족한 오일공급	엔진오일 액위 점검
	낮은 오일압력	오일 펌프 점검
	희박한 엔진오일의 점도	엔진오일 교환
	과다한 베어링 간극	베어링 교환
타이밍 벨트 소음	부적절한 벨트 장력	벨트 장력 조정
과다한 엔진 롤링 및 진동	엔진 롤 스톱퍼의 풀림	재조임
	트랜스 액슬 장착 브라켓의 풀림	재조임
	엔진 장착 브라켓의 풀림	재조임
	센터 멤버의 풀림	재조임
	트랜스 액슬 장착 인슐레이터의 파손	교환
	엔진 롤 스톱퍼 인슐레이터의 파손	교환

표 12.6 고장진단 항목 (계속)

현 상	가능한 원인	정 비
냉각수 누출로 인해 냉각수 수준이 낮다.	히터 또는 라디에이터 호스	수리 또는 부품교환
	라디에이터 캡 불량	클램프 조임 또는 교환
	서모 스탯 하우징	가스켓이나 하우징 교환
	라디에이터	교환
	워터 펌프	교환
라디에이터가 막혔다.	냉각수에 이물질의 유입	냉각수 교환
냉각수 온도가 비정상적으로 높다.	서모 스탯의 불량	부품 교환
	라디에이터 캡의 불량	부품 교환
	냉각 계통 흐름이 불량	청소 또는 부품 교환
	구동벨트의 풀림 또는 분실	조정 또는 교환
	워터 펌프의 풀림	교환
	수온 게이지나 와이어링의 불량	수리 또는 교환
	냉각 팬의 불량	수리 또는 교환
	라디에이터나 서모 스위치의 불량	교환
	냉각수의 부족	냉각수 보충
냉각수 온도가 비정상적으로 낮다.	서모 스탯의 불량	교환
	수온 게이지나 와이어링의 불량	수리 또는 교환
오일 냉각 계통에 누설이 생긴다.	연결부의 풀림	재조임
	호스, 파이프. 오일쿨러의 균열 또는 손상	교환
전기 냉각휀이 동작치 않는다.	서모센서, 전기모터, 라디에이터 휀 릴레이, 와이어링의 손상	수리 또는 교환
배기 가스가 누설된다.	연결부가 풀림	재조임
	파이프 또는 머플러가 파손됨	수리 또는 교환
비정상적인 소음이 난다.	머플러 내에 있는 배플 플레이트가 떨어짐	교환
	러버 행거의 파손	교환
	파이프 또는 머플러가 차체와 간섭됨	수리
	파이프 또는 머플러의 파손	수리 또는 교환
	촉매 변환 장치의 파손	교환
	각 연결부 가스켓의 파손	교환

12.2.3 정비조정 절차

(1) 엔진오일의 점검

① 그림 12.24와 같이 엔진오일의 액위(oil level)는 게이지에 표시되어 있는 "FULL"과 "LOW" 표시선 사이에 있도록 한다.

② 만일 오일의 액위가 "LOW" 표시선 아래로 떨어질 때는 1ℓ 정도의 엔진오일을 주입해야 한다.

③ 엔진 오일의 오염상태나 점도를 점검하고 불량하면 교환한다.

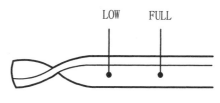

그림 12.24 엔진오일의 점검 기준

(2) 압축압력의 점검

① 점검 전에 엔진오일, 시동 모터(starting motor), 배터리 등이 정상상태에 있는지를 확인한다.

② 엔진의 시동을 걸고 냉각수 온도가 80~90℃가 될 때까지 엔진을 가동시킨다.

③ 엔진을 멈추고, 스파크 플러그 케이블과 공기 청정기 엘리먼트를 분출한다.

④ 스파크 플러그를 떼어낸다.

⑤ 스로틀 밸브를 완전히 연다음 엔진을 크랭킹시켜 실린더로부터 이물질을 제거한다. 이때 스파크 플러그 홀(plug hole)을 반드시 헝겊으로 덮어야 한다. 이것은 균열 등을 통하여 실린더 내부에 들어올 수 있는 뜨거운 냉각수 온도, 오일, 연료, 기타 이물질이 압축압력 점검시 스파크 플러그 홀로 분출될 위험성이 있기 때문이다. 또한, 압축압력 시험을 위해서 엔진을 크랭킹시킬 때는 반드시 스로틀 밸브를 전개 위치로 한 후에 크랭킹하여야 한다.

⑥ 스로틀 플러그 홀에 압축 게이지를 설치한다.

⑦ 스로틀 밸브를 개방시킨 상태에서 엔진을 크랭킹시켜 그림 12.25와 같이 압축 압력 게이지를 이용하여 압축압력($14 \sim 15 kg/cm^2$)을 측정한다.

⑧ 각 실린더에 대하여 ⑥항과 ⑦항까지의 과정을 실시하여 모든 실린더간의 압축 압력차가 한계치($1.0kg/cm^2$)내에 있는가를 점검한다.

⑨ 각 실린더중 어느 하나라도 압축 압력차가 한계치를 초과하는 경우는 스파크

플러그 홀(plug hole)로 약간의 엔진 오일을 주입한 다음 해당 실린더에 대하여 ⑥항부터 ⑧항까지의 과정을 재실시한다. 이 때 압축압력이 증가하게 되면 피스톤, 피스톤링 또는 실린더 벽면이 마멸되었거나 손상된 것이고, 압축 압력이 증가하지 않으면 밸브의 고착, 밸브 불량한 접촉 또는 가스켓을 통하여 압력이 새는 것이다.

그림 12.25　압축 압력의 측정

(3) 타이밍 벨트의 장력 조정

타이밍 벨트에 대한 장력 조정은 다음의 순서에 따라 실시한다.

① 스티어링 휠(steering wheel)을 반시계 방향으로 완전히 돌린다.

② 그림 12.26과 같이 잭을 이용하여 엔진오일 휀에 나무로 만든 블록을 대고 차량을 들어 올린다. 이때 부품에 과도한 부하가 걸리는 것을 막기 위해 살짝 들어 올린다.

③ 그림 12.27과 같이 엔진 서포트 브라켓(support bracket)을 떼어낸다.

④ 그림 12.28과 같이 워터펌프 풀리를 떼어낸다.

⑤ 그림 12.29와 같이 타이밍 벨트의 상부 커버(upper cover)를 떼어낸다.

⑥ 스파크 플러그를 떼어낸다.

⑦ 크랭크축을 시계방향으로 돌려서 1번 실린더의 피스톤을 압축행정의 상사점에 오도록 한다. 이때 크랭크축을 시계 반대방향으로 돌리면 장력이 부적당하게 조정된다.

⑧ 그림 12.30과 같이 피봇측과 슬롯측 텐셔너 볼트를 느슨하게 풀어서 텐셔너 스프링 힘을 이용하여 벨트에 장력을 준다.

⑨ 크랭크축을 2개의 스프로킷 잇수만큼 시계방향으로 돌린다. 이 작업은 벨트의 장력측에 규정압력을 주기 위해 2번 실린더 배기밸브 록커암이 캠의 상단부에 오

도록 하기 위한 것이다.

⑩ 타이밍 벨트 텐셔너를 화살표 방향으로 눌러서 각 스프로킷와 벨트 이빨이 완
전하게 일치하는가를 확인한다. 확인한 후에 손을 떼고, 텐셔너의 슬롯측 볼트를
먼저 조이고 피봇측 볼트를 조인다.

그림 12.26 잭으로 차량 들어 올리기

그림 12.27 엔진 서포트 브라켓 떼어내기

그림 12.28 워터펌프 풀리 떼어내기

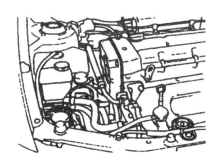

그림 12.29 타이밍 벨트의 상부
커버 떼어내기

그림 12.30 피봇측과 슬롯측 텐셔너를
느슨하게 풀어주기

⑪ 타이밍 벨트 장력을 점검한다. 한손으로 타이밍 벨트와 텐셔너를 잡은 다음 엄지 손가락으로 벨트의 장력을 약 4.5kg의 힘으로 수평으로 밀었을 때 타이밍 벨트의 톱니끝이 볼트 헤드 직경의 1/4 정도에 있는가를 점검한다.

⑫ 스파크 플러그를 장착한다.

⑬ 타이밍 벨트의 상부 커버를 장착한다.

⑭ 워터 펌프의 풀림 및 엔진 서포트 브라켓을 장착한다.

12.2.4 냉각계통

(1) 냉각수 누출 점검

① 냉각수 온도가 38℃ 아래로 떨어진 후에 라디에이터 캡을 푼다.

② 냉각수 액위가 휠러넥크까지 차 있는지를 확인한다.

③ 라디에이터 캡 테스터를 라디에이터 휠러넥크에 장착하고, $1.4kg/cm^2$의 압력을 가한다. 2분동안 그 상태를 유지하면서 라디에이터, 호스, 연결부의 누출 여부를 점검한다.

냉각수 누출 점검에서 주의해야 할 일반사항을 요약하면 다음과 같다.

- 냉각수 계통이 뜨거울 때 라디에이터 캡을 개방하면 뜨거운 물이 분출되어 작업자가 상해를 입을 위험성이 높으므로 냉각수가 완전하게 식을 때까지 절대로 개방해서는 안된다.
- 점검한 부분의 물기를 완전히 닦아 낸다.
- 테스터를 떼어낼 때 냉각수가 뿌려지지 않도록 주의한다.
- 테스터를 떼어내거나 장착할 때, 또한 시험을 수행할 때 라디에이터의 휠러넥크가 변형되지 않도록 주의한다.

(2) 라디에이터 캡의 압력시험

① 그림 12.31과 같이 어댑터를 사용하여 테스터를 캡에 부착시킨다.

② 게이지 바늘이 멈출 때까지 압력(밸브 개방압력 : $0.6kg/cm^2$)을 증가시킨다.

③ 압력수준이 한계치를 유지하고 있는가를 점검한다.

④ 측정압력이 한계치 이상에 도달하면, 라디에이터 캡을 교환한다. 이 때 캡 시일 (seal)내에 녹 또는 이물질이 있으면 부정확한 압력을 나타내므로 시험 전에 제거해야 한다.

그림 12.31 라디에이터 캡의 압력 시험

(3) 비중시험

① 그림 12.32와 같이 액체 비중계로 냉각수의 비중을 측정한다.

② 냉각수 온도를 측정한 후 제작 차량의 비중표를 사용하여 비중과 온도와 관계로부터 농도를 산출해 낸다.

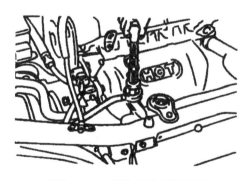

그림 12.32 냉각수의 비중시험

(4) 구동 벨트의 장력 점검 및 조정

1) 장력점검

① 워터펌프 풀리와 얼터네이터 풀리(alternator pulley) 사이를 10kg의 힘으로 누른다.

② 구동 벨트를 누르면서 벨트의 처짐량을 점검한다.

③ 벨트의 처짐이 규정치(10.0mm)를 벗어나면 다음 절차로 조정하고, 마멸정도가 심하다고 판단되면 교환한다.

구동벨트의 장력을 조정할 때에 주의할 사항을 요약하면 다음과 같다.

− 5분 이상 작동된 벨트를 규정대로 조정해야 한다.

− 벨트가 올바르게 장착되었는가를 점검한다.

− 느슨해진 벨트는 미끄러지는 소리가 발생한다.

2) 조정

① 그림 12.33과 같이 얼터네이터 서포트 볼트 'A'의 너트와 조정 록 볼트 'B'를 푼다.

② 얼터네이터 브레이스 조정볼트를 'T' 방향으로 움직이며, 벨트의 장력을 조정한다.

③ 볼드 'B'를 조이고 나서 볼트 'A'를 규정 토크로 조인디.

벨트를 조정하는 과정에서 주의할 사항을 요약하면 다음과 같다.

− 벨트의 장력이 과도하면 벨트가 조기에 마멸될 뿐만 아니라 소음이 발생하고, 워터펌프 베어링과 얼터네이터 베어링이 손상될 수 있다.

− 벨트가 너무 느슨하면 벨트가 조기 마멸되고, 얼터네이터가 충분히 전력을 발전하지 못해 배터리나 워터펌프의 성능이 저하되므로 엔진이 과열되거나 손상될 우려가 높다.

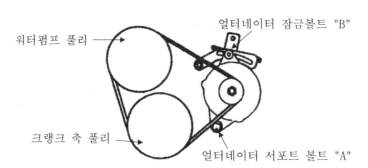

그림 12.33 벨트의 장력 조정 메카니즘

(5) 벨트의 손상점검

벨트를 점검하여 다음과 같은 결함이 발견되면 벨트를 교환한다.

① 그림 12.34와 같이 벨트면의 손상, 벗겨짐, 균열여부를 점검한다.

② 벨트면의 오일 또는 그리스 오염여부를 점검한다.

③ 고무 부분의 마멸 또는 경화된 부위가 있는가를 점검한다.

④ 풀리면의 균열 또는 손상을 점검한다.

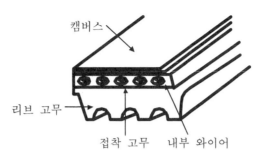

그림 12.34 벨트의 손상 점검

12.2.5 흡기계통

흡기계통의 공기 청정기(air cleaner)와 에어 덕트(air duct)를 점검한 후 필요할 경우는 교환한다.

(1) 구성부품

공기 청정기 및 에어 덕트의 구성 부품은 그림 12.35와 같다.

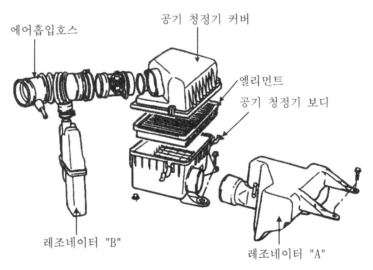

그림 12.35 공기 청정기와 에어 덕트의 구성부품

(2) 떼어내기

① 그림 12.36과 같이 공기 청정기에 연결된 공기 흡입호스와 에어 덕트를 떼어낸다.

② 공기 청정기 커버에서 흡기온도 센서 커넥터를 떼어낸다.

③ 공기 청정기 커버를 공기 청정기 보디(air cleaner body)에서 떼어낸다.

④ 공기 청정기 엘리먼트를 공기 청정기 보디에서 떼어낸다.

⑤ 공기 청정기 보디 장착 볼트를 떼어낸다.

⑥ 공기 청정기를 떼어낸다.

(3) 검사

① 공기 청정기 보디, 커버, 패킹 등의 변형, 부식과 손상을 점검한다.

② 에어 덕트의 손상을 점검한다.

③ 레조네이터의 균열, 손상을 점검한다.

④ 그림 12.37과 같이 공기 청정기 엘리먼트의 막힘, 오염 또는 손상을 점검한다. 엘리먼트가 약간 막혀 있으면 내측에서 공기를 불어 먼지나 다른 이물질을 제거한다.

⑤ 공기 청정기 하우징의 막힘, 오염 또는 손상을 점검한다.

⑥ 레조네이터의 손상을 점검한다.

(4) 장착

장착은 떼어내기의 역순으로 한다.

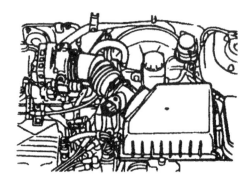

그림 12.36 공기 청정기와 에어 덕트의 장착 사례

그림 12.37 공기 청정기의 엘리먼트 청소

12.2.6 충전계통

자동차에서 충전계통은 배터리, 레귤레이터가 내장된 얼터네이터, 충전 경고등, 배선 등을 포함하고 있다. 충전계통의 이상은 자동차의 시동을 할 수 없고, 전자제어 시스템이 많이 도입된 현대의 차량은 운전중에 자동차의 안전성을 보장할 수 없다. 얼터네이터(alternator)는 6개의 다이오드(3개의 (+) 다이오드와 3개의 (−) 다이오드)가 내장되어 있어서 AC 전류가 DC 전류로 정류되어 얼터네이터의 "B" 단자에는 DC 전류가 발생된다. 얼터네이터에서 발생되는 충전전압은 배터리의 전압 감지장치에 의해 조정된다.

얼터네이터는 로터, 스테이터, 정류기, 캐퍼시티, 브러시, 베어링, V−벨트로 구성되어 있으며, 브러시 홀더에는 전자·전압 레귤레이터가 내장되어 있다.

(1) 구성부품

그림 12.38은 충전계통의 구성부품을 나타내고 있다.

(2) 고장 진단법

충전계통에서 발생되는 대부분의 고장은 팬 벨트(fan belt)의 장력부족, 와이어링, 커넥터, 전압 레귤레이터의 작동불량 때문에 발생한다. 충전계통의 고장에서 중요한 진단 수단중의 하나가 배터리의 과충전 또는 충전 부족인지를 구별하는 것이다. 그러므로, 얼터네이터를 점검하기에 앞서 배터리의 상태를 점검하는 것이 우선적으로 진행되어야 한다. 얼터네이터의 고장은 다음과 같은 문제점들을 발생시킨다.

1) 배터리의 충전불량

① IC 레귤레이터 불량(단락)

② 계자코일 불량(와이어 파손, 회로 단락)

③ 메인 다이오드 불량

④ 보조 다이오드 불량

⑤ 스테이터 코일 불량

⑥ 브러시의 접촉불량

2) 과충전 : IC 레귤레이터의 작동 불량

상기에 열거한 사항 이외는 전압 조정의 문제점이 발생할 수 있으나, 그러한 고장은 극히 드물다. 점화 계통에서 발생될 수 있는 전체적인 고장 진단은 표 12.7에서 잘 제시하고 있다.

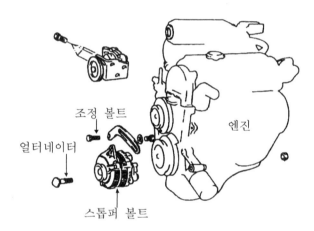

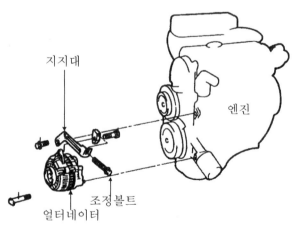

그림 12.38 충전계통의 구성부품

표 12.7 점화계통의 고장 진단법

현 상	가능한 원인	조치 사항
시동스위치를 "ON" 위치에 놓고, 엔진을 정지시켰을 때 충전 경고등이 점등되지 않는다.	퓨즈가 끊어짐	퓨즈 점검
	전구가 끊어짐	전구 교환
	와이어링 연결부가 풀림	느슨해진 연결부를 재조임
	전압 레귤레이터의 결함	얼터네이터 교환
엔진 시동을 걸었을 때도 충전 경고등이 소등되지 않는다. (배터리를 자주 충전시켜야 한다.)	구동벨트가 느슨하거나 마멸이 발생됨	구동벨트의 장력조정 또는 교환
	휴즈가 끊어짐	휴즈 교환
	휴저블 링크가 끊어짐	휴저블 링크 교환
	전압 레귤레이터 또는 얼터네이터의 결함	얼터네이터 점검
	와이어링의 결함	와이어링 수리
	배터리 케이블의 부식, 마멸	수리 또는 배터리 케이블의 교환
과충전된다.	전압 레귤레이터의 결함	얼터네이터 점검
	전압 감지 와이어링의 결함	와이어링의 교환
배터리가 방전된다.	구동벨트가 느슨하거나 마멸됨	구동벨트의 장력조정 또는 교환
	와이어링 접속부가 느슨해짐	느슨해진 연결부를 재조임
	회로의 단락	와이어링 수리
	휴저블 링크가 끊어짐	휴저블 링크 교환
	접지불량	수리
	전압레귤레이터의 결함	얼터네이터 점검
	배터리의 수명이 다됨	배터리 교환

(3) 배터리의 시각적 측정

최근의 배터리는 대부분 MF(maintenance free) 배터리를 사용하기 때문에 배터리를 정비할 필요가 없으며, 배터리 셀캡(battery cell cab)을 떼어낼 필요가 없다. 따라서, MF 배터리는 증류수를 첨가할 필요가 없으며, 커버에 있는 벤트홀(vent hole)을 제외하고는 모두 밀봉되어져 있다.

여기서는 배터리의 시각적인 측정을 통하여 간단하게 점검할 수 있는 방법을 알아보기로 한다.

① 시동 스위치를 "OFF"에 놓는다.

② 그림 12.39에서와 같이 배터리 케이블을 배터리에서 분리시킨다. (−) 측을 떼어

낸다

③ 자동차에서 배터리를 떼어낸다. 이 때 배터리 케이스에 균열이 일어나거나 전해 액이 누설되면서 손에 전해액이 묻지 않도록 장갑 등을 끼고 배터리를 떼어내도 록 한다.

④ 배터리 전해액의 누설로 인한 배터리 캐리어의 손상을 점검하여, 손상이 있으면 따뜻한 물이나 베이킹 소다로 그 부위를 청소하고 브러시 등으로 녹슨 부위를 닦 은 다음 물에 암모니아나 소다를 묻힌 헝겊으로 닦아낸다.

⑤ 배터리 상부도 ④항에서 작업한 방법으로 청소한다.

⑥ 배터리 케이스와 커버의 균열을 점검하여 균열이 있으면 반드시 교환해야 한다.

⑦ 배터리 포스트를 적절한 포스트 세제로 청소한다.

⑧ 터미널 클램프의 내부면을 적정한 공구로 청소하며, 케이블이 손상 또는 휘었거 나, 클램프가 파손되었으면 교환해야 한다.

⑨ 자동차에 배터리를 장착한다.

⑩ 배터리 포스트에 케이블 클램프를 연결하고, 클램프의 상단과 포스트 상단의 높 이가 일치하는가를 확인한다.

그림 12.39 배터리 케이블 (-) 분리

12.2.7 시동계통

시동장치는 배터리, 스타트 모터, 솔레노이드 스위치, 시동 스위치, 인히비터 스 위치(자동 변속기 장착 차량에만 해당), 접속 와이어, 배터리, 케이블을 포함한다. 시동키(ignition key)를 "ST" 위치로 돌렸을 때, 스타트 모터의 솔레노이드 코일에 전류가 흘러 솔레노이드 플런저와 클러치 쉬프트 레버가 작동하면서 클러치 피니언 이 링기어에 맞물려 크랭킹된다. 엔진을 시동할 때 아마츄어 코일의 과도한 회전에 의한 손상을 방지하기 위해 클러치 피니언이 오버런한다.

(1) 구성부품

그림 12.40은 시동계통의 구성부품을 나타내고 있다.

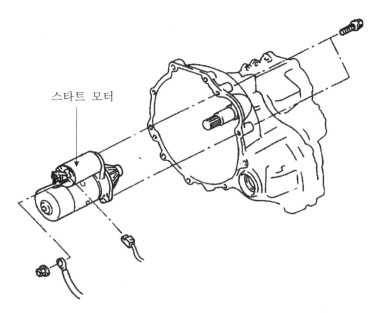

스타트 모터

그림 12.40 시동계통의 구성부품

(2) 고장 진단법

시동계통의 고장은 "스타트 모터(시동 모터)가 작동하지 않음"이나 스타트 모터가 작동은 하지만 엔진의 시동이 걸리지 않음" 또는 "엔진을 시동하는데 많은 시간이 걸림"과 같은 문제로 분류할 수 있다.

이와 같이 시동계통에 문제가 있을 때에는 스타트 모터를 떼어내기 전에 시동계통의 어느 한 부분에 문제가 있는지를 먼저 알아내야 한다. 일반적으로 시동이 어려울 때는 점화계통, 연료계통, 배터리, 전기배선 등에 문제가 있다. 즉, 전기 공급계통을 점검한다.

시동 계통에서 발생되는 대표적인 고장 현상을 표 12.8에서 제시하고 있으며, 고장 문제를 단계적인 점검을 하여 시동 계통에서 발생되는 문제점을 해결한다.

표 12.8 시동계통의 고장 진단법

현 상	가능한 원인	조치 사항
크랭킹 되지 않는다.	배터리 충전압이 낮음	충전 또는 배터리 교환
	배터리 케이블의 느슨해짐, 부식 또는 마멸 발생	수리 또는 케이블 교환
	자동 변속기 차량의 인히비터 스위치의 결함	스위치의 조정 또는 교환
	퓨저블 링크의 단락	퓨저블 링크의 교환
	스타트 모터의 결함	수리
	시동 스위치의 결함	교환
크랭킹이 느리다.	배터리 충전전압이 낮음	충전 또는 배터리 교환
	배터리 케이블의 느슨해짐, 부식 또는 마멸 발생	수리 또는 케이블 교환
	스타트 모터의 결함	수리
스타트 모터가 계속 회전한다.	스타트 모터의 결함	수리
	시동 스위치의 결함	수리
스타트 모터는 회전하나 엔진은 크랭킹 되지 않는다.	와이어링의 단락	수리
	피니언 기어의 이빨이 부러졌거나 모터의 결함	수리
	링기어 이빨이 부러졌음	플라이휠 링 기어 또는 토크 컨버터의 교환

12.2.8 MPI 장치의 검사

MPI(multi point injection) 장치의 구성부품(센서류, ECU, 인젝터 등)에 이상이 있으면, 엔진 작동조건에 적합한 연료량을 공급할 수 없게 되어 다음과 같은 문제점이 발생한다.

① 시동 걸기가 어렵거나 시동이 전혀 걸리지 않는다.

② 공회전이 불안정하다.

③ 엔진의 작동상태가 불량하다.

상기와 같은 문제점이 발견되면, 자기진단과 기본적인 엔진점검(점화 장치, 부적당한 엔진조정) 등을 한 후에 자기 진단기나 멀티 미터로 MPI 장치의 구성부품을 각각 점검한다. 이때 부품을 떼어내거나 조립하기 전에 자기진단 코드를 읽고 나서 배터리의 (−) 케이블을 분리한다.

(1) 자기진단

ECU는 엔진의 여러 부위에 입력신호와 출력신호(몇몇 신호는 항상 신호를 보내고, 몇몇 신호는 특정 상황에만 신호를 보낸다)를 보낸다. 비정상적인 신호가 처음 보내진 때부터 특정 시간 이상이 지나면 ECU는 비정상이 발생한 것으로 판단하고 고장코드를 기억한 후에 신호를 자기진단 터미널에 보낸다. 자기진단 결과는 다용도 테스터 또는 L-와이어 이용법으로 각각 검사할 수 있다. 또한, 고장코드의 기억은 배터리에 의해 직접 백업(back-up)되어 시동 스위치를 "OFF"시키더라도 고장진단 결과는 기억된다. 그러나, 배터리 터미널 또는 ECU 커넥터를 분리시키면 고장진단 결과는 지워진다.

(2) 자기진단 점검 절차

① 배터리 전압이 낮으면 고장진단이 발견되지 않을 수 있으므로 점검하기 전에 배터리의 전압 및 기타 상태를 점검해야 한다.

② 배터리 또는 ECU 커넥터를 분리시키면 고장 항목이 지워지므로 고장 진단 결과를 완전히 읽기 전에는 배터리를 분리시키지 않는다.

③ 점검 및 수리를 완료한 후에는 하이스캔을 이용하여 고장코드를 소거하는 방법이 가장 바람직하며, 배터리 (-) 터미널에서 접지 케이블을 15초 이상 분리시킨 후 재연결하고, 고장코드가 지워졌는지를 확인한다. 이 때 점화 스위치는 반드시 "OFF" 상태로 하여야 한다.

(3) 점검 절차

① 점화 스위치를 "OFF"시킨다.

② 그림 12.41과 같이 자기 진단기를 고장 진단용 DLC(data link connector)에 그림과 같이 연결한다.

③ 점화 스위치를 "N"에 위치시킨다.

④ 하이스캔을 사용하여 자기진단 코드를 점검한다.

⑤ 자기 진단표에서 잘못된 부분을 수리한다.

⑥ 고장 코드를 지운다.

⑦ 자기 진단기를 분리시킨다.

그림 12.41 자동차 컴퓨터(ECU)와 자기 진단기의 연결

12.2.9 정비 조정 절차

(1) 공회전 속도 검사

[점검조건]

① 냉각수 온도가 85~95℃ 될 때까지 웜업한다.

② 각종 램프, 냉각 팬, 부속장치가 "OFF" 상태인지를 확인한다.

③ 변속기의 레버가 중립상태(자동 변속기 장착 차량은 "N" 또는 "P" 위치)인지를 확인한다.

④ 스티어링 휠이 똑바로 앞을 향하도록 한다.

[속도검사]

① 점검전 MPI 장치에 고장이 있는지 먼저 확인한다.

② 점화시기를 점검하여 규정치를 벗어날 경우 점화시기에 영향을 주는 센서를 점검한다.

③ 타코미터를 엔진 속도 감지 터미널에 연결하거나, 하이스캔을 자기 진단 커넥터에 연결한다.

④ 엔진을 5초이상 2,000~3,000rpm으로 작동시킨다.

⑤ 공회전 rpm을 측정하여 규정치 이내에 있는지를 점검한다.

(2) 퍼지포트(purge port) 진공

[점검조건]

① 냉각수 온도가 85~95℃가 될 때까지 웜업한다.

② 각종 램프, 냉각 팬, 부속장치가 "OFF" 상태인지를 확인한다.

③ 변속기의 레버가 중립상태(자동 변속기 장착 차량은 "N" 또는 "P" 위치)인지 확

인한다.

④ 스티어링 휠이 똑바로 앞을 향하도록 한다.

[진공검사]

① 서지탱크의 퍼지 진공 니플에서 진공호스를 분리시키고 핸드 진공 펌프를 연결한다.

② 엔진의 시동을 걸고 레이싱시켜 엔진속도를 증가시킨 후에 진공이 일정한 상태를 유지하는지 확인한다. 이 때 진공이 형성되지 않을 때는 호스 또는 니플이 막혀 있는 경우가 있으므로 확인한다.

(3) 연료필터의 교환

① 연료 파이프나 호스에 남아 있는 압력을 아래와 같은 방법으로 해체시켜 연료가 흘러나오지 않도록 한다.

  – 뒷 좌석 아래에 있는 연료펌프 하니스 커넥터를 분리시킨다.

  – 엔진의 시동을 걸고 정지할 때까지 기다렸다가 점화 스위치를 "OFF"시킨다.

  – 배터리의 (–) 터미널을 분리시킨다.

② 그림 12.42와 같이 연료필터 고정용 탭을 양손가락으로 누른뒤 호스와 분리시킨다. 이때 휘발유가 뿌려지는 것을 방지하기 위해 반드시 헝겊으로 덮어야 한다.

③ 연료필터를 교환한 후에 연료의 누설을 점검한다.

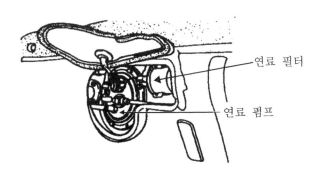

연료 필터

연료 펌프

그림 12.42 연료 필터의 교환

(4) 2-웨이 밸브(two-way valve)의 교환

그림 12.43과 같이 진공 호스(vapor hose)와 고압력 호스를 빼낸다. 이때 방향을 주의해서 교환하도록 한다.

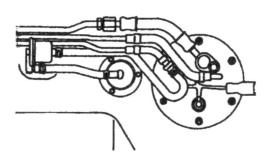

그림 12.43 2-웨이 밸브의 교환

(5) 연료센더의 교환

① 그림 12.44와 같이 연료필터 캡을 열어 연료탱크 내부의 압력을 낮춘다.

② 연료 센더(fuel sender)에서 하니스 커넥터를 분리시킨다.

③ 연료 센더의 장착 스크류를 풀어서 연료탱크에서 연료 센더 어셈블리를 떼어낸다.

그림 12.44 연료 센더의 교환

(6) 연료펌프의 작동 점검

① 점화 스위치를 "OFF"시킨다.

② 그림 12.45와 같이 배터리 전압을 연료펌프 구동 커넥터에 직접 연결했을 때 펌프의 작동음이 들리는가를 확인한다.

③ 테스터를 사용하여 강제로 구동시킨다. 연료펌프는 탱크에 들어있기 때문에 작동소음을 듣기가 어려우므로 연료탱크 캡을 열고 휠러 포트를 통해 작동음을 듣는다.

④ 손으로 연료호스를 잡고 연료의 압력이 느껴지는가를 점검한다.

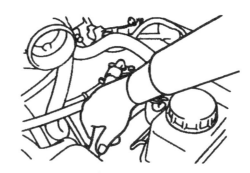

그림 12.45 연료펌프의 작동 시험

(7) 연료압력의 점검

1) 아래와 같은 절차에 따라서 연료 파이프 라인에 남아있는 연료압력을 해제시켜 연료가 흘러나오지 않도록 한다.

   ① 연료 탱크측에서 연료펌프 하니스 커넥터를 분리시킨다.

   ② 엔진의 시동을 걸어 엔진이 정지할 때까지 기다린 후에 점화 스위치를 "OFF" 시킨다.

   ③ 배터리 (–) 터미널을 분리시킨다.

   ④ 연료펌프의 하니스 커넥터를 연결한다.

2) 엔진룸 내의 연료공급 파이프 고정 너트를 풀어서 고압 연료호스와 연료공급 파이프를 분리시킨다. 이때 연료 라인 내에 있는 잔압에 의해 연료분출을 막기 위해 헝겊으로 덮는다.

3) 그림 12.46과 같이 연료 압력 게이지 어댑터를 이용해서 연료 필터에 연료 압력 게이지를 장착한다. 규정 토크로 볼트를 조인다.

4) 배터리의 (–) 터미널을 연결한다.

5) 배터리 전압을 연료펌프 구동 터미널에 연결하여 연료펌프를 작동시키고 나서 압력 게이지 또는 특수공구 연결부에서 연료가 누설되는지 여부를 점검한다.

6) 엔진의 공회전 상태에서 연료 압력을 측정한다.

7) 5)항과 6)항에서 측정한 측정치와 규정치가 일치하지 않으면 표 12.9에서 가능한 원인을 찾아내어 필요한 수리를 한다.

8) 엔진을 정지시키고 연료 압력 게이지의 지침이 변화하는가를 점검한다. 이때 지침이 떨어지지 않아야 한다. 만일 게이지의 지침이 떨어지면 강하율을 점검한 후 표 12.10에 따라 원인을 파악하여 수리한다.

9) 연료 라인에서 연료압력을 감소시킨다.

10) 고압력 호스를 분리시키고, 공급 파이프에서 연료 압력 게이지를 떼어낸다. 이때 호스 연결부를 헝겊으로 덮어서 연료 파이프 라인에 남아있는 잔여압력 때문에 연료가 뿌려지는 것을 방지한다.

11) 고압호스의 끝에 있는 홈(groove)에 신품 O-링을 장착한다.

12) 연료 고압력 호스를 공급 파이프에 연결하고, 스크루를 규정 토크로 조인다.

13) 아래와 같이 연료의 누설을 점검한다.

　① 배터리 전압을 연료펌프 터미널에 연결하여 연료펌프를 작동시킨다.

　② 연료 압력이 작용되는 상태에서 연료라인의 누설을 점검한다.

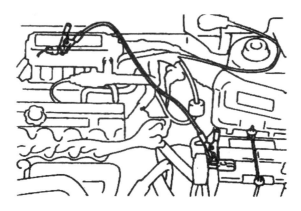

그림 12.46　연료 압력 게이지의 설치

표 12.9　연료 압력이 높거나 낮을 때의 고장 진단법

상　태	가능한 원인	조치 사항
연료 압력이 너무 낮다.	① 연료 필터의 막힘 ② 연료 압력 레귤레이터에 있는 밸브의 밀착상태가 불량하여 귀환구 쪽으로 연료가 누설됨 ③ 연료 펌프의 공급압력이 누설됨	① 연료 필터의 교환 ② 연료 펌프에 장착된 연료 압력 레귤레이터의 교환 ③ 연료 펌프의 교환
연료 압력이 너무 높다.	연료 압력 레귤레이터 내의 밸브가 고착됨	① 연료 펌프에 장착된 연료 압력 레귤레이터의 교환 ② 호스, 파이프의 수리 또는 교환

표 12.10 연료의 압력 강하율 점검 후 고장 진단법

상 태	가능한 원인	조치 사항
엔진이 정지한 후에 연료 압력이 서서히 떨어진다.	인젝터에서 연료가 누설된다.	인젝터 교환
엔진이 정지한 후에 연료 압력이 급격히 떨어진다.	연료 펌프내의 밸브가 닫히지 않는가를 점검한다.	연료 펌프 교환

12.3 디젤 엔진의 정비

12.3.1 제원

디젤 엔진의 대표적인 제원은 표 12.11과 같다.

표 12.11 디젤 엔진의 제원

항 목				제 원	한계치
일반사항	형식			일렬형	
	실린더 수			4	
	실린더 내경, mm			91.1	
	실린더 행정, mm			95	
	배기량, cc			2,476	
	압축비			21	
	점화순서			1-3-4-2	
	공회전수			750±100rpm	
	분사시기			ABTD 7°	
	밸브 개폐 시기	흡기	열림	BTDC 20°	
			닫힘	ABDC 48°	
		배기	열림	BBDC 54°	
			닫힘	ATDC 22°	
	밸브 오버 랩				
실린더 헤드	가스켓면의 편평도, mm			0.05	0.2
	매니폴드 장착면의 편평도, mm			0.15 이하	0.3
	밸브 시트홀의 오버 사이즈 정비 치수, mm	흡기	0.3 OS	43.3~43.325	
			0.6 OS	43.6~43.625	
		배기	0.3 OS	37.3~37.325	
			0.6 OS	37.6~37.625	
	밸브 가이드홀의 오버 사이즈, mm		0.05 OS	13.05~13.068	
			0.25 OS	13.25~13.268	
			0.50 OS	13.50~13.518	
캠축	캠 높이, mm		흡기	37.05	36.55
			배기	37.05	36.55
	저널 외경, mm			29.935~29.950	
	베어링 오일 간극, mm			0.05~0.08	
	엔드 플레이, mm			0.1~0.2	
로커암	내경			18.910~18.928	
	로커암과 샤프트의 간극, mm			0.012~0.050	
로커암 샤프트	외경, mm			18.878~18.898	
	전장, mm			451.5	
밸브	전장, mm		흡기	136.5	
			배기	136.5	
	페이스 각도			45°~45°30'	
	스템 외경, mm		흡기	7.960~7.975	
			배기	7.930~7.950	

표 12.11 디젤 엔진의 제원 (계속)

	항 목		제 원	한계치
밸브	밸브 헤드의 면각 두께, mm	흡기	2.0	1.0
		배기	2.0	1.0
	밸브 스템과 밸브 가이드 간극, mm	흡기	0.03~0.06	0.1
		배기	0.05~0.09	
밸브 스프링	자유고, mm		49.1	
	부하		27.6kg	
	장착높이, mm		40.4	
	직각도, °		2.0 이하	
밸브 가이드	전장	흡기	71	
		배기	74	
	내경		8.000~8.018	
	외경		13.06~13.07	
	압입온도		실온	0.2
밸브 시트	시트각도		45°	
	밸브 접촉폭, mm		0.9~1.3	
	침하량			
실린더 블럭	실린더 내경, mm		91.10~91.13	
	가스켓 표면의 편평도, mm		0.05 이내	0.1
	전체 높이, mm		318.45~318.55	
피스톤	외경, mm		79.0~79.2	
	오버 사이즈, mm		0.25, 0.50, 0.75, 1.00	
피스톤링	사이드 간극, mm	1번	0.056~.076	0.15
		2번	0.046~0.066	0.15
	엔드 갭, mm	1번	0.35~0.50	0.8
		2번	0.25~0.40	0.8
		오일링 사이드 레일	0.25~0.45	0.8
	오버 사이즈, mm		0.25, 0.50, 0.75, 1.00	
컨넥팅 로드	휨, mm		0.05 이하	
	비틀림, mm		0.10 이하	
	대단부 중심과 소단부 중심간의 길이		157.95~158.05	
사일런트 축	우측 저널 직경, mm		18.300~18.467	
	좌측 저널 직경, mm		18.959~18.980	
크랭크축	핀 외경, mm		53	
	저널 외경, mm		66	0.3
	저널의 오일간극, mm		0.02~0.05	
	저널과 핀의 원통도, mm		0.05 이내	
	엔드 플레이, mm		0.05~0.18	0.2
플라이휠	클러치 디스크 접촉면 런아웃, mm		0.13	

표 12.11 디젤 엔진의 제원 (계속)

항 목			제 원	한계치
오 일 펌 프	외경과 프런트 케이스 사이의 팁 간극	사이드 간극, mm	0.04~0.10	0.15
		외측 기어, mm	0.12~0.22	0.4
		내측 기어, mm	0.22~0.35	0.5
냉각 방식			수냉 압력식 냉각팬을 이용한 강제 순환식	
라디에이터	형식		압축된 콜 게이트 핀	
	성능, kcal/h		38,000	
라디에이터 캡	고압밸브 개방압력, kg/cm^2		0.83~1.10	
	진공밸브 개방압력, kg/cm^2		-0.07 이하	
자동 트랜스 액슬 오일쿨러 성능, kg/h			1,200	
워터 펌프 형식			원심 임펠러식	
서모 스타트 형식			지글 밸브를 갖춘 왁스 팰릿형식	
냉각수 용량			6.0 리터	
부동액 농도 범위(%)			40	
서모 스타트	밸브 개방 온도, ℃		82 ± 1.5	
	완전 개방 온도, ℃		95	
수온 게이지 유니트	형식		서미스터식	
	저항(85℃에서 Ω)		42.4~54.4	
	저항(110℃에서 Ω)		22.1~26.2	
서모 스위치	OFF→ON [℃]		82~88	
	ON →OFF [℃]		78	
냉각수 온도 센서	형식		열감지 서미스터식	
	저항(20℃에서 kΩ)		2.31~2.59	
	저항(110℃에서 Ω)		146.9~147.3	
공기 청정기	형식			
	엘리먼트		건식	
배기 파이프	머플러		패널리트 형식	
	지지형식		확장 공명식	
			러버 행거	

12.3.2 고장진단

디젤 엔진의 고장 진단에 대한 일반적 사항은 가솔린 엔진과 동일하므로 여기서는 가솔린 엔진과 디젤 엔진이 서로 다른 시스템을 갖는 부품이나 시스템의 고장진단에 관해서만 언급하기로 한다.

(1) 예열계통

예열계통에 관한 고장진단 항목을 표 12.12에서 제시하고 있다.

표 12.12 예열 계통의 고장 진단법

현 상	가능한 원인	정 비
냉각수 온도 50℃ 미만에서 시동이 잘 안 걸린다.	와이어링 연결부 풀림이나 와이어링 불량	와이어링 수정 또는 연결부 조임
	냉각수 온도 센서 고장	냉각수 온도 센서 점검후 필요시 교환
	예열 플러그 고장	예열 플러그 점검후 필요시 교환
	예열 콘트롤 유니트 고장	새로운 예열 콘트롤 시스템의 유니트로 연결하여 엔진을 시동 테스터한 후에 필요시 교환
1차 폭발후 엔진이 정지하거나 냉각수 온도 50℃ 미만에서 아이들 상태가 고르지 않다.	연결부의 풀림이나 와이어링 불량	와이어링 수리 또는 연결부 조임
	예열 플러그 고장	예열 플러그 저항 점검후 필요시 교환
	예열 플러그 릴레이 고장	릴레이 점검 필요시 교환
	예열 콘트롤 유니트 고장	새로운 예열 콘트롤 유니트로 연결하여 엔진의 시동 테스팅을 한다. 필요시 유니트 교환
황색 예열 지시등이 켜지지 않는다.	램프 단락	황색 램프 교환
	접속부가 풀리거나 와이어링 균열	와이어링 교환 및 연결부 조임
	와이어링 단락	수리 또는 와이어링 교환
	밸브 스템 또는 밸브 가이드의 마멸 발생	밸브 또는 가이드 교환

(2) 연료탱크와 연료라인

디젤 엔진의 연료탱크와 연료라인에 대한 고장진단 항목을 표 12.13에서 제시하고 있다.

표 12.13 연료탱크와 연료라인의 고장 진단법

현　　상	가능한 원인	정　　비
연료 공급 부족으로 엔진 성능이 불량하다.	연료 파이프, 호스의 꺽임, 호스의 막힘	수정 또는 교환
	연료 파이프, 호스의 막힘	청소 또는 교환
	연료 필터 및 탱크 내부의 연료 필터 막힘	교환
	연료 필터에 물이 들어감	연료 필터 물빼기
	연료 필터에 공기(air)가 늘어감	연료 필터 공기빼기
	연료 탱크 내부의 손상 및 녹발생	청소 또는 교환
	연료 펌프의 작동 불량	교환
연료 탱크 캡을 열 경우 소리가 난다.	베이퍼 라인의 연결불량	수정
	베이퍼 라인 연결부의 불량	조임
	베이퍼 라인의 꺽임, 굽힘, 막힘	수정 또는 교환
	연료 탱크 캡의 불량	교환
	2-way 밸브의 기능 불량	교환

(3) 엑셀러레이터 케이블과 페달

액셀러레이터 케이블과 페달의 고장진단 항목을 표 12.14에서 제시하고 있다.

표 12.14 액셀러레이터 케이블과 페달의 고장 진단법

고장 현상	가능한 원인	조치 사항
스로틀 밸브가 전개 또는 전폐가 되지 않는다.	액셀러레이터 케이블의 조정 불량	조정
	리턴 스프링의 부러짐	교환
	스로틀 레버의 불량	교환
액셀러레이터 페달의 작동불량으로 조작력이 과대하다.	액셀러레이터 페달의 조임 불량	수정
	액셀러레이터 케이블의 변형	수정
	액셀러레이터 케이블의 윤활 불량	급유 또는 교환

(4) 연료 인젝션

연료 분사에 관련된 고장진단 항목을 표 12.15에서 제시하고 있다.

표 12.15 연료 분사에 관련된 고장 진단법

현 상	가능한 원인	정 비
엔진의 시동이 걸리지 않는다.	인젝션 펌프의 연료 컷트 솔레노이드 밸브에 전기가 흐르지 않는다.	점화 스위치 "ON" 위치에서 테스트 램프를 사용하여 전원의 유무를 점검후 필요시 퓨즈 또는 배선을 점검한다.
	인젝션 펌프의 연료 컷트 솔레노이드 밸브의 풀림 또는 불량	솔레노이드 밸브의 재조임, 점화 스위치 "ON"-"OFF"시에 작동 소리가 들리는지 점검한다. 불량 솔레노이드를 교환한다.
	예열 플러그에 전기가 흐르지 않는다.	점화 스위치의 "ON" 위치에서 테스트 램프를 사용하여 전가의 유무를 점검하고 흐르지 않는다면 릴레이와 와이어링을 점검한다.
	예열 플러그의 불량	점검 및 필요하면 예열 플러그 교환
	연료 계통에 공기가 들어감	공기빼기
	인젝션 펌프가 연료가 공급하지 못한다.	크랭킹시 탈거한 후 인젝션 파이프에서 연료가 나오지 않는 경우는 타이밍 벨트 및 연료 필터의 연료 공급 여부를 점검한다.
	인젝션 파이프의 연결 불량	수정
	인젝션 타이밍의 조정 불량	조정
	인젝션 노즐의 불량	신품의 노즐을 장착해서 시동을 건 후에 필요한 경우 노즐을 교환한다.
	인젝션 펌프의 불량	신품의 펌프를 장착해서 시동을 건 후에 필요한 경우 펌프를 교환한다.
공회전이 불량하다.	공회전 조정 불량	점검 및 필요하면 조정한다.
	액셀러레이터 콘트롤의 불량	펌프의 액셀러레이터 레버의 헐거움을 점검하고 액셀러레이터 케이블을 조정한다.
	연료 필터와 인젝션 펌프 사이의 연료 호스의 풀림	호스의 교환 및 클램프의 고장상태, 공기빼기
	연료 필터, 연료 리턴 라인과 인젝션 파이프의 연결부에서 누설, 꼬임, 찌그러짐에 의한 연료의 공급 부족	점검 및 필요하면 라인, 호스, 연료 필터를 교환한다.
	공기가 들어감	공기빼기
	인젝션 노즐의 불량	점검 및 필요하면 인젝션 노즐을 교환한다.
	인젝션 타이밍의 불량	조정
	인젝션 펌프의 불량	신품의 펌프를 장착하여 시동을 건 후에 필요한 경우 인젝션 펌프를 교환한다.

표 12.15 연료 분사에 관련된 고장 진단법 (계속)

현 상	가능한 원인	정 비
흑색, 청색, 백색의 매연이 발생한다.	엔진 최고 회전수의 불량	점검후 필요시 인젝션 펌프의 교환
	인젝션 노즐의 불량	점검후 필요시 인젝션 노즐의 수정 또는 교환
	인젝션 타이밍의 불량	조정
	인젝션 펌프의 불량	신품의 펌프를 장착하여 매연을 점검한 후 필요시 교환한다.
엔진 출력 부족 및 가속 불량(스피드 미터 정상, 클러치 슬립 없슴)하다.	인젝션 펌프의 액셀러레이터 레버의 헐거움	레버를 재조임한다. 액셀러레이터 페달의 작동이 원활한가 확인하고 액셀러레이터 케이블을 조정한다.
	엔진 초기 회전수 불량	점검후 필요시 인젝션 펌프의 교환
	연료 필터, 연료 리턴 라인과 인젝션 파이프 연결부에 의한 누설, 꼬임, 찌그러짐에 의한 연료의 공급 부족	점검후 필요시 라인, 호스, 연료, 필터를 교환한다.
	공기가 들어감	공기빼기
	인젝션 노즐의 불량	점검한 후에 필요하면 인젝션 노즐을 교환한다.
	인젝션 타이밍의 불량	조정
	인젝션 펌프의 불량	신품의 펌프를 장착하여 시동을 건 후에 필요한 경우 교환한다.
연료 누설이 생기거나 고속 회전이 되지 않는다.	연료누설	점검후 필요시 교환 또는 모든 파이프 및 연결부의 재조임
	리턴 파이프 또는 호스의 막힘	리턴 라인의 꼬임, 찌그러짐을 점검한다. 불량 부품을 교환한다. 만일 라인이 막혀 있는 경우는 압축공기로 뚫은 뒤 연료계통의 공기를 뺀다.
	고속 회전 불량	점검후 필요한 경우 인젝션 노즐의 교환
	인젝션 타이밍의 불량	조정
	인젝션 펌프의 불량	신품의 인젝션 펌프를 장착하여 연료 소비를 점검한다. 필요한 경우 인젝션 펌프를 교환한다.

12.3.3 주요 부품의 정비

(1) 터보차저

1) 구성부품

　　엔진의 배기가스를 재활용하여 출력을 향상시키기 위해 사용되는 터보차저 (turbo-charger)의 구성 부품을 그림 12.47에서 보여주고 있다. 터보차저의 분해순 서는 다음과 같다. 즉,

① 호스 클립을 푼다.

② 호스를 분리한다.

③ 커플링을 떼어낸다.

④ 터빈 하우징을 떼어낸다.

⑤ 스냅링을 제거한다.

⑥ 흡기 매니폴드를 분리한다.

⑦ 압축기(compressor) 커버를 떼어낸다.

⑧ O-링을 떼어낸다.

1. 호스클립
2. 호스
3. 커플링
4. 터빈 하우징
5. 스냅링
6. 흡기 매니폴드
7. 콤프레서 커버
8. O-링

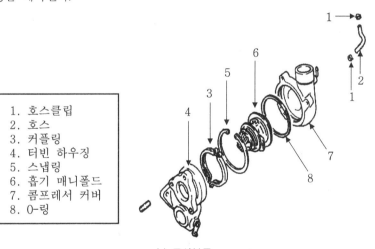

(a) 구성부품

(b) 터보차저

그림 12.47 터보차저의 구성부품

2) 떼어내기

터보차저(trubo-charger)를 분해하기 전에 그림 12.48과 같이 터빈 하우징, 압축기 하우징, 카트리지 어셈블리 조립부위에 적당한 일치 표시를 해두어 조립을 간편하게 한다. 터보차저를 분해할 때는 휠이나 터빈 휠의 블레이드(blade)가 손상을 받지 않도록 주의한다.

일치 표시

그림 12.48 터빈 하우징의 분해

(2) 인터쿨러

1) 구성부품

인터쿨러의 구성부품을 그림 12.49에서 보여주고 있다. 인터쿨러의 분해순서는 다음과 같다. 즉,

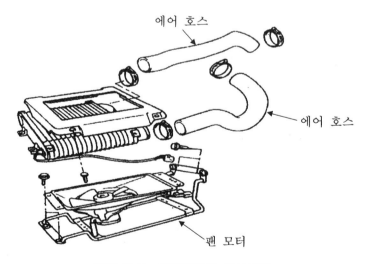

에어 호스

에어 호스

팬 모터

그림 12.49 인터쿨러의 구성부품

① 인터쿨러 커버를 떼어낸다.

② 팬 모터와 공기온도 스위치 커넥터를 분리한다.

③ 에어호스 두 개를 떼어낸다.

④ 인터쿨러 어셈블리를 떼어낸다.

⑤ 팬 모터 어셈블리를 떼어낸다.

⑥ 인터쿨러 어셈블리 브라켓을 분리한다.

2) 점검

① 공기 온도 스위치

그림 12.50과 같이 용기내에 감응부위를 놓고, 물의 온도를 증가시키면서 통전성을 확인한다.

② 인터쿨러 팬 모터

자동차 속도가 60km/h 이하이고, 회전수가 3500rpm이며, 급기온도가 50℃ 이상일 경우에 작동하는지 여부를 점검한다.

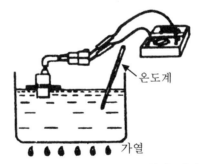

그림 12.50 공기 온도 스위치의 점검

(3) 오일쿨러

1) 구성부품

오일쿨러의 구성부품을 그림 12.51에서 보여주고 있다.

2) 점검

① 오일쿨러 핀의 휘어짐, 파손, 막힘 등이 있는지를 점검한다.

② 오일쿨러 호스의 균열, 손상, 막힘 등이 있는지를 점검한다.

③ 가스켓이 손상되었는지를 점검한다.

④ 아이볼트의 막힘, 손상 등이 있는지를 점검한다.

3) 분해순서

① 아이볼트를 푼다.

② 가스켓을 제거한다.

③ 오일공급 호스 어셈블리를 분리한다.

④ 오일리턴 호스 어셈블리를 분리한다.

⑤ 오일쿨러를 분리한다.

⑥ 브라켓트를 떼어낸다.

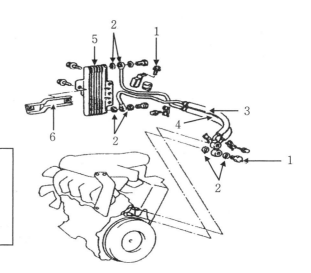

1. 아이볼트
2. 가스켓
3. 오일공급 호스 어셈블리
4. 오일리턴 호스 어셈블리
5. 오일쿨러
6. 브라켓트

그림 12.51   오일 쿨러의 구성부품

(4) 예열장치

1) 작동 점검

① 점검하기 전에 배터리 전압은 12V, 냉각수 온도는 30℃ 이하, 수온센서 커넥터 는 분리한 상태로 점검한다. 수온센서 커넥터를 분리한 경우는 점검하고 나서 반 드시 커넥터를 접속해야 한다.

② 그림 12.52와 같이 예열 플러그 플레이트와 플러그 접지 사이에 전압계를 연결 한다.

③ 점화 스위치를 "ON"으로 한 경우 전압계의 수치를 확인한다.

④ 점화 스위치를 "ON"으로부터 약 6초간, 예열 표시등이 점등되고, 또한 약 36초 간 배터리 전압을 지시한다면 예열장치 시스템은 정상이다. 이 때 냉각수의 온도 는 20℃로 한다.

⑤ ③항을 확인후 계속하여 점화 스위치를 스타트 위치로 한다.

⑥ 엔진 크랭킹 중, 시동후 약 6초간 배터리 전압이 발생한다면 시스템은 정상이다. 이 때 냉각수 온도는 20℃이다.

⑦ 이상과 같은 점검으로 전압치 또는 통전 시간이 정상이 아닌 경우는 예열 콘트롤 유니트에서 단자 전압의 점검 또는 단품 점검을 실시한다.

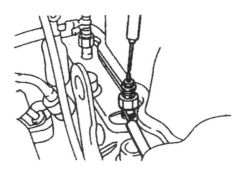

그림 12.52 예열 시스템에 전압계의 접속

2) 예열 플러그

예열 플러그의 구성 부품을 그림 12.53에서 보여주고 있다.

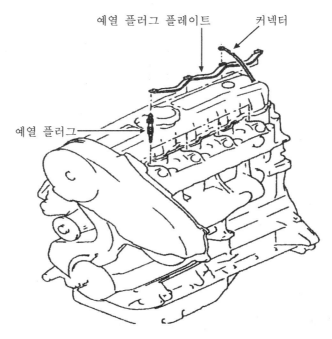

그림 12.53 예열 플러그의 구성부품

3) 점검 및 정비

① 예열 플러그 떼어내기

예열 플러그를 빼어낼 때는 예열 플러그가 엔진에서 떨어질 우려가 있으므로 공구로 나사를 1개 산 정도를 남겨두고서 손으로 빼낸다.

② 예열 플러그 점검

1 예열 플러그 플레이트의 녹이나 손상여부를 점검한다. 점검시 떨어뜨리지 않도록 주의한다.

2 그림 12.54와 같이 각 예열 플러그의 전원 단자부와 보디 사이의 저항치를 규정값에 맞는지 여부를 점검한다. 이 때 예열 플러그의 저항치는 매우 작기 때문에 측정하기 전에 플러그에 붙어 있는 오인 등을 제거한다.

③ 예열 플러그 조립

예열 플러그는 특히 세라믹부가 갈라지기 쉽기 때문에 장착시 나사를 1개 산 이상을 돌린 후에 공구로 조인다.

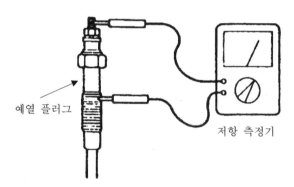

예열 플러그

저항 측정기

그림 12.54 예열 플러그의 저항치 측정 방법

12.3.4 실차 점검

(1) 액셀러레이터의 점검 및 조정

1) 엔진이 공회전 상태로 떨어져 안정될 때까지 웜업을 한다.

2) 공회전수가 규정 회전수인가를 확인한다.

3) 엔진의 시동을 정지시킨다.

4) 액셀러레이터 케이블을 꺽어 구부러짐이 없는가를 확인한다.

5) 내측 케이블의 유격이 적당한가를 점검한다.

6) 처짐량이 너무 크거나 또는 없는 경우는 다음의 절차에 따라 유격을 조정한다.

① 그림 12.55와 같이 조정 너트를 풀고, 스로틀 레버를 완전히 돌려서 최소 엔진 회전수로 놓는다.

② 스로틀 레버가 움직이기 직전까지 조정 너트를 조인 후, 1회전만 되돌려 로크 너트로 고정한다. 이 작업에 의해 액셀러레이터 케이블의 유격이 표준치로 조정 된다.

③ 액셀러레이터 페달부의 스톱퍼는 스로틀 레버가 완전히 닫힌 상태에서 페달암 에 닿도록 조정한다.

④ 조정후 페달 조작에 의해 스로틀 레버가 완전히 열린 위치에서 완전히 닫힘위 치가 되는지를 확인한다.

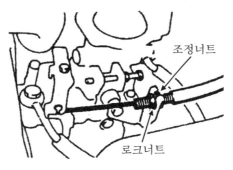

그림 12.55 액셀러레이터 케이블의 조정

(2) 연료 필터의 물빼기

연료 필터 경고등이 점검된 경우는 필터안에 물이 차 있는 것이므로 다음 순서에 의해 물을 빼낸다.

① 그림 12.56과 같이 드레인 플러그를 푼다.

② 수동 펌프를 조작하여 물을 빼낸후 드레인 플러그를 손으로 조인다.

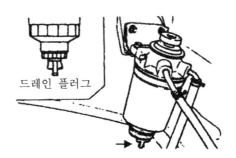

그림 12.56 연료 필터의 물빼기

(3) 인젝션 노즐의 점검 및 조정

1) 분사 개시 압력의 점검 및 조정

① 그림 12.57과 같이 노즐 홀더를 노즐 테스터에 장착한다.

② 노즐 테스터의 핸들을 초당 1회 정도의 속도로 작동시킨다.

③ 압력계의 지침이 천천히 상승하고 분사중에는 지침이 흔들린다. 지침이 흔들리기 시작한 위치를 읽어 개시 압력이 표준값인가를 점검한다.

④ 불량인 경우는 인젝션 노즐을 분해하여 심(shim)의 두께를 바꿔 분사개시 압력을 표준치로 조정한다. 심의 두께를 0.1mm 증대시키면 분사압력이 약 $10kg/cm^2$ 상승한다. 이 때 노즐홀더를 분해할 때는 먼지 등이 들어가지 않도록 한다.

⑤ 심의 두께를 바꾸어도 분사개시 압력을 조정할 수 없는 경우는 인젝션 노즐을 어셈블리로 교환한다.

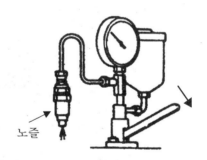

노즐

그림 12.57 노즐 분사압력의 점검

2) 분사 상태의 점검

노즐 테스터의 핸들을 초당 2회 속도로 작동시킨다.

3) 니들 밸브의 진동 상태

테스터의 핸들 조작중에 특유의 단속음을 내면서 핸들에 니들 밸브의 진동이 전해지면 정상이다.

4) 분무의 상태

① 분무의 상태가 그림 12.58과 같이 양호한 상태인가를 점검한다. 이때 분사가 봉형태로 분사 입자가 굵어지고, 분사후 분사 구멍에 경유가 잔류할 수가 있다. 이것은 점검시에 일어나는 현상이며, 노즐의 기능은 정상인 것을 나타낸다.

② 노즐 테스터의 핸들을 초당 4~6회 정도의 속도로 작동시킨다.

③ 분무는 약 0°가 되고, 그림 12.58과 같이 양호한 분무 상태인가를 점검한다.

④ 불량인 경우는 인젝션 노즐을 분해하여 노즐 튜브를 교환하거나, 또는 어셈블리를 교환한다.

⑤ 분무가 정지한 후에 그림 12.59와 같은 연료 방울이 떨어지는 후적 현상이 생기지 않는가를 점검한다.

⑥ 불량인 경우는 인젝션 노즐을 분해하여 노즐 튜브를 교환하거나, 또는 어셈블리를 교환한다.

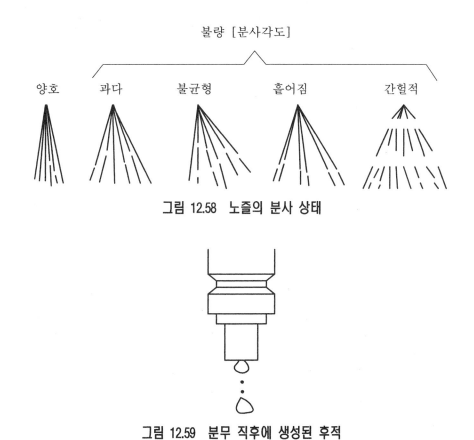

그림 12.58 노즐의 분사 상태

그림 12.59 분무 직후에 생성된 후적

5) 노즐 유밀의 검검

① 노즐 테스터로 노즐내의 압력(압력계의 지시값)을 $100 \sim 110 \text{kg/cm}^2$로 유지한다. 그림 12.60에서 보여준 것과 상태의 노즐 튜브에서 연료의 누설이 없는가를 점검한다.

② 불량인 경우는 인젝션 노즐을 분해하여 노즐 튜브를 교환하거나, 또는 어셈블리를 교환한다.

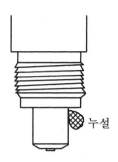

그림 12.60 노즐에서 연료의 누설 예

저 자 소 개

김 청 균

- 홍익대학교 기계 · 시스템 디자인공학과 교수
- 홍익대학교 트라이블로지 연구센터 소장
- 한국윤활학회 부회장

저자와의
협의에 의해
인지 생략

자동차엔진공학

4판 3쇄	2020년 8월 31일

저 자   김청균
발행인   송광헌
발행처   복두출판사
주 소   서울특별시 영등포구 경인로82길 3-4
         센터플러스 807호
         (우) 07371
전 화   02-2164-2580
FAX   02-2164-2584
등 록   1993. 11. 22. 제 10-902 호

정가 : 25,000원
ISBN : 979-11-5906-142-4   93550

 한국과학기술출판협회 회원사